本书第一版被教育部列为

普通高等教育“十五”国家级规划教材

本书第一版被列为

北京市高等教育精品教材立项项目

本书第二版被教育部列为

普通高等教育“十一五”国家级规划教材

本书为国家级精品课程配套教材

内 容 简 介

本书是综合大学、师范院校高等代数课程教学用书。此教材有两个特色：一是贴切课堂教学和学生自学的实际，由浅入深，从具体到抽象，由生动直观到理性推理，使学生较为顺利地进入代数学的抽象领域；二是以代数学的研究对象和基本思想、基本方法作为全书的主线，从而保证学生受到较充分的代数学训练，在理论上达到足够的深度和高度。其科学内容符合作为现代代数学入门课程的教材所应达到的水准。

全书共十二章，分上、下两册出版。上册（第一章至第五章）是线性代数的基础教材，内容包括向量空间、矩阵、行列式、线性空间与线性变换、双线性函数与二次型。下册（第六章至第十二章）包括三方面内容：一是带度量的线性空间及若尔当标准形；二是有理整数环及一元、多元多项式环，介绍群、环和域的基本概念；三是 n 维仿射空间与 n 维射影空间，张量积与外代数。本书每个章节都安排了相当数量的习题作为课外练习或习题课上选用，其中的计算题在书末附有答案，较难的题则有提示。

本书可作为综合大学、高等师范院校数学系、力学系、应用数学系大学生高等代数课程的教材或教学参考书；对于青年教师、数学工作者，本书也是很好的教学参考书或学习用书。**本书有配套的学习辅导书《高等代数学习指南》(书号：ISBN 978-7-301-12905-0)，供读者参考。**

作 者 简 介

蓝以中　北京大学数学科学学院教授。1963 年毕业于北京大学数学力学系，长期从事代数学和数论的科学研究和教学工作。

北京大学数学教学系列丛书

高等代数简明教程

（上 册）

（第 三 版）

蓝以中 编著

图书在版编目（CIP）数据

高等代数简明教程．上册 / 蓝以中编著．—3 版．—北京：北京大学出版社，2023.8

（北京大学数学教学系列丛书）

ISBN 978-7-301-34223-7

Ⅰ．①高… Ⅱ．①蓝… Ⅲ．①高等代数－高等学校－教材 Ⅳ．①O15

中国国家版本馆 CIP 数据核字（2023）第 130088 号

书　　名：高等代数简明教程（上册）（第三版）
GAODENG DAISHU JIANMING JIAOCHENG (SHANGCE)（DI-SAN BAN）

著作责任者　蓝以中　编著

责任编辑　尹照原

标准书号　ISBN 978-7-301-34223-7

出版发行　北京大学出版社

地　　址　北京市海淀区成府路 205 号　100871

网　　址　http://www.pup.cn

电子信箱　zpup@pup.cn

新浪微博　@北京大学出版社

电　　话　邮购部 010-62752015　发行部 010-62750672
编辑部 010-62752021

印 刷 者　三河市博文印刷有限公司

经 销 者　新华书店

880 毫米×1230 毫米　A5　13.25 印张　400 千字

2002 年 8 月第 1 版　2007 年 7 月第 2 版

2023 年 8 月第 3 版　2023 年 8 月第 1 次印刷

定　　价　55.00 元

序　言

北京大学数学科学学院（及其前身数学力学系、数学系和概率统计系）历来重视教学工作，积极吸收、借鉴先进思想和方法，不断探索人才培养的新途径、新模式，始终秉持“加强基础、重视应用、因材施教、分流培养”的理念，为全体学生提供良好的学习条件和多种成长途径，让更多学生更快成长起来。过去二十年间，北京大学数学科学学院为精简学分而减少学时；为减小班级规模而分班授课，同一门课程由多位教师独立执教；为培养拔尖人才，又以实验班为名相继开设荣誉课程。多措并举，人勤天助，北大数学涌现出以“黄金一代”为代表的大批数学新人，教学成效也获得同行鼓励和相关部门的奖励。

在长期教学实践中，许多教师为更好辅助教学工作而动手自编讲义，几经教学实践调整打磨，斟酌修改成书，由北京大学出版社陆续出版，汇编为“北京大学数学教学系列丛书”，累计达三十余种。所出版的教材，既是课程建设成果的主要标志，又可脱离课堂教学而独立存世。因为不受讲课时间限制，教材内容可以更丰富完备，充分体现作者的学识修养和表达功力。许多学生通过阅读教材而无师自通，更多学生通过预习、复习教材而深刻理解与掌握所学知识。

目前，“北京大学数学教学系列丛书”基本满足了北京大学数学科学学院教学工作所需，也为国内许多高校所采用。然而，教材作为一门学科的入门书籍，前后内容的联系，例题与习题的选配，乃至遣词造句、外语汉译、符号标点使用，都对学生有潜移默化的培养功效。以更高标准来衡量，大部分教材尚需时间来检验、完善。虽然数学课程的内容是相对稳定的，而教学方式却会与时俱进。相较于二三十年前相对统一的课程教学，如今教学中个性因素增大了。不同教师按照同样的教学大纲教授同一门课程，内容取舍可以相差很大；同样一门课程，放在大学二年级还是三年级讲授，进度快慢也会相差很远。此外，由于我们开展研究生教育时间相对较短，所需教材还有很多空白，需要出版更多高水平的研究生教材，以减少对国外教材的依赖。这些都要求我们继续努力，不断推陈出新，百花齐放，这也是“北京大学数学教学系列丛书”二期的出版任务。

百余年前，蔡元培主导大学教育时期，就将教材出版作为中国现代大学教育的一项基础性工程，由国人自己编撰大学教材以取代外国人的讲义，革新旧式教材，并亲自示范与推动，对中国大学学术本土化起到了根本性作用。党的二十大报告指出，教育、科技、人才是全面建设社会主义现代化国家的基础性、战略性支撑。北京大学数学科学学院不忘立德树人初心，牢记为国育才使命，提高国家的“元实力”；与时俱进，守正创新，继承百年实践所形成的优秀传统，全面提高人才自主培养质量，着力造就拔尖创新人才，为加快建设教育强国、科技强国、人才强国做出更大贡献。我相信，在这一伟大奋斗进程中，我们必将奉献更多优秀的教材，努力实现高层次创新人才辈出的新格局。

陈大岳

2023 年 5 月 29 日

于北京大学

第三版前言

高等代数课程包含两方面的内容：一是线性代数，二是多项式环.

线性代数就是线性空间的理论，线性空间是最基本、最具典型性、应用最为广泛的代数系统，它集中体现了代数学的基本思想和基本方法. 作为代数学的入门课程，应围绕线性空间这一主题来展开. 本教程在以下三个方面对传统教材做了改进.

第一是关于行列式的论述，传统教材一般以行列式的完全展开式为中心来展开，但行列式的展开式较为复杂，学生难以领会，且离线性空间这一主题较远，给人以别开一段的感觉. 行列式的实质是：它是数域 K 上全体 n 阶方阵所成的线性空间 $M_n(K)$ 上的一个反对称列（行）线性函数（加上规一化条件，即在单位矩阵处取值 1），在几何上，它是三维几何空间中平行六面体的有向体积的推广. 本教材以此为中心来展开行列式理论，使学生能深刻地意识行列式的本质，对它有简洁、清楚的认识.

第二，传统教材分门别类地论述二次型、欧几里得空间、酉空间、准欧几里得空间（它最典型的例子是在狭义相对论中起重要作用的四维时空空间）、辛空间. 本教材把这些内容统一在线性空间的对称双线性函数（或厄米特双线性函数）、反对称双线性函数的理论中，使其前后连贯，更加简明易懂.

第三，关于线性变换或矩阵的若尔当标准形，传统教材一般使用 λ-矩阵进行讨论，这已经进入代数学中一个比较专门的课题，即主理想整环上有限生成模的结构（参看 N. Jacobson：Basic Algebra I, Ch. 3），本教材利用线性空间中子空间和商空间的理论就完满地解决了这一问题，同时为代数学中利用子系统和商系统来研究一个代数系统的各种问题提供了一个完满的例子，使学生较充分地认识代数学的普遍性的思想和方法，也为进一步学习抽象代数做准备.

现在这个第三版是对第二版做了一次全面的修订，尤其是前几年已经对第三章行列式做了大的修改，其目的是使本教材更加贴切教学实际，更加利于学生自学. 诚恳地希望读者给予批评指正.

作　者

2023 年 5 月

于北京大学

第二版前言

根据数学史记载，大约在公元 825 年已经出现了代数学的专门著作。在这以后的一千多年时间内，代数学始终处在蓬蓬勃勃的发展之中。许多杰出的数学家，例如欧拉、高斯、伽罗瓦、希尔伯特、诺特等贡献了他们的聪明才智，做出了辉煌灿烂的成果。在近代，代数学作为数学科学的主要理论分支之一，更是被大力研讨，丰硕的理论成果如江河之水奔泻直下，令人目不暇接。代数学无疑是人类宝贵的文化宝库中的一枝奇葩。一个刚刚步入人生旅程的青年，必须尽可能多和尽可能扎实地从人类文化宝库中吸取营养，才有可能创新立业。这也就是他们必须经历小学、中学和大学的长时间的学习的缘故。而在中外一切大学的数学教育中，代数学都是一门主要课程。这就是说，大学的代数学教学，应当把代数学一千多年发展中形成的精华传授给青年学生，用老一辈数学家创立的学说来武装青年一代的头脑。但是，在从事这项工作时却必须掌握好分寸。内容过深，大多数学生无法接受，自然不可行。而内容过浅，课堂上只讲授一些概念和粗浅的命题，避开较为深刻的内容，学生没有接触到代数学中的精华，没有接受较严格的教育和训练，他们的素质和能力没有得到应有的提高，那就没有达到本课程教学的基本要求。这就是像华罗庚先生所说的，入宝山而空返。这个问题是本教程编写中反复斟酌的问题。作者掌握的原则是：书中既包含代数学基础理论中较为深刻的、富有启迪意义的精彩成果，使它在理论上达到应有的高度，符合现代科学技术发展的要求，同时，又让本书的内容和习题对于确实掌握中学教学计划规定的全部内容，进入大学后又能认真、扎实地学习的学生都能接受，能掌握。这也是本教程此次修订中进一步着重考虑的问题。

代数学是研究“运算”的科学。在 19 世纪中叶之前，代数学研究的是复数及其加、减、乘、除四则运算，核心问题是各种代数方程的求解和根的分布。这些研究的成果进入学校教学中，在中学是讲授二、三元一次联立方程组和一元一、二次代数方程，这应称为“初等代数”。进入大学后则讲授一般的多元线性方程组和一元高次代数方程，这在经典代数学中算是高深的学问了，因此这课程被称为“Higher Algebra”，译成中文就是“高等代数”。在伽罗瓦的工作问世之后，人们逐渐认识到，把研究领域局限在复数范围无异于作茧自缚。实际上我们面对的是形形色色、缤纷多彩的世界，其中存在着各种各样的运算形式，它们都应当是代数学的研究对象。人们发现，单纯研讨这些运算的理论时，运算对象的具体背景和运算的具体内涵无关紧要，真正起作用的是它们所满足的运算法则，于是形成了抽象代数系统的理论。代数学的这些思想对于初入大学的青年是陌生的，他们在中学中接触的都是数的运算，脑子里已经形成一个观念，认为做运算的都应当是数。现在要学习的竟是一个抽象集合内的抽象运算，而且仅以几条简单的运算法则为基础就能构建起一座富丽堂皇的大厦，不少人对此迷惑不解，产生畏惧心理。有些代数学教科书又片面追求逻辑的完美，忽视人的认识规律，未经任何准备就把抽象代数学的概念硬性灌输给学生，更加大了学习的难度。因此，在高等代数课程的教学过程中历来存在诸多难点。克服学生的畏惧心理和摒弃违反教育学基本原则的教学方法，是高等代数教学中面临的一个重要课题。这个课题正是本教程着力解决的又一个关键性问题。例如，本书的重点研究对象是线性空间，这是一类最初等然而极具典型性的抽象代数系统。为了让学生从中学的初等代数知识较顺利地过渡到这个抽象代数系统，本书设计了三个阶梯。首先，从二、三元一次联立方程组前进到 m 个方程 n 个未知量的一般线性方程组，在理论上提高了一个层次，但还是停留在数的运算的领域。其次，从线性方程组引导出 m 维向量空间和矩阵，这又上升了一个层次，已经摆脱了数的限制，进入了非数的向量和矩阵的运算，但运算对象和运算方法却是具体的。在这过程中强调指出：运算对象和运算方法的具体内涵是非本质的，关键是它们所满足的运算法则。此次修订中又进一步阐明矩阵是刻画向量空间之间的线性映射的工具。在做了这一系列准备之后，最后才上升到抽象线性空间和线性变换。这个例子中体现的由浅入深，由具体到抽象，由直观分析到理性思维，逐步过渡的方法贯穿于本教程全书。多年教学实践证明，本教程采取的这些措施不但化解了教学中的难点，而且使学生加深了对代数学基本思想的理解。这些知识都是前辈数学家智慧的结晶，它们也为从事科学工作提供了极好的范例。这对学生未来的工作与学习都将产生深刻的影响。

本书每小节后附有足够数量的习题，此次修订中又做了补充。每节的习题按难易程度依次排列。排在前面的是基本题，其任务是帮助学生检查对课程内容理解的程度。只要确实掌握了该部分课文的知识，做这些题不会有大的困难。反过来说，如果这些基本题不会做，那就没有达到该部分的基本要求，就应抓紧复习课文的内容，找出不足之处加以补充订正。排在较后面的是提高题，其目的是指导学生灵活运用所学的知识去分析问题，寻找解决问题的方法，有一定的难度。但它是学生提高自己能力必须经历的过程，应当尽可能多地接受这方面的训练。做这些题可以激励学生勇于思考创新，经过对该题涉及的知识的深入思考探索，由此及彼，由表及里，最后融会贯通，这才能较扎实地用前人创造的知识武装自己。我国有一句成语，说“开卷有益”，借用这句成语的意思，我们也可以说，思考有益。学习时多动脑思考，养成习惯，终身受益。应当指出，较难的题不是每个人都能解出，但是只要认真尽力，尽管最后没有找到解决问题的途径，但在这过程中已经帮助您大大地熟悉了该部分的知识，锻炼了您的分析问题的能力，您仍然是大有收获的。所以，不必为做不出某些较难的题而气馁。

本教程自编写与正式出版以来，已在北京大学数学科学学院作为本科高等代数课程的教材使用多年，取得良好的教学效果。此课程于 2004 年被评定为**国家级精品课**。本教材也先后被评为普通高等教育“十五”国家级规划教材和“十一五”国家级规划教材。现在，作者依据教学中的实际情况，再次对此书做系统的修订，以期更加适应课堂教学和学生自学的要求。据了解，目前某些地区中学不再讲授复数的知识。但是，不懂复数是无法学习高等代数课程的。所以，此次修订时在第一章起始处添加了“复数的基本知识”这一小段以作补充。在第一版的前言中曾指出，本书用代数学的基本思想作为贯穿始终的一条主干线。为了把这个思想表达得更加明晰，此次在第九章最后添加一小节，介绍群，环和域的基本概念，实际上是对前九章中阐述的代数学思想做一个总结和提高，同时又为后面学习抽象代数课程指明了方向。最后应说明，第十一章和第十二章属于较深入的知识，此次也做了必要的修订，以使其内容更易理解。是否讲授这两章的内容，要视各校的学时安排及学生的具体情况酌定。

赵春来教授和姜健飞教授根据他们教学中的实际经验对本书的修订提出了宝贵的意见，作者在此向他们表示衷心的感谢。

作　者

2006 年 12 月

于北京大学

第一版前言

高等代数是综合大学和师范院校数学院（系）本科生的三门主要必修基础课（分析，几何，代数）之一，在教学计划中属于关键性的课程. 编写一部符合现代科学发展水平的合格的高等代数教材，无疑是一项重要的工作. 在从事这项工作时，首先要解决的问题是：代数学作为数学科学的三大理论支柱之一，它的研究对象是什么？关于这一点，段学复院士于 1962 年在为范德瓦尔登的《代数学》中译本所写的序言中指出：“一百多年来，尤其是本世纪以来，随着数学的发展以及应用的需要，代数学的研究对象以及研究方法发生了巨大的变革. 一系列新的代数领域被建立起来，大大地扩充了代数学的研究范围，形成了所谓近世代数学. 它与以代数方程的根的计算与分布为研究中心的古典代数学有所不同，它是以研究数字、文字和更一般元素的代数运算的规律及各种代数结构——群、环、代数、域、格等——的性质为其中心问题的.”这里所说的观点，是中外数学家普遍认同的. 因此，它自然应当是我们编写代数学的入门课程——高等代数教材的基本指导思想. 为了使学生在两个学期的教学中对现代代数学的研究对象、基本思想和基本方法有一个初步但又清楚的认识，我们认为下列几个基本问题是在教材编写和课堂教学中必须首先解决的.

1. 什么是贯穿高等代数教学的主干线

经典代数学的研究课题是各类代数方程的求解问题. 但是很容易看出，线性方程的解本质上是向量空间和矩阵理论的一个简单的应用. 自 Galois 的理论问世以后，又使人们认识到一元高次代数方程的求根本质上是域的结构理论，特别是域扩张和域的自同构群的理论的应用. 由此人们逐渐认识到，代数的基本研究对象应当是各类代数系统及其相互关系（态射）. 高等代数作为代数学的入门课程，应当是以中学代数知识（即经典代数学中方程的求解问题）为出发点，将学生逐步引导到现代代数学的基本研究对象上来. 这应当就是贯穿高等代数课程的主干线. 具体说，就是从研究线性方程的理论入手，引导出向量空间和矩阵的基础理论，在此基础上再过渡到抽象的线性空间（一类最简单的代数系统）及其态射（线性映射，特别是线性变换）的理论. 从研究中小学中熟悉的整数理论，经过总结提高成为有理整数环，再过渡到一元与多元的多项式环. 通过高等代数课程的教学，使学生初步接受抽象代数学的基本思想，并接受抽象代数学基本方法的初步训练. 这应当是此课程教学的基本要求.

2. 在教学中如何贯彻认识论或教育学的基本原则

作为大学低年级的入门课程，其理论的阐述应当符合人的认识规律，即由浅入深，从具体到抽象，由形象直观到理性思维，例如，通过分析线性方程组结构的直观上的特点导出向量空间和矩阵及其运算的基本理论，以具体的齐次线性方程组有无非零解来导出向量组线性相关与无关的抽象概念，等等. 在学生熟悉了具体的向量空间和矩阵之后，再过渡到抽象的线性空间和线性映射理论. 通过将学生熟练掌握的整数及其运算上升到有理整数环，以具体的有理整数环为范例阐述因子分解理论及商环理论（不给出一般定义），再过渡到一个或多个不定元的多项式环. 在本教材中，我们遵循这个原则来处理各个章节中基本概念的引入及基本理论的展开.

在一些线性代数教材中，通过三维几何空间来引入一般向量空间. 这一做法有如下缺点：首先，现在高等代数与解析几何常常并列开，学生在学习线性代数前并未熟悉三维几何空间中的向量理论（仅在中学物理中知道力、速度等向量的简单概念），不能作为较踏实的出发点. 而且从教学实践看，学生学习三维几何空间的向量理论并不是很轻松就掌握的. 但更重要的一点是，从三维几何空间推广到高维空间（特别是任意数域 K 上的向量空间）是许多学生难以接受的，因为现实空间只到三维为止，他们难以理解为什么会有 n 维空间. 而从线性方程组结构来引入一般向量空间最为自然，从教学实践中看，学生易于接受. 因此，三维几何空间在本课程中应作为线性空间一个重要、直观的例子来使用，而不宜作为整个理论的出发点.

3. 在高等代数课程中，学生应受到哪些最基本的训练

除了与其他数学课程共同的基本训练（如逻辑思维能力等）之外，从高等代数课程本身的特点来看，似乎有以下几个方面是最主要的，应当贯穿课程始终的.

1）代数学基本思想的训练. 代数学具有高度抽象性和一般性. 所研究的代数系统，其元素及代数运算都未有具体内容，而仅要求满足一定的运算法则，这是概括了许多具体的客观事物的共性之后形成的非常一般的规律，从而有广泛的应用. 这种抽象思维的训练，不但在数学各个方向是需要的，在其他学科及实际工作中也都是很重要的. 这是提高学生整体素质的一个重要方面. 从事抽象思维训练，是代数学特有的优点，在本课程教学中应当紧紧抓住这一点.

2）代数学基本方法的训练. 培养学生在抽象线性空间内处理理论问题的能力. 能把较具体的问题如线性方程组、矩阵领域的问题转化为抽象线性空间和线性变换领域的问题来处理；又会把抽象领域的问题具体化（如计算线性变换特征值转化为解代数方程）. 初步学习抽象代数中普遍使用的基本方法，如线性空间的子空间的运用（在群论、环论、模论、线性结合与非结合代数中的子群、子环、子模、子代数等的应用都是这一普遍方法的体现），商空间的应用（对应于一般情况下商群、商环、商模、商代数的使用）.

3）线性代数基本计算，特别是求解线性方程组，求逆矩阵，计算行列式，求线性变换特征值与特征向量，用正交变换化实对称矩阵成对角形等数字计算的训练.

4）矩阵与多项式技巧的运用，特别是分块矩阵的使用.

5）综合运用分析、几何、代数方法处理问题的初步训练.

4. 如何处理基本理论与实际应用之间的关系

高等代数的理论知识在数学、自然科学、工程技术乃至经济、人文等领域都有广泛的应用. 在教材中适当加入一些实际应用的知识和好的例题是必要的，也有助于学生提高学习本课程的积极性和兴趣. 但它作为一年级的基础课程，仍应以基本知识和基本方法的训练为主，以期提高学生的整体素质. 在本课程中不可能也没有必要花过多的精力去研究实际问题的应用.

5. 矩阵论在本课程中处于何种地位

矩阵是重要的数学工具，有广泛的应用. 在本课程中应包含适度地使用矩阵工具（技巧）的训练. 高等代数课的基本任务是以线性空间这一简单的代数系统为例来阐述代数学的基本思想和一般性方法. 对有限维线性空间，取定一组基后可以把问题转换为具体的矩阵论课题. 但对无限维线性空间以至一般代数系统（群、环、模等）则不可能，所以矩阵论不能全面反映代数学的基本思想、方法，它不是本课程的主干线，不应占太大分量，冲击主干线. 有两点要特别提出：

1）矩阵是线性映射（变换）及双线性函数在取定基后的具体表现形式. 矩阵论的许多问题如特征值、特征向量，相抵、相似、合同等都可以在线性空间中很直观、简明地处理. N. Jacobson 在《抽象代数学・卷 2　线性代数》的序言中指出：处理矩阵论中这些核心课题，“对于抽象代数很熟练的读者无疑地会看清捷径的”. 作为数学系学生，应训练从更高观点（而不是单从计算技巧上）处理这些问题. 因此，本书从引入线性空间和线性映射（变换）之后，自始至终都从线性空间的角度（特别是分解为子空间的直和及利用商空间）来处理这些基本课题，目的就是让学生逐渐接受和熟悉代数学的基本思想和具有普遍意义的方法. 这同时也为后继课程“抽象代数”做了充分的准备. 从教学的实践看，这种做法取得了良好的效果.

2）有些领域矩阵使用很多，应由该方向在高等代数课基础上酌情补充讲授有关内容. 本课程作为低年级大学生的基础课，应侧重基础理论、基本思想、基本方法的训练，不可能包打天下，讲授后面课程需要的一切知识.

下面对本教材的框架结构做一说明. 此教材由三大部分组成.

第一部分：从线性方程组引出向量空间和矩阵，再抽象为线性空间和线性变换，然后利用双线性函数和二次型在线性空间中引入度量，最后建立度量线性空间（欧氏空间与酉空间）及其中依赖于度量的特殊线性变换的理论，可用下面框图表示其结构.

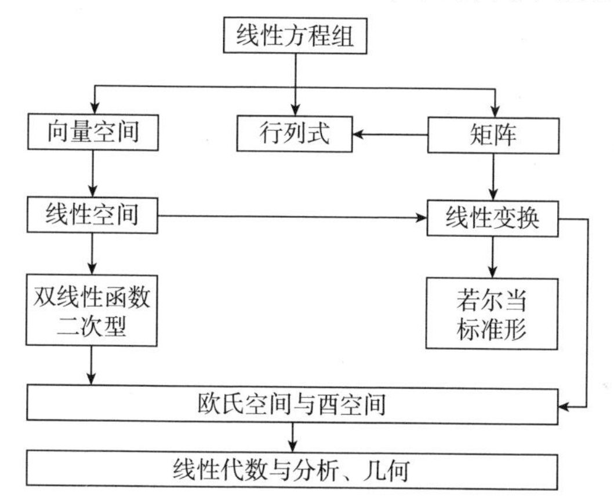

第二部分：从中小学的整数知识总结归纳为有理整数环，再用多项式与整数在运算中的共性（有加、乘两种运算，有带余除法等），说明这些运算所产生的基本理论（整除性、因子分解等）仅依赖于其满足的运算法则，从而导出不定元的抽象一元多项式环，再进一步讨论多元多项式环，图示如下：

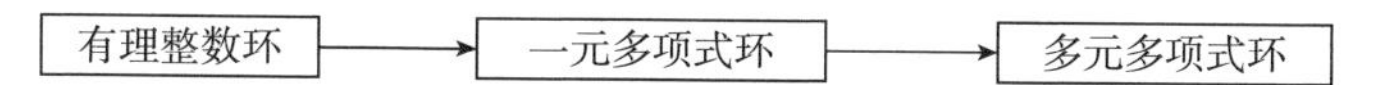

在第二部分的教学中，实际上已经形成了环，特别是多项式环的基本思想，这就为将来在抽象代数课中学习环的理论打了基础.

第三部分：线性空间的张量积与外代数.

本教材按每周课堂讲授 4 学时（另加 2 学时习题课），共两个学期，每学期 18 周安排教材内容．如果学时不足或学生程度不够，则删去教材中带 * 号的章节．在每个章节中都安排了相当数量的习题作为课外作业或在习题课上选用，其中的计算题在书后附有答案，较难的题则有提示．

本教材在编写过程中得到北京大学数学科学学院领导的大力支持．院长张继平教授邀请学院中长期从事代数学科研与教学工作的徐明曜、赵春来、王杰、方新贵几位教授对教材编写的总体设想及大纲做了细致的讨论，提出了许多宝贵的意见．徐明曜、王杰两位教授把他们过去使用过的部分讲义提供给编者参考．赵春来教授对教材进行了细心的审阅，提出了许多中肯的修改意见．特别是，学院领导邀请著名数学家项武义教授前来北京大学就高等代数教学的改革问题进行了多次座谈与讨论，使编者从中得到许多启发．编者在此向他们表示诚挚的感谢．

本教材编写自始至终都得到北京大学出版社刘勇同志的热情支持．北京高新特激光照排中心唐开宇同志为本教材的排版及多次修改付出了辛勤的劳动，在此一并致谢．

编　者

2001 年 12 月

于北京大学

目　录

第一章 代数学的经典课题

引 言

代数学是一个历史悠久的数学分支,它有着十分广泛的应用领域. 从本来的意义上说,代数学研究数和它的加、减、乘、除四则运算(统称代数运算). 因此,代数学的知识渗透到人类的生产实践、社会实践以至日常生活的一切领域. 它的基本知识是每个人都需要具备的. 从小学到中学的 12 年启蒙或普及教育中,代数是贯穿始终的一门主课. 从中学毕业出来的青年学生,已经对数及其四则运算有了丰富的感性认识和初步的理论知识.

但是,在这个人人熟悉的,粗看起来似乎颇为简单的领域中,其实蕴涵着十分丰富、十分深奥的知识. 其中许多课题至今仍然远远没有被人们弄清楚. 举一个典型的例子:大约在 1637 年,法国数学家费马(Fermat)断言,对于大于 2 的整数 n,三个未知量 x,y,z 的代数方程 $x^n+y^n=z^n$ 没有正整数解. 这个问题中,只牵涉到正整数的加法与乘法(乘方)运算,可说是再简单不过了,具有初中一年级代数知识的人都能看明白. 但是它历经 350 余年,无数第一流的数学家为之绞尽脑汁,才于 1994 年被普林斯顿大学的数学家怀尔斯(Wiles)使用现代最深奥的数学理论得出解答. 这一例子说明,植根于数及其四则运算的理论这一片沃土上的代数学,在经过漫长的发展过程之后,无疑已成为一个内容十分丰硕的理论学科.

高等代数是代数学的入门课程,它的任务是阐述代数学的一些基础知识,使读者了解代数学的研究对象,初步掌握代数学的基本思想和处理问题时特有的一套基本方法. 在本教程中,我们大致从两个方面来进入这个课题.

首先,从生产实践和自然科学理论中,自然地产生了求解代数方程的问题,它就是代数学的经典课题. 例如,根据牛顿第二运动定律，物体所受的力 F，它的质量 m 和产生的加速度 a 之间存在关系 $F=ma$. 如果已知物体的质量 m 和所受的力 F，求加速度 a，这就是一元一次方程的求解问题. 又比如，一个以初速 v_0 在水平面上做匀加速运动的物体，它的加速度 a，运动时间 t 和移动的距离 S 满足

$$S=v_0t+\frac{1}{2}at^2.$$

如果已知 S，v_0，a，求运动时间 t，这就是求一元二次方程的根. 数学史表明，早在中世纪人们就已经找到解一元一次、二次代数方程的一般方法. 到欧洲的文艺复兴时代，又找到一元三次、四次方程的求根公式. 但是随后数学家们就碰到难题了. 在数百年时间内，他们苦苦寻求五次以上代数方程的求根公式，却总是遭遇失败. 直到 1832 年，法国数学家伽罗瓦(Galois)才找到了一个高次代数方程有根式解(用该方程的系数经加、减、乘、除及开方运算表示它的全部根)的判别准则，圆满地解决了高次代数方程根的理论课题. 根据伽罗瓦的理论，五次以上的一般代数方程没有求根公式. 伽罗瓦的工作中最值得注意的是，他不是局限在数的四则运算的范围内考察问题. 他跳出这个圈子，考察 n 次方程的 n 个根的某些置换所组成的集合 G，规定 G 内两个置换的“乘积”是对根的集合逐次进行这两个置换. 于是他在一个并非由数组成的集合 G 内定义了一种新的代数运算：乘法(它完全不同于数的乘法). 他发现这种乘法也具有与数的乘法相类似的某些运算法则(例如满足结合律等). 这个新的具有乘法运算的集合我们现在把它称为该高次代数方程的伽罗瓦群. 伽罗瓦证明：高次代数方程有没有根式解取决于它的伽罗瓦群的结构. 这样，人们的认识发生了一个质的飞跃，那就是为了研讨数及其代数运算中所包含的深刻规律，我们必须跳出数及其四则运算的框框，去研究一个更一般的集合及其中应有的代数运算. 这样，代数学发生了一个革命性的变化：从研究代数方程的求根这一经典课题解脱出来，变成研究一个一般的集合(其元素可以完全抽象，没有具体内容)，在其中存在一种或若干种代数运算(这种运算不同于数的四则运算，甚至可以是抽象定义的)，同时要求这些运算要满足一定的运算法则. 这样的一个体系我们称之为一个**代数系统**. 现代的代数学

的研究对象就是各种各样的代数系统以及它们之间的相互关系.

伽罗瓦的理论有相当的深度和难度,我们没有可能在高等代数这一入门课程中来讲授它.但是我们却发现,如果考察一类较简单的代数方程——多元一次代数方程组的问题,它也把我们引导到同样的领域中去.也就是说,当我们讨论多元一次代数方程组(读者在中学代数课程中已经熟知二元一次联立方程组和三元一次联立方程组)的理论问题时,我们同样发现,我们也必须跳出数及其四则运算的范畴,去研究一个由并非普通的数所组成的集合,在这个集合的元素之间也存在某些运算并满足相应的运算法则,它们于是也成为一种代数系统,而多元一次联立代数方程组的理论课题也由这个代数系统的理论完满解决.这样,它就把我们引导到现代代数学的殿堂之中.这就是本书所要着重讨论的**线性代数**理论.

现在我们来阐述从数及其四则运算的理论进入现代代数学的另一条途径.我们知道,整数是数的系统中最简单又是最基本的一类数.如果考察全体整数所成的集合 Z,那么,在 Z 内可以做加法、减法和乘法,但除法却不是总可以进行.于是要讨论用一个非零整数 a 去除另一个整数 b 时,何时商 $\frac{b}{a}$ 还是一个整数,这就产生了 Z 内的整除理论,随之又产生了因子分解理论.与此同时,在讨论高次代数方程时,需要考察全体多项式(一般形式可表示为 $a_0x^n+a_1x^{n-1}+\cdots+a_{n-1}x+a_n$)所组成的集合 P,在这个集合内同样可以做多项式的加法、减法和乘法,但除法却不是总可以进行.于是同样要讨论何时用一个非零多项式 $f(x)$ 去除另一个多项式 $g(x)$ 可以除尽的问题.这就是多项式集合 P 内的整除理论.当然,随之而来的是 P 内的因子分解理论.Z 和 P 是两个元素完全不同的集合,其中的加法、减法、乘法的具体内容也完全不同.但我们发现,这些代数运算满足相同的运算法则.而且,在这两个集合内研究的理论课题和所得的结果也是惊人的相似.这就启发我们:可以研究一个一般的集合,其中的元素可以做加法运算及其逆运算减法,又可以做乘法运算(但不一定能做逆运算除法),同时这两种运算满足一定运算法则(类似于整数,多项式的加法、乘法所满足的基本运算法则).这样,我们又把研究的课题归纳到前面提到的代数系统中来. 这可谓殊途同归.

综上所述,高等代数课程的任务,就是要以中小学课程中阐述的数及其四则运算的初等理论以及由之产生的各类代数方程的初等理论为基础,从理论上提升一步,引导读者进入现代代数学的研究领域——各类代数系统及其相互关系的理论,使读者对于代数学的基本思想和基本方法有一个初步的了解. 希望读者对于本课程的这一基本任务有一个整体和清楚的认识,以便在整个课程学习中处于高屋建瓴的地位.

§1　若干准备知识

1. 复数的基本知识

读者在中学里已熟知实数的基本知识,现在我们从理论上对它们做一概括.

令 $\mathbb{R}$ 代表全体实数所组成的集合. 我们已知的知识有下面几个方面:

1) 实数有加法运算,两个实数 a,b 相加 $a+b$ 仍是一个实数.

2) 实数有乘法运算,两个实数 a,b 相乘 ab 仍是一个实数.

3) 实数的加法、乘法运算满足下面的运算法则:

(i) 加法满足结合律,即对任意实数 a,b,c,有
$$a+(b+c)=(a+b)+c;$$
(ii) 加法满足交换律,即对任意实数 a,b,有 $a+b=b+a$;

(iii) 存在实数 0,使对任意实数 a,有 $0+a=a$;

(iv) 对任意实数 a,存在实数 b,使 $b+a=0$;

(v) 实数乘法满足结合律,即对任意实数 a,b,c,有
$$a(bc)=(ab)c;$$
(vi) 实数乘法满足交换律,即对任意实数 a,b,有 $ab=ba$;

(vii) 存在实数 1,使对一切非零实数 a,有 $1a=a$;

(viii) 对任意非零实数 a,存在实数 b,使得 $ba=1$;

(ix) 加法与乘法之间有分配律,即对任意实数 a,b,c,有

$$(a+b)c=ac+bc.$$

上面所列九条,是实数理论的基础,我们关于实数运算的所有其他知识,都可以从上述九条经过逻辑推理推导出来,而不必顾及加法、乘法的具体含义. 下面举几个例子.

例 1.1 对实数 a,满足法则(iv)的实数 b 是唯一的.

证 设有实数 c 也满足 $c+a=0$. 依次运用前四条法则,我们有

$$\begin{aligned} c &= 0+c=(b+a)+c=b+(a+c)=b+(c+a) \\ &= b+0=0+b=b. \quad \blacksquare \end{aligned}$$

因此,我们把满足法则(iv)的唯一实数 b(它由 a 唯一决定)记为 $-a$,称为 a 的负数. 对任意实数 a,b,我们定义 $a-b=a+(-b)$,称之为实数的减法运算. 由此知道,实数的减法运算实际上也是加法运算.

例 1.2 对任意实数 a,有 $0a=0$.

证 按法则(iv),存在实数 b,使 $b+0a=0$. 使用上述九条法则,我们有

$$\begin{aligned} 0a &= 0+0a=(b+0a)+0a=b+(0a+0a) \\ &= b+((0+0)a)=b+0a=0. \quad \blacksquare \end{aligned}$$

例 1.3 对非零实数 a,满足法则(viii)的实数 b 是唯一的.

证 设有实数 c 也满足 $ca=1$. 从例 1.2 可知 c 非零,按法则(vii),我们有

$$c=1c=(ba)c=b(ac)=b(ca)=b1=1b=b. \quad \blacksquare$$

因此,我们把满足法则(viii)的唯一实数 b(它由非零实数 a 唯一决定)记为 $1/a$,称为 a 的倒数或逆. 对任意实数 a 及非零实数 b,定义 $a/b=a(1/b)$,称为实数的除法运算. 由此知道,除法运算实际上也是乘法运算.

众所周知,实数理论在科学技术领域起着基本的作用. 但是,人们也早就认识到单有实数理论是远远不够的. 例如最简单的二次方程 $x^2+1=0$ 在实数范围内就无解. 因此,应当把实数系扩充为一个更大的数系. 但是,在历史上这个扩充却历经长时间的磨难. 因为,在人们的脑子中,数是客观存在的事物的量度,例如描述线段的长度,几何图形的面积,物体运动的速度、加速度,等等. 停留在这种原

始、朴素的初等认识上，实数系确实无法进一步扩充．但是如果我们站在高一级的层次上从理论上来看待问题，那就大不相同．就是说，我们按照上面所说，把全体实数看作一个集合 $\mathbb{R}$，其中元素存在加法和乘法运算，这两种运算满足前述九条运算法则，那么，实数系的扩充就容易理解了．我们只要找出一个大于 $\mathbb{R}$ 的集合，其中的元素也定义了加法、乘法运算，而且这两种运算也满足九条运算法则，那我们就可以证明实数系的所有只与加法、乘法运算有关的知识都可扩充到这个新集合中来，这样，实数系的扩充就实现了．

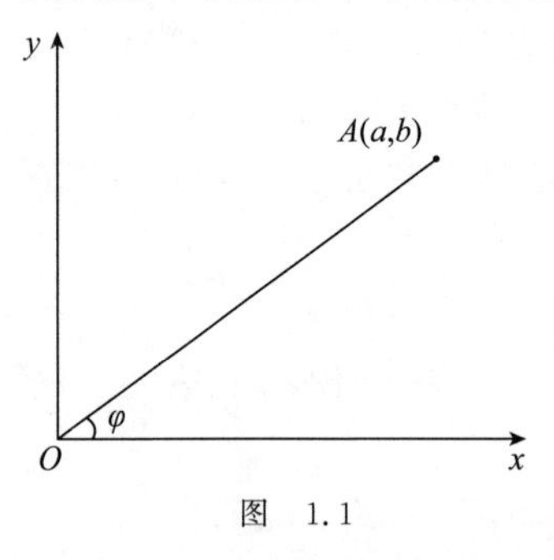

图　1.1

下面我们借助几何直观进行具体的讨论．读者熟知，实数系可以用平面上一根数轴来表示，集合 $\mathbb{R}$ 中的实数与数轴上的点一一对应．由此很容易想到，要扩充 $\mathbb{R}$，自然是考察全体平面上的点，让平面上的点代表新数系中的数．现取定平面上一个直角坐标系 Oxy（图 1.1），让 Ox 轴代表实数轴，坐标原点 O 代表实数 0．让平面上一个坐标为(a,b)的点 A 代表新数系的一个数，记作 $a+b\mathrm{i}$．如果 $b=0$，那么 A 点落在 Ox 轴上，它就是一个实数，即 $a+0\mathrm{i}=a$．如果 $a=0$，那么 A 点落在 Oy 轴上，写成 $0+b\mathrm{i}=b\mathrm{i}$．如果 $a=0,b=1$，就写成 $0+1\mathrm{i}=\mathrm{i}$．现在我们得到一个新集合

$$C=\{a+b\mathrm{i}\mid a,b\text{ 取所有实数}\}.$$

按照上面的解释，集合 C 包含实数集合 $\mathbb{R}$．我们在 C 的元素间定义**加法**和**乘法**如下：

$$(a+b\mathrm{i})+(c+d\mathrm{i})=(a+c)+(b+d)\mathrm{i},$$

$$(a+b\mathrm{i})(c+d\mathrm{i})=(ac-bd)+(ad+bc)\mathrm{i}.$$

很显然，上面式子中，如果 $b=d=0$，那就是我们已经熟知的实数加法和乘法．所以 C 中新定义的加法、乘法是实数加法、乘法的扩充．现在 $a+b\mathrm{i}$ 可以看作 $a=a+0\mathrm{i}$ 和 $b\mathrm{i}=0+b\mathrm{i}$ 相加，而 $b\mathrm{i}$ 可以看作 $b=b+0\mathrm{i}$ 和 $\mathrm{i}=0+1\mathrm{i}$ 相乘．

经过简单的计算就可以验证，上面定义的 C 内的加法、乘法确实满足前面列举出的九条运算法则. 于是,我们可以证明实数的各种运算规律在 C 内也完全适用. 特别指出:满足法则(iii)的零元素是实数 $0=0+0\mathrm{i}$,满足法则(vii)的是实数 $1=1+0\mathrm{i}$. 因为 $[(-a)+(-b)\mathrm{i}]+(a+b\mathrm{i})=0$,故 $a+b\mathrm{i}$ 的**负数** $-(a+b\mathrm{i})$ 是 $(-a)+(-b)\mathrm{i}$,于是 C 内的**减法**是

$$\begin{aligned}(a+b\mathrm{i})-(c+d\mathrm{i})&=(a+b\mathrm{i})+[-(c+d\mathrm{i})]\\&=(a+b\mathrm{i})+[(-c)+(-d)\mathrm{i}]\\&=(a-c)+(b-d)\mathrm{i}.\end{aligned}$$

由此知 $a+(-b)\mathrm{i}=a-b\mathrm{i}$. 因为 $(a+b\mathrm{i})(a-b\mathrm{i})=a^2+b^2$ 是一个实数,当 $a+b\mathrm{i}$ 非 0 时,我们有

$$\frac{1}{a^2+b^2}(a-b\mathrm{i})(a+b\mathrm{i})=1.$$

因此,我们定义 $a+b\mathrm{i}$ 的**倒数**或**逆**是

$$\frac{1}{a+b\mathrm{i}}=\frac{1}{a^2+b^2}(a-b\mathrm{i})=\frac{a-b\mathrm{i}}{a^2+b^2},$$

于是 C 内的**除法**是(设 $c+d\mathrm{i}\neq 0$)

$$\frac{a+b\mathrm{i}}{c+d\mathrm{i}}=(a+b\mathrm{i})\frac{1}{c+d\mathrm{i}}=(a+b\mathrm{i})\frac{c-d\mathrm{i}}{c^2+d^2}.$$

C 内的数 $a+b\mathrm{i}$ 称为**复数**,a 称为该复数的**实部**,而 $b\mathrm{i}$ 称为它的**虚部**,b 称为**虚部系数**. 显然,$a+b\mathrm{i}$ 是实数当且仅当 $b=0$. 如果 $a=0$,$b\mathrm{i}$ 称为**纯虚数**,它位于 Oy 轴上,因此,我们把 Oy 轴称为**虚轴**. 我们又有 $\mathrm{i}^2=-1$,因而可以写 $\mathrm{i}=\sqrt{(-1)}$. i 称为**虚单位**. C 称为**复数系**. 用来描述复数系的平面称为**复平面**,其中每个点代表一个复数. 今后,在 C 内做各种运算时,可以像中学代数中做代数式运算那样,只是要把出现的 i^2 换成 -1. 复数 $a+b\mathrm{i}$ 可以看作实数 a 与纯虚数 $b\mathrm{i}$ 相加,而 $b\mathrm{i}$ 可看作实数 b 与虚单位 i 相乘,从而 $b\mathrm{i}=\mathrm{i}b$,$a+b\mathrm{i}=a+\mathrm{i}b$.

给定复数 $\alpha=a+b\mathrm{i}$,$a-b\mathrm{i}$ 称为 α 的**共轭复数**,我们通常用 α 上加一横杠表示,即 $\bar{\alpha}=a-b\mathrm{i}$. 显然 α 是实数当且仅当 α 与其共轭复数相等. 又易知:两个复数 α,β 之和 $\alpha+\beta$ 的共轭复数是 α 的共轭复数和 β 的共轭复数之和,而 $\alpha\beta$ 的共轭复数是 α 的共轭复数和 β 的共

轭复数的乘积,即 $\overline{\alpha+\beta}=\bar{\alpha}+\bar{\beta},\overline{\alpha\beta}=\bar{\alpha}\bar{\beta}$. 因为当 $c+d\mathrm{i}\neq 0$ 时,必然有$(c+d\mathrm{i})(c-d\mathrm{i})=c^2+d^2\neq 0$,上面定义的复数除法实际上就是把分子分母同乘以分母 $c+d\mathrm{i}$ 的共轭复数 $c-d\mathrm{i}$,从而将分母变成实数.

在数轴上,代表实数 a 的点到坐标原点 O 的距离称为 a 的绝对值,记作$|a|$. 把这个概念推广到复数上来. 平面上代表复数$\alpha=a+b\mathrm{i}$ 的点 A 到坐标原点 O 的距离(线段 OA 的长度)$\sqrt{(a^2+b^2)}$ 也称为 $\alpha=a+b\mathrm{i}$ 的**绝对值**或**模**,记作$|\alpha|$. 易知,对两个复数 α,β,我们有$|\alpha\beta|=|\alpha||\beta|$,$|\alpha+\beta|\leqslant|\alpha|+|\beta|$(利用三角形两边之和大于或等于第三边). 将 Ox 轴正方向沿逆时针方向旋转到直线OA 的旋转角 φ 称为复数$\alpha=a+b\mathrm{i}$ 的**辐角**. 辐角的值不是唯一确定的,可以加上 2π 的任意整数倍. 因为 $a=|\alpha|\cos\varphi,b=|\alpha|\sin\varphi$,故有

$$\alpha=a+b\mathrm{i}=|\alpha|(\cos\varphi+\mathrm{i}\sin\varphi),$$

上式称为复数的**三角表示**. 如果又有复数

$$\beta=c+d\mathrm{i}=|\beta|(\cos\psi+\mathrm{i}\sin\psi),$$

那么

$$\begin{aligned}\alpha\beta&=|\alpha||\beta|(\cos\varphi+\mathrm{i}\sin\varphi)(\cos\psi+\mathrm{i}\sin\psi)\\&=|\alpha||\beta|[(\cos\varphi\cos\psi-\sin\varphi\sin\psi)+(\sin\varphi\cos\psi+\cos\varphi\sin\psi)\mathrm{i}]\\&=|\alpha||\beta|[\cos(\varphi+\psi)+\mathrm{i}\sin(\varphi+\psi)].\end{aligned}$$

上式表示,两个复数相乘时,其模为这两个复数的模相乘,其辐角相加(因为三角函数以 2π 为周期,故把相差 2π 的整数倍的角认为是相同的). 令

$$e^{\mathrm{i}\varphi}=\cos\varphi+\mathrm{i}\sin\varphi,$$

上式表示的复数模为 1,因而位于以坐标原点 O 为中心的单位圆上,其辐角为 φ. 于是

$$e^{\mathrm{i}\varphi}e^{\mathrm{i}\psi}=e^{\mathrm{i}(\varphi+\psi)}.$$

给定正整数 n,考察下列 n 个复数

$$e^{\frac{2k\pi}{n}\mathrm{i}}=\cos\frac{2k\pi}{n}+\mathrm{i}\sin\frac{2k\pi}{n},$$

其中 $k=0,1,2,\cdots,n-1$. 这 n 个复数就是以坐标原点 O 为中心的单位圆的内接正 n 边形的 n 个顶点. 显然有

$$\left(e^{\frac{2k\pi}{n}i}\right)^n=\left(\cos\frac{2k\pi}{n}+i\sin\frac{2k\pi}{n}\right)^n=\cos 2k\pi+i\sin 2k\pi=1,$$

因此,上面 n 个复数 $e^{\frac{2k\pi}{n}i}=\cos\frac{2k\pi}{n}+i\sin\frac{2k\pi}{n}$恰为 n 次代数方程 $x^n-1=0$ 在复数系 C 内的 n 个根,称为 n **次单位根**,它们是很有用的工具,在许多问题中都会用到.

2. 数域的概念

在引言中已经指出:数及其四则运算是代数学最原始的出发点. 因此,为了后面理论的展开有一个坚实的基础,我们在这里首先要把中学里已经熟知的数的概念在理论上提高一步.

数学是一门十分严谨的科学. 它要求对每一个研究的对象都从逻辑上刻画得清楚明白,容不得半点含糊. 既然我们的研究是立足于数及其四则运算之上,那么,首先就要求对后面研讨的每一个课题究竟涉及哪些数做出明确的交代. 因此我们需要下面的概念.

定义 设 K 是某些复数所成的集合,如果 K 中至少包含一个非零复数,且 K 对复数的加、减、乘、除四则运算是封闭的,即对 K 内任意两个数 a,b(这两个数也可以相同),必有 $a\pm b\in K$,$ab\in K$,且当 $b\neq 0$ 时,$\frac{a}{b}\in K$,则称 K 为一个**数域**.

今后,如果我们所研究的某个课题仅涉及数的加、减、乘、除运算,那么我们就可以把研讨的范围局限在某个数域 K 内,而对 K 以外的数无须顾及.

下面来介绍数域的一些重要实例.

全体复数所成的集合当然是一个数域,称为**复数域**. 目前国内外通常用空体字母 $\mathbb{C}$ 表示.

设 m,n 是整数,$n\neq 0$. 我们称分数$\frac{m}{n}$为**有理数**. 容易看出全体有理数所成的集合也是一个数域,称为**有理数域**,通常用空体字母 $\mathbb{Q}$ 表示.

全体实数所成的集合也是一个数域,称为**实数域**,通常用空体字

母 $\mathbb{R}$ 表示.

注意,全体整数所成的集合不是数域,因为它对除法不封闭. 这个集合使用的频率很高,目前通常用空体字母 $\mathbb{Z}$ 表示.

但是读者切不可以为数域仅有熟知的 $\mathbb{C}$, $\mathbb{R}$, $\mathbb{Q}$ 三个. 实际上存在无穷多个不同的数域. 下面就是一个实例.

例 1.4　定义复数域 $\mathbb{C}$ 的子集

$$\mathbb{Q}(\mathrm{i})=\{a+b\mathrm{i}\mid a,b\in\mathbb{Q}\}.$$

在上面的式子中, $\mathbb{Q}(\mathrm{i})$ 只是一个集合的记号而已,目前它没有其他的含义. 右边的花括号的意思是:集合 $\mathbb{Q}(\mathrm{i})$ 的元素由所有形如 $a+b\mathrm{i}$ 的复数组成(这里 $\mathrm{i}=\sqrt{-1}$ 为虚单位),而 a,b 取所有可能的有理数. 由于 a,b 仅限于取有理数,所以集合 $\mathbb{Q}(\mathrm{i})$ 不是全体复数所成的集合,例如 $\sqrt{2}\,\mathrm{i}\notin\mathbb{Q}(\mathrm{i})$.

下面来证明 $\mathbb{Q}(\mathrm{i})$ 是一个数域. 为此,设

$$a+b\mathrm{i}\in\mathbb{Q}(\mathrm{i}),\quad c+d\mathrm{i}\in\mathbb{Q}(\mathrm{i}).$$

那么,由于 $\mathbb{Q}$ 是一个数域, $a,b,c,d\in\mathbb{Q}$,故

$$(a+b\mathrm{i})\pm(c+d\mathrm{i})=(a\pm c)+(b\pm d)\mathrm{i}\in\mathbb{Q}(\mathrm{i}),$$
$$(a+b\mathrm{i})(c+d\mathrm{i})=(ac-bd)+(bc+ad)\mathrm{i}\in\mathbb{Q}(\mathrm{i}).$$

当 $c+d\mathrm{i}\neq 0$,即 $c^2+d^2\neq 0$ 时,有

$$\frac{a+b\mathrm{i}}{c+d\mathrm{i}}=\frac{ac+bd}{c^2+d^2}+\frac{bc-ad}{c^2+d^2}\mathrm{i}\in\mathbb{Q}(\mathrm{i}).$$

这表明 $\mathbb{Q}(\mathrm{i})$ 对复数的四则运算封闭,所以它是一个数域. 它与 $\mathbb{C}$, $\mathbb{R}$, $\mathbb{Q}$ 都不相同.

命题 1.1　任意数域 K 都包括有理数域 $\mathbb{Q}$.

证　按定义, K 内至少包含一个非零的数 a. 于是 $0=a-a\in K$, $1=\frac{a}{a}\in K$. 对于任意正整数 n,有 $n=1+1+\cdots+1\in K$, $-n=0-n\in K$. 于是 $\mathbb{Z}\subseteq K$. 现设 $\frac{m}{n}$ 是一个有理数,已知 $m,n\in K$,故 $\frac{m}{n}\in K$. 于是 $\mathbb{Q}\subseteq K$. ▌

因为有理数有无穷多,根据上面的命题,任意数域内包含无穷多个数,这个事实是今后常常用到的.

3. 集合论的若干概念

读者在中学代数课程中已经学过集合论的基本知识. 但为了下面进一步学习的需要,我们还要对集合论的一些基本概念做一些阐述.

在数学中研究某个课题时,把所研究对象的全体称为一个**集合**. 给定一个集合,就要说清楚它究竟由哪些元素组成. 下面介绍定义一个集合常用的记号.

例如,在平面上取定直角坐标系 Oxy,使平面上的点和实数的二元有序数组 (x,y),即该点的坐标建立起对应关系后,以 O 点为圆心的单位圆上全体点所成的集合可用下面记号表示.

$$S=\{(x,y)\mid x,y\in\mathbb{R},\ x^2+y^2=1\}.$$

又如以 x 为变元的全体实数系数二次多项式所成的集合可以表示为

$$S=\{a_0x^2+a_1x+a_2\mid a_0,a_1,a_2\in\mathbb{R},\ a_0\neq 0\}.$$

上面两个例子都是用花括号概括一个集合的元素,中间用一竖线隔开,竖线左端为该集合元素的数学表示式,竖线右端则用文字或数学式子严格界定该元素应该满足的条件.

如果一个集合是由有限个元素组成的,那么刻画它比较简单,只要把这些元素逐一写在花括号里面就可以了. 例如前 n 个自然数所成的集合可以写成 $N=\{1,2,\cdots,n\}$.

上面所说的,是本书中刻画一个集合时使用的基本方法.

不包含任何元素的集合称为**空集合**,记作 $\varnothing$. 读者应注意,空集合并非由数 0 组成的集合,由数 0 组成的集合 $\{0\}$ 含有一个元素,不是空集合.

给定两个集合 A,B,我们需要讨论它们的相互关系. 下面两方面的知识是本书中常用的,读者必须十分熟练地掌握.

1) 如果 A 的元素都包含在 B 中,则称 A 是 B 的**子集**或 B **包含** A,记作 $A\subseteq B$. 如果 A 与 B 的元素完全相同,则称 A 与 B **相等**,记作 $A=B$. 显然它与 $A\subseteq B$ 且 $B\subseteq A$ 是等价的. 今后我们常需证明两个集合相等,在这种情况下,就是要证明它们有双方面的互相包含关系(不能只证明单方面的包含关系). 如果 $A\subseteq B$ 但 $A\neq B$(也就

是 B 不包含在 A 中，记成 $B \not\subseteq A$），则称 A 是 B 的**真子集**，记作 $A \subset B$. 空集认为是任何集合的子集.

A 与 B 的公共元素所组成的集合称为 A 与 B 的**交集**，记作 $A \cap B$. 显然，$A \cap B \subseteq A$，$A \cap B \subseteq B$. 如果 A 与 B 没有公共元素，则 $A \cap B = \varnothing$（注意现在不是 $A \cap B = \{0\}$）. 如果 $A \subseteq B$，则 $A \cap B = A$.

把 A 与 B 中的元素合并在一起组成的集合称为 A 与 B 的**并集**，记作 $A \cup B$. 显然，$A \subseteq A \cup B$，$B \subseteq A \cup B$. 如果 $A \subseteq B$，则 $A \cup B = B$.

从集合 A 中去掉包含于 B 中的那些元素之后剩下的元素组成的集合称为 A 与 B 的**差集**，记作 $A \backslash B$.

2）设给定一个法则 f，使得对 A 中任意元素 a 都按照这个法则对应于 B 中一个唯一确定的元素，记作 $f(a)$，则称 f 是集合 A 到集合 B 的一个**映射**. 通常用下面记号表示：

$$f: A \longrightarrow B,$$
$$a \longmapsto f(a).$$

对于 A 到 B 的一个映射 g，如果对一切 $a \in A$ 都有 $g(a) = f(a)$，则称 g 与 f **相等**，记作 $g = f$.

设 $f(a) = b \in B$，b 称为 a 在 f 下的**像**，而 a 则称为 b 在 f 下的一个**原像**（它可能不是唯一的）. A 在 f 下的全体像是 B 的一个子集，称为 A 在 f 下的**像集**，记作 $f(A)$. 于是 $f(A) = \{f(a) \mid a \in A\}$.

例 1.5　设 A 与 B 都是全体正整数所成的集合. 对任意 $n \in A$，定义 $f(n) = 2n$，则 f 是 A 到 B 的一个映射.

例 1.6　设 A 是全体实数所成的集合，

$$B = \{a \in \mathbb{R} \mid -1 \leqslant a \leqslant 1\}.$$

对任意 $x \in A$，定义 $f(x) = \sin x$，则 f 是 A 到 B 的一个映射.

例 1.7　在平面上取定直角坐标系 Oxy. 令 A 为平面上全体点所成的集合，B 是全体实数的有序数组 (x, y) 所成的集合，即

$$B = \{(x, y) \mid x, y \in \mathbb{R}\}.$$

对 A 中任意点 P，若 P 在直角坐标系 Oxy 下的坐标为 (x, y)，定义

$f(P)=(x,y)$,则 f 是 A 到 B 的一个映射.

现在设 f 是集合 A 到集合 B 的一个映射. 考察下面三种情况:

1) 如果对 A 中任意两个不同的元素 a,b,$f(a)$与 $f(b)$也是 B 中两个不同元素,则称 f 是一个**单射**;

2) 如果对 B 中任一元素 b,都存在 A 中元素 a,使 $f(a)=b$,则称 f 是一个**满射**;

3) 如果 f 既是单射又是满射,则称 f 为**双射**或**一一对应**.

上面的例 1.5 是一个单射但不是满射,例 1.6 是一个满射但不是单射. 根据平面解析几何的知识,例 1.7 是一个双射或者说是一个一一对应.

如果 $A=B$,就是说,f 是集合 A 到自身的一个映射,则称 f 是集合 A 内的一个**变换**. 上面例 1.5 就是全体正整数所成的集合内的一个变换.

任何一个集合 A 内都存在一个特殊的变换,即把 A 中任意元素 a 仍变为 a,这称为 A 内的**恒等变换**,记作 id_A. 于是 $\mathrm{id}_A(a)=a$.

现在考察 A,B,C 三个集合. 设 f 是 A 到 B 的一个映射,而 g 是 B 到 C 的一个映射,则我们可以定义 A 到 C 的一个映射 h 如下:对任意 $a\in A$,定义 $h(a)=g(f(a))$,即先用 f 把 a 映射到 B 中的元素 $f(a)$,再经 g 将 B 中元素 $f(a)$映射为 C 中元素 $g(f(a))$. h 称为 g 与 f 的**乘积**,记作 $h=gf$. 这可用下图简单地表示:

$$\begin{aligned} h: A &\xrightarrow{f} B \xrightarrow{g} C, \\ a &\longmapsto f(a) \longmapsto g(f(a)). \end{aligned}$$

从上面的定义立即看出,不是任意两个映射都可以做乘法,仅当 f 的终点 B 为 g 的起点时,乘积 gf 才有意义. 但是如果 $A=B=C$,即 f 和 g 都是同一个集合 A 内的变换,那么 f 和 g 总可以按上面的定义做乘法运算. 一个集合 A 内两个变换的乘法是数学中一个重要的工具,也是本课程中要重点研讨的内容之一,读者必须给予充分的注意.

命题 1.2 给定集合 A,B,C,D 间的映射 f,g,h 如下图所示:

$$A \xrightarrow{f} B \xrightarrow{g} C \xrightarrow{h} D,$$

则有 $h(gf)=(hg)f$,即集合映射的乘法满足结合律.

证 显然,$h(gf)$和$(hg)f$ 都是A 到D 的映射. 对一切 $a\in A$,我们有

$$(h(gf))(a)=h((gf)(a))=h(g(f(a))),$$

$$((hg)f)(a)=(hg)(f(a))=h(g(f(a))).$$

由此即得 $h(gf)=(hg)f$. ▌

今后我们将 $h(gf)$或$(hg)f$ 统一写成hgf.

现在设 f 是A 到B 的一个映射. 如果存在 B 到A 的映射g,使 $gf=\mathrm{id}_A$,$fg=\mathrm{id}_B$,则称 f 是一个**可逆映射**,而 g 称为 f 的一个**逆映射**. 具体说,f 和 g 存在如下两方面的关系:

1) 对于A 中任意元素a,若 $f(a)=b\in B$,则 g 正好把b 映射为A 中原来的元素a,亦即有 $g(f(a))=a=\mathrm{id}_A(a)$,或者按照映射的乘积记号写成 $gf=\mathrm{id}_A$;

2) 对于 B 中任意元素b,若 $g(b)=a\in A$,则 f 正好把a 映射为B 中原来的元素b,亦即有 $f(g(b))=b=\mathrm{id}_B(b)$,或者按照映射的乘积记号写成 $fg=\mathrm{id}_B$.

注意,逆映射的概念必须包含上面所述的两个方面,单有其中 1)或 2)之一成立是不够的.

容易看出,如果 f 是可逆映射,则其逆映射 g 是唯一决定的,我们今后把 g 记为 f^{-1}(读作"f 逆").

命题 1.3 设 f 是集合A 到集合B 的一个映射. 如果 f 是双射,则 f 可逆;反之,若 f 可逆,则 f 是一个双射.

证 先证明当 f 是双射时它是可逆的.

因为 f 是满射,所以对任意 $b\in B$,必存在 $a\in A$,使 $f(a)=b$. 又因为 f 是单射,所以满足这样条件的 A 中元素 a 是唯一确定的. 因此,我们得到一个法则 g,使对 B 中任意元素b,按此法则对应于 A 中一个唯一确定的元素 $g(b)=a$,使得 $f(a)=b$. 于是 g 为 B 到 A 的一个映射,且 $f(g(b))=b$,即 $fg=\mathrm{id}_B$. 现在对任意 $a\in A$,显

然有 $g(f(a))=a$，即 $gf=\mathrm{id}_A$，故 f 可逆，且 $f^{-1}=g$.

再证明 f 可逆时必为双射.

现设 $a_1,a_2\in A$，若 $f(a_1)=f(a_2)$，因 f 可逆，有

$$a_1=f^{-1}(f(a_1))=f^{-1}(f(a_2))=a_2,$$

这意味着当 a_1,a_2 是 A 中不同元素时，$f(a_1),f(a_2)$是 B 中不同元素，即 f 为单射.

现设 b 为 B 中任意元素. 因为 f 可逆，其逆映射 g 存在，为 B 到 A 的映射. 设 $g(b)=a\in A$，则 $f(a)=f(g(b))=\mathrm{id}_B(b)=b$. 这表明 f 为满射. ▌

4. 求和号与乘积号

前面已指出，数的加法(减法是其逆运算，实际上也可归入加法)、乘法$\left(\text{除法是其逆运算，实际上也可归入乘法，如}\dfrac{a}{b}=a\cdot\dfrac{1}{b}\right)$两种代数运算是代数学最基本的立足点(实际上也是整个数学科学的立足点之一)，所以我们要不断处理许多数的加法、乘法；为了把它们表达得简明清楚，通常用符号 $\sum$ 表示多个数连加，用符号 $\prod$ 表示多个数连乘. 设给定某个数域 K 上 n 个数 $a_1,a_2,\cdots,a_n$，我们使用如下记号：

$$a_1+a_2+\cdots+a_n=\sum_{i=1}^{n}a_i;$$

$$a_1a_2\cdots a_n=\prod_{i=1}^{n}a_i.$$

上面两个式子中，求和号 $\sum$ 和乘积号 $\prod$ 后面写一个带变动下角标 i 的记号 a_i，在 $\sum$ 和 $\prod$ 上下各加“$i=1$”“n”，以表示变动角标 i 取从 1 开始到 n 的所有自然数. 它恰好是等式左端连加或连乘的数值. 当然，也可以写成

$$\sum_{i=1}^{n}a_i=\sum_{1\leqslant i\leqslant n}a_i;\quad \prod_{i=1}^{n}a_i=\prod_{1\leqslant i\leqslant n}a_i,$$

它们表示的是同样的意思.

我们知道,

$$\lambda(a_1+a_2+\cdots+a_n)=\lambda a_1+\lambda a_2+\cdots+\lambda a_n,$$

上面式子用求和号表示就是

$$\lambda\sum_{i=1}^{n}a_i=\sum_{i=1}^{n}\lambda a_i.$$

另外,我们又有

$$(a_1+b_1)+(a_2+b_2)+\cdots+(a_n+b_n)$$
$$=(a_1+a_2+\cdots+a_n)+(b_1+b_2+\cdots+b_n).$$

上面的式子用求和号表示,就是

$$\sum_{i=1}^{n}(a_i+b_i)=\sum_{i=1}^{n}a_i+\sum_{i=1}^{n}b_i.$$

这就是使用求和号做运算时两条最基本的法则.

现在考察数域 K 上 mn 个数 $a_{ij}(i=1,2,\cdots,m;j=1,2,\cdots,n)$. 把它们依次排列如下:

$$\begin{array}{ccccccc}
a_{11}, & a_{12}, & \cdots, & a_{1n} & \longrightarrow & \sum_{j=1}^{n}a_{1j}=A_1 & \\
a_{21}, & a_{22}, & \cdots, & a_{2n} & \longrightarrow & \sum_{j=1}^{n}a_{2j}=A_2 & \\
\vdots & \vdots & & \vdots & & \vdots \quad \vdots & \\
a_{m1}, & a_{m2}, & \cdots, & a_{mn} & \longrightarrow & \sum_{j=1}^{n}a_{mj}=A_m & \\
\downarrow & \downarrow & & \downarrow & & \downarrow & \\
\sum_{i=1}^{m}a_{i1}, & \sum_{i=1}^{m}a_{i2}, & \cdots, & \sum_{i=1}^{m}a_{in} & \longrightarrow & \sum_{j=1}^{n}\left(\sum_{i=1}^{m}a_{ij}\right)=\sum_{i=1}^{m}\left(\sum_{j=1}^{n}a_{ij}\right). & \\
\| & \| & & \| & & & \\
B_1, & B_2, & \cdots, & B_n & & &
\end{array}$$

上面图表的意思是:先按水平方向把每个横排的数连加起来:

$$\sum_{j=1}^{n}a_{1j}=A_1,\ \sum_{j=1}^{n}a_{2j}=A_2,\ \cdots,\ \sum_{j=1}^{n}a_{mj}=A_m,$$

再把 $A_1,A_2,\cdots,A_m$ 连加起来,它恰为把上述 mn 个数 a_{ij} 连加起来:

$$\sum_{i=1}^{m}A_i=\sum_{i=1}^{m}\left(\sum_{j=1}^{n}a_{ij}\right).$$

然后,又考察另一种加法,即先把竖直方向的每排数连加起来:

$$\sum_{i=1}^{m}a_{i1}=B_1,\ \sum_{i=1}^{m}a_{i2}=B_2,\ \cdots,\ \sum_{i=1}^{m}a_{in}=B_n.$$

然后又把 $B_1,B_2,\cdots,B_n$ 连加起来,这同样是把上述 mn 个数 a_{ij} 连加起来:

$$\sum_{j=1}^{n}B_j=\sum_{j=1}^{n}\left(\sum_{i=1}^{m}a_{ij}\right).$$

上面用两种办法把 mn 个数 a_{ij} 连加,其结果当然是一样的,即有

$$\sum_{i=1}^{m}\left(\sum_{j=1}^{n}a_{ij}\right)=\sum_{j=1}^{n}\left(\sum_{i=1}^{m}a_{ij}\right).$$

上式表明:当考察有限个数连加时,出现的二重求和号可以交换次序.这是利用求和号做运算时十分有用的一个法则.在上面式子中,圆括号一般不必写出,即上面式子可以写成

$$\sum_{i=1}^{m}\sum_{j=1}^{n}a_{ij}=\sum_{j=1}^{n}\sum_{i=1}^{m}a_{ij}.$$

5. 充要条件

现在来介绍数学中使用很多的一个术语:**充要条件**.先以读者熟悉的平面几何知识为例子.考察平面上两个三角形:$\triangle ABC$ 与 $\triangle A'B'C'$(见图 1.2).如果我们能适当移动三角形 $A'B'C'$ 使其与三

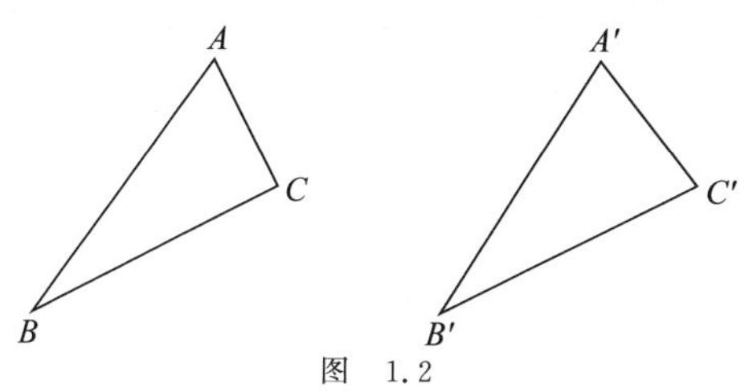

图 1.2

角形 ABC 重合，则称两三角形全等，记作$\triangle ABC\cong\triangle A'B'C'$. 在平面几何中已经证明：

1) 如果$\triangle ABC\cong\triangle A'B'C'$，则它们有三条边对应相等，即 $AB=A'B'$，$BC=B'C'$，$AC=A'C'$. 这就是说，论断“$\triangle ABC\cong\triangle A'B'C'$”成立时，必定“三条边对应相等”成立. 在数学上就说：“三条边对应相等”是“$\triangle ABC\cong\triangle A'B'C'$”的**必要条件**. 它的意思是说，“三条边对应相等”是“$\triangle ABC\cong\triangle A'B'C'$”必定需要的条件，如果连这个条件都不具备，那么$\triangle ABC$ 与$\triangle A'B'C'$肯定不可能全等.

2) 反过来，如果已知“三条边对应相等”，则“$\triangle ABC\cong\triangle A'B'C'$”，在数学上就说：“三条边对应相等”是“$\triangle ABC\cong\triangle A'B'C'$”的**充分条件**. 这意思是说，如果“三条边对应相等”，我们就有充分的理由断定：“$\triangle ABC\cong\triangle A'B'C'$”.

综合上述两方面的意思，在数学上就归纳成下面一个简明的命题：$\triangle ABC$ 与$\triangle A'B'C'$全等的**充要条件**是两三角形有三条边对应相等. 当我们用逻辑推理来证明上面这个命题时，我们需要证明两个方面：

1) **必要性**(通常用箭头$\Longrightarrow$表示)，即假设$\triangle ABC\cong\triangle A'B'C'$，来证明有三条边对应相等.

2) **充分性**(通常用箭头$\Longleftarrow$表示)，即假设有三条边对应相等，来证明$\triangle ABC\cong\triangle A'B'C'$.

现在把上面例子中的思想一般化. 如果我们考察数学上的两个论断：论断 A 和论断 B. 当我们说：**论断 A 成立的充要条件是论断 B 成立**这句话时，就包含两方面的意思. 第一方面是，如果论断 A 成立，则论断 B 成立，也就是“论断 B 成立”是“论断 A 成立”的**必要条件**(即必定需要，缺之不可)；第二方面是，如果论断 B 成立，则论断 A 成立，也就是“论断 B 成立”是“论断 A 成立”的**充分条件**(即理由充分，无可辩驳).

现在，如果我们阐述一个数学命题：论断 A 成立的充要条件是论断 B 成立，那么，证明这个命题就必定要从两个方面进行论证：

1) 必要性(可用记号“$\Longrightarrow$”代替)，即假定论断 A 成立，来证明论断 B 成立；

2) 充分性(可用记号“$\Longleftarrow$”代替)，即假定论断 B 成立，来证明论断 A 成立.

有时候，“论断 A 成立的充要条件是论断 B 成立”这句话被说成“论断 A 成立当且仅当论断 B 成立”，它们的意思是一样的. “当论断 B 成立时论断 A 成立”，这也就是“论断 B 成立是论断 A 成立的充分条件”；“仅当论断 B 成立时论断 A 才成立”，这也就是“论断 B 成立是论断 A 成立的必要条件”.

论断 A 成立的充要条件是论断 B 成立，这表明：“论断 A 成立”和“论断 B 成立”是互相等价的，是同一事物(或同一现象等等)用不同的形式表现出来. 科学的一个重要任务，就是揭示以不同形式出现的事物之间在本质上的联系或共同点. 因此，证明两个论断之间的等价性就是数学的重要课题之一. 这就是“充要条件”这个术语在数学中出现的频率很高的原因.

下面再从相反的方向举些例子. 有时“论断 B 成立“只是”论断 A 成立”的必要条件，但不是充分条件. 例如$\triangle ABC$ 与$\triangle A'B'C'$“有两条边对应相等”是“$\triangle ABC \cong \triangle A'B'C'$”的必要条件($\triangle ABC \cong \triangle A'B'C'$时，肯定有两条边对应相等)，但不是充分条件(可以找到无数个三角形有两条边对应相等，但它们不全等). 又有的时候“论断 B 成立”是“论断 A 成立”的充分条件，但不是必要条件. 例如，“$\triangle ABC$ 与$\triangle A'B'C'$ 都是边长为 a 的等边三角形”这一论断是“$\triangle ABC \cong \triangle A'B'C'$”成立的充分条件(边长相同的等边三角形肯定全等)，但不是必要条件($\triangle ABC \cong \triangle A'B'C'$时，它们未必都是等边三角形). 上面所说的道理，请读者细心体会.

习 题 一

1. 定义复数域$\mathbb{C}$的子集如下：

(1) $\mathbb{Q}(\sqrt{2}) = \{a + b\sqrt{2} \mid a, b \in \mathbb{Q}\}$；

(2) $\mathbb{Q}(\sqrt{-3}) = \{a + b\sqrt{3}\mathrm{i} \mid a, b \in \mathbb{Q}\}$；

(3) $\mathbb{Q}(\pi)=\left\{\dfrac{a_0+a_1\pi+\cdots+a_n\pi^n}{b_0+b_1\pi+\cdots+b_m\pi^m}\;\middle|\; \begin{array}{l} m,n\text{ 为非负整数}, \\ a_i,b_j\in\mathbb{Q};\ \begin{array}{l} i=0,1,\cdots,n, \\ j=0,1,\cdots,m. \end{array} \end{array}\right\}$,

判断上述集合是否数域(注:题(3)用到 π 不是任何有理系数代数方程的根,即当 $b_0,b_1,\cdots,b_m$ 是不全为 0 的有理数时,$b_0+b_1\pi+\cdots+b_m\pi^m\neq0$,在 $\mathbb{Q}(\pi)$ 的上述定义式中,假定 $b_0,b_1,\cdots,b_m$ 不全为 0).

2. 设 A,B 都是全体实数所成的集合,定义 A 到 B 的下列映射 f,判断其中哪些是单射,哪些是满射,哪些是双射?

(1) $f(x)=\cos x\quad(-\infty<x<+\infty)$;

(2) $f(x)=\tan x\quad(-\infty<x<+\infty)$;

(3) $f(x)=\mathrm{e}^x\quad(-\infty<x<+\infty)$.

3. 设 S 是前 n 个自然数所成的集合,即设 $S=\{1,2,\cdots,n\}$. 又设 f 是 S 的一个变换.

(1) 如果 f 是单射,证明 f 必为满射;

(2) 如果 f 是满射,证明 f 必为单射.

4. 设 A,B,C 是三个集合,证明:

(1) $A\cap(B\cup C)=(A\cap B)\cup(A\cap C)$;

(2) $A\cup(B\cap C)=(A\cup B)\cap(A\cup C)$.

5. 设 A 是全体正有理数所成的集合,B 是全体正偶数所成的集合. 把 A 中的数按分母大小排成如下表格:

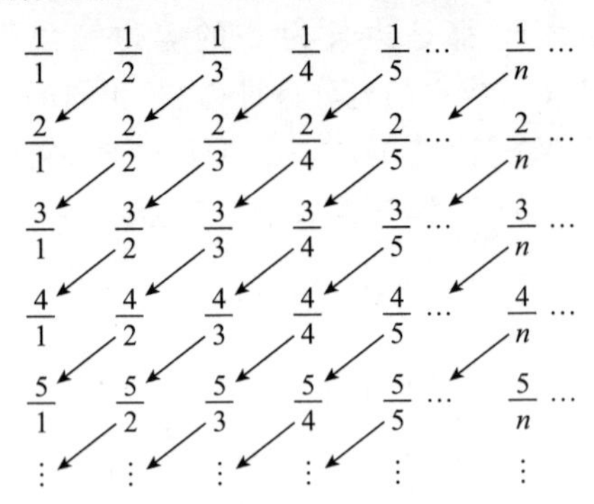

上面表格的排列规律是:第 1 个竖列分母都为 1,分子依次为 1,2,3,…;第 2 个竖列分母都为 2,分子依次为 1,2,3,…;一般说,第 n 个

竖列分母都为 n，分子依次为 1,2,3,…，等等. 然后按图中箭头的次序对 A 中元素排列次序：令 $a_1=\frac{1}{1}=1, a_2=\frac{1}{2}, a_3=\frac{2}{1}=2, a_4=\frac{1}{3}$. 在 $\frac{1}{3}$ 处箭头所指的下一个是 $\frac{2}{2}=1$，前面已出现，舍弃，令 $a_5=\frac{3}{1}=3, a_6=\frac{1}{4}, a_7=\frac{2}{3}, a_8=\frac{3}{2}, a_9=\frac{4}{1}=4, a_{10}=\frac{1}{5}$，在 $\frac{1}{5}$ 处箭头所指下三个为 $\frac{2}{4}=\frac{1}{2}, \frac{3}{3}=1, \frac{4}{2}=2$，前面均已出现，皆舍弃；令 $a_{11}=\frac{5}{1}, \cdots$. 这样，全体正有理数排成一个序列（每次遇到前面已出现的数都舍弃）

$$a_1, a_2, a_3, a_4, \cdots.$$

定义 A 到 B 的映射 f 如下：$f(a_k)=2k\ (k=1,2,3,\cdots)$. 证明：$f$ 是一个双射.

6. 证明：全体有理数所成的集合 $\mathbb{Q}$ 和全体正整数所成的集合 $\mathbb{N}$ 之间存在一个一一对应.

7. 设 A, B 是两个集合，f 是 A 到 B 的映射，g 是 B 到 A 的映射. 举例说明：单有 $gf=\mathrm{id}_A$ 成立时，f 不一定是可逆映射.

8. 设 K, L 是两个数域，证明 $K\cap L$ 也是一个数域. 试举例说明 $K\cup L$ 不一定是数域.

9. 在题 1(1) 给出的数域 $\mathbb{Q}(\sqrt{2})$ 内定义一个变换 f 如下：$f(a+b\sqrt{2})=a-b\sqrt{2}$，证明 f 是一个双射，并求 f 的逆映射.

10. 求下列和式的值：

(1) $\sum_{i=1}^{n} i,\ \sum_{i=1}^{n} i^2,\ \sum_{i=1}^{n}(i+1)(i+2)$;

(2) $\sum_{i=1}^{n}(-1)^i,\ \sum_{i=1}^{n}(-1)^i i$.

11. 证明：

$$\sum_{i=1}^{n}\frac{1}{i(i+1)}=1-\frac{1}{n+1}.$$

12. 将 $(a+b)^n$ 的牛顿二项展开公式用求和号形式写出来.

13. 设 K, L 是两个数域. 证明：$K\cup L$ 仍为数域的充要条件是 $K\subseteq L$ 或 $L\subseteq K$.

14. 设 A 为全体有理数所成的集合. f 为 A 上的一个变换. 证明：对任意 $a,b\in A$，$f(a+b)=f(a)+f(b)$；$f(ab)=f(a)f(b)$的充要条件是 $f=\mathrm{id}_A$ 或 f 为零变换(即对一切 $a\in A$，$f(a)=0$).

15. 设 f 是$\mathbb{Q}(\sqrt{2})$(见题 1(i))到复数域$\mathbb{C}$ 的一个映射，且对任意 $\alpha,\beta\in\mathbb{Q}(\sqrt{2})$都有 $f(\alpha+\beta)=f(\alpha)+f(\beta)$，$f(\alpha\beta)=f(\alpha)f(\beta)$. 证明 f 只能是下列三种映射之一：

(1) 对一切 $\alpha\in\mathbb{Q}(\sqrt{2})$，$f(\alpha)=0$；

(2) 对一切 $a+b\sqrt{2}\,(a,b\in\mathbb{Q})$，$f(a+b\sqrt{2})=a+b\sqrt{2}$；

(3) 对一切 $a+b\sqrt{2}\,(a,b\in\mathbb{Q})$，$f(a+b\sqrt{2})=a-b\sqrt{2}$.

§2　一元高次代数方程的基础知识

本章引言中已指出，在 19 世纪中叶以前的经典代数学，主要研究的是各类代数方程，其中主要是一元高次代数方程. 在本节中，我们将对这类方程做一个简要的概述.

1. 高等代数的基本定理

设 K 是一个数域，x 是一个未知量，它应满足下面的等式：

$$a_0x^n+a_1x^{n-1}+\cdots+a_{n-1}x+a_n=0,\tag{1}$$

其中 $a_0,a_1,\cdots,a_n\in K$ 且 $a_0\neq0,n\geqslant1$. (1)式称为数域 K 上的一个 **n 次代数方程**. 如果令 $x=a\in\mathbb{C}$ 代入(1)式后使它变成恒等式，则称 a 为方程(1)的一个**根**. 注意这里只要求 a 为复数，没有要求它一定属于 K.

一元 n 次代数方程的基本问题是：它有没有根？有多少根？如何求出它的全部根？当 n 比较大时，这是个相当复杂的问题. 下面先看几个例子.

例 2.1　考察数域 K 上的一元一次方程

$$ax=b\quad(a,b\in K,a\neq0).$$

因为 K 内可做除法，立即得 $x=\dfrac{b}{a}$是它的唯一的一个根，而且这个

根仍在数域 K 内.

例 2.2 考察有理数域 $\mathbb{Q}$ 上的二次方程 $x^2-2=0$. 我们来证明它在 $\mathbb{Q}$ 内没有根. 用反证法. 设 $x=\frac{m}{n}\in\mathbb{Q}$ 是它的一个根,这里 m, $n\in\mathbb{Z}$ 且 $(m,n)=1$(最大公因子为 1). 代入方程后得恒等式 $m^2=2n^2$. 右边为偶数,故 m 必为偶数(因奇数的平方仍为奇数),设 $m=2k$,代入消去两边公因子 2 后得 $2k^2=n^2$,即 n 也为偶数. 这与 $(m,n)=1$ 矛盾.

在中学代数课中早知这个方程的两个根是 $x=\pm\sqrt{2}$(上面的推理说明 $\sqrt{2}$ 不是有理数). 所以这个系数在 $\mathbb{Q}$ 内的代数方程在 $\mathbb{Q}$ 内没有根,要求它的根,必须扩大数域,在更大的数域内它才有根. 这个更大的数域只要取习题一第 1 题中的数域 $\mathbb{Q}(\sqrt{2})$ 就可以了.

例 2.3 考察 $\mathbb{Q}$ 上二次方程 $x^2+1=0$. 读者已经知道它不但在 $\mathbb{Q}$ 内没有根,在比 $\mathbb{Q}$ 大得多的数域 $\mathbb{R}$ 内也没有根. 在历史上经过长时间的争论之后,数学家们终于一致认识到 $\mathbb{R}$ 应该扩充为一个更大的数域,这就是我们现在熟知的复数域 $\mathbb{C}$. 在 $\mathbb{C}$ 内,这个代数方程有两个根 $x=\pm\mathrm{i}$. 实际上,只要把 $\mathbb{Q}$ 扩充为 §1 中介绍的数域 $\mathbb{Q}(\mathrm{i})$ 也就足够了.

上面的例子说明,为了求 K 上 n 次代数方程(1)的根,数域 K 是不够用的(因为求高次代数方程的根时,单对其系数做加、减、乘、除四则运算是不够的,例如求二次方程的根时就需要做开平方运算,而一个数域 K 内不是任何数的平方根仍在 K 内). 在这种情况下需要把 K 扩大为更大一些的数系. 给定 K 上一个具体的 n 次代数方程,究竟如何逐次扩大 K 的范围,最后得到一个较大的数系,它把该方程的全部根都包含在内? 这是伽罗瓦的精深理论所要探讨的课题,这里不再做进一步的讨论. 但由此立即产生一个问题: 究竟对数系要扩充到什么程度,才能使所有代数方程在它里面都有根呢? 会不会要无穷无尽地扩充下去呢? 幸好情况不是如此. 下面的基本定理对此做了回答.

高等代数基本定理 数域 K 上的 n 次代数方程(1)在复数域 $\mathbb{C}$ 内必有一个根.

这个定理早在19世纪初就被德国著名数学家高斯(K. F. Gauss, 1777—1855)证明了(他一共找出了四种证明方法). 在现代,用稍深一点的数学知识(复变函数的知识),只需用几句话就可以证明完毕,所以在这里我们不证明它,留到后面课程的适当时候才来阐述.

在下面我们马上就指出,有了上述基本定理之后,就可推出方程(1)的全部根都在$\mathbb{C}$内. 因此,为了求高次代数方程(1)的根,复数域$\mathbb{C}$已经足够了. 在稍后,德国数学家弗罗贝尼乌斯又证明:再也没有比$\mathbb{C}$更大的数系了. 也就是说,数系扩充到$\mathbb{C}$之后,已经到了尽头,没有可能再做进一步的扩充了.

2. 根的基本性质

因为一元高次方程(1)的根都在$\mathbb{C}$内,为了讨论根的性质,现在我们把x看作在复数范围内自由变化的量,称为**独立变元**. 这时(1)式左端当然不再等于0,而是随x的变化而变化,成为x的一个函数:

$$f(x)=a_0x^n+a_1x^{n-1}+\cdots+a_n\quad(a_0\neq 0).$$

上式称为一个变元x的**一元多项式**,n称为它的**次数**(它是变元x出现的最高方幂),$a_0,a_1,\cdots,a_n$称为多项式$f(x)$的**系数**,$a_0\neq 0$称为**首项系数**,a_n则称为**常数项**. 如果$f(x)$的系数$a_0,a_1,\cdots,a_n$都属某个数域K,$f(x)$也称为**数域K上的多项式**. 如果$f(x)$的系数全为0,则称为**零多项式**. 零多项式的次数没有定义. 但有时为了方便,将其次数定义为$-\infty$.

如令$x=a\in\mathbb{C}$代入时有

$$f(a)=a_0a^n+a_1a^{n-1}+\cdots+a_{n-1}a+a_n=0,$$

则称a是$f(x)$的一个**零点**. $f(x)$的零点也就是方程(1)的根. 求方程(1)的根就是求$f(x)$的全部零点,这依赖于如下一个通常称为多项式的“综合除法”的命题.

命题 2.1　设$f(x)=a_0x^n+a_1x^{n-1}+\cdots+a_n(a_0\neq 0,n\geqslant 1)$是$\mathbb{C}$上一个$n$次多项式,$a$是一个复数. 则存在$\mathbb{C}$上首项系数为$a_0$的$n-1$次多项式$q(x)$,使

$$f(x)=q(x)(x-a)+f(a).$$

证 我们有

$$\begin{aligned}f(x)-f(a)&=a_0x^n+a_1x^{n-1}+\cdots+a_n-(a_0a^n+a_1a^{n-1}+\cdots+a_n)\\&=a_0(x^n-a^n)+a_1(x^{n-1}-a^{n-1})+\cdots+a_{n-1}(x-a).\end{aligned}$$

因为

$$\begin{aligned}x^k-a^k&=(x-a)(x^{k-1}+ax^{k-2}+\cdots+a^{k-1})\\&=(x-a)q_k(x),\end{aligned}$$

其中 $q_k(x)$为$\mathbb{C}$上首项系数为 1 的 $k-1$ 次多项式. 于是

$$\begin{aligned}f(x)-f(a)&=a_0(x-a)q_n(x)+a_1(x-a)q_{n-1}(x)+\cdots+a_{n-1}(x-a)\\&=q(x)(x-a),\end{aligned}$$

其中

$$q(x)=a_0q_n(x)+a_1q_{n-1}(x)+\cdots+a_{n-1}$$

是$\mathbb{C}$上首项系数为 a_0 的 $n-1$ 次多项式. ▌

命题 2.2 设 $f(x)=a_0x^n+a_1x^{n-1}+\cdots+a_n(a_0\neq0,n\geqslant1)$为$\mathbb{C}$上 n 次多项式. 则存在 n 个复数$\alpha_1,\alpha_2,\cdots,\alpha_n$,使

$$f(x)=a_0(x-\alpha_1)(x-\alpha_2)\cdots(x-\alpha_n).$$

证 对 n 做数学归纳法.

当 $n=1$ 时,$f(x)=a_0x+a_1=a_0\left(x+\dfrac{a_1}{a_0}\right)$,令 $\alpha_1=-\dfrac{a_1}{a_0}$即可.

设对$\mathbb{C}$上 $n-1$ 次多项式命题成立. 对上述 n 次多项式 $f(x)$,按高等代数基本定理,它在$\mathbb{C}$内有一零点 α_1,再由命题 2.1 有

$$f(x)=q(x)(x-\alpha_1)+f(\alpha_1)=q(x)(x-\alpha_1). \tag{2}$$

现在 $q(x)$是$\mathbb{C}$上是首项系数为 a_0 的 $n-1$ 次多项式,按归纳假设,存在 $\alpha_2,\cdots,\alpha_n\in\mathbb{C}$,使

$$q(x)=a_0(x-\alpha_2)(x-\alpha_3)\cdots(x-\alpha_n).$$

代入(2)式即为所求. ▌

推论 1 设有数域 K 上 n 次代数方程($n\geqslant1$)

$$a_0x^n+a_1x^{n-1}+\cdots+a_n=0\quad(a_0\neq0),$$

则它在复数域上恰有 n 个根 $\alpha_1,\alpha_2,\cdots,\alpha_n$.

证 因为 K 上的多项式都可以看作$\mathbb{C}$上的多项式,按命题 2.2,有

$$\begin{aligned}f(x)&=a_0x^n+a_1x^{n-1}+\cdots+a_n\\&=a_0(x-\alpha_1)(x-\alpha_2)\cdots(x-\alpha_n).\end{aligned}$$

显然 $f(\alpha_i)=0(i=1,2,\cdots,n)$，且对任意复数 α，当 $\alpha\neq\alpha_i(i=1,2,\cdots,n)$时，

$$f(\alpha)=a_0(\alpha-\alpha_1)(\alpha-\alpha_2)\cdots(\alpha-\alpha_n)\neq 0.$$

故 $f(x)$在$\mathbb{C}$内恰有 n 个零点，即原方程在$\mathbb{C}$内恰有 n 个复根 $\alpha_1,\alpha_2,\cdots,\alpha_n$. ▌

代数方程(1)的 n 个复根中可能有相同的. 不妨设(1)的两两不同的复根为 $\alpha_1,\cdots,\alpha_r$，此时

$$f(x)=a_0(x-\alpha_1)^{e_1}(x-\alpha_2)^{e_2}\cdots(x-\alpha_r)^{e_r},$$

其中 $e_1+e_2+\cdots+e_r=n$. e_i 称为复根 α_i 的**重数**，或说 α_i 是方程(1)的 e_i **重根**，这里 $i=1,2,\cdots,r$.

在讨论高次方程时，常遇到下面的问题：给了复数域$\mathbb{C}$上两个多项式

$$\begin{aligned}f(x)&=a_0+a_1x+\cdots+a_nx^n\quad(a_n\neq 0),\\g(x)&=b_0+b_1x+\cdots+b_mx^m\quad(b_m\neq 0).\end{aligned}\tag{3}$$

如果把它们看作定义在$\mathbb{C}$上的函数，其函数值处处相同：$f(x)\equiv g(x)$，我们能否断言这两个多项式完全一样，即 $m=n$ 且 $a_i=b_i(i=0,1,\cdots,n)$? 这看来似乎毫无问题是对的，但理论上却必须给予严格证明(而且，今后当读者学习到更深一步的代数知识时，就会看到，这个看似显然成立的结论在某种情况下是不对的). 下面给出一个更强的论断.

推论 2　给定$\mathbb{C}$上两个 n 次、m 次多项式如(3)式所列. 如果存在正整数 l，$l\geqslant m$，$l\geqslant n$，及 $l+1$ 个不同的复数 $\beta_1,\beta_2,\cdots,\beta_l,\beta_{l+1}$，使

$$f(\beta_i)=g(\beta_i)\quad(i=1,2,\cdots,l+1),$$

则 $m=n$，且 $a_i=b_i(i=0,1,2,\cdots,n)$.

证　设 $a_{n+1}=\cdots=a_l=0$；$b_{m+1}=\cdots=b_l=0$，则

$$f(x)=a_0+a_1x+\cdots+a_lx^l,$$

$$g(x)=b_0+b_1x+\cdots+b_lx^l.$$

令 $h(x)=f(x)-g(x)=c_0+c_1x+\cdots+c_lx^l$，这里 $c_i=a_i-b_i(i=0,1,\cdots,l)$. 如果 $c_0,c_1,\cdots,c_l$ 不全为 0，则 $h(x)$是非零多项式，次数 $\leqslant l$. 按推论 1，它最多有 l 个复根. 但 $h(\beta_i)=f(\beta_i)-g(\beta_i)=0$ $(i=1,2,\cdots,l+1)$，矛盾. 故必有 $c_0=c_1=\cdots=c_l=0$，即 $a_i=b_i(i=0,

$1,\cdots,l$). ▌

现设 $\alpha_1,\alpha_2,\cdots,\alpha_n$ 为 n 个复数，如果每次从中取出 r 个(不计排列次序)连乘，然后把所得的 $\binom{n}{r}=\frac{n!}{r!(n-r)!}$ 个项再连加起来，所得的复数记作 $\sigma_r(\alpha_1,\alpha_2,\cdots,\alpha_n)$. 就是说，令

$$\sigma_0(\alpha_1,\cdots,\alpha_n)=1,$$

$$\sigma_1(\alpha_1,\alpha_2,\cdots,\alpha_n)=\alpha_1+\alpha_2+\cdots+\alpha_n,$$

$$\sigma_2(\alpha_1,\alpha_2,\cdots,\alpha_n)=\alpha_1\alpha_2+\alpha_1\alpha_3+\alpha_2\alpha_3+\cdots+\alpha_{n-1}\alpha_n,$$

$$\cdots\cdots\cdots\cdots$$

$$\sigma_r(\alpha_1,\alpha_2,\cdots,\alpha_n)=\sum_{1\leqslant i_1<\cdots<i_r\leqslant n}\alpha_{i_1}\alpha_{i_2}\cdots\alpha_{i_r},$$

$$\cdots\cdots\cdots\cdots$$

$$\sigma_n(\alpha_1,\alpha_2,\cdots,\alpha_n)=\alpha_1\alpha_2\cdots\alpha_n.$$

利用这个记号，我们可以把方程(1)的根和它的系数之间的关系明确地表达出来.

预备命题　给定 n 个复数 $\alpha_1,\alpha_2,\cdots,\alpha_n$，则

$$\prod_{i=1}^{n}(x-\alpha_i)=\sum_{i=0}^{n}(-1)^i\sigma_i(\alpha_1,\cdots,\alpha_n)x^{n-i}.$$

证　使用数学归纳法. $n=1$ 时等式显然成立. 设 $n=k$ 时等式成立. 当 $n=k+1$ 时有

$$\begin{aligned}\prod_{i=1}^{k+1}(x-\alpha_i)&=\left[\sum_{i=0}^{k}(-1)^i\sigma_i(\alpha_1,\cdots,\alpha_k)x^{k-i}\right](x-\alpha_{k+1})\\&=\sum_{i=0}^{k}(-1)^i\sigma_i(\alpha_1,\cdots,\alpha_k)x^{k+1-i}\\&\quad+\sum_{i=0}^{k}(-1)^{i+1}\sigma_i(\alpha_1,\cdots,\alpha_k)\alpha_{k+1}x^{k-i}\\&=\sum_{i=0}^{k}(-1)^i\sigma_i(\alpha_1,\cdots,\alpha_k)x^{k+1-i}+\sum_{i=1}^{k+1}(-1)^i\sigma_{i-1}(\alpha_1,\cdots,\alpha_k)\alpha_{k+1}x^{k+1-i}\\&=x^{k+1}+\sum_{i=1}^{k}(-1)^i\left[\sigma_i(\alpha_1,\cdots,\alpha_k)+\sigma_{i-1}(\alpha_1,\cdots,\alpha_k)\alpha_{k+1}\right]x^{k+1-i}\\&\quad+(-1)^{k+1}\sigma_k(\alpha_1,\cdots,\alpha_k)\alpha_{k+1}.\end{aligned}$$

注意到，当 $1\leqslant i\leqslant k$ 时，

$$\sigma_i(\alpha_1,\cdots,\alpha_k)+\sigma_{i-1}(\alpha_1,\cdots,\alpha_k)\alpha_{k+1}=\sigma_i(\alpha_1,\cdots,\alpha_k,\alpha_{k+1}),$$

又 $\sigma_k(\alpha_1,\cdots,\alpha_k)\alpha_{k+1}=\sigma_{k+1}(\alpha_1,\cdots,\alpha_k,\alpha_{k+1})$，代入上面公式即得

$$\prod_{i=1}^{k+1}(x-\alpha_i)=\sum_{i=0}^{k+1}(-1)^i\sigma_i(\alpha_1,\cdots,\alpha_k,\alpha_{k+1})x^{k+1-i}.$$ ▌

命题 2.3　给定数域 K 上的 n 次代数方程

$$a_0x^n+a_1x^{n-1}+\cdots+a_n=0\quad(a_0\neq 0).$$

设它在复数域内的 n 个根是 $\alpha_1,\alpha_2,\cdots,\alpha_n$，则

$$\frac{a_1}{a_0}=-\sigma_1(\alpha_1,\cdots,\alpha_n),$$

$$\cdots\cdots$$

$$\frac{a_i}{a_0}=(-1)^i\sigma_i(\alpha_1,\cdots,\alpha_n),$$

$$\cdots\cdots$$

$$\frac{a_n}{a_0}=(-1)^n\sigma_n(\alpha_1,\cdots,\alpha_n).$$

证　令 $f(x)=a_0x^n+a_1x^{n-1}+\cdots+a_n$. 于是，由命题 2.2，有

$$\begin{aligned}f(x)&=a_0(x-\alpha_1)(x-\alpha_2)\cdots(x-\alpha_n)\\&=a_0[x^n-\sigma_1(\alpha_1,\cdots,\alpha_n)x^{n-1}+\cdots\\&\quad+(-1)^n\sigma_n(\alpha_1,\cdots,\alpha_n)].\end{aligned}$$

按照上面的推论 2，我们应有

$$a_i=a_0\cdot(-1)^i\sigma_i(\alpha_1,\cdots,\alpha_n)\quad(i=1,2,\cdots,n).$$ ▌

3. 实数域上代数方程的根

实数域上 n 次代数方程是最常见的，它的根有一些特点，这里做简单的介绍.

命题 2.4　给定 $\mathbb{R}$ 上 n 次代数方程

$$a_0x^n+a_1x^{n-1}+\cdots+a_n=0\quad(a_0\neq 0).$$

如果 $\alpha=a+b\mathrm{i}(a,b\in\mathbb{R})$ 是它的一个根，则共轭复数 $\bar{\alpha}=a-b\mathrm{i}$ 也是它的根.

证　由已知条件有

$$a_0\alpha^n+a_1\alpha^{n-1}+\cdots+a_{n-1}\alpha+a_n=0.$$

上式两边取复共轭，利用复共轭与复数加法、乘法的关系，又注意到 $a_0,a_1,\cdots,a_n$ 为实数，故

$$a_0\bar{\alpha}^n + a_1\bar{\alpha}^{n-1} + \cdots + a_{n-1}\bar{\alpha} + a_n = 0. \quad \blacksquare$$

推论 实数域上奇数次一元代数方程必有一实根.

证 因为它的复根（非实根）必成对出现，已知它在 $\mathbb{C}$ 内有奇数个根，故其中必有一根为实数. $\blacksquare$

如果一个高次代数方程的系数都是有理数，那么它的根又有一些特点. 首先，这种方程两边同乘以适当正整数后可以把系数全变成整数，所以我们只需要讨论整系数代数方程就可以了.

给定整系数 n 次代数方程

$$a_0x^n + a_1x^{n-1} + \cdots + a_n = 0 \quad (a_i \in \mathbb{Z},\ a_0a_n \neq 0).$$

设它有一个有理数的根 $\alpha = \dfrac{m}{k}$，这里 $m,k \in \mathbb{Z}$ 且 $(m,k)=1$（即 α 的既约分式表示）. 代入方程得

$$a_0m^n + a_1km^{n-1} + \cdots + a_{n-1}k^{n-1}m + a_nk^n = 0.$$

一方面，由

$$m(a_0m^{n-1} + a_1km^{n-2} + \cdots + a_{n-1}k^{n-1}) = -a_nk^n$$

知 m 整除 a_nk^n. 但 m 与 k^n 互素，故 m 整除 a_n.

另一方面，由

$$k(a_1m^{n-1} + \cdots + a_{n-1}k^{n-2}m + a_nk^{n-1}) = -a_0m^n$$

知 k 整除 a_0m^n，但 k 与 m^n 互素，故 k 整除 a_0.

这样，一个整系数代数方程如果有有理根 α，那么它的既约分式表示式中，分子必为方程常数项 a_n 的因子，分母必为首项系数 a_0 的因子. a_n,a_0 的因子只有有限个，把这些因子的所有可能组合拿来，逐一代入方程试验，就能把方程的所有有理根都找出来了.

习 题 二

1. 试找出包含方程 $x^2+5=0$ 的所有根的最小数域.
2. 找出多项式 $q(x)$，使

$$2x^4 - 3x^2 + x - 1 = q(x)(x-1) - 1.$$

3. 给定变元 x 的 n 次多项式

$$f(x)=a_0x^n+a_1x^{n-1}+\cdots+a_n\quad(a_0\neq 0).$$

如果已知 $a_0,a_1,\cdots,a_n$ 都属数域 K,a 是 K 内一个数,而 $\mathbb{C}$ 上多项式 $q(x)$满足

$$f(x)=q(x)(x-a)+f(a).$$

证明:$q(x)$的系数也都属于数域 K.

4. 给定 x 的 n 次多项式

$$f(x)=a_0x^n+a_1x^{n-1}+\cdots+a_n\quad(a_0\neq 0).$$

如果已知 $a_0,a_1,\cdots,a_n$ 都属数域 K,a 是 K 内一个数,证明:存在 K 内的数 $b_0,b_1,\cdots,b_n$,使

$$f(x)=b_0+b_1(x-a)+\cdots+b_n(x-a)^n.$$

5. 给定 x 的 n 次多项式

$$f(x)=a_0x^n+a_1x^{n-1}+\cdots+a_n\quad(a_0\neq 0).$$

如果已知 $a_0,a_1,\cdots,a_n$ 都是实数. 证明:存在实系数的多项式

$$x-b_i\quad(b_i\in\mathbb{R},\ i=1,2,\cdots,k)$$

$x^2+p_ix+q_i(p_i,q_i\in\mathbb{R},p_i^2-4q_i<0,i=1,2,\cdots,l)$

使得

$$f(x)=a_0\left[\prod_{i=1}^{k}(x-b_i)\right]\left[\prod_{j=1}^{l}(x^2+p_jx+q_j)\right].$$

6. 设 $f(x)=a_0x^n+a_1x^{n-1}+\cdots+a_n$,且 $a_0,a_1,\cdots,a_n$ 都是整数. 设 $f(x)$有一个零点 $a\in\mathbb{Z}$. 证明:$a-1$ 整除 $a_0+a_1+\cdots+a_n$,而 $a+1$ 整除$(-1)^n(a_0-a_1+a_2-\cdots+(-1)^na_n)$.

7. 求下列多项式的有理数零点:

(1) $x^3-6x^2+15x-14$;

(2) $4x^4-7x^2-5x-1$;

(3) $x^5+x^4-6x^3-14x^2-11x-3$.

8. 给定数域 K 上的 n 次代数方程

$$a_0x^n+a_1x^{n-1}+\cdots+a_n=0\quad(a_0\neq 0).$$

设它在 $\mathbb{C}$ 内的 n 个根是 $\alpha_1,\alpha_2,\cdots,\alpha_n$,证明: $\sum\limits_{i=1}^{n}\alpha_i^2\in K$.

9. 设 n 为正整数,令 $\varepsilon=e^{\frac{2\pi i}{n}}$. 对任意整数 k,试计算

$$\varepsilon^k + \varepsilon^{2k} + \cdots + \varepsilon^{nk} = \sum_{i=1}^{n} \varepsilon^{ik}.$$

§3 线性方程组

1. 线性方程组概述

经典代数学的另一个重要课题是研究多个未知量的一次联立方程组. 由于未知量都是一次幂,较为简单. 但通过研究这类方程的理论问题,我们也可以逐步了解代数学的基本思想和方法,这将是本书着重讨论的课题. 本节内容是介绍这类方程组的基本概念和求解方法.

读者在中学的课程中已经熟悉了有关二元一次方程组和三元一次方程组的基本知识. 现在的任务,是要对中学里学过的这些知识从理论上加以总结和提高.

二元一次联立方程组的一般形式是

$$\begin{cases} a_1x + b_1y = c_1, \\ a_2x + b_2y = c_2. \end{cases}$$

在解析几何中我们已经知道：在平面直角坐标系内,每个实系数二元一次方程代表一条直线. 由于这个原因,一次代数方程也称为线性方程. 今后,我们将未知量的一次方程统称为**线性方程**(不管未知量的数目有多少).

读者已有的关于二元和三元线性方程组的知识大致有如下两个方面：

1) 方程组的求解方法. 在中学代数课程中已经指出：解二元和三元线性方程组的最基本的方法是消元法(代入消元法或加减消元法). 例如,从上面的二元线性方程组中设法消去未知量 y,得到未知量 x 的一个一元一次方程,解出这个一元一次方程得到 x 的值,再代回原方程组求未知量 y 的值. 这个方法也适用于三元线性方程组,只是这时要想法消去两个未知量,才能得到一元一次方程.

2) 方程组解的状况的讨论. 在平面解析几何中,上面的实系数线性方程组的一组解代表两条直线的一个公共点. 因此,不难看出,方程组的解可能出现下列三种情况：(i) 两直线相交，这时方程组有唯一解；(ii) 两直线平行而不重合，这时方程组无解；(iii) 两直线重合，这时方程组有无穷多组解.

在自然科学、工程技术和经济活动中，常常需要处理几十，几百甚至成千上万个未知量的线性方程组. 对这样的方程组，我们需要解决下面两方面的问题：

第一方面，是从理论上探讨下列三个问题：1) 一个线性方程组在什么情况下有解，什么情况下无解？2) 若有解，则有多少组解？3) 在有许多组解(例如有无穷多组解)的情况下，解与解之间存在什么关系？

第二方面，是对有解的线性方程组探讨求解的方法，也就是把上面提到的消元法理论化、规格化，使它适用于有许多未知量的线性方程组.

下面是一个有代表性的例子.

例 3.1　在经济活动中需要研究如下经济模型：设有 n 个企业 $A_1, A_2, \cdots, A_n$，互相之间签订了相互供应物资的协定. 如果在一个生产周期内，企业 A_j 需向企业 A_i 交付占该企业在此生产周期内总收入 x_j 的百分之 a_{ij} 的货款($i \neq j$). 又设在此周期内 A_j 企业在市场上销售其产品获得的款项占其总收入 x_j 的百分之 a_{jj}. 那么，对于企业 A_i 来说，考察它在一个生产周期内的总收入，我们得到如下一个线性方程

$$a_{i1}x_1 + a_{i2}x_2 + \cdots + a_{ii}x_i + \cdots + a_{in}x_n = x_i.$$

现在让 $i=1,2,\cdots,n$，我们得到有 n 个未知量 $x_1, x_2, \cdots, x_n$ 和 n 个方程的线性方程组

$$\begin{cases} a_{11}x_1 + a_{12}x_2 + \cdots + a_{1n}x_n = x_1, \\ a_{21}x_1 + a_{22}x_2 + \cdots + a_{2n}x_n = x_2, \\ \cdots\cdots\cdots\cdots\cdots\cdots\cdots\cdots\cdots\cdots \\ a_{n1}x_1 + a_{n2}x_2 + \cdots + a_{nn}x_n = x_n. \end{cases}$$

为了研究这个经济模型是否可行，我们需要求出上面线性方程组的全部解，并研究这些解之间的相互关系，即求出各企业在一个生产周期内总收入都是多少，并比较各企业总收入的关系，从而确定这

样的经济模型能否被接受. 这里所遇到的问题,就是上面所说的线性方程组理论所要处理的两方面的课题.

在上面所说的两方面课题中,第二方面,即寻求线性方程组的求解方法,是比较简单的. 在本节中,我们主要研究这个课题. 第一方面的课题将留到下一章中去解决.

2. 线性方程组的解法

现在我们来介绍求解线性方程组的**矩阵消元法**. 这个方法是一个古典的方法,具有悠久的历史,但由于它行之有效,至今仍然是求解线性方程组的最基本方法之一. 这个方法中所包含的基本思想,在线性代数的其他一系列理论问题和计算问题中也将发挥重要的作用.

因为我们下面将要研究的线性方程组具有 n 个未知量,我们不可能用 $x,y,z,\cdots$ 等不同字母来代表它. 因此,下面我们用一个字母带上不同下角标来代表不同的未知量. 例如,用 $x_1,x_2,\cdots,x_n$ 代表 n 个未知量. 这时,有 n 个未知量 m 个方程的线性方程组的一般形式可表示为

$$\begin{cases} a_{11}x_1+a_{12}x_2+\cdots+a_{1n}x_n=b_1, \\ a_{21}x_1+a_{22}x_2+\cdots+a_{2n}x_n=b_2, \\ \cdots\cdots\cdots\cdots\cdots\cdots\cdots\cdots\cdots \\ a_{m1}x_1+a_{m2}x_2+\cdots+a_{mn}x_n=b_m. \end{cases} \tag{1}$$

在这个方程组中,未知量前面的系数带有两个下角标,第一个下角标代表它在第几个方程,第二个下角标代表它是第几个未知量的系数. 所以,a_{ij} 代表的是第 i 个方程中未知量 x_j 的系数. 方程组(1)中等式右端的 $b_1,b_2,\cdots,b_m$ 称为**常数项**. 在这个方程组中,方程的个数 m 没有限制,可以小于 n,可以等于 n,也可以大于 n.

设在线性方程组(1)中,未知量的系数 a_{ij} 和常数项 $b_1,\cdots,b_m$ 都属于数域 K,则称它是**数域 K 上的线性方程组**. 如果让未知量取数域 K 内一组确定的数值:

$$x_1=k_1,\ x_2=k_2,\ \cdots,\ x_n=k_n,$$

代入方程组后使它转化为恒等式,则这一组数称为方程组(1)的一组**解**.

现在,我们先用中学学的消元法来解一个三元线性方程组,期望从中发现具有普遍意义的规律.

例 3.2 解线性方程组

$$\begin{cases} \quad\quad x_2 - \dfrac{1}{2}x_3 = \dfrac{1}{2}, \\ x_1 - x_2 + x_3 = 0, \\ 2x_1 + x_2 - x_3 = -2. \end{cases}$$

解 为避开分数运算,先用 2 乘第一个方程,将方程组变成

$$\begin{cases} \quad\quad 2x_2 - x_3 = 1, \\ x_1 - x_2 + x_3 = 0, \\ 2x_1 + x_2 - x_3 = -2. \end{cases}$$

再对方程组相继做变换.

(i) 调换第 1,2 两方程的位置,得

$$\begin{cases} x_1 - x_2 + x_3 = 0, \\ \quad\quad 2x_2 - x_3 = 1, \\ 2x_1 + x_2 - x_3 = -2. \end{cases}$$

(ii) 把上面的方程组第 3 个方程加上第 1 个方程的 -2 倍,得

$$\begin{cases} x_1 - x_2 + x_3 = 0, \\ \quad\quad 2x_2 - x_3 = 1, \\ \quad\quad 3x_2 - 3x_3 = -2. \end{cases}$$

上面两次变换的目的是使方程组第 1 个方程保留 x_1,而第 2,3 个方程中未知量 x_1 都不出现(即其系数为零).

(iii) 把(ii)中的方程组的第 3 个方程加上第 2 个方程的 -1 倍,得

$$\begin{cases} x_1 - x_2 + x_3 = 0, \\ \quad\quad 2x_2 - x_3 = 1, \\ \quad\quad x_2 - 2x_3 = -3. \end{cases}$$

(iv) 再把上面的方程组中第 2,3 两方程对换位置,得

$$\begin{cases} x_1 - x_2 + x_3 = 0, \\ \quad\quad x_2 - 2x_3 = -3, \\ \quad\quad 2x_2 - x_3 = 1. \end{cases}$$

(v) 把上面的方程组的第 3 个方程加上第 2 个方程的 -2 倍，得

$$\begin{cases} x_1 - x_2 + x_3 = 0, \\ x_2 - 2x_3 = -3, \\ 3x_3 = 7. \end{cases}$$

最后所得的方程组具有这样的特点：自上而下看，未知量的个数依次减少，成为阶梯形状（上面用虚线标出阶梯形）. 只要从它的第 3 个方程解出 x_3，代入第 2 个方程解出 x_2，再代入第 1 个方程解出 x_1，就得到方程组的解

$$x_1 = -\frac{2}{3}, \quad x_2 = \frac{5}{3}, \quad x_3 = \frac{7}{3}.$$

在上面的例子中，我们分别对方程组做了三种变换. 下面我们从理论上对此做一个概括.

定义 方程组(1)做如下三种变换：

(i) 互换两个方程的位置；

(ii) 把某一个方程两边同乘数域 K 内一个非零常数 c；

(iii) 把第 j 个方程加上第 i 个方程的 k 倍，这里 $k \in K$ 且 $i \neq j$.

上述三种变换中的每一种都称为线性方程组(1)的**初等变换**.

应当指出：线性方程组的初等变换是可逆的. 也就是说，如果经过一次初等变换把方程组(1)变成一个新方程组，那么，新方程组必可经一次初等变换变为原方程组(1). 这可以具体讨论如下：

1) 如果互换方程组(1)中第 i,j 两方程的位置，则对新方程组再互换 i,j 两方程的位置就变回原方程组(1)；

2) 如果把方程组(1)的第 i 个方程乘以非零常数 c，那么，只要把新方程组的第 i 个方程乘以 $1/c$ 就变回原方程组(1)；

3) 如果把方程组(1)的第 j 个方程加上第 i 个方程的 k 倍，那么，只要把新方程组的第 j 个方程加上第 i 个方程的 $-k$ 倍就变回原方程组(1).

显然，如果方程组(1)经过若干次初等变换化为一个新方程组，那么，新方程组也可以经若干次初等变换化为原方程组(1). 另外还应指出，在做初等变换的过程中，方程组中方程的个数既不增加，也

不减少. 新方程组仍为数域 K 上的线性方程组.

命题 3.1　设方程组(1)经过某一初等变换后变为另一个方程组,则新方程组与原方程组同解.

证　设方程组(1)有一组解

$$x_1=k_1,\ x_2=k_2,\ \cdots,\ x_n=k_n, \tag{2}$$

代入(1)之后得到 m 个恒等式

$$\begin{cases} a_{11}k_1+a_{12}k_2+\cdots+a_{1n}k_n=b_1, \\ a_{21}k_1+a_{22}k_2+\cdots+a_{2n}k_n=b_2, \\ \cdots\cdots\cdots\cdots\cdots\cdots\cdots\cdots\cdots\cdots \\ a_{m1}k_1+a_{m2}k_2+\cdots+a_{mn}k_n=b_m. \end{cases}$$

对这组恒等式做相同的变换,得到一组新恒等式(也有 m 个),它恰好是把(2)式代入新方程组所得的结果. 由此可知: 原方程组(1)的任一组解都是新方程组的解.

反过来,因为新方程组也可以经过适当的初等变换化为原方程组(1),所以按同样的道理,新方程组的任一组解也是原方程组(1)的解. 于是两方程组同解. ▌

下面来具体说明如何利用命题 3.1 解线性方程组.

现在,从理论的角度回头来观察例 3.2. 在例 3.2 中我们确实对方程组做了三种初等变换. 根据命题 3.1,此例计算的各个步骤中所得的每一个方程组都与原方程组同解,故最后方程组的这一组唯一的解就是原方程组的唯一解.

这个简单例子代表了用消元法解线性方程组的一般方法和计算格式. 它的基本思想是: 反复利用方程组的初等变换以把方程组转化成阶梯形状的方程组,使自上而下未知量的个数逐次减少. 首先求最后一个方程的解,然后逐次代回上面各方程解出其余未知量.

读者不难发现,在例 3.2 的运算过程中,只是对方程组的系数和常数项进行运算,而未知量 x_1,x_2,x_3 在整个过程中未参加任何计算. 因此,每一步都把它们逐一写出完全是多余的累赘. 在计算中完全可以把它们先隐去. 只是这时要注意不要打乱了系数的排列顺序. 基于这一认识,我们把例 3.2 的方程组简化成如下的 3 行 4 列长方表格

$$\begin{bmatrix} 0 & 1 & -\frac{1}{2} & \frac{1}{2} \\ 1 & -1 & 1 & 0 \\ 2 & 1 & -1 & -2 \end{bmatrix}.$$

这个表格称为一个 3 行 4 列**矩阵**,简称为 3×4 矩阵. 它的每个横排称为行,竖排称为列. 现在,它的每一行代表原方程组的一个方程,第 1,2,3 列分别代表各方程中 x_1,x_2,x_3 的系数,第 4 列代表常数项.

于是,例 3.2 的解方程的各个步骤现在可简写成如下形式(用箭头→表示一次初等变换):

$$\begin{bmatrix} 0 & 1 & -\frac{1}{2} & \frac{1}{2} \\ 1 & -1 & 1 & 0 \\ 2 & 1 & -1 & -2 \end{bmatrix} \to \begin{bmatrix} 0 & 2 & -1 & 1 \\ 1 & -1 & 1 & 0 \\ 2 & 1 & -1 & -2 \end{bmatrix}$$

$$\to \begin{bmatrix} 1 & -1 & 1 & 0 \\ 0 & 2 & -1 & 1 \\ 2 & 1 & -1 & -2 \end{bmatrix} \to \begin{bmatrix} 1 & -1 & 1 & 0 \\ 0 & 2 & -1 & 1 \\ 0 & 3 & -3 & -2 \end{bmatrix}$$

$$\to \begin{bmatrix} 1 & -1 & 1 & 0 \\ 0 & 2 & -1 & 1 \\ 0 & 1 & -2 & -3 \end{bmatrix} \to \begin{bmatrix} 1 & -1 & 1 & 0 \\ 0 & 1 & -2 & -3 \\ 0 & 2 & -1 & 1 \end{bmatrix}$$

$$\to \begin{bmatrix} 1 & -1 & 1 & 0 \\ 0 & 1 & -2 & -3 \\ 0 & 0 & 3 & 7 \end{bmatrix}.$$

等到把矩阵变成阶梯形后,再写出它代表的方程组

$$\begin{cases} x_1 - x_2 + x_3 = 0, \\ \qquad x_2 - 2x_3 = -3, \\ \qquad\qquad 3x_3 = 7. \end{cases}$$

求解最后的阶梯形方程组即得原方程组的全部解. 这种方法就称为**矩阵消元法**.

在熟悉了矩阵消元法的思路和计算格式之后,在实际计算时可把几次初等变换一步完成.

例 3.3　解方程组

$$\begin{cases} x_1+x_2-3x_3=-1, \\ 2x_1+x_2-2x_3=1, \\ x_1+x_2+x_3=3, \\ x_1+2x_2-3x_3=3. \end{cases}$$

解　利用矩阵消元法

$$\begin{bmatrix} 1 & 1 & -3 & -1 \\ 2 & 1 & -2 & 1 \\ 1 & 1 & 1 & 3 \\ 1 & 2 & -3 & 3 \end{bmatrix} \to \begin{bmatrix} 1 & 1 & -3 & -1 \\ 0 & -1 & 4 & 3 \\ 0 & 0 & 4 & 4 \\ 0 & 1 & 0 & 4 \end{bmatrix}$$

$$\to \begin{bmatrix} 1 & 1 & -3 & -1 \\ 0 & 1 & -4 & -3 \\ 0 & 0 & 1 & 1 \\ 0 & 0 & 4 & 7 \end{bmatrix} \to \begin{bmatrix} 1 & 1 & -3 & -1 \\ 0 & 1 & -4 & -3 \\ 0 & 0 & 1 & 1 \\ 0 & 0 & 0 & 3 \end{bmatrix},$$

其中第 1 个箭头表示：利用第 1 行消去第 2,3,4 行中 x_1 的系数；第 2 个箭头表示：把第 2 行加到第 4 行，然后以(−1)乘第 2 行，最后再以(1/4)乘第 3 行，等等. 在计算中要注意初等变换的先后次序，以免混乱，出现错误. 例如，在上面第 2 个箭头的计算中，把第 2 行加到第 4 行后，第 4 行已经变成(0　0　4　7)，只能以它为基础接下去再做变换. 如果忽略这一点，还用原来的第 4 行又加到第 2 行，把整个矩阵变成

$$\begin{bmatrix} 1 & 1 & -3 & -1 \\ 0 & 0 & 4 & 7 \\ 0 & 0 & 4 & 4 \\ 0 & 0 & 4 & 7 \end{bmatrix},$$

这就错了.

现在把最后阶梯形矩阵对应的方程组写出

$$\begin{cases} x_1 + x_2 - 3x_3 = -1, \\ \qquad x_2 - 4x_3 = -3, \\ \qquad\qquad x_3 = 1, \\ \qquad\qquad 0 = 3. \end{cases}$$

这是一个矛盾方程组,无解.故原方程组也无解.

例 3.4 现在讨论例 3.1 的一个具体实例.设有企业 A_1, A_2, A_3 按例 3.1 所说签订协议.若已知 A_1 从市场销售所得占其总收入 x_1 的百分比 $a_{11}=\frac{1}{4}$,按协议应付给 A_2 的货款占 x_1 的百分比 $a_{21}=\frac{1}{2}$,应付给 A_3 的货款占 x_1 的百分比 $a_{31}=\frac{1}{4}$;A_2 应付 A_1 的货款占其总收入 x_2 的百分比 $a_{12}=\frac{2}{5}$,自身销售所得占 x_2 的百分比 $a_{22}=\frac{1}{5}$,应付 A_3 货款占 x_2 的百分比 $a_{32}=\frac{2}{5}$;A_3 应付 A_1 货款占其总收入 x_3 的百分比 $a_{13}=\frac{1}{2}$,应付 A_2 货款占 x_3 的百分比 $a_{23}=\frac{1}{2}$,自身销售收入为 0.那么,我们得到如下线性方程组

$$\begin{cases} \frac{1}{4}x_1 + \frac{2}{5}x_2 + \frac{1}{2}x_3 = x_1, \\ \frac{1}{2}x_1 + \frac{1}{5}x_2 + \frac{1}{2}x_3 = x_2, \\ \frac{1}{4}x_1 + \frac{2}{5}x_3 + 0 \cdot x_3 = x_3. \end{cases}$$

移项后,得方程组的标准形:

$$\begin{cases} -\frac{3}{4}x_1 + \frac{2}{5}x_2 + \frac{1}{2}x_3 = 0, \\ \frac{1}{2}x_1 - \frac{4}{5}x_2 + \frac{1}{2}x_3 = 0, \\ \frac{1}{4}x_1 + \frac{2}{5}x_2 - x_3 = 0. \end{cases}$$

上面方程组的常数项为0,在消元过程中显然也永远为0,因此可以不写出来,只要写出未知量的系数所成的矩阵做消元法就可以了.具体写出来如下:

$$\begin{bmatrix} -\frac{3}{4} & \frac{2}{5} & \frac{1}{2} \\ \frac{1}{2} & -\frac{4}{5} & \frac{1}{2} \\ \frac{1}{4} & \frac{2}{5} & -1 \end{bmatrix} \to \begin{bmatrix} 1 & -\frac{8}{15} & -\frac{2}{3} \\ 0 & -\frac{8}{15} & \frac{5}{6} \\ 0 & \frac{8}{15} & -\frac{5}{6} \end{bmatrix}$$

$$\to \begin{bmatrix} 1 & -\frac{8}{15} & -\frac{2}{3} \\ 0 & -\frac{8}{15} & \frac{5}{6} \\ 0 & 0 & 0 \end{bmatrix}.$$

上面是先把第一行乘$-\frac{4}{3}$,然后再利用第一行把第二、三行第一个元素消成0.写成对应方程组:

$$\begin{cases} x_1 - \frac{8}{15}x_2 - \frac{2}{3}x_3 = 0, \\ \quad\ \ -\frac{8}{15}x_2 + \frac{5}{6}x_3 = 0. \end{cases}$$

解得

$$x_2 = \frac{25}{16}x_3, \quad x_1 = \frac{3}{2}x_3.$$

上面的计算已求出方程组的全部解,其中未知量x_3的值不受限制,可任取.这种未知量称为**自由未知量**.而其他未知量x_1, x_2的值则由x_3唯一决定.这样,未知量彼此间的关系也清楚了.上面的结果在经济工作中的实际含义是:若照上述模型运行,那么企业A_1的收入将是企业A_3收入的$\frac{3}{2}$倍,而企业A_2的收入则是A_3收入的$\frac{25}{16}$倍.

现在对上面的讨论从理论上做一个小结.

定义　给定数域K上mn个数$a_{ij}(i=1,2,\cdots,m;j=1,2,\cdots,n)$,把它们按一定次序排成一个$m$行$n$列的长方形表格

$$A=\begin{bmatrix} a_{11} & a_{12} & \cdots & a_{1n} \\ a_{21} & a_{22} & \cdots & a_{2n} \\ \vdots & \vdots & & \vdots \\ a_{m1} & a_{m2} & \cdots & a_{mn} \end{bmatrix},$$

称为数域 K 上的一个 m **行** n **列矩阵**，简称为 $m\times n$ **矩阵**.

在一个矩阵中，横向的一排数称为矩阵的**行**，竖向的一排数称为矩阵的**列**. 矩阵中的每个数称为它的**元素**. 在上面的矩阵中，每个元素 a_{ij} 带有两个下角标，第 1 个下角标代表它所在的行，第 2 个下角标代表它所在的列. a_{ij} 表示该元素位于矩阵的第 i 行和第 j 列的交叉点处. 今后我们常用一个大写英文字母代表一个矩阵.

矩阵是一个独立的概念，并不一定要跟线性方程组联系在一起. 但是它是研究线性方程组的有力工具. 现在矩阵对我们来说还仅仅看成是一个"表格"，在下面，我们将逐步赋予它新的内容，把它丰富起来，从而使它发挥越来越大的作用.

有了上面的定义之后，方程组(1)中未知量的系数就可以排成一个矩阵 A，它就是定义中所写出的那个 $m\times n$ 矩阵，我们称 A 为方程组(1)的**系数矩阵**. 如果把方程组(1)的常数项添到 A 内作为最后一列，就得到一个 $m\times(n+1)$矩阵

$$\overline{A}=\begin{bmatrix} a_{11} & a_{12} & \cdots & a_{1n} & b_1 \\ a_{21} & a_{22} & \cdots & a_{2n} & b_2 \\ \vdots & \vdots & & \vdots & \vdots \\ a_{m1} & a_{m2} & \cdots & a_{mn} & b_m \end{bmatrix},$$

矩阵 $\overline{A}$ 称为方程组(1)的**增广矩阵**.

我们不妨假定 $\overline{A}$ 的前 n 列中任一列元素都不全为零(因为如果第 j 列元素 $a_{ij}(i=1,2,\cdots,m)$全为零，那么，未知量 x_j 在方程组中实际上不出现，这情况可预先排除在外). 现在对 $\overline{A}$ 做矩阵消元法：

1) 通过调换两行的位置使得第 1 行第 1 列处元素不为零. 因为第 1 列元素不全为零，所以总能做到这一点.

2) 当 $a_{11}\neq 0$ 时，利用第 1 行乘以适当倍数加到第 $2,3,\cdots,m$ 行，把矩阵变成

$$\overline{A} \longrightarrow \begin{bmatrix} a_{11} & a_{12} & \cdots & a_{1n} & b_1 \\ 0 & b_{22} & \cdots & b_{2n} & b'_2 \\ \vdots & \vdots & & \vdots & \vdots \\ 0 & b_{m2} & \cdots & b_{mn} & b'_m \end{bmatrix}.$$

下面,再对右下角部分继续上述变换.但注意右下角矩阵可能前面几列全为0.这时,只要把这些全为0的列跳过去不管就可以了.最后把增广矩阵$\overline{A}$化为阶梯形,写出与之对应的阶梯形方程组,再把其中每个阶梯最左端系数不为0的项保留不动,其余未知量移到等式右端.移到等式右端的未知量称为**自由未知量**,其值可任取.取定自由未知量的值之后,代回方程组,自下而上逐次求得留在左端的未知量的值,得出方程组的一组解.用此办法,可得方程组的全部解.如果最后得出的阶梯形方程组包含矛盾方程(例如例3.3),则原方程组无解.

例3.5　解下列线性方程组

$$\begin{cases} x_1 + x_2 - 3x_4 - x_5 = -2, \\ x_1 - x_2 + 2x_3 - x_4 = 1, \\ 4x_1 - 2x_2 + 6x_3 + 3x_4 - 4x_5 = 7, \\ 2x_1 + 4x_2 - 2x_3 + 4x_4 - 7x_5 = 1. \end{cases}$$

解　对增广矩阵$\overline{A}$做初等行变换:

$$\overline{A} = \begin{bmatrix} 1 & 1 & 0 & -3 & -1 & -2 \\ 1 & -1 & 2 & -1 & 0 & 1 \\ 4 & -2 & 6 & 3 & -4 & 7 \\ 2 & 4 & -2 & 4 & -7 & 1 \end{bmatrix}$$

$$\rightarrow \begin{bmatrix} 1 & 1 & 0 & -3 & -1 & -2 \\ 0 & -2 & 2 & 2 & 1 & 3 \\ 0 & -6 & 6 & 15 & 0 & 15 \\ 0 & 2 & -2 & 10 & -5 & 5 \end{bmatrix}$$

$$\rightarrow \begin{bmatrix} 1 & 1 & 0 & -3 & -1 & -2 \\ 0 & -2 & 2 & 2 & 1 & 3 \\ 0 & 0 & 0 & 9 & -3 & 6 \\ 0 & 0 & 0 & 12 & -4 & 8 \end{bmatrix}$$

$$\to\begin{bmatrix}1&1&0&-3&-1&-2\\0&2&-2&-2&-1&-3\\0&0&0&3&-1&2\\0&0&0&3&-1&2\end{bmatrix}$$

$$\to\begin{bmatrix}1&1&0&-3&-1&-2\\0&2&-2&-2&-1&-3\\0&0&0&3&-1&2\\0&0&0&0&0&0\end{bmatrix}.$$

写出对应方程组

$$\begin{cases}x_1+x_2-3x_4-x_5=-2,\\2x_2-2x_3-2x_4-x_5=-3,\\3x_4-x_5=2.\end{cases}$$

在上面方程中,把含 x_3,x_5 的项移到等式右边,得

$$\begin{cases}x_1+x_2-3x_4=-2+x_5,\\2x_2-2x_4=-3+2x_3+x_5,\\3x_4=2+x_5.\end{cases}$$

然后自下而上逐次求 x_4,x_2,x_1,最后得

$$x_1=\frac{5}{6}-x_3+\frac{7}{6}x_5,$$

$$x_2=-\frac{5}{6}+x_3+\frac{5}{6}x_5,\quad x_4=\frac{2}{3}+\frac{1}{3}x_5.$$

现在 x_3,x_5 的值可任取,是自由未知量. 取定 x_3,x_5 的一组值,就唯一决定 x_1,x_2,x_4 的一组值,从而得到原方程组的一组解. 显然,原方程组有无穷多组解. 这里要注意一点,如果把原方程组看作数域 K 上的方程组,则 x_3,x_5 仅限于取数域 K 内的数,这时得出的 x_1,x_2,x_4 的值也在数域 K 内.

3. 齐次线性方程组

数域 K 上的线性方程组(1)中,如果常数项 $b_1=b_2=\cdots=b_m=0$,则称为数域 K 上的一个**齐次线性方程组**. 这类方程的一般形式是

$$\begin{cases} a_{11}x_1+a_{12}x_2+\cdots+a_{1n}x_n=0, \\ a_{21}x_1+a_{22}x_2+\cdots+a_{2n}x_n=0, \\ \cdots\cdots\cdots\cdots\cdots\cdots\cdots\cdots\cdots \\ a_{m1}x_1+a_{m2}x_2+\cdots+a_{mn}x_n=0. \end{cases} \tag{3}$$

方程组(3)显然有一组解

$$x_1=0,\quad x_2=0,\quad \cdots,\quad x_n=0.$$

这组解称为**零解**或**平凡解**. 除此之外的其他解(如果存在的话)称为**非零解**或**非平凡解**.

齐次线性方程组所要讨论的问题是：在什么情况下它有非零解？下面的命题部分地回答了这个问题.

命题 3.2　数域 K 上的齐次线性方程组(3)中,如果方程个数 m 小于未知量个数 n,则它必有非零解.

证　对方程个数 m 做数学归纳法.

当 $m=1$ 时,若 $a_{11}=0$,则令 $x_1=1,x_2=\cdots=x_n=0$ 即为一组非零解. 否则,因 $n>m=1$,取 $x_1=-a_{12},x_2=a_{11},x_3=\cdots=x_n=0$,因 $a_{11}\neq 0$,它即是一组非零解. 现设有 $m-1$ 个方程的齐次线性方程组,当 $m-1<$未知量个数时必有非零解,来讨论有 m 个方程的情况.

若方程组(3)中 x_1 的系数全为 0,则取 $x_1=1,x_2=\cdots=x_n=0$ 即为一组非零解. 否则,调换方程的次序(第一种初等变换),总可使第一个方程 x_1 的系数不为 0,因而不妨就设 $a_{11}\neq 0$. 这时把第一方程乘适当倍数加到其他方程(第三种初等变换),可把方程组(3)化为如下同解的齐次线性方程组

$$\begin{cases} a_{11}x_1+a_{12}x_2+\cdots+a_{1n}x_n=0, \\ \qquad\quad b_{22}x_2+\cdots+b_{2n}x_n=0, \\ \qquad\quad \cdots\cdots\cdots\cdots\cdots\cdots \\ \qquad\quad b_{m2}x_2+\cdots+b_{mn}x_n=0. \end{cases}$$

上述方程组后面 $m-1$ 个方程是有 $n-1$ 个未知量 $x_2,\cdots,x_n$ 和 $m-1$ 个方程的齐次线性方程组. 因为 $m<n$,故 $m-1<n-1$,按归

纳假设它有一组非零解

$$x_2=k_2,\cdots,x_n=k_n.$$

把这组数代回第一个方程，因 $a_{11}\neq 0$，可唯一解出 $x_1=k_1$，即得(3)的一组非零解. ▌

在本节的最后，我们提请读者注意，在用矩阵消元法解线性方程组时，只进行加、减、乘、除四种运算. 如果所给的是数域 K 上的线性方程组，那么做初等变换得出的仍为 K 上的线性方程组，所求出的解也都是数域 K 上的数(如果其中含有自由未知量，则限制它们只能取 K 内的值). 因此，对 K 上线性方程组的全部讨论都可以限制在数域 K 内进行.

习 题 三

1. 用矩阵消元法求下列线性方程组的解：

(1) $$\begin{cases}2x_1-x_2+x_3-x_4=1,\\ 2x_1-x_2-3x_4=2,\\ 3x_1-x_3+x_4=-3,\\ 2x_1+2x_2-2x_3+5x_4=-6.\end{cases}$$

(2) $$\begin{cases}x_1+3x_2+5x_3-4x_4=1,\\ x_1+3x_2+2x_3-2x_4+x_5=-1,\\ x_1-2x_2+x_3-x_4-x_5=3,\\ x_1-4x_2+x_3+x_4-x_5=3,\\ x_1+2x_2+x_3-x_4+x_5=-1.\end{cases}$$

(3) $$\begin{cases}x_1+2x_2-3x_4+2x_5=1,\\ x_1-x_2-3x_3+x_4-3x_5=2,\\ 2x_1-3x_2+4x_3-5x_4+2x_5=7,\\ 9x_1-9x_2+6x_3-16x_4+2x_5=25.\end{cases}$$

(4) $\begin{cases} x_1-2x_2+3x_3-4x_4=4, \\ x_2-x_3+x_4=-3, \\ x_1+3x_2+x_4=1, \\ -7x_2+3x_3+x_4=-3. \end{cases}$

(5) $\begin{cases} 3x_1+4x_2-5x_3+7x_4=0, \\ 2x_1-3x_2+3x_3-2x_4=0, \\ 4x_1+11x_2-13x_3+16x_4=0, \\ 7x_1-2x_2+x_3+3x_4=0. \end{cases}$

(6) $\begin{cases} 2x_1+x_2-x_3+x_4=1, \\ 3x_1-2x_2+2x_3-3x_4=2, \\ 5x_1+x_2-x_3+2x_4=-1, \\ 2x_1-x_2+x_3-3x_4=4. \end{cases}$

(7) $\begin{cases} x_1+2x_2+3x_3-x_4=1, \\ 3x_1+2x_2+x_3-x_4=1, \\ 2x_1+3x_2+x_3+x_4=1, \\ 2x_1+2x_2+2x_3-x_4=1, \\ 5x_1+5x_2+2x_3=2. \end{cases}$

2. 证明:齐次线性方程组

$$\begin{cases} a_{11}x_1+a_{12}x_2=0, \\ a_{21}x_1+a_{22}x_2=0 \end{cases}$$

有非零解的充要条件是

$$a_{11}a_{22}-a_{12}a_{21}=0.$$

3. 判断下列齐次线性方程组是否有非零解:

(1) $\begin{cases} 2x_1+3x_2-x_3+5x_4=0, \\ 3x_1-x_2+2x_3-7x_4=0, \\ 4x_1+x_2-3x_3+6x_4=0, \\ x_1-2x_2+4x_3-7x_4=0. \end{cases}$

(2) $\begin{cases} x_2 - x_3 + x_4 = 0, \\ -7x_2 + 3x_3 + x_4 = 0 \\ x_1 + 3x_2 - 3x_4 = 0, \\ x_1 - 2x_2 + 3x_3 - 4x_4 = 0. \end{cases}$

(3) $\begin{cases} x_1 - 2x_2 + x_3 - x_4 + x_5 = 0, \\ 2x_1 + x_2 - x_3 + 2x_4 - 3x_5 = 0, \\ 3x_1 - 2x_2 - x_3 + x_4 - 2x_5 = 0, \\ 2x_1 - 5x_2 + x_3 - 2x_4 + 2x_5 = 0. \end{cases}$

(4) $\begin{cases} x_1 - x_2 = 0, \\ x_2 - x_3 = 0, \\ x_3 - x_4 = 0, \\ -x_1 + x_4 = 0. \end{cases}$

4. 给定数域 K 上齐次线性方程组

$$\begin{cases} 2x + y + z = 0, \\ ax - z = 0, \\ -x + 3z = 0. \end{cases}$$

确定 a 的值,使方程组有非零解,并求全部解.

5. 讨论 λ,a,b 取数域 K 内什么值时,下列 K 上线性方程组有解,在有解时求其全部解.

(1) $\begin{cases} \lambda x_1 + x_2 + x_3 = 1, \\ x_1 + \lambda x_2 + x_3 = \lambda, \\ x_1 + x_2 + \lambda x_3 = \lambda^2. \end{cases}$　　(2) $\begin{cases} ax_1 + x_2 + x_3 = 4, \\ x_1 + bx_2 + x_3 = 3, \\ x_1 + 2bx_2 + x_3 = 4. \end{cases}$

(3) $\begin{cases} x_1 + x_2 + x_3 + x_4 + x_5 = 1, \\ 3x_1 + 2x_2 + x_3 + x_4 - 3x_5 = a, \\ x_2 + 2x_3 + 2x_4 + 6x_5 = 3, \\ 5x_1 + 4x_2 + 3x_3 + 3x_4 - x_5 = b. \end{cases}$

6. 设

$$x_1 - x_2 = a_1, \quad x_2 - x_3 = a_2,$$
$$x_3 - x_4 = a_3, \quad x_4 - x_5 = a_4,$$
$$x_5 - x_1 = a_5.$$

证明：这方程组有解的充要条件是

$$\sum_{i=1}^{5} a_i = 0.$$

在有解的情况下，求其一般解.

7. 求下列齐次线性方程组的全部解：

$$\begin{cases} x_1 + x_n = 0, \\ x_1 + x_2 = 0, \\ x_2 + x_3 = 0, \\ \cdots\cdots\cdots\cdots \\ x_{n-1} + x_n = 0. \end{cases}$$

8. 在平面上取定直角坐标系 Oxy. 任给不在同一直线上的五个点，证明：必存在一条二次曲线通过这五个点. 如给定如下四个点：

$$P:(1,0);\quad Q:(1,-1);$$
$$R:(-1,2);\quad S:(2,3).$$

试求通过这四个点的所有二次曲线.

9. 设 a 是数域 K 上一非零数. 求解 K 上线性方程组：

$$\begin{cases} x_2 + x_3 + x_4 + \cdots + x_n = b_1, \\ x_1 + ax_3 + ax_4 + \cdots + ax_n = b_2, \\ x_1 + ax_2 + ax_4 + \cdots + ax_n = b_3, \\ x_1 + ax_2 + ax_3 + \cdots + ax_n = b_4, \\ \cdots\cdots\cdots\cdots\cdots\cdots\cdots\cdots \\ x_1 + ax_2 + ax_3 + ax_4 + \cdots + ax_{n-1} = b_n. \end{cases}$$

10. 给定数域 K 内 n 个数 $a_1, a_2, \cdots, a_n$. 设 x_{ij} $(i=1,2,\cdots,n;$ $j=1,2,\cdots,n)$ 是 n^2 个未知量. 求下列线性方程组的全部解：

$$a_i a_l x_{jk} - a_j a_k x_{il} = 0,$$

其中 i, j, k, l 分别取 $1,2,\cdots,n$.

本 章 小 结

本章对中学代数学中阐述的经典代数学的研究对象做了简单的概括，并从理论上提高一步. 首先是把数及其四则运算的初等知识提升为数域的概念，使我们今后研究数的有关课题时，有一个确切的范畴. 在此基础上重点讨论两类代数方程：

1）数域 K 上的一元 n 次代数方程. 这种方程的根不一定还在 K 内. 为寻求其根，必须把 K 扩大为更大的数域. 但它的全部根都在最大的数域 $\mathbb{C}$ 内，恰有 n 个根（重根计算在内）；

2）数域 K 上的线性方程组. 这类方程可用矩阵消元法求出其全部解. 求解过程中，只对其系数及常数项做加、减、乘、除四种运算，不会超出数域 K 的范围，因而对此类方程的全部研究可以限制在数域 K 之内进行. 本章只是给出此类方程的求解方法，其理论方面的课题则是下一章的出发点.

第二章　向量空间与矩阵

在第一章的引言中已经指出，经典代数学的发展历史告诉我们：为了研究代数方程的实质问题，局限于数及其四则运算的领域是远远不够的. 这就是说，我们必须通过分析代数方程的特殊性，从中提炼出代数学的新的研究对象，开拓新的研究领域. 在代数方程中，线性方程组是最简单的一类，本章的任务，就是要从研究线性方程组在直观上的结构特点，从中产生出新的思想和新的课题.

现在把第一章§3的数域 K 上的线性方程组(1)写成如下形状：

$$\begin{bmatrix} a_{11} \\ a_{21} \\ \vdots \\ a_{m1} \end{bmatrix} \begin{matrix} x_1+ \\ x_1+ \\ \vdots \\ x_1+ \end{matrix} \begin{bmatrix} a_{12} \\ a_{22} \\ \vdots \\ a_{m2} \end{bmatrix} \begin{matrix} x_2+\cdots+ \\ x_2+\cdots+ \\ \vdots \\ x_2+\cdots+ \end{matrix} \begin{bmatrix} a_{1n} \\ a_{2n} \\ \vdots \\ a_{mn} \end{bmatrix} \begin{matrix} x_n= \\ x_n= \\ \vdots \\ x_n= \end{matrix} \begin{bmatrix} b_1 \\ b_2 \\ \vdots \\ b_m \end{bmatrix}.$$

它在结构上的特点就十分直观地显示在我们面前了. 方程左端都是一个未知量 x_i 乘上 K 上一组数(按一定次序排列，共 m 个)然后连加起来，方程右端也是 K 上一组数(按一定次序排列起来，共 m 个)，然后两者相等，就构成一个线性方程组. 这启发我们：不应当研究单独的数，而应当把一个按一定次序排列起来的数组当作我们新的研究对象. 这种新的对象不再是普通的数，但在它里面也像数一样可以做某种运算，例如做加法，以及与普通的数(上面表示为未知量的形式)做乘法运算. 于是代数学中一个新的研究对象就诞生了.

§1　m 维向量空间

定义　设 K 是一个数域. K 中 m 个数 $a_1,\cdots,a_m$ 所组成的一个 m 元有序数组

$$\alpha=\begin{bmatrix}a_1\\a_2\\\vdots\\a_m\end{bmatrix}\quad(a_i\in K,i=1,2,\cdots,m)$$

称为一个 m **维向量**，a_i 称为它的第 i 个**分量**或**坐标**. K 上全体 m 维向量所组成的集合记为 K^m. 在 K^m 内定义两个向量的**加法**如下：

$$\begin{bmatrix}a_1\\a_2\\\vdots\\a_m\end{bmatrix}+\begin{bmatrix}b_1\\b_2\\\vdots\\b_m\end{bmatrix}=\begin{bmatrix}a_1+b_1\\a_2+b_2\\\vdots\\a_m+b_m\end{bmatrix}\in K^m.$$

又设 k 为 K 中任意数，定义 k 与 K^m 中向量的**数乘**如下：

$$k\begin{bmatrix}a_1\\a_2\\\vdots\\a_m\end{bmatrix}=\begin{bmatrix}ka_1\\ka_2\\\vdots\\ka_m\end{bmatrix}\in K^m.$$

集合 K^m 和上面定义的加法，数乘运算这一个系统称为数域 K 上的 m **维向量空间**.

今后我们用小写希腊字母来表示 K^m 中的向量. 读者可能已经注意到把一个 m 维向量写成一个竖列太占篇幅，为了方便，K^m 中的向量也可以改写为 $\alpha=(a_1,a_2,\cdots,a_m)$（但在同一个问题中写法要统一，或者都竖写，或者都横写，以免造成混乱）. 我们约定：竖写时分量自上而下排列，横写时，分量自左至右排列，不可混淆.

现在我们来比较一下数域和 K^m 之间的共同点与不同点.

1）数域和 K^m 都是一个集合. 但集合内的元素不同，数域的元素是数，而 K^m 的元素是向量.

2）数域内有两种运算：加法和乘法（减法和除法是加法及乘法的逆运算）. K^m 内也有两种运算，但不是数的运算，是向量间的加法及数与向量的数乘，注意向量与向量没有乘法运算.

3）数域内数的加法、乘法满足一些运算法则，读者对它们已很熟悉. 现在我们把它们总结一下.

(i) 加法满足结合律：$(a+b)+c=a+(b+c)$；

(ii) 加法满足交换律：$a+b=b+a$；

(iii) 有个数 0，使对任何数域内的 a，$0+a=a$；

(iv) 数域内任意数 a，在该数域内有负数 $-a$，使 $a+(-a)=0$；

(v) 有个数 1，使对数域内任意 a，有 $1\cdot a=a$；

(vi) 乘法满足结合律：$a(bc)=(ab)c$；

(vii) 乘法满足交换律：$ab=ba$；

(viii) 对数域内任意非零数 a，在该数域内有 $\frac{1}{a}$，使 $a\cdot\frac{1}{a}=1$；

(ix) 加法与乘法满足分配律：$a(b+c)=ab+ac$.

数域内数的上述九条运算法则，是一切研讨的基础. 在中学代数中关于数及其四则运算有关的一切内容，都是以它们为立足点的.

现在我们来指出，K^m 内的两种运算也满足相应的运算法则.

命题 1.1　K^m 中向量加法、数乘运算满足如下八条运算法则：

(i) 加法结合律：$\alpha+(\beta+\gamma)=(\alpha+\beta)+\gamma$；

(ii) 加法交换律：$\alpha+\beta=\beta+\alpha$；

(iii) 称 $(0,0,\cdots,0)$ 为 m 维**零向量**，记为 0. 对任一 m 维向量 α，有 $0+\alpha=\alpha+0=\alpha$；

(iv) 任给 $\alpha=(a_1,a_2,\cdots,a_m)$，记 $-\alpha=(-a_1,-a_2,\cdots,-a_m)$，称其为 α 的**负向量**. 它满足 $\alpha+(-\alpha)=(-\alpha)+\alpha=0$；

(v) 对数 1，有 $1\cdot\alpha=\alpha$；

(vi) 对 K 内任意数 k,l，有 $(kl)\alpha=k(l\alpha)$；

(vii) 对 K 内任意数 k,l，有 $(k+l)\alpha=k\alpha+l\alpha$；

(viii) 对 K 内任意数 k，有 $k(\alpha+\beta)=k\alpha+k\beta$，

其中 K 表示数域，希腊字母 α,β,γ 表示 K^m 中向量.

这个命题只需按定义逐一加以验证就可知其正确了. 我们这里把它列举出来，是要读者注意：这八条是 m 维向量空间的最基本的规律或性质. m 维向量空间的一系列基本命题都是以上述八条为基础推导出来的.

今后我们将 $\alpha+(-\beta)$ 写成 $\alpha-\beta$，称为向量的**减法运算**. 下面再介绍几个基本概念.

定义　给定 K^m 内一个向量组 $\alpha_1,\alpha_2,\cdots,\alpha_s$，又给定数域 K 内 s

个数 $k_1,k_2,\cdots,k_s$. 称向量 $k_1\alpha_1+k_2\alpha_2+\cdots+k_s\alpha_s$ 为向量组 $\alpha_1,\alpha_2,\cdots,\alpha_s$ 的一个**线性组合**.

定义 给定 K^m 内向量组 $\alpha_1,\alpha_2,\cdots,\alpha_s$. 设 β 是 K^m 内一个向量. 如果存在数域 K 内 s 个数 $k_1,k_2,\cdots,k_s$,使

$$\beta=k_1\alpha_1+k_2\alpha_2+\cdots+k_s\alpha_s,$$

则称 β 可被向量组 $\alpha_1,\alpha_2,\cdots,\alpha_s$ **线性表示**.

现在利用上面这个概念来分析一下 m 维向量空间中的向量和线性方程组之间的联系. 给定数域 K 上的线性方程组

$$\begin{cases} a_{11}x_1+a_{12}x_2+\cdots+a_{1n}x_n=b_1, \\ a_{21}x_1+a_{22}x_2+\cdots+a_{2n}x_n=b_2, \\ \cdots\cdots\cdots\cdots\cdots\cdots\cdots\cdots \\ a_{m1}x_1+a_{m2}x_2+\cdots+a_{mn}x_n=b_m. \end{cases} \tag{1}$$

考虑 K^m 中的 $n+1$ 个向量

$$\alpha_1=\begin{bmatrix} a_{11} \\ a_{21} \\ \vdots \\ a_{m1} \end{bmatrix},\ \alpha_2=\begin{bmatrix} a_{12} \\ a_{22} \\ \vdots \\ a_{m2} \end{bmatrix},\ \cdots,\ \alpha_n=\begin{bmatrix} a_{1n} \\ a_{2n} \\ \vdots \\ a_{mn} \end{bmatrix},\ \beta=\begin{bmatrix} b_1 \\ b_2 \\ \vdots \\ b_m \end{bmatrix}.$$

应用 m 维向量的加法和数乘运算,方程组(1)可以改写成如下的向量方程

$$x_1\alpha_1+x_2\alpha_2+\cdots+x_n\alpha_n=\beta. \tag{2}$$

如果方程组(1)有一组解

$$x_1=k_1,\ x_2=k_2,\ \cdots,\ x_n=k_n \quad (k_i\in K),$$

代入(2)式,得

$$\beta=k_1\alpha_1+k_2\alpha_2+\cdots+k_n\alpha_n,$$

即 β 能被向量组 $\alpha_1,\alpha_2,\cdots,\alpha_n$ 线性表示. 反之,若 β 能被向量组 $\alpha_1,\alpha_2,\cdots,\alpha_n$ 线性表示,则表示的系数就是方程组(1)的一组解. 于是有如下两条结论:

1) 方程组(1)有解的充要条件是:向量 β 能被向量组 $\alpha_1,\alpha_2,\cdots,\alpha_n$ 线性表示;

2) 方程组(1)的解的组数等于 β 被 $\alpha_1,\alpha_2,\cdots,\alpha_n$ 线性表示表法

的种数.

上面的分析触及了线性方程组的本质.读者应该十分熟悉线性方程组(1)和向量方程(2)之间的联系.这就是说,给定一个线性方程组,读者应当立即能把它改写成向量方程.反过来,给定一个向量方程,也应立即能把它改写成线性方程组的形式.

例 1.1　将数域 K 上的下列线性方程组

$$\begin{cases} x_1+x_2+x_3+x_4+x_5=7, \\ 3x_1+2x_2+x_3+x_4-3x_5=-2, \\ x_2+2x_3+2x_4+6x_5=23, \\ 5x_1+4x_2+3x_3+3x_4-x_5=12 \end{cases}$$

写成向量方程的形状.为此,令

$$\alpha_1=\begin{bmatrix}1\\3\\0\\5\end{bmatrix},\quad \alpha_2=\begin{bmatrix}1\\2\\1\\4\end{bmatrix},\quad \alpha_3=\begin{bmatrix}1\\1\\2\\3\end{bmatrix},$$

$$\alpha_4=\begin{bmatrix}1\\1\\2\\3\end{bmatrix},\quad \alpha_5=\begin{bmatrix}1\\-3\\6\\-1\end{bmatrix},\quad \beta=\begin{bmatrix}7\\-2\\23\\12\end{bmatrix},$$

得向量方程

$$x_1\alpha_1+x_2\alpha_2+x_3\alpha_3+x_4\alpha_4+x_5\alpha_5=\beta.$$

利用第一章§3的办法求得方程组的一组解

$$x_1=-9,\ x_2=13,\ x_3=1,\ x_4=1,\ x_5=1.$$

于是

$$\beta=-9\alpha_1+13\alpha_2+\alpha_3+\alpha_4+\alpha_5.$$

这个方程组的解不唯一,所以 β 表成 $\alpha_1,\alpha_2,\alpha_3,\alpha_4,\alpha_5$ 的线性组合的表示方法也不唯一. 实际上有无穷多种不同的表示法(方程组有无穷多组解).

1. 向量组的线性相关与线性无关

为了深入讨论线性方程组,我们在上面引进了数域 K 上的 m 维向量空间 K^m. 在下面将会看到,在线性方程组的理论中,齐次线性方程组处于核心的地位. 在第一章§3,我们指出:齐次线性方程组所要讨论的基本课题,是它有无非零解. 这个基本课题转化到 K^m 中来,就是如下一个重要的概念.

定义　给定 K^m 中一个向量组

$$\alpha_1=\begin{bmatrix}a_{11}\\a_{21}\\\vdots\\a_{m1}\end{bmatrix},\quad \alpha_2=\begin{bmatrix}a_{12}\\a_{22}\\\vdots\\a_{m2}\end{bmatrix},\ \cdots,\ \alpha_s=\begin{bmatrix}a_{1s}\\a_{2s}\\\vdots\\a_{ms}\end{bmatrix},$$

如果齐次线性方程组

$$\begin{cases}a_{11}x_1+a_{12}x_2+\cdots+a_{1s}x_s=0,\\a_{21}x_1+a_{22}x_2+\cdots+a_{2s}x_s=0,\\\cdots\cdots\cdots\cdots\cdots\cdots\cdots\cdots\\a_{m1}x_1+a_{m2}x_2+\cdots+a_{ms}x_s=0\end{cases}\tag{3}$$

有非零解,则称向量组 $\alpha_1,\alpha_2,\cdots,\alpha_s$ **线性相关**;如果齐次线性方程组(3)只有零解,则称此向量组**线性无关**.

在第一章§3中已指出可用矩阵消元法来判断一个齐次线性方程组有无非零解,现在我们可以把它用于判断一个向量组是线性相关还是线性无关. 这就是说,如果我们以所给的向量组 $\alpha_1,\alpha_2,\cdots,\alpha_s$ 作为列排成一个矩阵

$$A=(\alpha_1,\alpha_2,\cdots,\alpha_s)=\begin{bmatrix}a_{11}&a_{12}&\cdots&a_{1s}\\a_{21}&a_{22}&\cdots&a_{2s}\\\vdots&\vdots&&\vdots\\a_{m1}&a_{m2}&\cdots&a_{ms}\end{bmatrix},$$

它就是齐次线性方程组(3)的系数矩阵,只要对它做消元运算,把它化为阶梯形就可以了.

例 1.2　给定 K^5 内向量组

$$\alpha_1=(7,0,0,0,0),\quad \alpha_2=(-1,3,4,0,0),$$
$$\alpha_3=(1,0,1,1,0),\quad \alpha_4=(0,0,1,1,-1).$$

判断它们是否线性相关.

解　把它们竖起来排成一个 5×4 矩阵

$$A=\begin{bmatrix}7&-1&1&0\\0&3&0&0\\0&4&1&1\\0&0&1&1\\0&0&0&-1\end{bmatrix}.$$

用矩阵消元法把 A 化为阶梯形：

$$A\to\begin{bmatrix}7&-1&1&0\\0&3&0&0\\0&0&1&1\\0&0&1&1\\0&0&0&-1\end{bmatrix}\to\begin{bmatrix}7&-1&1&0\\0&1&0&0\\0&0&1&1\\0&0&0&0\\0&0&0&-1\end{bmatrix}$$

$$\to\begin{bmatrix}7&-1&1&0\\0&1&0&0\\0&0&1&1\\0&0&0&1\\0&0&0&0\end{bmatrix}.$$

最后的阶梯形矩阵对应的齐次线性方程组显然只有零解，故以 A 为系数矩阵的齐次线性方程组也只有零解，即 $\alpha_1,\alpha_2,\alpha_3,\alpha_4$ 线性无关.

在上面的定义中，如果 $s>m$，则齐次线性方程组(3)中未知量个数 $s>$ 方程个数 m，按第一章命题 3.2，它必有非零解，从而不必做矩阵消元法即可判断向量组 $\alpha_1,\alpha_2,\cdots,\alpha_s$ 线性相关.

前面已指出：数域 K 上的线性方程组等价于 K^m 内的向量方程. 把齐次线性方程组(3)改写成 K^m 内的向量方程，就是

$$x_1\alpha_1+x_2\alpha_2+\cdots+x_s\alpha_s=0.$$

所以 $\alpha_1,\alpha_2,\cdots,\alpha_s$ 线性相关就等价于存在 K 内一组不全为零的数 $k_1,k_2,\cdots,k_s$，使

$$k_1\alpha_1+k_2\alpha_2+\cdots+k_s\alpha_s=0.$$

于是我们得到向量组线性相关与线性无关的第一个等价定义.

定义 给定 K^m 内向量组 $\alpha_1,\alpha_2,\cdots,\alpha_s$. 如果存在 K 内不全为零的数 $k_1,k_2,\cdots,k_s$,使

$$k_1\alpha_1+k_2\alpha_2+\cdots+k_s\alpha_s=0,$$

则称向量组线性相关. 否则称为线性无关.

这个定义比起前面的定义来,是变抽象了,因为它完全没有具体涉及 $\alpha_1,\alpha_2,\cdots,\alpha_s$ 中每个向量的分量. 正因为如此,它具有更大的普遍性,在第四章中我们就会看到这一点.

例 1.3 给定 K^4 内向量组

$$\alpha_1=\begin{bmatrix}1\\-1\\0\\2\end{bmatrix},\quad \alpha_2=\begin{bmatrix}2\\-1\\3\\1\end{bmatrix}.$$

判断它是否线性相关.

解 考察向量方程

$$x_1\alpha_1+x_2\alpha_2=\begin{bmatrix}x_1\\-x_1\\0\\2x_1\end{bmatrix}+\begin{bmatrix}2x_2\\-x_2\\3x_2\\x_2\end{bmatrix}=\begin{bmatrix}x_1+2x_2\\-x_1-x_2\\3x_2\\2x_1+x_2\end{bmatrix}=\begin{bmatrix}0\\0\\0\\0\end{bmatrix}.$$

两向量相等,则分量相同,故得

$$x_1+2x_2=0,\quad -x_1-x_2=0,\quad 3x_2=0,\quad 2x_1+x_2=0.$$

显然有 $x_1=0,x_2=0$. 即不存在不全为零的数 k_1,k_2,使 $k_1\alpha_1+k_2\alpha_2=0$. 于是 α_1,α_2 线性无关.

从例 1.3 看出:可以把线性相关与线性无关的定义换一种说法,这就是第二个等价定义.

定义 给定 K^m 内向量组 $\alpha_1,\alpha_2,\cdots,\alpha_s$. 如果由

$$k_1\alpha_1+k_2\alpha_2+\cdots+k_s\alpha_s=0,$$

必定推出 $k_1=k_2=\cdots=k_s=0$,则称向量组 $\alpha_1,\alpha_2,\cdots,\alpha_s$ 线性无关. 否则称为线性相关.

这个定义的逻辑结构比前两个定义复杂,比较难于掌握. 正确地理解和运用这个定义的关键是记住:"由

$$k_1\alpha_1+k_2\alpha_2+\cdots+k_s\alpha_s=0,$$

必定推出 $k_1=k_2=\cdots=k_s=0$.”这句话等价于向量方程

$$x_1\alpha_1+x_2\alpha_2+\cdots+x_s\alpha_s=0$$

只有零解.

向量组线性相关与线性无关还有第四种说法,我们用命题的形式叙述出来.

命题 1.2 K^m 内向量组 $\alpha_1,\alpha_2,\cdots,\alpha_s(s\geqslant 2)$ 线性相关的充要条件是其中存在一个向量能被其余向量线性表示.

证 分两方面证明它.

必要性 由 $\alpha_1,\alpha_2,\cdots,\alpha_s$ 线性相关推断有一个向量能被其余向量线性表示.

因为 $\alpha_1,\alpha_2,\cdots,\alpha_s$ 线性相关,故存在一组不全为零的数 $k_1,k_2,\cdots,k_s$,使

$$k_1\alpha_1+k_2\alpha_2+\cdots+k_s\alpha_s=0.$$

设 $k_i\neq 0$. 于是

$$k_i\alpha_i=-k_1\alpha_1-\cdots-k_{i-1}\alpha_{i-1}-k_{i+1}\alpha_{i+1}-\cdots-k_s\alpha_s,$$

$$\alpha_i=-\frac{k_1}{k_i}\alpha_1-\cdots-\frac{k_{i-1}}{k_i}\alpha_{i-1}-\frac{k_{i+1}}{k_i}\alpha_{i+1}-\cdots-\frac{k_s}{k_i}\alpha_s.$$

即 α_i 能被 $\alpha_1,\cdots,\alpha_{i-1},\alpha_{i+1},\cdots,\alpha_s$ 线性表示.

充分性 设有某 α_i 能被 $\alpha_1,\cdots,\alpha_{i-1},\alpha_{i+1},\cdots,\alpha_s$ 线性表示,推出 $\alpha_1,\alpha_2,\cdots,\alpha_s$ 线性相关.

设

$$\alpha_i=k_1\alpha_1+\cdots+k_{i-1}\alpha_{i-1}+k_{i+1}\alpha_{i+1}+\cdots+k_s\alpha_s.$$

移项,得

$$k_1\alpha_1+\cdots+k_{i-1}\alpha_{i-1}+(-1)\cdot\alpha_i+k_{i+1}\alpha_{i+1}+\cdots+k_s\alpha_s=0.$$

于是有一组不全为零的数:$k_1,\cdots,k_{i-1},k_i=-1,k_{i-1},\cdots,k_s$ 使

$$k_1\alpha_1+\cdots+k_{i-1}\alpha_{i-1}+k_i\alpha_i+k_{i+1}\alpha_{i+1}+\cdots+k_s\alpha_s=0,$$

故 $\alpha_1,\alpha_2,\cdots,\alpha_s$ 线性相关. ▎

推论 如果 K^m 内向量组 $\alpha_1,\alpha_2,\cdots,\alpha_s(s\geqslant 2)$ 中任一向量都不能被其余向量线性表示,则此向量组线性无关.

单由一个向量 α 组成的向量组线性相关的充要条件是有 K 内

非零数 k,使 $k\alpha=0$,而这显然与 $\alpha=0$ 等价. 反之,若 $\alpha\neq 0$,则它组成的向量组线性无关.

例 1.4 给定 K^m 内向量组 $\alpha, 0, \beta$,此向量组线性相关. 这是因为:取

$$k_1=0,\quad k_2=1,\quad k_3=0,$$

这是不全为零的一组数. 我们有

$$k_1\alpha+k_2\cdot 0+k_3\beta=0\cdot\alpha+1\cdot 0+0\cdot\beta=0.$$

从例 1.4 立刻可以看出,一个向量组中如包含有一个零向量,那么它必线性相关.

例 1.5 给定 K^m 内向量组 $\alpha, -\alpha, \beta$(其中 α, β 为任意两个同维数的向量),此向量组线性相关. 这是因为:取

$$k_1=1,\quad k_2=1,\quad k_3=0,$$

这是一组不全为零的数,有

$$k_1\alpha+k_2(-\alpha)+k_3\beta=\alpha+(-\alpha)+0\cdot\beta=0.$$

例 1.6 K^m 内向量组 $k\alpha,\alpha,\beta$ 线性相关. 因为其中第 1 个向量能被其余两个向量线性表示

$$(k\alpha)=k\cdot\alpha+0\cdot\beta.$$

最后再来举一个重要的例子.

例 1.7 给定 K^n 中如下 n 个向量:

$$\begin{aligned}
\varepsilon_1&=(1,\ 0,\ 0,\ \cdots,\ 0),\\
\varepsilon_2&=(0,\ 1,\ 0,\ \cdots,\ 0),\\
&\cdots\cdots\cdots\cdots\cdots\cdots\\
\varepsilon_n&=(0,\ 0,\ \cdots,\ 0,\ 1),
\end{aligned}$$

称之为数域 K 上 n 维向量空间的 n 个**坐标向量**. 我们来证明 $\varepsilon_1,\varepsilon_2,\cdots,\varepsilon_n$ 线性无关. 若

$$k_1\varepsilon_1+k_2\varepsilon_2+\cdots+k_n\varepsilon_n=0,$$

则因为

$$k_1\varepsilon_1+k_2\varepsilon_2+\cdots+k_n\varepsilon_n=(k_1,k_2,\cdots,k_n)=0,$$

故必有 $k_1=k_2=\cdots=k_n=0$,因而向量组 $\varepsilon_1,\varepsilon_2,\cdots,\varepsilon_n$ 线性无关.

2. 向量组的秩

命题 1.2 从另一个角度刻画了线性相关的向量组的特性. 在一

个向量组中,如果有一个向量可被其余向量线性表示,那么,在一定意义下,用其余向量就可以代表它,因而在许多情况下,把这样的向量去掉是无关大局的. 为了把这种想法严格地表达清楚,我们先引进一个概念.

定义　给定 K^m 内两个向量组

$$\alpha_1, \alpha_2, \cdots, \alpha_r, \tag{Ⅰ}$$

$$\beta_1, \beta_2, \cdots, \beta_s, \tag{Ⅱ}$$

如果向量组(Ⅱ)中每一个向量都能被向量组(Ⅰ)线性表示,反过来,向量组(Ⅰ)中每个向量也都能被向量组(Ⅱ)线性表示,则称向量组(Ⅰ)和向量组(Ⅱ)**线性等价**.

例 1.8　给定 K^m 内两个向量组

$$\alpha, \alpha, \beta, \tag{Ⅰ}$$

$$\alpha, \beta, \tag{Ⅱ}$$

则(Ⅰ)与(Ⅱ)线性等价. 这是因为:

(i) (Ⅱ)中每个向量能被(1)线性表示:

$$\alpha = 1 \cdot \alpha + 0 \cdot \alpha + 0 \cdot \beta;$$

$$\beta = 0 \cdot \alpha + 0 \cdot \alpha + 1 \cdot \beta.$$

(ii) (Ⅰ)中每个向量也能被(Ⅱ)线性表示:

$$\alpha = 1 \cdot \alpha + 0 \cdot \beta; \quad \beta = 0 \cdot \alpha + 1 \cdot \beta.$$

在上述例子中,(Ⅱ)实际上是(Ⅰ)的一个部分组,是剔除(Ⅰ)中的“多余”向量所得到的. 这个简单的例子说明引入向量组线性等价概念的重要意义. 因为给定一个向量组,其中很可能包含有“多余”的向量. 于是,我们自然就想把这些“多余”的向量剔除掉,也就是设法用一个与它线性等价的部分组来取代它,而这个部分组中不再包含有“多余”的向量. 这就是本段落所要解决的问题.

为说明向量组线性等价概念的基本性质,我们先来证明一个命题.

命题 1.3　给定 K^m 内两个向量组

$$\alpha_1, \alpha_2, \cdots, \alpha_r, \tag{Ⅰ}$$

$$\beta_1, \beta_2, \cdots, \beta_s, \tag{Ⅱ}$$

且(Ⅱ)中每一个向量 β_i 均能被向量组(Ⅰ)线性表示. 那么,当向量 γ 可被向量组(Ⅱ)线性表示时,它也就能被向量组(Ⅰ)线性表示.

证 设 $\gamma=l_1\beta_1+l_2\beta_2+\cdots+l_s\beta_s$. 又设

$$\beta_1=k_{11}\alpha_1+k_{12}\alpha_2+\cdots+k_{1r}\alpha_r,$$
$$\beta_2=k_{21}\alpha_1+k_{22}\alpha_2+\cdots+k_{2r}\alpha_r,$$
$$\cdots\cdots$$
$$\beta_s=k_{s1}\alpha_1+k_{s2}\alpha_2+\cdots+k_{sr}\alpha_r.$$

以 $l_1,l_2,\cdots,l_s$ 分别乘上面的第 1,2,…,s 个等式,然后相加起来,得

$$\gamma=\sum_{i=1}^{s}l_i\beta_i=\Big(\sum_{i=1}^{s}l_ik_{i1}\Big)\alpha_1+\Big(\sum_{i=1}^{s}l_ik_{i2}\Big)\alpha_2+\cdots+\Big(\sum_{i=1}^{s}l_ik_{is}\Big)\alpha_r,$$

即 γ 可被 $\alpha_1,\alpha_2,\cdots,\alpha_r$ 线性表示. ▌

向量组线性等价的概念具有下列三条基本性质:

1) 反身性: 每个向量组和它自身线性等价;

2) 对称性: 如果(Ⅰ)和(Ⅱ)线性等价,则(Ⅱ)与(Ⅰ)线性等价;

3) 传递性: 如果(Ⅰ)和(Ⅱ)线性等价,(Ⅱ)和(Ⅲ)线性等价,则(Ⅰ)和(Ⅲ)线性等价.

性质 1),2)是显然的. 性质 3)可由命题 1.3 推得: 因(Ⅲ)中每个向量能被(Ⅱ)线性表示,(Ⅱ)又被(Ⅰ)线性表示,故(Ⅲ)中每个向量能被(Ⅰ)线性表示. 反之,按同样理由,(Ⅰ)中每个向量也能被(Ⅲ)线性表示,故(Ⅰ)与(Ⅲ)线性等价.

下面给出本段落的主要概念.

定义 给定 K^m 内向量组

$$\alpha_1,\ \alpha_2,\ \cdots,\ \alpha_s, \tag{Ⅰ}$$

如果它的一个部分组

$$\alpha_{i_1},\ \alpha_{i_2},\ \cdots,\ \alpha_{i_r} \tag{Ⅱ}$$

满足如下两个条件:

(i) 向量组(Ⅰ)中每个向量都能被(Ⅱ)线性表示;

(ii) 向量组(Ⅱ)线性无关,

则称向量组(Ⅱ)是向量组(Ⅰ)的**极大线性无关部分组**.

显然,上面定义中的向量组(Ⅰ)和(Ⅱ)是线性等价的. 因为: (Ⅱ)

是(Ⅰ)的部分组,(Ⅱ)中每个向量当然都能被(Ⅰ)线性表示,而条件(i)又保证了(Ⅰ)中每个向量都能被(Ⅱ)线性表示. 所以,一个向量组的极大线性无关部分组的实质是: 从原向量组中挑出一部分来组成一个新向量组,使新向量组与原向量组线性等价,从而在一定意义下可用新向量组来代表原向量组. 另一方面,新向量组线性无关,即其中没有“多余”的向量(因为这时其中任一向量都不能被其余向量线性表示,因而这些向量互相之间没有依赖关系,是互相“独立”的).

例 1.9　给定向量组

$$\alpha_1=(1,0,0),\qquad \alpha_2=(0,1,0),$$
$$\alpha_3=(0,0,1),\qquad \alpha_4=(1,1,1),$$
$$\alpha_5=(1,1,0),$$

则 $\alpha_1,\alpha_2,\alpha_3$ 是它的一个极大线性无关部分组. 因为:

(i) 所给向量组能由 $\alpha_1,\alpha_2,\alpha_3$ 线性表出

$$\alpha_1=1\cdot\alpha_1+0\cdot\alpha_2+0\cdot\alpha_3;$$
$$\alpha_2=0\cdot\alpha_1+1\cdot\alpha_2+0\cdot\alpha_3;$$
$$\alpha_3=0\cdot\alpha_1+0\cdot\alpha_2+1\cdot\alpha_3;$$
$$\alpha_4=\alpha_1+\alpha_2+\alpha_3;$$
$$\alpha_5=\alpha_1+\alpha_2+0\cdot\alpha_3.$$

(ii) $\alpha_1,\alpha_2,\alpha_3$ 线性无关,这从本节例 1.7 即知.

请读者自己验证: 向量组 $\alpha_1,\alpha_3,\alpha_4$ 也是它的一个极大线性无关部分组. 由此可知,一个向量组的极大线性无关部分组不是唯一的. 于是产生了一个问题: 同一个向量组的不同的极大线性无关部分组中向量的个数是不是总是一样多呢? 下面来回答这个问题. 先证明几个命题.

命题 1.4　给定 K^m 内两个向量组

$$\alpha_1,\ \alpha_2,\ \cdots,\ \alpha_r, \tag{Ⅰ}$$
$$\beta_1,\ \beta_2,\ \cdots,\ \beta_s, \tag{Ⅱ}$$

如果向量组(Ⅰ)中每个向量都能被(Ⅱ)线性表示,且 $r>s$,则向量组(Ⅰ)线性相关.

证　设

$$\begin{aligned}\alpha_1 &= a_{11}\beta_1 + a_{12}\beta_2 + \cdots + a_{1s}\beta_s,\\ \alpha_2 &= a_{21}\beta_1 + a_{22}\beta_2 + \cdots + a_{2s}\beta_s,\\ &\cdots\cdots\cdots\cdots\\ \alpha_r &= a_{r1}\beta_1 + a_{r2}\beta_2 + \cdots + a_{rs}\beta_s.\end{aligned}$$

分别用 $x_1,\cdots,x_2,x_r$ 乘上面第 $1,2,\cdots,r$ 个等式,然后相加,得

$$\sum_{m=1}^{r} x_m\alpha_m = \left(\sum_{m=1}^{r} a_{m1}x_m\right)\beta_1 + \left(\sum_{m=1}^{r} a_{m2}x_m\right)\beta_2 + \cdots + \left(\sum_{m=1}^{r} a_{ms}x_m\right)\beta_s.$$

考察齐次线性方程组

$$\begin{cases}\sum\limits_{m=1}^{r} a_{m1}x_m = a_{11}x_1 + a_{21}x_2 + \cdots + a_{r1}x_r = 0,\\ \sum\limits_{m=1}^{r} a_{m2}x_m = a_{12}x_1 + a_{22}x_2 + \cdots + a_{r2}x_r = 0,\\ \cdots\cdots\cdots\cdots\cdots\cdots\\ \sum\limits_{m=1}^{r} a_{ms}x_m = a_{1s}x_1 + a_{2s}x_2 + \cdots + a_{rs}x_r = 0,\end{cases}$$

它有 s 个方程,r 个未知量,因为 $s<r$,由第一章命题 3.2,它在 K 内必有一组非零解

$$x_1 = k_1,\quad x_2 = k_2,\quad \cdots,\quad x_r = k_r.$$

此时有

$$\sum_{m=1}^{r} k_m\alpha_m = k_1\alpha_1 + k_2\alpha_2 + \cdots + k_r\alpha_r = 0.$$

故 $\alpha_1,\alpha_2,\cdots,\alpha_r$ 线性相关. ▌

命题 1.5 给定 K^m 内向量组

$$\alpha_1,\ \alpha_2,\ \cdots,\ \alpha_s, \tag{Ⅰ}$$

设它的某一个极大线性无关部分组为

$$\alpha_{i_1},\ \alpha_{i_2},\ \cdots,\ \alpha_{i_r}, \tag{Ⅰ′}$$

又有另一个向量组

$$\beta_1,\ \beta_2,\ \cdots,\ \beta_t, \tag{Ⅱ}$$

设它的某一个极大线性无关部分组为

$$\beta_{j1},\ \beta_{j2},\ \cdots,\ \beta_{jl}. \tag{Ⅱ′}$$

如果(Ⅰ)与(Ⅱ)线性等价,则 $r=l$.

证 因为(Ⅰ′)与(Ⅰ)线性等价,(Ⅰ)与(Ⅱ)线性等价,(Ⅱ)与(Ⅱ′)线性等价,由线性等价关系的传递性知,(Ⅰ′)与(Ⅱ′)线性等价.(Ⅰ′)可被(Ⅱ′)线性表示且(Ⅰ′)线性无关,由命题 1.4 知 $r\leqslant l$. 反过来,(Ⅱ′)又被(Ⅰ′)线性表示,(Ⅱ′)也是线性无关的,故 $l\leqslant r$. 由此即得 $r=l$. ▍

推论 1 一个向量组的任意两个极大线性无关部分组中包含的向量个数相同.

证 在命题 1.5 中,取(Ⅰ)与(Ⅱ)为同一向量组即可. ▍

由推论 1,可给出如下重要概念.

定义 一个向量组的极大线性无关部分组中包含的向量个数称为该向量组的**秩**. 全由零向量组成的向量组的秩为零.

例 1.9 所给的向量组的秩为 3.

推论 2 两个线性等价的向量组的秩相等.

在本节的最后,我们再来指出一个重要的事实:如果检查一下上面几个命题的证明过程,不难看出,它们只以命题 1.1 为基础,而不依赖于向量的具体坐标表达式. 由于这一点,使得我们有可能对 m 维向量空间的概念从理论上进一步抽象化. 我们将在第四章中来做这个工作.

下面来介绍求一个向量组的极大线性无关部分组的筛选法.

命题 1.6 给定 K^m 内向量组

$$\alpha_1,\alpha_2,\cdots,\alpha_n, \tag{Ⅰ}$$

其中 $\alpha_1\neq 0$. 对(Ⅰ)做如下**筛选**:首先,α_1 保持不动. 若 α_2 可被 α_1 线性表示,则去掉 α_2,否则保留 α_2. 继续这一筛选,一般说,若 α_i 可被前面保留下来的向量线性表示,就去掉 α_i,否则保留 α_i. 经 n 次筛选后,设最后保留下来的向量组是

$$\alpha_{i_1}=\alpha_1,\alpha_{i_2},\cdots,\alpha_{i_r}. \tag{Ⅱ}$$

则(Ⅱ)为(Ⅰ)的一个极大线性无关部分组.

证 先证(Ⅱ)线性无关. 设有

$$k_1\alpha_{i_1}+k_2\alpha_{i_2}+\cdots+k_r\alpha_{i_r}=0.$$

若 $k_1,k_2,\cdots,k_r$ 不全为 0,设自右至左第一个不为 0 的是 k_s,即 $k_{s+1}=\cdots=k_r=0$,因 $\alpha_1\neq 0$,故 $s>1$(若 $s=1$,则 $k_1\alpha_1=0$,矛盾). 于是

$$k_1\alpha_{i_1}+\cdots+k_{s-1}\alpha_{i_{s-1}}+k_s\alpha_{i_s}=0.$$

移项后得

$$\alpha_{i_s}=-\frac{k_1}{k_s}\alpha_{i_1}-\cdots-\frac{k_{s-1}}{k_s}\alpha_{i_{s-1}}.$$

这说明 α_{i_s} 可被前面保留下来的向量线性表示，这与筛选法矛盾. 故必有 $k_1=k_2=\cdots=k_r=0$，即(Ⅱ)线性无关.

(Ⅰ)中不属于(Ⅱ)的向量都是筛选中被去掉的向量，即能被(Ⅱ)中前若干向量线性表示的向量，从而可被(Ⅱ)线性表示（令其余向量前面系数取 0).

综合上述两方面的论述，即知(Ⅱ)为(Ⅰ)的一个极大线性无关部分组. ▌

命题 1.6 表明，如果一个向量组 $\alpha_1,\alpha_2,\cdots,\alpha_s$ 中至少包含一个非零向量（我们可以重排其次序，使非零向量排在最前面），此时其极大线性无关部分组必存在，故其秩$\geqslant 1$.

3. 集合内的等价关系

设 A 是一个非空的集合. 如果在 A 的元素之间定义了一种关系，记作“$\sim$”，满足如下条件：

(i) 反身性：对任意 $a\in A$，有 $a\sim a$；

(ii) 对称性：若 $a\sim b$，则 $b\sim a$；

(iii) 传递性：若 $a\sim b$，$b\sim c$，则 $a\sim c$，

则称此关系为 A 内的一个**等价关系**.

例如，在平面上全体三角形组成的集合中，“相似”是一个等价关系. 这是因为：任一三角形与自己相似（反身性）；若$\triangle ABC$ 相似于$\triangle A'B'C'$，则$\triangle A'B'C'$ 相似于$\triangle ABC$（对称性）；若$\triangle ABC$ 相似于$\triangle A'B'C'$，$\triangle A'B'C'$ 又相似于$\triangle A''B''C''$，则$\triangle ABC$ 相似于$\triangle A''B''C''$（传递性）. 显然，在三角形集合中，“全等”也是一个等价关系. 又例如，在整数集合中，“两个数的差是 3 的倍数”具有上述三条性质：以 a,b,c 表示任意三个整数，则 $a-a=0=0\times 3$（反身性）；$a-b=m\times 3$（m 为整数），则 $b-a=(-m)\times 3$（对称性）；$a-b=m\times 3$，$b-c=n\times 3$，则 $a-c=(m+n)\times 3$（传递性）. 再例如：n 元线性方

程组构成的集合中,“同解”是一个等价关系.

与等价关系密切相关的是等价类的概念.确切地说,设 S 是一个集合,“$\sim$”是 S 中的任一等价关系,a 为 S 的任一元素,则把 S 中与 a 等价的所有元素构成的子集合称为 a 所在的**等价类**.如果用 $\bar{a}$ 表示 a 所在的等价类,即有

$$\bar{a}=\{s\in S\mid s\sim a\}.$$

一个简单的事实是:

$$a\sim b \text{ 的充要条件是 } \bar{a}=\bar{b}\quad(\forall\, a,b\in S).$$

我们先说明必要性.设 $a\sim b$,则对任一 $s\in\bar{a}$,由等价类的定义,有 $s\sim a$.而 $a\sim b$,由传递性,有 $s\sim b$,此即 $s\in\bar{b}$,所以 $\bar{a}\subseteq\bar{b}$.反之,由等价关系的对称性,有 $b\sim a$.由同样的推理得知 $\bar{b}\subseteq\bar{a}$.所以 $\bar{a}=\bar{b}$.再说明充分性.设 $\bar{a}=\bar{b}$,由等价类的定义立即得到 $a\in\bar{a}=\bar{b}$,进而 $a\sim b$.这就完成了上述事实的证明.

等价关系的重要性在于:对于任一集合 S 中的任一给定的等价关系,S 等于所有等价类的并集,而且不同的等价类没有公共元素.换句话说,S 等于所有等价类的无交并.这是因为:S 显然包含所有等价类的并集;而 S 中任一元素都属于它所在的等价类,所以 S 含于所有等价类的并集.这就证明了 S 等于所有等价类的并集.再有,如果等价类 $\bar{a}$ 与 $\bar{b}$ 有公共元素 c,则由上面刚刚证明的事实知,$\bar{a}=\bar{c}=\bar{b}$.这说明:如果 $\bar{a}\neq\bar{b}$,则 $\bar{a}$ 与 $\bar{b}$ 必无公共元素.

数学中的一个重要方法是:为了研究某个集合的某一问题,在此集合中引入相应的等价关系,然后寻求各等价类中形式最简单、性质最好的元素,从而使问题的研究得以简化.例如,本节刚刚引入的线性等价是 m 维向量组构成的集合中的一个等价关系(**注意**:此集合中的每个元素都是一个向量组,而不是单个的向量).上面定义的“极大线性无关部分组”就是相应于这个等价关系的等价类中最简单的元素.数学中的这个研究方法将在本书以下各章中反复地得到体现.

习　题　一

1. 在 K^4 内给定向量

$\alpha_1=(0,-1,1,1)$,　　　　$\alpha_2=(1,-1,1,2)$,

$\alpha_3=(0,1,1,2)$, $\alpha_4=(2,2,1,3)$,

$\alpha_5=(0,-1,-1,-1)$, $\beta=(3,1,4,8)$,

将 β 表成 $\alpha_1,\alpha_2,\alpha_3,\alpha_4,\alpha_5$ 的线性组合.

2. 在 K^4 内将向量 β 表成向量 $\alpha_1,\alpha_2,\alpha_3,\alpha_4$ 的线性组合:

(1) $\alpha_1=(1,1,1,1)$, $\alpha_2=(1,1,-1,-1)$,

$\alpha_3=(1,-1,1,-1)$, $\alpha_4=(1,-1,-1,1)$,

$\beta=(1,2,1,1)$;

(2) $\alpha_1=(1,1,0,1)$, $\alpha_2=(2,1,3,1)$,

$\alpha_3=(1,1,0,0)$, $\alpha_4=(0,1,-1,-1)$,

$\beta=(0,0,0,1)$.

3. 判断下列向量组是否线性相关:

(1) $\alpha_1=(1,3,5,-4,0)$, $\alpha_2=(1,3,2,-2,1)$,

$\alpha_3=(1,-2,1,-1,-1)$, $\alpha_4=(1,-4,1,1,-1)$;

(2) $\alpha_1=(1,-2,3,-4)$, $\alpha_2=(0,1,-1,1)$,

$\alpha_3=(1,3,0,1)$, $\alpha_4=(0,-7,3,1)$;

(3) $\alpha_1=(1,2,3,-1)$, $\alpha_2=(3,2,1,-1)$,

$\alpha_3=(2,3,1,1)$, $\alpha_4=(2,2,2,-1)$,

$\alpha_5=(5,5,2,0)$;

(4) $\alpha_1=(1,-1,0,0,0)$, $\alpha_2=(0,1,-1,0,0)$,

$\alpha_3=(0,0,1,-1,0)$, $\alpha_4=(0,0,0,1,-1)$,

$\alpha_5=(-1,0,0,0,1)$.

4. 证明:向量组 $\alpha_1,\alpha_2,\alpha_3$ 与向量组 $\alpha_1+\alpha_2,\alpha_2+\alpha_3,\alpha_3+\alpha_1$ 线性等价.

5. 设 $\alpha_1,\alpha_2,\cdots,\alpha_s$ 线性无关,证明:$\alpha_1,\alpha_1+\alpha_2,\cdots,\alpha_1+\alpha_2+\cdots+\alpha_s$ 线性无关.

6. 证明:如果向量组 $\alpha_1,\alpha_2,\cdots,\alpha_s$ 线性无关,而 $\alpha_1,\alpha_2,\cdots,\alpha_s,\beta$ 线性相关,则 β 可被向量组 $\alpha_1,\alpha_2,\cdots,\alpha_s$ 线性表示.

7. 证明:一个线性无关向量组的任一个部分组也线性无关.

8. 证明:如果一个向量组有一个部分组线性相关,那么该向量组也线性相关.

9. 给定 K^n 内向量组

$$\alpha_1=(a_{11},a_{12},\cdots,a_{1n}),$$
$$\alpha_2=(a_{21},a_{22},\cdots,a_{2n}),$$
$$\cdots\cdots$$
$$\alpha_m=(a_{m1},a_{m2},\cdots,a_{mn}),$$

从每个向量中去掉第 $i_1,i_1,\cdots,i_s$ 个分量,得到一个 $n-s$ 维的新向量组 $\alpha_1',\alpha_2',\cdots,\alpha_m'$. 证明:

(1) 若 $\alpha_1',\alpha_2',\cdots,\alpha_m'$ 线性无关,则 $\alpha_1,\alpha_2,\cdots,\alpha_m$ 也线性无关;

(2) 若 $\alpha_1,\alpha_2,\cdots,\alpha_m$ 线性相关,则 $\alpha_1',\alpha_2',\cdots,\alpha_m'$ 也线性相关.

10. 给定 K^n 内向量组

$$\alpha_1=(a_{11},a_{12},\cdots,a_{1n}),$$
$$\alpha_2=(a_{21},a_{22},\cdots,a_{2n}),$$
$$\cdots\cdots$$
$$\alpha_m=(a_{m1},a_{m2},\cdots,a_{mn}),$$
$$\beta=(b_1,b_2,\cdots,b_n),$$

对它们的分量做如下变化:

(1) 把第 i 个分量与第 j 个分量互换;

(2) 把第 i 个分量乘以非零常数 c;

(3) 把第 j 个分量加上第 i 个分量的 k 倍.

设经过上述三种变换的任一种后得到新向量组 $\alpha_1',\alpha_2',\cdots,\alpha_m',\beta'$,证明:

(1) 若 $\alpha_1,\alpha_2,\cdots,\alpha_m$ 线性无关,则 $\alpha_1',\alpha_2',\cdots,\alpha_m'$ 也线性无关;

(2) 若 $\alpha_1,\alpha_2,\cdots,\alpha_m$ 线性相关,则 $\alpha_1',\alpha_2',\cdots,\alpha_m'$ 也线性相关;

(3) 若 β 能被 $\alpha_1,\alpha_2,\cdots,\alpha_m$ 线性表示,则 β' 也能被 $\alpha_1',\alpha_2',\cdots,\alpha_m'$ 线性表示.

11. 证明:向量组 $\alpha_1,\alpha_2,\cdots,\alpha_s(s\geqslant2,\alpha_1\neq0)$ 线性相关的充要条件是,至少有一个 α_i 可被 $\alpha_1,\alpha_2,\cdots,\alpha_{i-1}$ 线性表示.

12. 求下列向量组的极大线性无关部分组和秩:

(1) $\alpha_1=(-1,0,1,0,0)$, $\alpha_2=(1,1,1,1,0)$,

$\alpha_3=(0,1,2,1,0)$;

(2) $\alpha_1=(1,0,0)$,　$\alpha_2=(1,1,0)$,　$\alpha_3=(1,1,1)$,

$\alpha_4=(0,1,1)$， $\alpha_5=(0,0,1)$；

(3) $\alpha_1=(2,3,1,1)$，$\alpha_2=(4,6,2,2)$，

$\alpha_3=(0,1,2,1)$，$\alpha_4=(0,-1,-2,-1)$.

13. 证明：$\alpha_{i_1},\alpha_{i_2},\cdots,\alpha_{i_r}$ 是向量组 $\alpha_1,\alpha_2,\cdots,\alpha_s$ 的极大线性无关部分组当且仅当下述两条成立：

(1) $\alpha_{i_1},\alpha_{i_2},\cdots,\alpha_{i_r}$ 线性无关；

(2) $\alpha_i,\alpha_{i_1},\alpha_{i_2},\cdots,\alpha_{i_r}$ 线性相关，其中 α_i 为 $\alpha_1,\alpha_2,\cdots,\alpha_s$ 中任一向量.

14. 已知 $\alpha_1,\alpha_2,\cdots,\alpha_s$ 的秩为 r，证明：其中任意 r 个线性无关的向量都构成它的一个极大线性无关部分组.

15. 设 $\alpha_1,\alpha_2,\cdots,\alpha_s$ 的秩为 r，而 $\alpha_{i_1},\alpha_{i_2},\cdots,\alpha_{i_r}$ 是其中 r 个向量，使每个 $\alpha_i(i=1,2,\cdots,s)$都能被它们线性表示，证明：$\alpha_{i_1},\alpha_{i_2},\cdots,\alpha_{i_r}$ 是 $\alpha_1,\alpha_2,\cdots,\alpha_s$ 的一个极大线性无关部分组.

16. 证明：如果向量组(Ⅰ)可以由向量组(Ⅱ)线性表示，那么(Ⅰ)的秩≤(Ⅱ)的秩.

17. 设 $\alpha_1,\alpha_2,\cdots,\alpha_n$ 是 K^n 内一个向量组，如果 n 维坐标向量 $\varepsilon_1,\varepsilon_2,\cdots,\varepsilon_n$ 可被它们线性表示，证明：$\alpha_1,\alpha_2,\cdots,\alpha_n$ 线性无关.

18. 设 $\alpha_1,\alpha_2,\cdots,\alpha_n$ 是 K^n 内一个向量组，证明：$\alpha_1,\alpha_2,\cdots,\alpha_n$ 线性无关的充要条件是，任一个 n 维向量都可被它们线性表示.

19. 证明：一个向量组的任一线性无关部分组都可扩充成它的一个极大线性无关部分组.

20. 设 $\alpha_1,\alpha_2,\cdots,\alpha_r$ 与 $\alpha_1,\alpha_2,\cdots,\alpha_r,\alpha_{r+1},\cdots,\alpha_s$ 的秩相同，证明它们线性等价.

21. 设 $\beta_1=\alpha_2+\alpha_3+\cdots+\alpha_r$，$\beta_2=\alpha_1+\alpha_3+\cdots+\alpha_r$，$\cdots$，$\beta_r=\alpha_1+\alpha_2+\cdots+\alpha_{r-1}$. 证明：$\beta_1,\beta_2,\cdots,\beta_r$ 与 $\alpha_1,\alpha_2,\cdots,\alpha_r$ 的秩相同.

22. 设 $\alpha_1,\alpha_2,\alpha_3$ 为 K^m 内一个线性无关向量组，试求 $\alpha_1-\alpha_2$，$\alpha_2-\alpha_3$，$\alpha_3-\alpha_1$ 的一个极大线性无关部分组.

23. 设 K^m 内向量组 $\alpha_1,\alpha_2,\cdots,\alpha_n(n\geqslant2)$的一个极大线性无关部分组是 $\alpha_{i_1},\alpha_{i_2},\cdots,\alpha_{i_r}$. 又设 $\alpha=\alpha_1+\alpha_2+\cdots+\alpha_n$ 且

$$\alpha=k_1\alpha_{i_1}+k_2\alpha_{i_2}+\cdots+k_r\alpha_{i_r}.$$

如果 $k_1+k_2+\cdots+k_r\neq1$，试求向量组

$$\alpha-\alpha_1,\ \alpha-\alpha_2,\ \cdots,\ \alpha-\alpha_n$$

的一个极大线性无关部分组.

24. 在 K^n 内给定向量组

$$\alpha_i=(a_{i1},a_{i2},\cdots,a_{in})\quad(i=1,2,\cdots,s;s\leqslant n).$$

如果

$$|a_{jj}|>\sum_{\substack{i=1\\i\neq j}}^{s}|a_{ij}|\quad(j=1,2,\cdots,s),$$

证明:$\alpha_1,\alpha_2,\cdots,\alpha_s$ 线性无关.

25. 给定数域 K 上 n 个非零的数 $a_1,a_2,\cdots,a_n$. 又设

$$\frac{1}{a_1}+\frac{1}{a_2}+\cdots+\frac{1}{a_n}\neq-1,$$

求 K^n 中下面向量组的秩:

$$\begin{aligned}&\eta_1=(1+a_1,1,\cdots,1),\\&\eta_2=(1,1+a_2,1,\cdots,1),\\&\cdots\cdots\cdots\cdots\cdots\cdots\\&\eta_n=(1,\cdots,1,1+a_n).\end{aligned}$$

§2　矩 阵 的 秩

在上一节中,我们在数域 K 上线性方程组和 K 上 m 维向量空间之间建立了联系,并讨论了 m 维向量空间的一些基本概念和性质. 下面我们把它们再应用到线性方程组理论中去. 我们知道,一个线性方程组可以用一个矩阵来代表,因此,我们把矩阵当作一个中间桥梁. 首先把上一节的结果应用于矩阵,然后再把在矩阵中所获得的结果应用于线性方程组.

给定数域 K 上一个 $m\times n$ 矩阵

$$A=\begin{bmatrix}a_{11}&a_{12}&\cdots&a_{1n}\\a_{21}&a_{22}&\cdots&a_{2n}\\\vdots&\vdots&&\vdots\\a_{m1}&a_{m2}&\cdots&a_{mn}\end{bmatrix},\tag{1}$$

它的每一列可以看作是一个 m 维向量,它有 n 个列,组成一个 m 维

向量组，我们称之为矩阵 A 的**列向量组**. 同样，它的每一行可以看作一个 n 维向量，它有 m 个行，组成一个 n 维向量组，我们称之为矩阵 A 的**行向量组**.

定义 一个矩阵 A 的行向量组的秩称为 A 的**行秩**，它的列向量组的秩称为 A 的**列秩**.

设由(1)式给出的矩阵 A 的列向量组为 $\alpha_1,\alpha_2,\cdots,\alpha_n$(用竖排的形式写出)，我们可把 A 简单地写成

$$A=(\alpha_1,\alpha_2,\cdots,\alpha_n),$$

当它的行向量组用 $\beta_1,\beta_2,\cdots,\beta_m$(写成横的一行的形式)表示时，我们可以把 A 简单写成

$$A=\begin{bmatrix}\beta_1\\ \beta_2\\ \vdots\\ \beta_m\end{bmatrix}.$$

矩阵 A 的行向量组属于 K^n，而列向量组属于 K^m，是两个不同的向量空间(当 $m\neq n$ 时). 但它们的分量却同由 A 的 mn 个元素 a_{ij} 组成. 由此可以推断其行向量组与列向量组的秩之间应当存在某种联系，但这个联系现在隐藏在一大堆数据(即 A 的 mn 个元素)后面，我们看不清楚. 为了让这一较为深入的客观联系显露出来，我们需要对 A 做简化工作，把复杂的矩阵 A 简化成一个很简单的形式，从而使其行向量组与列向量组的秩之间的联系水落石出.

在第一章§3求解一个复杂的线性方程组时，我们使用初等变换把它化为简单的阶梯形方程组，后者的解立即可以求出. 现在，我们也对矩阵使用同样的办法给以简化，使简化后的矩阵其行秩与列秩的关系立即可以看出.

定义 对数域 K 上的 $m\times n$ 矩阵 A 的行(列)做如下变换:

(i) 互换两行(列)的位置;

(ii) 把某一行(列)乘以 K 内一个非零常数 c;

(iii) 把第 j 行(列)加上第 i 行(列)的 k 倍，这里 $k\in K$ 且 $i\neq j$.

上述三种变换中的每一种都称为矩阵 A 的**初等行(列)变换**.

如果把矩阵 A 看作某个线性方程组的增广矩阵，那么它的行变

换与方程组的初等变换一致.但解方程组时不允许做初等列变换,而矩阵本身可以做初等列变换.

注意矩阵的初等行(列)变换都是可逆的.因为:

1) 如 A 经过互换 i,j 两行(列)变成矩阵 B,则 B 经互换 i,j 两行(列)就变回矩阵 A;

2) 如 A 第 i 行(列)乘以非零常数 c 后变为矩阵 B,则 B 的第 i 行(列)乘以 $1/c$ 即变回矩阵 A;

3) 如 A 的第 j 行(列)加上第 i 行(列)的 k 倍后变成矩阵 B,则 B 的第 j 行(列)加上第 i 行(列)的 $-k$ 倍后即变回矩阵 A.

由此可知:如果矩阵 A 经过若干次初等行、列变换化为矩阵 B,则 B 也可经过若干次初等行、列变换化为矩阵 A.

在第一章§3已证明:线性方程组做初等变换时,所得方程组与原方程组同解,所以只需解最后的阶梯形方程组,就求得原方程组的解. 现在我们同样必须证明一个矩阵 A 做初等行或列变换时,其行秩和列秩都保持不变. 这样只需讨论化简后的矩阵的行秩、列秩的关系就可以知道原矩阵的行秩、列秩的关系了. 下面分别证明 A 的行秩、列秩在初等行及列变换下都保持不变.

命题 2.1　矩阵 A 的行秩在初等行变换下保持不变;矩阵 A 的列秩在初等列变换下也保持不变.

证　只证行秩在初等行变换下不变,列秩的证法相同,不必重复.

设 A 的行向量组为 $\alpha_1,\alpha_2,\cdots,\alpha_m$.

(i) 互换 A 的 i,j 两行相当于把 $\alpha_1,\alpha_2,\cdots,\alpha_m$ 中 α_i 与 α_j 两向量调换一下位置,所得新向量组显然与原向量组线性等价;

(ii) 把 A 的第 i 行乘以 $c\neq 0$,所得新矩阵的行向量组为 $\alpha_1,\cdots,c\alpha_i,\cdots,\alpha_m$.因为

$$\alpha_i=\frac{1}{c}\cdot(c\alpha_i),\quad (c\alpha_i)=c\cdot\alpha_i,$$

故新向量组与原向量组能互相线性表示,即线性等价;

(iii) 把 A 的第 j 行加上第 i 行的 k 倍后,所得新矩阵的行向量组为

$$\alpha_1, \cdots, \alpha_i, \cdots, \alpha_j + k\alpha_i, \cdots, \alpha_m$$

(凡未写出的都与原来相同). 因为

$$\alpha_j = (\alpha_j + k\alpha_i) + (-k) \cdot \alpha_i,$$
$$(\alpha_j + k\alpha_i) = \alpha_j + k \cdot \alpha_i,$$

故新向量组与原向量组能互相线性表示,即线性等价.

根据命题 1.5 的推论 2,线性等价的向量组的秩相同,故矩阵 A 经过一次初等行变换后其行秩不变. 那么,经过任何次初等行变换后行秩也不会变化. ▌

在进一步讨论之前,先介绍一个概念. 把矩阵 A 的行与列互换之后,得到一个 $n \times m$ 矩阵

$$A' = \begin{bmatrix} a_{11} & a_{21} & \cdots & a_{m1} \\ a_{12} & a_{22} & \cdots & a_{m2} \\ \vdots & \vdots & & \vdots \\ a_{1n} & a_{2n} & \cdots & a_{mn} \end{bmatrix},$$

A'称为矩阵 A 的**转置矩阵**. 在本书中,我们固定用 A'表示矩阵 A 的转置矩阵,下面不再重复说明. 注意 A'中元素的下角标不再代表它所在的位置.

例如,设

$$A = \begin{bmatrix} -1 & 0 & 1 & 3 & -1 \\ 2 & 4 & 1 & 0 & 1 \\ 0 & 1 & -1 & 0 & 2 \end{bmatrix},$$

则其转置矩阵为

$$A' = \begin{bmatrix} -1 & 2 & 0 \\ 0 & 4 & 1 \\ 1 & 1 & -1 \\ 3 & 0 & 0 \\ -1 & 1 & 2 \end{bmatrix}.$$

因为矩阵 A 的行向量组变成 A'的列向量组,所以 A 的行秩等于 A'的列秩. 同样,A 的列向量组变成 A'的行向量组,所以 A 的列秩等于 A'的行秩.

命题 2.2 矩阵 A 的行秩在初等列变换下保持不变;矩阵 A 的

列秩在初等行变换下也保持不变.

证　分两步证明.

1) 先证 A 的列秩在初等行变换下保持不变. 设 A 的列向量组为 $\alpha_1,\alpha_2,\cdots,\alpha_n$, 其列秩为 r. 不妨设 $\alpha_1,\alpha_2,\cdots,\alpha_r$ 为列向量组的一个极大线性无关部分组. 假定 A 经初等行变换后所得新矩阵的列向量组为 $\alpha_1',\alpha_2',\cdots,\alpha_n'$, 我们只要证 $\alpha_1',\alpha_2',\cdots,\alpha_r'$ 是它的一个极大线性无关部分组就可以了.

(i) 先证 $\alpha_1',\alpha_2',\cdots,\alpha_r'$ 线性无关. 以 $\alpha_1,\alpha_2,\cdots,\alpha_r$ 为列向量排成一矩阵 B. 因 $\alpha_1,\alpha_2,\cdots,\alpha_r$ 线性无关, 故以 B 为系数矩阵的齐次线性方程组只有零解; 另一方面, 以 $\alpha_1',\alpha_2',\cdots,\alpha_r'$ 为列向量排成矩阵 B_1, 因为 B 由 A 的前 r 列组成, 对 A 做行变换也就对 B 做同样的行变换, 即 B_1 是 B 经初等行变换得到. 由第一章命题 3.1, 以 B_1 为系数矩阵的齐次线性方程组和以 B 为系数矩阵的齐次线性方程组同解, 因而也只有零解. 故 $\alpha_1',\alpha_2',\cdots,\alpha_r'$ 线性无关.

(ii) 再证任一 α_i' 可被 $\alpha_1',\alpha_2',\cdots,\alpha_r'$ 线性表示. 为此, 考察以 $\alpha_1,\alpha_2,\cdots,\alpha_r,\alpha_i$ 为列向量组的矩阵 $\overline{B}$. 因 α_i 可被 $\alpha_1,\alpha_2,\cdots,\alpha_r$ 线性表示, 故以 $\overline{B}$ 为增广矩阵的线性方程组有解; 另一方面, 以 $\alpha_1',\alpha_2',\cdots,\alpha_r',\alpha_i'$ 为列向量组的矩阵 $\overline{B}_1$ 可由 $\overline{B}$ 经初等行变换得到. 由第一章命题 3.1, 以 $\overline{B}_1$ 为增广矩阵的线性方程组和以 $\overline{B}$ 为增广矩阵的线性方程组同解, 因而也是有解的. 这说明 α_i' 可被 $\alpha_1',\alpha_2',\cdots,\alpha_r'$ 线性表示.

2) 现在证 A 的行秩在初等列变换下不变. 为此考察 A'. A 的列向量组是 A' 的行向量组, 对 A 做初等列变换等价于对 A' 做初等行变换. 这可图示如下(设 A 经初等列变换后化为 B):

$$\begin{array}{ccc} A & \xrightarrow{\text{列变换}} & B \\ \downarrow & & \downarrow \\ A' & \xrightarrow{\text{行变换}} & B' \end{array}$$

根据 1), A' 的列秩在初等行变换下不变. 于是我们有: A 的行秩 $=$ A' 的列秩 $=$ B' 的列秩 $=$ B 的行秩. 这说明 A 的行秩在初等列变换下不变. ▌

推论 设A是数域K上的$m\times n$矩阵,A经若干次初等行变换化为矩阵B. 设A的列向量组是$\alpha_1,\alpha_2,\cdots,\alpha_n$,$B$的列向量组是$\alpha_1',\alpha_2',\cdots,\alpha_n'$. 我们有如下结论:

(i) 如果$\alpha_{i_1},\alpha_{i_2},\cdots,\alpha_{i_r}$是$A$的列向量组的一个极大线性无关部分组,则$\alpha_{i_1}',\alpha_{i_2}',\cdots,\alpha_{i_r}'$是$B$的列向量组的一个极大线性无关部分组. 而且,当

$$\alpha_i=k_1\alpha_{i_1}+k_2\alpha_{i_2}+\cdots+k_r\alpha_{i_r}$$

时,有$\alpha_i'=k_1\alpha_{i_1}'+k_2\alpha_{i_2}'+\cdots+k_r\alpha_{i_r}'$.

(ii) 如果$\alpha_{i_1}',\alpha_{i_2}',\cdots,\alpha_{i_r}'$是$B$的列向量的一个极大线性无关部分组,则$\alpha_{i_1},\alpha_{i_2},\cdots,\alpha_{i_r}$是$A$的列向量组的一个极大线性无关部分组. 而且,当

$$\alpha_i'=k_1\alpha_{i_1}'+k_2\alpha_{i_2}'+\cdots+k_r\alpha_{i_r}'$$

时,有$\alpha_i=k_1\alpha_{i_1}+k_2\alpha_{i_2}+\cdots+k_r\alpha_{i_r}$.

证 命题2.2证明的第1)部分就是此推论的第1个结论. 由于初等变换是可逆的,故B也可经若干次初等行变换化为A,于是本推论的第2个结论也成立. ▌

综合命题2.1和2.2,矩阵A的行秩在行和列的初等变换下都保持不变,其列秩也有同样的性质. 我们来看一看,同时对A做行和列的初等变换能把它变成什么样子.

如果一个$m\times n$矩阵其所有元素都是0,则称为**零矩阵**,记作0. 显然,零矩阵的行秩=列秩=0. 下面设$A\neq 0$.

1) 在矩阵A中,如果$a_{11}=0$,我们就在矩阵中找一个不为零的元素,设为a_{ij}. 先对换$1,i$两行,再对换$1,j$两列,这就把a_{ij}调换到第1行第1列的位置上. 所以我们总可以假定$a_{11}\neq 0$.

2) 若$a_{11}\neq 0$,利用初等行变换把A变成如下形状

$$A\longrightarrow\begin{bmatrix}a_{11} & a_{12} & \cdots & a_{1n}\\ 0 & b_{22} & \cdots & b_{2n}\\ \vdots & \vdots & & \vdots\\ 0 & b_{m2} & \cdots & b_{mn}\end{bmatrix},$$

然后再利用初等列变换把A进一步变为

$$A \longrightarrow \begin{bmatrix} 1 & 0 & 0 & \cdots & 0 \\ 0 & b_{22} & b_{23} & \cdots & b_{2n} \\ \vdots & \vdots & \vdots & & \vdots \\ 0 & b_{m2} & b_{m3} & \cdots & b_{mn} \end{bmatrix}.$$

如此继续对右下角的$(m-1)\times(n-1)$矩阵重复上述步骤.

经过连续施行上述初等行、列变换之后,矩阵 A 可变成下列三种阶梯形之一

$$\begin{bmatrix} 1 & & & & & \\ & \ddots & & & 0 & \\ & & 1 & & & \\ & & & 0 & & \\ & 0 & & & \ddots & \\ & & & & 0 & \cdots & 0 \end{bmatrix}, \quad \begin{bmatrix} 1 & & & & \\ & \ddots & & 0 & \\ & & 1 & & \\ & & & 0 & \\ & 0 & & & \ddots & \\ & & & & & 0 \end{bmatrix}, \quad \begin{bmatrix} 1 & & & \\ & \ddots & & 0 \\ & & 1 & \\ & & & 0 \\ & & & & \ddots \\ & & & & & 0 \\ & 0 & & & & \vdots \\ & & & & & 0 \end{bmatrix}.$$

($n>m$ 时)　　　　($n=m$ 时)　　　　($n<m$ 时)

上述三种阶梯形矩阵称为 A 的**标准形**. 设标准形中 1 的个数为 r,则标准形的行秩和列秩都是 r. 这是因为:它的前 r 个行向量即为其行向量组的极大线性无关部分组;它的前 r 个列向量也是其列向量组的极大线性无关部分组.

由命题 2.1 和 2.2,A 的行秩等于其标准形的行秩,A 的列秩等于其标准形的列秩,而标准形的行秩和列秩相等. 由此,我们得到如下一个重要结论:

命题 2.3 矩阵的行秩等于列秩.

定义 一个矩阵 A 的行秩或列秩称为该矩阵的**秩**,记作 $\mathrm{r}(A)$.

因此,$\mathrm{r}(A)$既是 A 的行向量组的极大线性无关部分组中向量的个数,也是 A 的列向量组的极大线性无关部分组中向量的个数. 从命题 2.1 和 2.2 可以得到矩阵秩的如下计算方法:利用初等行变换

把它化为阶梯形. 设想利用列变换将第一阶梯的行向量化为(1,0,…,0),再用列变换把第二阶梯的行向量化为(0,1,0,…,0),依次往下做类似列变换,直至把最后一个非零阶梯的行向量化为(0,…,0,1,0,…,0). 此时矩阵即化为标准形. 因而,不必实际做这些计算.我们就能推断:此矩阵的秩就等于该阶梯形中不为零的阶梯数. 如果要求向量组的秩,可以把它按横的方式排成一个矩阵,然后计算矩阵的秩就可以了.

例 2.1 求 K^5 内下面向量组的秩:

$$\alpha_1=(1,-1,0,1,1),\quad \alpha_2=(2,-2,0,2,2),$$
$$\alpha_3=(1,1,1,0,0),\quad \alpha_4=(2,0,1,1,1).$$

解 把它们作为行排成 4×5 矩阵,再用初等变换将矩阵化为阶梯形

$$\begin{bmatrix}1&-1&0&1&1\\2&-2&0&2&2\\1&1&1&0&0\\2&0&1&1&1\end{bmatrix}\to\begin{bmatrix}1&-1&0&1&1\\0&0&0&0&0\\0&2&1&-1&-1\\0&2&1&-1&-1\end{bmatrix}$$
$$\to\begin{bmatrix}1&-1&0&1&1\\0&2&1&-1&-1\\0&0&0&0&0\\0&0&0&0&0\end{bmatrix}.$$

最后阶梯形矩阵的秩为 2,故原矩阵秩为 2,因而向量组的秩也是 2.如果再使用列初等变换,最后的阶梯矩阵又可以进一步化为如下标准形

$$\begin{bmatrix}1&0&0&0&0\\0&1&0&0&0\\0&0&0&0&0\\0&0&0&0&0\end{bmatrix},$$

它包含两个 1,秩为 2.

例 2.2 求 K^4 内下面向量组的极大线性无关部分组:

$$\alpha_1=(2,0,1,1),\quad \alpha_2=(-1,-1,-1,-1),$$
$$\alpha_3=(1,-1,0,0),\quad \alpha_4=(0,-2,-1,-1).$$

解　在本例中要求的是极大线性无关部分组,而不只是秩.我们采用如下办法:把这向量组作为行排成一个矩阵,同时把该向量的希腊字母写在它的右方

$$A=\begin{bmatrix} 2 & 0 & 1 & 1 & \alpha_1 \\ -1 & -1 & -1 & -1 & \alpha_2 \\ 1 & -1 & 0 & 0 & \alpha_3 \\ 0 & -2 & -1 & -1 & \alpha_4 \end{bmatrix}.$$

然后对上面的矩阵做行初等变换(现在不能做列初等变换了),在这过程中右边的用希腊字母标出的向量也跟着变.这样,在变换过程中,每个行向量永远等于右边用希腊字母表示的向量.

$$A\to\begin{bmatrix} 1 & -1 & 0 & 0 & \alpha_3 \\ 2 & 0 & 1 & 1 & \alpha_1 \\ -1 & -1 & -1 & -1 & \alpha_2 \\ 0 & -2 & -1 & -1 & \alpha_4 \end{bmatrix}\to\begin{bmatrix} 1 & -1 & 0 & 0 & \alpha_3 \\ 0 & 2 & 1 & 1 & \alpha_1-2\alpha_3 \\ 0 & -2 & -1 & -1 & \alpha_2+\alpha_3 \\ 0 & -2 & -1 & -1 & \alpha_4 \end{bmatrix}$$

$$\to\begin{bmatrix} 1 & -1 & 0 & 0 & \alpha_3 \\ 0 & 2 & 1 & 1 & \alpha_1-2\alpha_3 \\ 0 & 0 & 0 & 0 & \alpha_1+\alpha_2-\alpha_3 \\ 0 & 0 & 0 & 0 & \alpha_1-2\alpha_3+\alpha_4 \end{bmatrix}.$$

矩阵化成阶梯形后,可看出其秩为 2,故原向量组的秩为 2,其极大线性无关部分组向量个数为 2.另一个方面,最后两个行向量为零,这表示

$$\alpha_1+\alpha_2-\alpha_3=0,\quad \alpha_1-2\alpha_3+\alpha_4=0.$$

从这两个向量方程解出两个向量

$$\alpha_3=\alpha_1+\alpha_2,\quad \alpha_4=\alpha_1+2\alpha_2.$$

于是整个向量组可被 α_1,α_2 线性表示,因而原向量组与 α_1,α_2 线性等价.已知其秩为 2,那么 α_1,α_2 的秩也是 2,因而它线性无关.这说明 α_1,α_2 即为原向量组的一个极大线性无关部分组.

数域 K 上一个 $m\times n$ 矩阵 A 可经初等行变换化为阶梯形矩阵 B.如果 B 的每个阶梯最左边不为 0 的数所在列分别设为 $\alpha'_{i_1},\alpha'_{i_2},\cdots,\alpha'_{i_r}$,$B$ 有 r 个非零阶梯,故 $\mathrm{r}(B)=r$.如果把 $\alpha'_{i_1},\alpha'_{i_2},\cdots,\alpha'_{i_r}$ 依次做列向量排成一个 $m\times r$ 矩阵 C,C 仍为阶梯形,有 r 个非零阶梯,

即 $\mathrm{r}(C)=r$. 于是 C 列秩为 r. 故其列向量线性无关. 而 B 的列秩也是 r,于是 C 的列向量组 $\alpha'_{i_1},\alpha'_{i_2},\cdots,\alpha'_{i_r}$ 就是 B 的列向量组的一个极大线性无关部分组,再由命题 2.2 的推论即得 A 的列向量组的一个极大线性无关部分组.

例 2.3 求 K^4 内下列向量组的一个极大线性无关部分组:

$$\alpha_1=(1,1,4,2);\qquad \alpha_2=(1,-1,-2,4);$$
$$\alpha_3=(0,2,6,-2);\qquad \alpha_4=(-3,-1,3,4);$$
$$\alpha_5=(-1,0,-4,-7);\qquad \alpha_6=(-2,1,7,1).$$

解 把它们作为列向量排成 4×6 矩阵 A,再对 A 做初等行变换(不能做列变换)化为阶梯形矩阵 B:

$$A=\begin{bmatrix}1&1&0&-3&-1&-2\\1&-1&2&-1&0&1\\4&-2&6&3&-4&7\\2&4&-2&4&-7&1\end{bmatrix}\xrightarrow{\text{行}}\begin{bmatrix}1&1&0&-3&-1&-2\\0&2&-2&-2&-1&-3\\0&0&0&3&-1&2\\0&0&0&0&0&0\end{bmatrix}=B,$$

B 的列向量组的一个极大线性无关部分组是第 1,2,4 个列向量,故 A 的列向量组 $\alpha_1,\alpha_2,\alpha_3,\alpha_4,\alpha_5,\alpha_6$ 的一个极大线性无关部分组是 $\alpha_1,\alpha_2,\alpha_4$.

上面所介绍的,是求一个向量组的极大线性无关部分组的一般性方法.

下面来介绍向量组的极大线性无关部分组和秩(也就是矩阵的秩)的理论在化学中的一种应用.

例 2.4 考察氨水氧化为二氧化氮的化学反应,反应式为

$$4NH_3+5O_2 = 4NO+6H_2O,$$
$$4NH_3+3O_2 = 2N_2+6H_2O,$$
$$4NH_3+6NO = 5N_2+6H_2O,$$
$$2NO+O_2 = 2NO_2,$$
$$2NO = N_2+O_2,$$
$$N_2+2O_2 = 2NO_2.$$

在化学中要求出描述此系统所需的最少独立化学反应式.

解 设在上述反应中各种物质的相对分子质量 M_{r} 为

$$M_r(NH_3): x_1,\quad M_r(O_2): x_2,\quad M_r(NO): x_3,$$
$$M_r(H_2O): x_4,\quad M_r(N_2): x_5,\quad M_r(NO_2): x_6.$$

那么,从上面化学反应式可得

$$\begin{cases} 4x_1+5x_2-4x_3-6x_4 = 0, \\ 4x_1+3x_2-6x_4-2x_5 = 0, \\ 4x_1+6x_3-6x_4-5x_5 = 0, \\ x_2+2x_3-2x_6 = 0, \\ -x_2+2x_3-x_5 = 0, \\ 2x_2+x_5-2x_6 = 0. \end{cases}$$

本题的任务不是要求解上面的齐次线性方程组,而是要弄清该方程组中哪些方程是独立的,哪些方程可由其他方程做整系数线性组合得出. 可由其余方程线性组合得出的方程认为是多余的,可以去掉. 现在写出上面齐次线性方程组的系数矩阵,并设该矩阵的行向量组(每个行向量代表一个方程,亦即代表一个化学反应式)为 $\alpha_1,\alpha_2,\alpha_3,\alpha_4,\alpha_5,\alpha_6$,现在问题是要求它的一个极大线性无关部分组,并将其余向量用它们线性表示. 按例 2.2 办法计算:

$$\begin{bmatrix} 4 & 5 & -4 & -6 & 0 & 0 & \alpha_1 \\ 4 & 3 & 0 & -6 & -2 & 0 & \alpha_2 \\ 4 & 0 & 6 & -6 & -5 & 0 & \alpha_3 \\ 0 & 1 & 2 & 0 & 0 & -2 & \alpha_4 \\ 0 & -1 & 2 & 0 & -1 & 0 & \alpha_5 \\ 0 & 2 & 0 & 0 & 1 & -2 & \alpha_6 \end{bmatrix}$$

$$\longrightarrow \begin{bmatrix} 4 & 5 & -4 & -6 & 0 & 0 & \alpha_1 \\ 0 & -2 & 4 & 0 & -2 & 0 & \alpha_2-\alpha_1 \\ 0 & -5 & 10 & 0 & -5 & 0 & \alpha_3-\alpha_1 \\ 0 & 1 & 2 & 0 & 0 & -2 & \alpha_4 \\ 0 & -1 & 2 & 0 & -1 & 0 & \alpha_5 \\ 0 & 2 & 0 & 0 & 1 & -2 & \alpha_6 \end{bmatrix}$$

$$
\to \begin{bmatrix} 4 & 5 & -4 & -6 & 0 & 0 & \alpha_1 \\ 0 & 1 & 2 & 0 & 0 & -2 & \alpha_4 \\ 0 & -2 & 4 & 0 & -2 & 0 & \alpha_2-\alpha_1 \\ 0 & -5 & 10 & 0 & -5 & 0 & \alpha_3-\alpha_1 \\ 0 & -1 & 2 & 0 & -1 & 0 & \alpha_5 \\ 0 & 2 & 0 & 0 & 1 & -2 & \alpha_6 \end{bmatrix}
$$

$$
\to \begin{bmatrix} 4 & 5 & -4 & -6 & 0 & 0 & \alpha_1 \\ 0 & 1 & 2 & 0 & 0 & -2 & \alpha_4 \\ 0 & 0 & 8 & 0 & -2 & -4 & \alpha_2-\alpha_1+2\alpha_4 \\ 0 & 0 & 20 & 0 & -5 & -10 & \alpha_3-\alpha_1+5\alpha_4 \\ 0 & 0 & 4 & 0 & -1 & -2 & \alpha_5+\alpha_4 \\ 0 & 0 & -4 & 0 & 1 & 2 & \alpha_6-2\alpha_4 \end{bmatrix}
$$

$$
\to \begin{bmatrix} 4 & 5 & -4 & -6 & 0 & 0 & \alpha_1 \\ 0 & 1 & 2 & 0 & 0 & -2 & \alpha_4 \\ 0 & 0 & 4 & 0 & -1 & -2 & \alpha_5+\alpha_4 \\ 0 & 0 & 0 & 0 & 0 & 0 & -\alpha_1+\alpha_2-2\alpha_5 \\ 0 & 0 & 0 & 0 & 0 & 0 & -\alpha_1+\alpha_3-5\alpha_5 \\ 0 & 0 & 0 & 0 & 0 & 0 & -\alpha_4+\alpha_5+\alpha_6 \end{bmatrix}.
$$

现在知道：原矩阵秩为 3，$\alpha_1,\alpha_5,\alpha_6$ 是它的一个极大线性无关部分组，且

$$
\alpha_2=\alpha_1+2\alpha_5,\quad \alpha_3=\alpha_1+5\alpha_5,\quad \alpha_4=\alpha_5+\alpha_6.
$$

这表示第一，五，六反应式是最少的一组独立反应式，第二，三，四反应式都能被它们表示出来.

习 题 二

1. 计算下列矩阵的秩：

(1) $\begin{bmatrix} 0 & 1 & 1 & -1 & 2 \\ 0 & 2 & -2 & -2 & 0 \\ 0 & -1 & -1 & 1 & 1 \\ 1 & 1 & 0 & 1 & -1 \end{bmatrix}$；

(2) $\begin{bmatrix} 1 & -1 & 2 & 1 & 0 \\ 2 & -2 & 4 & -2 & 0 \\ 3 & 0 & 6 & -1 & 1 \\ 0 & 3 & 0 & 0 & 1 \end{bmatrix}$；　(3) $\begin{bmatrix} 14 & 12 & 6 & 8 & 2 \\ 6 & 104 & 21 & 9 & 17 \\ 7 & 6 & 3 & 4 & 1 \\ 35 & 30 & 15 & 20 & 5 \end{bmatrix}$；

(4) $\begin{bmatrix} 1 & 0 & 0 & 1 & 4 \\ 0 & 1 & 0 & 2 & 5 \\ 0 & 0 & 1 & 3 & 6 \\ 1 & 2 & 3 & 14 & 32 \\ 4 & 5 & 6 & 32 & 77 \end{bmatrix}$；　(5) $\begin{bmatrix} 1 & 0 & 1 & 0 & 0 \\ 1 & 1 & 0 & 0 & 0 \\ 0 & 1 & 1 & 0 & 0 \\ 0 & 0 & 1 & 1 & 0 \\ 0 & 1 & 0 & 1 & 1 \end{bmatrix}$.

2. 求下面向量组的极大线性无关部分组和秩：

(1) $\alpha_1=(6,4,1,-1,2)$，　$\alpha_2=(1,0,2,3,-4)$，

$\alpha_3=(1,4,-9,-16,22)$，　$\alpha_4=(7,1,0,-1,3)$；

(2) $\alpha_1=(1,-1,2,4)$，　$\alpha_2=(0,3,1,2)$，

$\alpha_3=(3,0,7,14)$，　$\alpha_4=(1,-1,2,0)$，

$\alpha_5=(2,1,5,6)$.

3. 求数域 K 上下列 3×4 矩阵的秩：

$$A=\begin{bmatrix} 1 & \lambda & -1 & 2 \\ 2 & -1 & \lambda & 5 \\ 1 & 10 & -6 & 1 \end{bmatrix}.$$

4. 设 A 是数域 K 上的 n 阶方程. 若 A 的元素至少有 n^2-n+1 个零，证明：A 的秩 $\mathrm{r}(A)<n$，并求 $\mathrm{r}(A)$ 的最大可能值.

5. 设 A,B 为数域 K 上的 $m\times n$ 矩阵.

(1) 若以 $A\sim B$ 表示 A 可以经过行、列的初等变换化为 B，证明：$\sim$ 是 $m\times n$ 矩阵的集合中的等价关系.

(2) 若以 $A\sim B$ 表示 A 可以经过列的初等变换化为 B，证明：$\sim$ 是等价关系，并且 $\mathrm{r}(A)=m$ 时 A 可单用初等列变换化为如下形式

$$\begin{bmatrix} \begin{matrix} 1 & & & \\ & 1 & & 0 \\ & & \ddots & \\ 0 & & & \ddots \\ & & & & 1 \end{matrix} & 0 \end{bmatrix},$$

其中右侧的 0 为 $m\times(n-m)$零矩阵.

(3) 若以 $A\sim B$ 表示 A 可以经过初等行变换化为 B,证明:$\sim$也是等价关系,并且 $\mathrm{r}(A)=n$ 时 A 可单用初等行变换化为如下形式

$$\begin{bmatrix} \begin{matrix} 1 & & & 0 \\ & 1 & & \\ & & \ddots & \\ 0 & & & 1 \end{matrix} \\ 0 \end{bmatrix},$$

其中下面的 0 为$(m-n)\times n$ 零矩阵.

6. 如果单用初等行变换把矩阵 A 化为阶梯形矩阵 F,证明:$\mathrm{r}(A)$等于 F 中不为零的行向量的数目(即 F 的阶梯数).

7. 求 $n\times n$ 矩阵

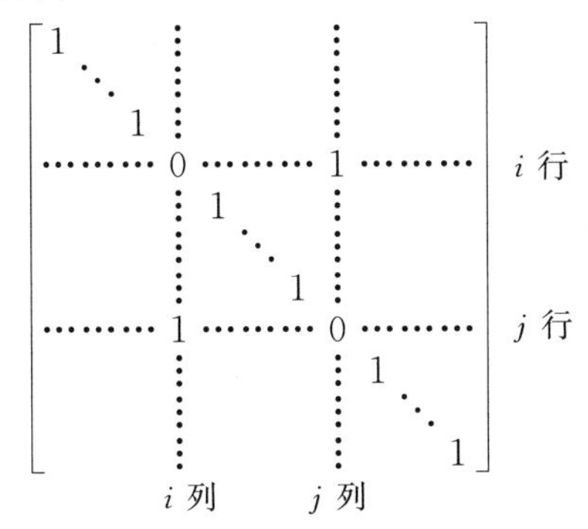

的秩(空白处的元素均为零).

8. 求 $n\times n$ 矩阵

$$\begin{bmatrix} 1 & 0 & \cdots & \cdots & \cdots & 0 & 1 \\ 1 & 1 & 0 & & & & 0 \\ 0 & 1 & 1 & \ddots & & & \vdots \\ \vdots & \ddots & \ddots & \ddots & \ddots & & \vdots \\ \vdots & & \ddots & \ddots & \ddots & \ddots & \vdots \\ \vdots & & & \ddots & \ddots & \ddots & 0 \\ 0 & \cdots & \cdots & \cdots & 0 & 1 & 1 \end{bmatrix}$$

的秩(空白处的元素均为 0).

9. 给定数域 K 上 $m\times n$ 矩阵 A, $m\times s$ 矩阵 B,把它们并排放在一起得 $m\times(n+s)$矩阵 $C=(AB)$. 证明:

$$\max(\mathrm{r}(A),\mathrm{r}(B)]\leqslant \mathrm{r}(C)\leqslant \mathrm{r}(A)+\mathrm{r}(B).$$

10. 给定数域 K 上两个 $m\times n$ 矩阵

$$A=\begin{bmatrix} a_{11} & a_{12} & \cdots & a_{1n} \\ a_{21} & a_{22} & \cdots & a_{2n} \\ \vdots & \vdots & & \vdots \\ a_{m1} & a_{m2} & \cdots & a_{mn} \end{bmatrix},\quad B=\begin{bmatrix} b_{11} & b_{12} & \cdots & b_{1n} \\ b_{21} & b_{22} & \cdots & b_{2n} \\ \vdots & \vdots & & \vdots \\ b_{m1} & b_{m2} & \cdots & b_{mn} \end{bmatrix},$$

令

$$C=\begin{bmatrix} a_{11}+b_{11} & a_{12}+b_{12} & \cdots & a_{1n}+b_{1n} \\ a_{21}+b_{21} & a_{22}+b_{22} & \cdots & a_{2n}+b_{2n} \\ \vdots & \vdots & & \vdots \\ a_{m1}+b_{m1} & a_{m2}+b_{m2} & \cdots & a_{mn}+b_{mn} \end{bmatrix}.$$

证明: $\mathrm{r}(C)\leqslant\mathrm{r}(A)+\mathrm{r}(B)$.

11. 设数域 K 上 $m\times n$ 矩阵 A 经初等行变换变为矩阵 B,以 $\alpha_1,\alpha_2,\cdots,\alpha_n$ 和 $\beta_1,\beta_2,\cdots,\beta_n$ 分别代表 A,B 的列向量组. 证明: 若对 K 内某一组数 $k_1,k_2,\cdots,k_n$ 有

$$k_1\alpha_1+k_2\alpha_2+\cdots+k_n\alpha_n=0,$$

那么

$$k_1\beta_1+k_2\beta_2+\cdots+k_n\beta_n=0.$$

12. 设 A 是数域 K 上一个 $m\times n$ 矩阵,从中任取 s 行,得一 $s\times n$ 矩阵 B. 证明:

$$\mathrm{r}(B)\geqslant\mathrm{r}(A)+s-m.$$

13. 设 A 是数域 K 上一个 $m\times n$ 矩阵，且 $\mathrm{r}(A)=0$ 或 1. 证明：存在 K 内的数 $a_1,a_2,\cdots,a_m$，$b_1,b_2,\cdots,b_n$，使

$$A=\begin{bmatrix} a_1b_1 & a_1b_2 & \cdots & a_1b_n \\ a_2b_1 & a_2b_2 & \cdots & a_2b_n \\ \vdots & \vdots & & \vdots \\ a_mb_1 & a_mb_2 & \cdots & a_mb_n \end{bmatrix}.$$

§3 线性方程组的理论课题

前面通过研究数域 K 上的线性方程组引进了代数学上的两个新的研究对象：数域 K 上的 m 维向量空间 K^m 和 K 上的 $m\times n$ 矩阵. 到目前为止，我们仅对它们做了一些初步的探讨，获得一些初步的知识. 但是仅仅利用这点尚属粗浅的知识，我们已经可以对第一章 §3 所提出的线性方程组的三个理论问题给出完满的解答. 这说明我们所进入的这个新领域确实使我们的知识在理论上大大前进了一步.

我们已经知道，数域 K 上一个含 n 个未知量 $x_1,x_2,\cdots,x_n$ 和 m 个方程的线性方程组等价于 K^m 内的一个向量方程

$$x_1\alpha_1+x_2\alpha_2+\cdots+x_n\alpha_n=\beta.$$

它的一组解 $x_1=k_1,x_2=k_2,\cdots,x_n=k_n$ 是 K 上一个 n 元有序数组，从而是 K^n 中的一个向量 $\eta=(k_1,k_2,\cdots,k_n)$，我们称它为方程组(或上述向量方程)的一个**解向量**. 引入这一概念，就进一步把我们的讨论纳入 K 上向量空间的轨道中了.

下面我们先来讨论数域 K 上的齐次线性方程组. 前面已指出，它是线性方程组理论的核心，解决了它，其他部分即可迎刃而解.

1. 齐次线性方程组的基础解系

考察数域 K 上的齐次线性方程组

$$\begin{cases} a_{11}x_1+a_{12}x_2+\cdots+a_{1n}x_n=0, \\ a_{21}x_1+a_{22}x_2+\cdots+a_{2n}x_n=0, \\ \cdots\cdots\cdots\cdots\cdots\cdots\cdots\cdots \\ a_{m1}x_1+a_{m2}x_2+\cdots+a_{mn}x_n=0. \end{cases} \tag{1}$$

它等价于 K^m 内的向量方程

$$x_1\alpha_1+x_2\alpha_2+\cdots+x_n\alpha_n=0,$$

其中 $\alpha_1,\alpha_2,\cdots,\alpha_n$ 为(1)的系数矩阵 A 的列向量组.

齐次线性方程组(1)的解具有如下性质:

1) 如果 $\eta_1=(k_1,k_2,\cdots,k_n)$, $\eta_2=(l_1,l_2,\cdots,l_n)$ 是方程组(1)的两个解向量,则

$$\eta_1+\eta_2=(k_1+l_1,k_2+l_2,\cdots,k_n+l_n)$$

也是方程组(1)的解向量;

2) 如果 $\eta=(k_1,k_2,\cdots,k_n)$ 是方程组(1)的一个解向量,则对 K 内任意数 k,有

$$k\eta=(kk_1,kk_2,\cdots,kk_n)$$

也是方程组(1)的解向量.

这两条性质只要直接代入向量方程进行验证就可以了. 例如对性质 1),有

$$k_1\alpha_1+k_2\alpha_2+\cdots+k_n\alpha_n=0,$$
$$l_1\alpha_1+l_2\alpha_2+\cdots+l_n\alpha_n=0.$$

两式相加得

$$(k_1+l_1)\alpha_1+(k_2+l_2)\alpha_2+\cdots+(k_n+l_n)\alpha_n=0,$$

这表明 $\eta_1+\eta_2$ 也是方程组(1)的解向量. 性质 2)请读者自己验证.

从上面两条性质立即推出:设 $\eta_1,\eta_2,\cdots,\eta_l$ 是方程组(1)的一组解向量,那么,对 K 内任意一组数 $k_1,k_2,\cdots,k_l$,线性组合 $k_1\eta_1+k_2\eta_2+\cdots+k_l\eta_l$ 仍为方程组(1)的一个解向量. 由此立即产生如下的问题:有没有可能找出方程组(1)的一个解向量组,它们中没有"多余"的向量(即线性无关),而由它们做所有可能的线性组合,就能得出方程组(1)的全部解向量呢? 为了从理论上严格说清这个问题,我们来引进一个新的概念.

定义 齐次线性方程组(1)的一组解向量 $\eta_1,\eta_2,\cdots,\eta_s$ 如果满足如下条件:

(i) $\eta_1,\eta_2,\cdots,\eta_s$ 线性无关;

(ii) 方程组(1)的任一解向量都可被 $\eta_1,\eta_2,\cdots,\eta_s$ 线性表示,

那么,就称 $\eta_1,\eta_2,\cdots,\eta_s$ 是齐次线性方程组(1)的一个**基础解系**.

如果能找出方程组(1)的一个基础解系,就等于找到全部解向量,那么方程组(1)有多少解,解与解之间的关系这两个理论问题就完满地解决了. 这样,探讨齐次线性方程组的理论课题就归结为讨论它的基础解系了.

应当指出:如果齐次线性方程组(1)只有零解,那么它就没有基础解系. 但为着叙述上的方便,我们说这样的齐次线性方程组的基础解系包含零个向量.

为了研究方程组(1)的基础解系,先需要一个简单的命题.

命题 3.1 如果向量组 $\alpha_1,\alpha_2,\cdots,\alpha_s$ 线性无关,而向量 β 可被它线性表示,则表示法是唯一的.

证 设 β 有两种表示法

$$\begin{aligned}\beta &= k_1\alpha_1 + k_2\alpha_2 + \cdots + k_s\alpha_s \\ &= l_1\alpha_1 + l_2\alpha_2 + \cdots + l_s\alpha_s,\end{aligned}$$

则有

$$(k_1 - l_1)\alpha_1 + (k_2 - l_2)\alpha_2 + \cdots + (k_s - l_s)\alpha_s = 0.$$

因为 $\alpha_1,\alpha_2,\cdots,\alpha_s$ 线性无关,故必有

$$k_1 - l_1 = k_2 - l_2 = \cdots = k_s - l_s = 0.$$

即两个表示法相同. ▍

齐次线性方程组(1)的系数矩阵为

$$A = \begin{bmatrix} a_{11} & a_{12} & \cdots & a_{1n} \\ a_{21} & a_{22} & \cdots & a_{2n} \\ \vdots & \vdots & & \vdots \\ a_{m1} & a_{m2} & \cdots & a_{mn} \end{bmatrix}.$$

定理 3.1 数域 K 上的齐次线性方程组(1)的基础解系存在,且任一基础解系中解向量个数为 $n-r$,其中 n 为未知量个数,而 r 为系数矩阵 A 的秩 $\mathrm{r}(A)$.

证 因为方程组(1)的任意两个基础解系(如果有的话)是互相线性等价的,因而秩相等. 它们又是线性无关的,秩即等于其向量个数,故任意两个基础解系中包含相同数目的向量. 因此,我们只要找出一个基础解系,其中包含 $n-r$ 个向量,定理就得证了.

设矩阵 A 的列向量组为 $\alpha_1,\alpha_2,\cdots,\alpha_n$. 如果 $\mathrm{r}(A)=r=n$,即 A

的列向量组线性无关,则方程组(1)只有零解,其基础解系包含

$$n-r=n-n=0$$

个向量,定理成立.

下面设 $r<n$. 为了叙述简明,不妨设 $\alpha_1,\alpha_2,\cdots,\alpha_r$ 为 A 的列向量组的一个极大线性无关部分组. 把方程组(1)写成向量形式

$$x_1\alpha_1+x_2\alpha_2+\cdots+x_n\alpha_n=0. \tag{2}$$

因为 $\alpha_{r+1},\alpha_{r+2},\cdots,\alpha_n$ 均能被 $\alpha_1,\alpha_2,\cdots,\alpha_r$ 线性表示,按命题 1.3,它们的任一线性组合也能被 $\alpha_1,\alpha_2,\cdots,\alpha_r$ 线性表示. 再由命题 3.1,表示法是唯一的. 因此,任给 $x_{r+1},x_{r+2},\cdots,x_n$ 一组 K 内数值

$$x_{r+1}=k_{r+1},\ x_{r+2}=k_{r+2},\ \cdots,\ x_n=k_n,$$

则因 $\beta=-(k_{r+1}\alpha_{r+1}+\cdots+k_n\alpha_n)$ 能唯一地表成 $\alpha_1,\alpha_2,\cdots,\alpha_r$ 的线性组合,所以存在 K 内唯一的一组数 $k_1,\cdots,k_r$ 使

$$k_1\alpha_1+\cdots+k_r\alpha_r+k_{r+1}\alpha_{r+1}+\cdots+k_n\alpha_n=0.$$

这说明:

(i) 方程(2)中未知量 $x_{r+1},\cdots,x_n$ 任取一组数值,都可唯一确定未知量 $x_1,\cdots,x_r$ 的一组值,从而得到方程组(1)的一组解;

(ii) 方程组的两组解 η_1,η_2,如它们在 $x_{r+1},\cdots,x_n$ 处取的值相同,即

$$\eta_1=(*,\cdots,*,k_{r+1},\cdots,k_n);$$
$$\eta_2=(*,\cdots,*,k_{r+1},\cdots,k_n)$$

(其中星号 * 表示该处数值无须具体标出),则 $\eta_1=\eta_2$.

未知量 $x_{r+1},\cdots,x_n$ 称为方程组的**自由未知量**. 如果让这 $n-r$ 个自由未知量中某一个取值 1,其余取值零,就得到方程组(1)的一组解向量. 这样一共可得 $n-r$ 个解向量:

$$\begin{aligned}
\eta_1&=(*,\cdots,*,1,0,\cdots,0),\\
\eta_2&=(*,\cdots,*,0,1,\cdots,0),\\
&\cdots\cdots\cdots\cdots\cdots\cdots\\
\eta_{n-r}&=(*,\cdots,*,0,\cdots,0,1).
\end{aligned} \tag{3}$$

我们来证明 $\eta_1,\eta_2,\cdots,\eta_{n-r}$ 是方程组(1)的一个基础解系.

(i) 先证 $\eta_1,\eta_2,\cdots,\eta_{n-r}$ 线性无关. 因(利用(3)式)

$$k_1\eta_1+k_2\eta_2+\cdots+k_{n-r}\eta_{n-r}=(*,\cdots,*,k_1,k_2,\cdots,k_{n-r})=0,$$

故
$$k_1=k_2=\cdots=k_{n-r}=0.$$
按定义知 $\eta_1,\eta_2,\cdots,\eta_{n-r}$ 线性无关.

(ii) 设 $\eta=(k_1,\cdots,k_r,k_{r+1}\cdots,k_n)$为方程组(1)的任一组解,命
$$\begin{aligned}\eta'&=k_{r+1}\eta_1+k_{r+2}\eta_2+\cdots+k_n\eta_{n-r}\\&=(*,\cdots,*,k_{r+1},k_{r+2},\cdots,k_n),\end{aligned}$$
η'也是方程组(1)的一组解,它与 η 在 $x_{r+1},\cdots,x_n$ 处取相同的值,按前面的说明(ii),$\eta=\eta'$.从而
$$\eta=k_{r+1}\eta_1+k_{r+2}\eta_2+\cdots+k_n\eta_{n-r}.$$

综合(i),(ii)即知 $\eta_1,\eta_2,\cdots,\eta_{n-r}$ 是方程组(1)的一个基础解系,它恰好包含 $n-r$ 个向量. ▍

这个定理的证明过程实质上指出了求方程组(1)的基础解系的具体办法:只要设法找到方程组的某一组自由未知量,由它们可以唯一确定其他未知量的值,那么,轮流让某个自由未知量取值1,其余取值0,确定出方程组的一个解向量,这样得到方程组的一组解向量,它们就是一个基础解系.定理3.1又指明:不管这组自由未知量如何选法,其中未知量的数目都是 $n-r$ 个.

定理3.1有一个明显然而重要的推论.

推论 如果齐次线性方程组系数矩阵 A 的秩 r 等于未知量个数 n,则它只有零解;而如果 $r<n$,它必有非零解.或者说,齐次线性方程组有非零解的充要条件是其系数矩阵的秩 r 小于 n.

请读者注意:求方程组(1)的基础解系时,自由未知量值的选取必须遵循上面说的法则,否则求出的解向量组未必就是基础解系.

2. 基础解系的求法

根据上一段落所说的,我们只要找到齐次线性方程组(1)的 $n-r$ 个自由未知量,就可以获得它的基础解系.在第一章§3中我们已经知道可以利用矩阵消元法来寻找方程组的自由未知量,所以矩阵消元法也就可以用来求齐次线性方程组的基础解系.具体说,如果我们通过初等行变换把齐次线性方程组的系数矩阵(因为常数项为零,不必考虑增广矩阵)化为阶梯形,那么,阶梯形中阶梯的个数 r

即为系数矩阵的秩 r(A). 设系数矩阵 A 的列向量组是 $\alpha_1,\alpha_2,\cdots,\alpha_n$. 经行变换化为阶梯矩阵 B,其列向量组是 $\alpha_1',\alpha_2',\cdots,\alpha_n'$. 前面已指出:$B$ 的每个阶梯最左角非零元素所在列向量依次设为 $\alpha_{i_1}',\alpha_{i_2}',\cdots,\alpha_{i_r}'$,它就是 B 的列向量组的一个极大线性无关部分组,相应的 $\alpha_{i_1},\alpha_{i_2},\cdots,\alpha_{i_r}$ 就是 A 的列向量组的一个极大线性无关部分组. 按定理证明中的分析,或按第一章§3的讨论,我们只要把 B 的每个阶梯左角处对应的未知量保留在方程组左端,其余 $n-r$ 个未知量移到右端,此时,右端 $n-r$ 个未知量任取一组值,都可以唯一决定左端 r 个未知量的值. 所以,右端 $n-r$ 个未知量就是一组自由未知量(注意自由未知量的选取并不是唯一的).

例 3.1 求数域 K 内齐次线性方程组

$$\begin{cases} x_1+x_2-3x_4-x_5=0, \\ x_1-x_2+2x_3-x_4=0, \\ 4x_1-2x_2+6x_3+3x_4-4x_5=0, \\ 2x_1+4x_2-2x_3+4x_4-7x_5=0 \end{cases}$$

的一个基础解系.

解 把系数矩阵化为阶梯形

$$\begin{bmatrix} 1 & 1 & 0 & -3 & -1 \\ 1 & -1 & 2 & -1 & 0 \\ 4 & -2 & 6 & 3 & -4 \\ 2 & 4 & -2 & 4 & -7 \end{bmatrix} \longrightarrow \begin{bmatrix} 1 & 1 & 0 & -3 & -1 \\ 0 & 2 & -2 & -2 & -1 \\ 0 & 0 & 0 & 3 & -1 \\ 0 & 0 & 0 & 0 & 0 \end{bmatrix}.$$

现在 r(A)=3,基础解系中应有 $n-r=5-3=2$ 个向量. 写出阶梯形矩阵对应的方程组:

$$\begin{cases} x_1+x_2-3x_4-x_5=0, \\ 2x_2-2x_3-2x_4-x_5=0, \\ 3x_4-x_5=0. \end{cases}$$

移项,得

$$\begin{cases} x_1+x_2-3x_4=x_5, \\ 2x_2-2x_4=2x_3+x_5, \\ 3x_4=x_5. \end{cases}$$

现在 x_3,x_5 是自由未知量.

(i) 取 $x_3=1,x_5=0$,得一个解向量

$$\eta_1=(-1,1,1,0,0).$$

(ii) 取 $x_3=0,x_5=1$,得另一个解向量

$$\eta_2=\left(\frac{7}{6},\frac{5}{6},0,\frac{1}{3},1\right).$$

η_1,η_2 即为方程组的一个基础解系,方程组的全部解可表示为

$$k_1\eta_1+k_2\eta_2,$$

其中 k_1,k_2 为数域 K 内任意数.

例 3.2 求数域 K 内齐次线性方程组

$$\begin{cases} x_2-x_3+x_4-x_5=0, \\ x_1+x_3+2x_4-x_5=0, \\ x_1+x_2+3x_4-2x_5=0, \\ 2x_1+2x_2+6x_4-3x_5=0 \end{cases}$$

的一个基础解系.

解 先做矩阵消元法

$$\begin{bmatrix} 0 & 1 & -1 & 1 & -1 \\ 1 & 0 & 1 & 2 & -1 \\ 1 & 1 & 0 & 3 & -2 \\ 2 & 2 & 0 & 6 & -3 \end{bmatrix} \to \begin{bmatrix} 1 & 0 & 1 & 2 & -1 \\ 0 & 1 & -1 & 1 & -1 \\ 1 & 1 & 0 & 3 & -2 \\ 2 & 2 & 0 & 6 & -3 \end{bmatrix}$$

$$\to \begin{bmatrix} 1 & 0 & 1 & 2 & -1 \\ 0 & 1 & -1 & 1 & -1 \\ 0 & 1 & -1 & 1 & -1 \\ 0 & 2 & -2 & 2 & -1 \end{bmatrix} \to \begin{bmatrix} 1 & 0 & 1 & 2 & -1 \\ 0 & 1 & -1 & 1 & -1 \\ 0 & 0 & 0 & 0 & 0 \\ 0 & 0 & 0 & 0 & 1 \end{bmatrix}$$

$$\to \begin{bmatrix} 1 & 0 & 1 & 2 & -1 \\ 0 & 1 & -1 & 1 & -1 \\ 0 & 0 & 0 & 0 & 1 \\ 0 & 0 & 0 & 0 & 0 \end{bmatrix}.$$

$\mathrm{r}(A)=3$,故基础解系中应包含 $n-r=5-3=2$ 个向量. 写出阶梯形矩阵的对应方程组

$$\begin{cases} x_1 + \qquad x_3 + 2x_4 - x_5 = 0, \\ \qquad x_2 - x_3 + x_4 - x_5 = 0, \\ \qquad\qquad\qquad\qquad x_5 = 0. \end{cases}$$

移项,得

$$\begin{cases} x_1 \quad - x_5 = -x_3 - 2x_4, \\ x_2 - x_5 = \quad x_3 - x_4, \\ \qquad x_5 = \quad 0. \end{cases}$$

x_3, x_4 为自由未知量.

(i) 取 $x_3 = 1$, $x_4 = 0$,得一个解向量

$$\eta_1 = (-1, 1, 1, 0, 0).$$

(ii) 取 $x_3 = 0$, $x_4 = 1$,得另一个解向量

$$\eta_2 = (-2, -1, 0, 1, 0).$$

于是 η_1, η_2 为方程组的一个基础解系. 方程组的全部解可表为

$$k_1\eta_1 + k_2\eta_2,$$

其中 k_1, k_2 为数域 K 内任意数.

3. 线性方程组的一般理论

现在来讨论数域 K 上的一般线性方程组

$$\begin{cases} a_{11}x_1 + a_{12}x_2 + \cdots + a_{1n}x_n = b_1, \\ a_{21}x_1 + a_{22}x_2 + \cdots + a_{2n}x_n = b_2, \\ \cdots\cdots\cdots\cdots\cdots\cdots\cdots\cdots\cdots\cdots \\ a_{m1}x_1 + a_{m2}x_2 + \cdots + a_{mn}x_n = b_m. \end{cases} \tag{4}$$

其系数矩阵和增广矩阵分别是

$$A = \begin{bmatrix} a_{11} & a_{12} & \cdots & a_{1n} \\ a_{21} & a_{22} & \cdots & a_{2n} \\ \vdots & \vdots & & \vdots \\ a_{m1} & a_{m2} & \cdots & a_{mn} \end{bmatrix}, \quad \overline{A} = \begin{bmatrix} a_{11} & a_{12} & \cdots & a_{1n} & b_1 \\ a_{21} & a_{22} & \cdots & a_{2n} & b_2 \\ \vdots & \vdots & & \vdots & \vdots \\ a_{m1} & a_{m2} & \cdots & a_{mn} & b_m \end{bmatrix}.$$

在本节中,我们将从理论上对方程组(4)的解的情况进行详细的研究.

首先来给出方程组(4)有解或无解的判别定理. 我们先证明一

个简单的事实.

命题 3.2 给定 K^m 中一个线性无关向量组 $\alpha_1,\alpha_2,\cdots,\alpha_n$. 若添加向量 β 后,向量组

$$\alpha_1,\ \alpha_2,\ \cdots,\ \alpha_n,\ \beta$$

线性相关,则 β 可被 $\alpha_1,\alpha_2,\cdots,\alpha_n$ 线性表示.

证 此时存在 K 内不全为零的数 $k_1,k_2,\cdots,k_n,k$,使

$$k_1\alpha_1+k_2\alpha_2+\cdots+k_n\alpha_n+k\beta=0.$$

若 $k=0$,则 $k_1\alpha_1+k_2\alpha_2+\cdots+k_n\alpha_n=0$. 已知 $\alpha_1,\alpha_2,\cdots,\alpha_n$ 线性无关,故必 $k_1=k_2=\cdots=k_n=0$. 这与假设 $k_1,\cdots,k_n,k$ 不全为 0 矛盾. 故 $k\neq0$,于是

$$\beta=-\frac{k_1}{k}\alpha_1-\frac{k_2}{k}\alpha_2-\cdots-\frac{k_n}{k}\alpha_n. \qquad \blacksquare$$

定理 3.2(判别定理) 数域 K 上线性方程组(4)有解的充要条件是其系数矩阵 A 与增广矩阵 $\overline{A}$ 的秩相等,即 $\mathrm{r}(A)=\mathrm{r}(\overline{A})$.

证 设增广矩阵 $\overline{A}$ 的列向量组为 $\alpha_1,\alpha_2,\cdots,\alpha_n,\beta$. 其中 $\alpha_1,\alpha_2,\cdots,\alpha_n$ 为系数矩阵 A 的列向量组. 此时方程组(4)等价于 K^m 内的向量方程

$$x_1\alpha_1+x_2\alpha_2+\cdots+x_n\alpha_n=\beta.$$

必要性 方程组(4)有解表示 β 可被 $\alpha_1,\alpha_2,\cdots,\alpha_n$ 线性表示,从而可被它的一个极大线性无关部分组 $\alpha_{i_1},\alpha_{i_2},\cdots,\alpha_{i_r}$ 线性表示,这表明 $\alpha_{i_1},\alpha_{i_2},\cdots,\alpha_{i_r}$ 也是 $\alpha_1,\alpha_2,\cdots,\alpha_n,\beta$ 的极大线性无关部分组,于是 $\mathrm{r}(\overline{A})=r=\mathrm{r}(A)$.

充分性 设 $\alpha_{i_1},\alpha_{i_2},\cdots,\alpha_{i_r}$ 是 $\alpha_1,\alpha_2,\cdots,\alpha_n$ 的一个极大线性无关部分组. 若 β 不能被 $\alpha_{i_1},\alpha_{i_2},\cdots,\alpha_{i_r}$ 线性表示,则由命题 3.2 知下列向量组

$$\alpha_{i_1},\alpha_{i_2},\cdots,\alpha_{i_r},\beta \tag{I}$$

线性无关,而向量组 $\alpha_1,\cdots,\alpha_n,\beta$ 显然可由(I)线性表示,这表明(I)是它的一个极大线性无关部分组,于是 $\mathrm{r}(\overline{A})=r+1>r=\mathrm{r}(A)$,与假设 $\mathrm{r}(\overline{A})=\mathrm{r}(A)$ 矛盾. 故 β 必可被 $\alpha_{i_1},\cdots,\alpha_{i_r}$ 线性表示,从而可被 $\alpha_1,\alpha_2,\cdots,\alpha_n$ 线性表示(其余向量前面系数取 0),而这表明线性方程组(4)有解. $\blacksquare$

下面我们在方程组(4)有解的假定下，讨论它的解的结构. 设给定(4)的两个解向量

$$\gamma_1=(k_1,k_2,\cdots,k_n),\quad \gamma_2=(l_1,l_2,\cdots,l_n).$$

这表示

$$k_1\alpha_1+k_2\alpha_2+\cdots+k_n\alpha_n=\beta,$$
$$l_1\alpha_1+l_2\alpha_2+\cdots+l_n\alpha_n=\beta.$$

两式相减，得

$$(k_1-l_1)\alpha_1+(k_2-l_2)\alpha_2+\cdots+(k_n-l_n)\alpha_n=0.$$

把方程组(4)的常数项换成 0 后所得的齐次线性方程组在 K^m 内的表达式为

$$x_1\alpha_1+x_2\alpha_2+\cdots+x_n\alpha_n=0.$$

上面式子表明 $\gamma_1-\gamma_2$ 是这个齐次线性方程组的一个解向量.

把方程组(4)的常数项通通换成 0，得到与之对应的一个齐次线性方程组

$$\begin{cases}a_{11}x_1+a_{12}x_2+\cdots+a_{1n}x_n=0,\\ a_{21}x_1+a_{22}x_2+\cdots+a_{2n}x_n=0,\\ \cdots\cdots\cdots\cdots\cdots\cdots\cdots\cdots\\ a_{m1}x_1+a_{m2}x_2+\cdots+a_{mn}x_n=0.\end{cases}\tag{5}$$

方程组(5)称为方程组(4)的**导出方程组**. 方程组(4)与(5)的解之间有如下关系：

1) 方程组(4)的两个解向量 γ_1 与 γ_2 之差 $\eta=\gamma_1-\gamma_2$ 是方程组(5)的一个解向量. 这在上面已经阐述过了；

2) 设 $\gamma_0=(a_1,a_2,\cdots,a_n)$是线性方程组(4)的一个解向量，而 $\eta=(k_1,k_2,\cdots,k_n)$是方程组(5)的一个解向量，那么 $\gamma_0+\eta$ 是方程组(4)的一个解向量. 这是因为由

$$a_1\alpha_1+a_2\alpha_2+\cdots+a_n\alpha_n=\beta,$$
$$k_1\alpha_1+k_2\alpha_2+\cdots+k_n\alpha_n=0,$$

两式相加得

$$(a_1+k_1)\alpha_1+(a_2+k_2)\alpha_2+\cdots+(a_n+k_n)\alpha_n=\beta.$$

从上面两条简单的性质可以知道，如果给定方程组(4)的某一个解向量 γ_0，那么，对于方程组(4)的任一个解向量 γ，$\gamma-\gamma_0=\eta$ 是方

程组(5)的一个解向量,故 γ 可表示为

$$\gamma=\gamma_0+\eta.$$

反之,γ_0 加上方程组(5)的任一解向量 η 就得到方程组(4)的一个解向量.如果设方程组(5)的一个基础解系为 $\eta_1,\eta_2,\cdots,\eta_{n-r}$,则方程组(5)的全部解可用下式表出

$$k_1\eta_1+k_2\eta_2+\cdots+k_{n-r}\eta_{n-r}.$$

从而方程组(4)的全部解可表示为

$$\gamma=\gamma_0+k_1\eta_1+k_2\eta_2+\cdots+k_{n-r}\eta_{n-r}, \tag{6}$$

其中 $k_1,k_2,\cdots,k_{n-r}$ 可取数域 K 内任意数.

在(6)式中,若有两向量相等:

$$\gamma_0+k_1\eta_1+\cdots+k_{n-r}\eta_{n-r}=\gamma_0+l_1\eta_1+\cdots+l_{n-r}\eta_{n-r},$$

则有 $(k_1-l_1)\eta_1+\cdots+(k_{n-r}-l_{n-r})\eta_{n-r}=0$. 因基础解系线性无关,故必有 $k_1=l_1,\cdots,k_{n-r}=l_{n-r}$.

定理 3.3 在 $\mathrm{r}(A)=\mathrm{r}(\overline{A})$ 的条件下,有

(i) 如果 $\mathrm{r}(A)=n$,则方程组(4)有唯一解;

(ii) 如果 $\mathrm{r}(A)<n$,则方程组(4)有无穷多组解,其全部解可由某一特殊解 γ_0 和它的导出方程组(5)的一个基础解系用(6)式表示.

证 (i) 如果 $\mathrm{r}(A)=n$,则 A 的列向量组 $\alpha_1,\alpha_2,\cdots,\alpha_n$ 线性无关,$\overline{A}$ 的最后一列 β 被 $\alpha_1,\alpha_2,\cdots,\alpha_n$ 线性表示的表法是唯一的(命题3.1),故方程组(4)的解唯一.

(ii) 如果 $\mathrm{r}(A)<n$,则齐次线性方程组(5)有基础解系,其正确性已在前面讨论中获知. ▌

至此,第一章§3开头所提出的关于线性方程组解的三个理论问题全部获得解决.

根据定理3.3,求方程组(4)的全部解可由下列两部分工作组成:

1) 求方程组(4)的某一特解 γ_0;

2) 求导出方程组(5)的一个基础解系.

最后,代入公式(6)即得方程组(4)的全部解.而这两部分工作可用矩阵消元法同时进行.

例 3.3 求数域 K 上线性方程组

$$\begin{cases} x_1 - x_2 \quad + x_4 - x_5 = 1, \\ 2x_1 \quad + x_3 - x_5 \quad = 2, \\ 3x_1 - x_2 - x_3 - x_4 - x_5 = 0 \end{cases}$$

的全部解.

解 写出方程组的增广矩阵,对它做初等行变换化为阶梯形

$$\overline{A} = \begin{bmatrix} 1 & -1 & 0 & 1 & -1 & 1 \\ 2 & 0 & 1 & 0 & -1 & 2 \\ 3 & -1 & -1 & -1 & -1 & 0 \end{bmatrix}$$

$$\longrightarrow \begin{bmatrix} 1 & -1 & 0 & 1 & -1 & 1 \\ 0 & 2 & 1 & -2 & 1 & 0 \\ 0 & 2 & -1 & -4 & 2 & -3 \end{bmatrix}$$

$$\longrightarrow \begin{bmatrix} 1 & -1 & 0 & 1 & -1 & 1 \\ 0 & 2 & 1 & -2 & 1 & 0 \\ 0 & 0 & 2 & 2 & -1 & 3 \end{bmatrix}.$$

写出对应的方程组

$$\begin{cases} x_1 - x_2 \quad + x_4 - x_5 = 1, \\ \quad 2x_2 + x_3 - 2x_4 + x_5 = 0, \\ \quad\quad 2x_3 + 2x_4 - x_5 = 3. \end{cases}$$

这方程组与原方程组同解,因此,只要求它的全部解就可以了.移项,得

$$\begin{cases} x_1 - x_2 \quad = 1 - x_4 + x_5, \\ \quad 2x_2 + x_3 = 2x_4 - x_5, \\ \quad\quad 2x_3 = 3 - 2x_4 + x_5. \end{cases}$$

(i) 先求一个特解 γ_0. 这只要取 $x_4 = x_5 = 0$ 即可,故有

$$\gamma_0 = \left(\frac{1}{4}, -\frac{3}{4}, \frac{3}{2}, 0, 0\right).$$

(ii) 再求它的导出方程组的基础解系. 这只要把方程组的常数项换成零,得

$$\begin{cases} x_1 - x_2 = -x_4 + x_5, \\ 2x_2 + x_3 = 2x_4 - x_5, \\ 2x_3 = -2x_4 + x_5, \end{cases}$$

x_4, x_5 为自由未知量.

取 $x_4=1$, $x_5=0$ 得: $\eta_1 = \left(\frac{1}{2}, \frac{3}{2}, -1, 1, 0\right)$;

取 $x_4=0$, $x_5=1$ 得: $\eta_2 = \left(\frac{1}{4}, -\frac{3}{4}, \frac{1}{2}, 0, 1\right)$.

故原方程组的全部解为

$$\gamma = \left(\frac{1}{4}, -\frac{3}{4}, \frac{3}{2}, 0, 0\right) + k_1\left(\frac{1}{2}, \frac{3}{2}, -1, 1, 0\right) + k_2\left(\frac{1}{4}, -\frac{3}{4}, \frac{1}{2}, 0, 1\right),$$

其中 k_1, k_2 可取 K 内任意数.

习 题 三

1. 求数域 K 上下列齐次线性方程组的一个基础解系,并用它表出方程组的全部解:

(1) $\begin{cases} x_1 + x_2 + x_3 + x_4 + x_5 = 0, \\ 3x_1 + 2x_2 + x_3 + x_4 - 3x_5 = 0, \\ x_2 + 2x_3 + 2x_4 + 6x_5 = 0, \\ 5x_1 + 4x_2 + 3x_3 + 3x_4 - x_5 = 0. \end{cases}$

(2) $\begin{cases} x_1 - 2x_2 + x_3 + x_4 - x_5 = 0, \\ 2x_1 + x_2 - x_3 - x_4 - x_5 = 0, \\ x_1 + 7x_2 - 5x_3 - 5x_4 + 5x_5 = 0, \\ 3x_1 - x_2 - 2x_3 + x_4 - x_5 = 0. \end{cases}$

(3) $\begin{cases} x_1 - 2x_2 + x_3 - x_4 + x_5 = 0, \\ 2x_1 + x_2 - x_3 + 2x_4 - 3x_5 = 0, \\ 3x_1 - 2x_2 - x_3 + x_4 - 2x_5 = 0, \\ 2x_1 - 5x_2 + x_3 - 2x_4 + 2x_5 = 0. \end{cases}$

(4) $\begin{cases} 2x_1+6x_2-x_3+5x_4=0, \\ 3x_1-x_2+2x_3-7x_4=0, \\ 4x_1+x_2-3x_3+6x_4=0, \\ x_1-2x_2+4x_3-7x_4=0. \end{cases}$

(5) $\begin{cases} x_2-x_3+x_4=0, \\ -7x_2+3x_3+x_4=0, \\ x_1+3x_2-3x_4=0, \\ x_1-2x_2+3x_3-4x_4=0. \end{cases}$

(6) $\begin{cases} 2x_1+x_2-x_3-x_4+x_5=0, \\ x_1-x_2+x_3+x_4-2x_5=0, \\ 3x_1+3x_2-3x_3-3x_4+4x_5=0, \\ 4x_1+5x_2-5x_3-5x_4+7x_5=0. \end{cases}$

2. 证明：与基础解系等价的线性无关向量组也是基础解系.

3. 如果一个齐次线性方程组的系数矩阵 A 的秩为 r，证明：方程组的任意 $n-r$ 个线性无关的解向量都是它的一个基础解系.

4. 设给定 K^n 内 $s+1$ 个向量

$$\alpha_i=(a_{i1}, a_{i2}, \cdots, a_{in}) \quad (i=1, 2, \cdots, s);$$

$$\beta=(b_1, b_2, \cdots, b_n).$$

证明：如果齐次线性方程组

$$\begin{cases} a_{11}x_1+a_{12}x_2+\cdots+a_{1n}x_n=0, \\ a_{21}x_1+a_{22}x_2+\cdots+a_{2n}x_n=0, \\ \cdots\cdots \\ a_{s1}x_1+a_{s2}x_2+\cdots+a_{sn}x_n=0 \end{cases}$$

的解全是方程

$$b_1x_1+b_2x_2+\cdots+b_nx_n=0$$

的解，那么，β 可以被 $\alpha_1, \alpha_2, \cdots, \alpha_s$ 线性表示.

5. 给定数域 K 上两个齐次线性方程组

$$\begin{cases} a_{11}x_1+a_{12}x_2+\cdots+a_{1n}x_n=0, \\ a_{21}x_1+a_{22}x_2+\cdots+a_{2n}x_n=0, \\ \cdots\cdots\cdots\cdots\cdots\cdots\cdots\cdots \\ a_{m1}x_1+a_{m2}x_2+\cdots+a_{mn}x_n=0; \end{cases}$$

$$\begin{cases} b_{11}x_1+b_{12}x_2+\cdots+b_{1n}x_n=0, \\ b_{21}x_1+b_{22}x_2+\cdots+b_{2n}x_n=0, \\ \cdots\cdots\cdots\cdots\cdots\cdots\cdots\cdots \\ b_{s1}x_1+b_{s2}x_2+\cdots+b_{sn}x_n=0, \end{cases}$$

如果它们系数矩阵的秩都$<n/2$,证明:这两个方程组必有公共非零解.

6. 判断数域 K 上齐次线性方程组

$$\begin{cases} \qquad x_2+x_3+\cdots+x_n=0, \\ x_1\qquad +x_3+\cdots+x_n=0, \\ \cdots\cdots\cdots\cdots\cdots\cdots\cdots\cdots \\ x_1+x_2+x_3+\cdots+x_{n-1}=0 \end{cases}$$

有无非零解(其中第 i 个方程缺 x_i).

7. 证明:一个齐次线性方程组的任一个线性无关解向量组都可扩充成它的一个基础解系.

8. 求数域 K 上下列线性方程组的一个特解 γ_0 和导出方程组的一个基础解系,然后用它们表出方程组的全部解:

$$(1)\begin{cases} 2x_1-2x_2+x_3-x_4+x_5=1, \\ x_1+2x_2-x_3+x_4-2x_5=1, \\ 4x_1-10x_2+5x_3-5x_4+7x_5=1, \\ 2x_1-14x_2+7x_3-7x_4+11x_5=-1. \end{cases}$$

$$(2)\begin{cases} 9x_1+12x_2\qquad+17x_4=4, \\ 6x_1+3x_2+3x_3+8x_4=4, \\ 3x_1+6x_2+6x_3+13x_4=2, \\ x_1+6x_2+2x_3+9x_4=0, \\ 6x_1+5x_2-x_3+7x_4=3. \end{cases}$$

9. 证明：如果 $\eta_1,\eta_2,\cdots,\eta_t$ 是线性方程组的 t 个解，那么 $k_1\eta_1+k_2\eta_2+\cdots+k_t\eta_t$（其中 $k_1+k_2+\cdots+k_t=1$）也是一个解.

10. 在什么条件下 n 个平面

$$A_ix+B_iy+C_iz+D_i=0\quad (i=1,\ 2,\ \cdots,\ n)$$
$$(A_i,B_i,C_i,D_i\in\mathbb{R})$$

通过同一点？在什么条件下它们通过同一直线？

11. 给定数域 K 上的线性方程组

$$\begin{cases} a_{11}x_1+a_{12}x_2+\cdots+a_{1n}x_n=b_1, \\ a_{21}x_1+a_{22}x_2+\cdots+a_{2n}x_n=b_2, \\ \cdots\cdots\cdots\cdots\cdots\cdots \\ a_{n1}x_1+a_{n2}x_2+\cdots+a_{nn}x_n=b_n. \end{cases}$$

令

$$A=\begin{bmatrix} a_{11} & a_{12} & \cdots & a_{1n} \\ a_{21} & a_{22} & \cdots & a_{2n} \\ \vdots & \vdots & & \vdots \\ a_{n1} & a_{n2} & \cdots & a_{nn} \end{bmatrix},\ B=\begin{bmatrix} a_{11} & a_{12} & \cdots & a_{1n} & b_1 \\ a_{21} & a_{22} & \cdots & a_{2n} & b_2 \\ \vdots & \vdots & & \vdots & \vdots \\ a_{n1} & a_{n2} & \cdots & a_{nn} & b_n \\ b_1 & b_2 & \cdots & b_n & 0 \end{bmatrix}.$$

证明：若 $\mathrm{r}(A)=\mathrm{r}(B)$，则方程组有解.

12. 给定数域 K 上的线性方程组

$$\begin{cases} ax_1+ax_2+\cdots+ax_{n-1}+bx_n=b_1, \\ ax_1+ax_2+\cdots+bx_{n-1}+ax_n=b_2, \\ \cdots\cdots\cdots\cdots\cdots\cdots \\ bx_1+ax_2+\cdots+ax_{n-1}+ax_n=b_n, \end{cases}$$

试对 a,b 及 $b_1,b_2,\cdots,b_n$ 讨论方程组何时有解？有解时有多少组解？

13. 设 γ_0 是数域 K 上的线性方程组的一个特解，$\eta_1,\eta_2,\cdots,\eta_s$ 是其导出方程组的一个基础解系. 令

$$\gamma_1=\gamma_0+\eta_1,\ \gamma_2=\gamma_0+\eta_2,\ \cdots,\ \gamma_s=\gamma_0+\eta_s,$$

证明：线性方程组的任一解 γ 可表成

$$\gamma=k_0\gamma_0+k_1\gamma_1+\cdots+k_s\gamma_s,$$

其中 $k_0+k_1+\cdots+k_s=1$.

14. 给定数域 K 上一个非齐次线性方程组,如果它的系数矩阵和增广矩阵的秩都是 r,其未知量个数为 n. 证明:此线性方程组存在 $n-r+1$ 个线性无关解向量

$$\gamma_0, \gamma_1, \cdots, \gamma_{n-r},$$

使方程组的任一解向量都可被上面向量组线性表示.

15. 在平面直角坐标系下给定点 $A(a_1, a_2)$, $B(b_1, b_2)$, $C(c_1, c_2)$.

(1) 证明:A, B, C 三点不共线的充要条件是下列矩阵

$$A = \begin{pmatrix} a_1 & a_2 & 1 \\ b_1 & b_2 & 1 \\ c_1 & c_2 & 1 \end{pmatrix}$$

的秩等于 3.

(2) 若 A, B, C 三点不共线, $a_1, b_1, c_1, a_2, b_2, c_2$ 均为有理数. 证明:过 A, B, C 三点的圆周的圆心坐标也是有理数.

16. 给定实数域上齐次线性方程组

$$\begin{cases} \lambda x_1 + a_{12}x_2 + \cdots + a_{1n-1}x_{n-1} + a_{1n}x_n = 0, \\ a_{21}x_1 + \lambda x_2 + \cdots + a_{2n-1}x_{n-1} + a_{2n}x_n = 0, \\ \cdots\cdots\cdots\cdots\cdots\cdots\cdots\cdots\cdots\cdots\cdots\cdots \\ a_{n1}x_1 + a_{n2}x_2 + \cdots + a_{nn-1}x_{n-1} + \lambda x_n = 0, \end{cases}$$

其中 $a_{ij} = -a_{ji}$(当 $i \neq j$ 时). 若已知上面齐次线性方程组在复数域内有非零解,证明:$\lambda = 0$.

§4 矩阵的运算

为了使线性空间与矩阵的研究深入一步,现在把这两方面我们已有的知识做一番比较. 首先,我们把这两种新研究对象看作两类集合. 数域 K 上的 m 维向量空间为如下集合:

$$K^m = \{(a_1, a_2, \cdots, a_m) \mid a_i \in K, i = 1, 2, \cdots, m\}.$$

数域 K 上全体 $m \times n$ 矩阵组成的集合在本书中将记为

$$M_{m,n}(K)=\left\{\begin{bmatrix} a_{11} & a_{12} & \cdots & a_{1n} \\ a_{21} & a_{22} & \cdots & a_{2n} \\ \vdots & \vdots & & \vdots \\ a_{m1} & a_{m2} & \cdots & a_{mn} \end{bmatrix} \middle| a_{ij}\in K \right\}.$$

关于 K^m，我们知道其中元素有加法运算，又知道 K 中的数与 K^m 的向量可做数乘运算，而且这两种运算满足八条运算法则. 因此 K^m 已经成为一个完整的代数学的研究对象. 而矩阵，我们只知道它是由 mn 个数所组成的长方表格. 在§2 我们把 K^m 中向量组的秩的概念应用于 $m\times n$ 矩阵，使矩阵有了秩的概念. 除此之外，我们没有其他知识. 因此，矩阵目前的内涵还比较贫乏. 我们知道，一个集合要成为代数学的研究对象，其元素必须有某些运算，运算又要满足某些运算法则(就像数有加、乘两种运算并满足§1 所指出的九条法则一样). 所以，为了使矩阵真正进入代数学的研究领域，我们同样必须在矩阵间引进某些运算，并确定这些运算所应满足的运算法则.

1. 矩阵的加法和数乘

数域 K 上的一个 $m\times n$ 矩阵，是由 K 上 mn 个数按一定次序排列而成的，从这个意义上说，它与向量实际上是相通的，它可以看作 K 上一个 mn 维向量(但由于矩阵有其另外的重要意义，我们把它写成 m 行 n 列的长方形表格，不写成一行 mn 列或 mn 行一列的形状). 由此立刻可以看出，向量空间的两种运算实际上也适用于矩阵. 下面给出严格的定义.

定义　给定数域 K 上两个 $m\times n$ 矩阵

$$A=\begin{bmatrix} a_{11} & a_{12} & \cdots & a_{1n} \\ a_{21} & a_{22} & \cdots & a_{2n} \\ \vdots & \vdots & & \vdots \\ a_{m1} & a_{m2} & \cdots & a_{mn} \end{bmatrix},\quad B=\begin{bmatrix} b_{11} & b_{12} & \cdots & b_{1n} \\ b_{21} & b_{22} & \cdots & b_{2n} \\ \vdots & \vdots & & \vdots \\ b_{m1} & b_{m2} & \cdots & b_{mn} \end{bmatrix},$$

它们的**加法**定义为:

$$A+B=\begin{bmatrix} a_{11}+b_{11} & a_{12}+b_{12} & \cdots & a_{1n}+b_{1n} \\ a_{21}+b_{21} & a_{22}+b_{22} & \cdots & a_{2n}+b_{2n} \\ \vdots & \vdots & & \vdots \\ a_{m1}+b_{m1} & a_{m2}+b_{m2} & \cdots & a_{mn}+b_{mn} \end{bmatrix};$$

对任意 $k\in K$，k 与 A 的**数乘**定义为：

$$kA=\begin{bmatrix} ka_{11} & ka_{12} & \cdots & ka_{1n} \\ ka_{21} & ka_{22} & \cdots & ka_{2n} \\ \vdots & \vdots & & \vdots \\ ka_{m1} & ka_{m2} & \cdots & ka_{mn} \end{bmatrix}.$$

读者应当注意：只有既同行数又同列数的矩阵才能相加. 另外，两个矩阵相等是指它们的元素完全相同.

不难看出，矩阵的加法和数乘本质上与向量的加法和数乘是一样的. 实际上，一个 n 维向量可以当作一个 $1\times n$ 矩阵（如果它写成横排方式）或 $n\times 1$ 矩阵（如果它写成竖列方式）. 由于这个原因，本章命题 1.1 所列举的向量加法、数乘运算的八条性质对矩阵的加法和数乘运算也完全适用，只要把那里的向量 α,β,γ 换成矩阵 A,B,C 就可以了. 在这里，零矩阵（元素全为零的矩阵）代替了零向量的地位，而 A 的“负矩阵”

$$-A=\begin{bmatrix} -a_{11} & -a_{12} & \cdots & -a_{1n} \\ -a_{21} & -a_{22} & \cdots & -a_{2n} \\ \vdots & \vdots & & \vdots \\ -a_{m1} & -a_{m2} & \cdots & -a_{mn} \end{bmatrix}$$

代替了那里的“负向量”的地位. 同样，把 $A+(-B)$ 写成 $A-B$，称为**矩阵的减法运算**.

矩阵的加法与数乘在生产实践中有广泛的应用. 下面举一个简单的实例.

例 4.1 某企业下属三个工厂 A_1,A_2,A_3 生产同样五种产品 B_1,B_2,B_3,B_4,B_5. 该企业根据市场销售情况，安排三种不同的生产计划，其一适用于六、七、八月，规定此三个月共 64 个工作日每天各厂各生产如下数量产品：

	A_1	A_2	A_3
B_1	11	13	7
B_2	3	4	0
B_3	5	7	2
B_4	8	15	0
B_5	0	14	4

又规定十、十一、十二月份共 63 个工作日每天各厂各生产如下数量的产品：

	A_1	A_2	A_3
B_1	2	5	0
B_2	4	9	4
B_3	11	15	5
B_4	12	18	0
B_5	0	22	5

其余月份共 128 个工作日每天各厂各生产如下数量的产品：

	A_1	A_2	A_3
B_1	7	8	4
B_2	4	6	3
B_3	8	9	0
B_4	10	16	0
B_5	0	19	6

上面三个 5×3 矩阵分别代表该企业各工厂在这三个生产计划下每天各类产品的生产数量. 于是全年各工厂的各类产品的产量为

$$64\begin{bmatrix}11 & 13 & 7\\ 3 & 4 & 0\\ 5 & 7 & 2\\ 8 & 15 & 0\\ 0 & 14 & 4\end{bmatrix}+63\begin{bmatrix}2 & 5 & 0\\ 7 & 9 & 4\\ 11 & 15 & 5\\ 12 & 18 & 0\\ 0 & 22 & 5\end{bmatrix}+128\begin{bmatrix}7 & 8 & 4\\ 4 & 6 & 3\\ 8 & 9 & 0\\ 10 & 16 & 0\\ 0 & 19 & 6\end{bmatrix}$$

$$=\begin{bmatrix}1726 & 2171 & 960\\ 1145 & 1591 & 636\\ 2037 & 2545 & 443\\ 2548 & 4142 & 0\\ 0 & 4714 & 1339\end{bmatrix}.$$

2. 矩阵的乘法运算

上面介绍了矩阵与向量的相似之处. 但矩阵与向量又有重大的不同点,那就是某些矩阵之间存在乘法运算(再一次提请读者注意,在向量空间中,向量和向量之间没有乘法运算).

矩阵的乘法是从线性方程组的研究中自然产生出来的. 给定数域 K 上的线性方程组

$$\begin{cases} a_{11}x_1+a_{12}x_2+\cdots+a_{1n}x_n=b_1, \\ a_{21}x_1+a_{22}x_2+\cdots+a_{2n}x_n=b_2, \\ \cdots\cdots\cdots\cdots\cdots\cdots\cdots\cdots\cdots\cdots \\ a_{m1}x_1+a_{m2}x_2+\cdots+a_{mn}x_n=b_m. \end{cases}$$

在第一章里,我们用增广矩阵代表这个方程组. 现在,我们要把这个方程组用另一种形式表示出来. 为此,考察如下两个矩阵

$$A=\begin{bmatrix} a_{11} & a_{12} & \cdots & a_{1n} \\ a_{21} & a_{22} & \cdots & a_{2n} \\ \vdots & \vdots & & \vdots \\ a_{m1} & a_{m2} & \cdots & a_{mn} \end{bmatrix}, \quad X=\begin{bmatrix} x_1 \\ x_2 \\ \vdots \\ x_n \end{bmatrix}.$$

这就是方程组的系数矩阵 A 和未知量所组成的 $n\times1$ 矩阵 X. 我们规定 A 与 X 的"乘法"如下:

$$AX=\begin{bmatrix} a_{11} & a_{12} & \cdots & a_{1n} \\ a_{21} & a_{22} & \cdots & a_{2n} \\ \vdots & \vdots & & \vdots \\ a_{m1} & a_{m2} & \cdots & a_{mn} \end{bmatrix}\begin{bmatrix} x_1 \\ x_2 \\ \vdots \\ x_n \end{bmatrix}$$

$$=\begin{bmatrix} a_{11}x_1+a_{12}x_2+\cdots+a_{1n}x_n \\ a_{21}x_1+a_{22}x_2+\cdots+a_{2n}x_n \\ \vdots \\ a_{m1}x_1+a_{m2}x_2+\cdots+a_{mn}x_n \end{bmatrix}.$$

其法则是:左边矩阵的行和右边矩阵的列对应元素相乘再相加. 乘得的结果是一个 $m\times1$ 矩阵(上面用虚线在矩阵中标出左边的行与右边的列对应相乘的位置关系). 显然,乘积矩阵自上而下的第 $1,2,\cdots,m$ 个元素恰好是方程组的第 $1,2,\cdots,m$ 个方程的左端. 如果再引

入如下的 $m\times 1$ 矩阵

$$B=\begin{bmatrix} b_1 \\ b_2 \\ \vdots \\ b_m \end{bmatrix},$$

那么,方程组可用如下矩阵方程表示

$$\begin{bmatrix} a_{11} & a_{12} & \cdots & a_{1n} \\ a_{21} & a_{22} & \cdots & a_{2n} \\ \vdots & \vdots & & \vdots \\ a_{m1} & a_{m2} & \cdots & a_{mn} \end{bmatrix}\begin{bmatrix} x_1 \\ x_2 \\ \vdots \\ x_n \end{bmatrix}=\begin{bmatrix} b_1 \\ b_2 \\ \vdots \\ b_m \end{bmatrix},$$

或用抽象的记号,写成

$$AX=B.$$

这样,方程组的系数(用矩阵 A 代表)和未知量(用矩阵 X 代表)及常数项(用矩阵 B 代表)这三者之间的互相制约关系就借助于上面引入的矩阵乘法运算清楚地表达出来了.

现在线性方程组一共有了三种新表现方式:(i) 用其增广矩阵 $\overline{A}$ 表示;(ii) 用向量方程表示;(iii) 用矩阵方程表示. 这三种表现形式各有各的用处,读者都应当熟悉. 现在将线性方程组表成 $AX=B$,它在形式上很像初等代数中的一元一次方程式 $ax=b$. 一元一次方程式的解为 $x=a^{-1}b(a\neq 0)$. 下面将会看到,在一定条件下,矩阵方程 $AX=B$ 也可以类似地解出.

例 4.2 给定数域 K 上的线性方程组

$$\begin{cases} x_1-x_2+x_4-x_5=1, \\ 2x_1+x_3-x_5=2, \\ 3x_1-x_2-x_3-x_4-x_5=0, \end{cases}$$

那么,可以把它表示成如下矩阵方程式

$$\begin{bmatrix} 1 & -1 & 0 & 1 & -1 \\ 2 & 0 & 1 & 0 & -1 \\ 3 & -1 & -1 & -1 & -1 \end{bmatrix}\begin{bmatrix} x_1 \\ x_2 \\ x_3 \\ x_4 \\ x_5 \end{bmatrix}=\begin{bmatrix} 1 \\ 2 \\ 0 \end{bmatrix}.$$

但是,矩阵有着更广泛的意义和应用领域,并不一定要跟线性方程组联系在一起(例 4.1 中的矩阵就与方程组无关). 当所研究的矩阵不再与方程组相关时,右边矩阵 X 就不再代表未知量,而可以是数域 K 内的任意一组数了. 因此,我们可以把矩阵乘积 AX 中的 X 换成数域 K 上的矩阵

$$B=\begin{bmatrix} b_1 \\ b_2 \\ \vdots \\ b_n \end{bmatrix}$$

(这里的 B 是 $n\times 1$ 矩阵,不是上面方程组常数项组成的 $m\times 1$ 矩阵),那么,应当有

$$AB=\begin{bmatrix} a_{11} & a_{12} & \cdots & a_{1n} \\ a_{21} & a_{22} & \cdots & a_{2n} \\ \vdots & \vdots & & \vdots \\ a_{m1} & a_{m2} & \cdots & a_{mn} \end{bmatrix}\begin{bmatrix} b_1 \\ b_2 \\ \vdots \\ b_n \end{bmatrix}$$

$$=\begin{bmatrix} a_{11}b_1+a_{12}b_2+\cdots+a_{1n}b_n \\ a_{21}b_1+a_{22}b_2+\cdots+a_{2n}b_n \\ \vdots \\ a_{m1}b_1+a_{m2}b_2+\cdots+a_{mn}b_n \end{bmatrix}.$$

现在乘积矩阵是一个 $m\times 1$ 的数值矩阵.

例 4.3 做下面的矩阵乘法

$$\begin{bmatrix} -1 & 0 & 1 & 0 \\ 2 & 1 & 0 & 1 \\ 0 & 0 & 1 & 0 \\ 0 & 1 & 0 & 0 \\ 1 & 0 & 0 & 1 \end{bmatrix}\begin{bmatrix} 1 \\ -1 \\ 0 \\ 1 \end{bmatrix}=\begin{bmatrix} -1+0+0+0 \\ 2-1+0+1 \\ 0+0+0+0 \\ 0-1+0+0 \\ 1+0+0+1 \end{bmatrix}=\begin{bmatrix} -1 \\ 2 \\ 0 \\ -1 \\ 2 \end{bmatrix}.$$

如果用求和号表示上面引进的矩阵运算,就是

$$\begin{bmatrix} a_{11} & a_{12} & \cdots & a_{1n} \\ a_{21} & a_{22} & \cdots & a_{2n} \\ \vdots & \vdots & & \vdots \\ a_{m1} & a_{m2} & \cdots & a_{mn} \end{bmatrix} \begin{bmatrix} b_1 \\ b_2 \\ \vdots \\ b_n \end{bmatrix} = \begin{bmatrix} \sum_{k=1}^{n} a_{1k} b_k \\ \sum_{k=1}^{n} a_{2k} b_k \\ \vdots \\ \sum_{k=1}^{n} a_{mk} b_k \end{bmatrix}.$$

在一般情况下，当两个矩阵相乘时，右边的矩阵不止一列，而是有 s 列时，乘法的法则是：把左边矩阵 A 分别乘右边矩阵的每一列(按上面所述法则)，然后把所得的 s 个列矩阵依次排列，即得乘积矩阵. 我们把它表述成如下的

定义　给定数域 K 上的 $m\times n$ 矩阵 A 和 $n\times s$ 矩阵 B：

$$A=\begin{bmatrix} a_{11} & a_{12} & \cdots & a_{1n} \\ a_{21} & a_{22} & \cdots & a_{2n} \\ \vdots & \vdots & & \vdots \\ a_{m1} & a_{m2} & \cdots & a_{mn} \end{bmatrix}, \quad B=\begin{bmatrix} b_{11} & b_{12} & \cdots & b_{1s} \\ b_{21} & b_{22} & \cdots & b_{2s} \\ \vdots & \vdots & & \vdots \\ b_{n1} & b_{n2} & \cdots & b_{ns} \end{bmatrix},$$

定义 A 与 B 的乘法如下：

$$AB = \begin{bmatrix} a_{11} & a_{12} & \cdots & a_{1n} \\ a_{21} & a_{22} & \cdots & a_{2n} \\ \vdots & \vdots & & \vdots \\ a_{m1} & a_{m2} & \cdots & a_{mn} \end{bmatrix} \begin{bmatrix} b_{11} & b_{12} & \cdots & b_{1s} \\ b_{21} & b_{22} & \cdots & b_{2s} \\ \vdots & \vdots & & \vdots \\ b_{n1} & b_{n2} & \cdots & b_{ns} \end{bmatrix}$$

$$= \begin{bmatrix} \sum_{k=1}^{n} a_{1k} b_{k1} & \sum_{k=1}^{n} a_{1k} b_{k2} & \cdots & \sum_{k=1}^{n} a_{1k} b_{ks} \\ \sum_{k=1}^{n} a_{2k} b_{k1} & \sum_{k=1}^{n} a_{2k} b_{k2} & \cdots & \sum_{k=1}^{n} a_{2k} b_{ks} \\ \vdots & \vdots & & \vdots \\ \sum_{k=1}^{n} a_{mk} b_{k1} & \sum_{k=1}^{n} a_{mk} b_{k2} & \cdots & \sum_{k=1}^{n} a_{mk} b_{ks} \end{bmatrix} = C.$$

上面所定义的矩阵乘法有如下三个要点：

1) 左边矩阵 A 的列数必须等于右边矩阵 B 的行数才能相乘；

2）乘积矩阵的行数等于左边矩阵的行数，其列数则等于右边矩阵的列数；

3）乘法的法则是左边矩阵的第 i 行和右边矩阵的第 j 列的对应元素相乘再相加，就得到乘积矩阵 C 的第 i 行 j 列元素 c_{ij}. 即

$$c_{ij}=\sum_{k=1}^{n}a_{ik}b_{kj}.$$

如果把 A 的第 i 行，B 的第 j 列单独抽出来，就可以写成

$$(a_{i1},a_{i2},\cdots,a_{in})\begin{bmatrix}b_{1j}\\b_{2j}\\\vdots\\b_{nj}\end{bmatrix}=\left(\sum_{k=1}^{n}a_{ik}b_{kj}\right)=(c_{ij}),$$

这里 $i=1,2,\cdots,m$； $j=1,2,\cdots,s$.

例 4.4 做矩阵乘法

$$\begin{bmatrix}1&-1&0\\0&1&1\\-1&1&0\\1&1&0\end{bmatrix}\begin{bmatrix}1&0&1&0\\0&1&1&0\\1&1&1&1\end{bmatrix}=\begin{bmatrix}1&-1&0&0\\1&2&2&1\\-1&1&0&0\\1&1&2&0\end{bmatrix}.$$

为了进一步揭示矩阵乘法的实质，现在再回到线性方程组来. 前面已将线性方程组左端写成 AX. 如设矩阵 A 的列向量组为 α_1，α_2，$\cdots$，α_n. 那么，按 §1 的分析，线性方程组左端又可以写成向量组 $\alpha_1,\alpha_2,\cdots,\alpha_n$ 的线性组合，即

$$AX=x_1\alpha_1+x_2\alpha_2+\cdots+x_n\alpha_n.$$

现在把 X 换成定义中右边矩阵 B 的第 j 个列向量，那么乘积矩阵 C 的第 j 个列向量为

$$\begin{bmatrix}c_{1j}\\c_{2j}\\\vdots\\c_{mj}\end{bmatrix}=A\begin{bmatrix}b_{1j}\\b_{2j}\\\vdots\\b_{nj}\end{bmatrix}=b_{1j}\alpha_1+b_{2j}\alpha_2+\cdots+b_{nj}\alpha_n.$$

于是我们得到下面的命题.

命题 4.1 设 A 是数域 K 上的 $m\times n$ 矩阵，其列向量组记为 $\alpha_1,\alpha_2,\cdots,\alpha_n$，又设 B 是数域 K 上的 $n\times s$ 矩阵. 令 $C=AB$，则 C 的

第 j 个列向量是以 B 的第 j 列元素为系数做 A 的列向量组 $\alpha_1,\alpha_2,\cdots,\alpha_n$ 的线性组合所得的 m 维向量.

如果写 $A=(\alpha_1,\alpha_2,\cdots,\alpha_n)$,那么

$$A\begin{bmatrix}b_{1j}\\b_{2j}\\\vdots\\b_{nj}\end{bmatrix}=(\alpha_1,\alpha_2,\cdots,\alpha_n)\begin{bmatrix}b_{1j}\\b_{2j}\\\vdots\\b_{nj}\end{bmatrix}$$
$$=b_{1j}\alpha_1+b_{2j}\alpha_2+\cdots+b_{nj}\alpha_n.$$

上面的式子是从形式上把 A 看作 $1\times n$"矩阵"(其元素为向量 $\alpha_1,\alpha_2,\cdots,\alpha_n$,不是数,故只具有矩阵的形式,而不是真正的矩阵),然后按前面叙述的矩阵乘法的法则做形式上的乘法,也得出相同的正确结果.

如果把 B 的行向量组记为 $\beta_1,\beta_2,\cdots,\beta_n$(写成横排形式),那么乘积矩阵 C 的第 i 个行向量为

$$(c_{i1},c_{i2},\cdots,c_{is})=(a_{i1},a_{i2},\cdots,a_{in})\begin{bmatrix}\beta_1\\\beta_2\\\vdots\\\beta_n\end{bmatrix}$$
$$=a_{i1}\beta_1+a_{i2}\beta_2+\cdots+a_{in}\beta_n.$$

即乘积矩阵的第 i 个行向量是用左边矩阵 A 的第 i 行元素为系数做右边矩阵 B 的行向量组的线性组合所得的 s 维向量.

3. 矩阵乘法的几何意义

前面我们借助线性方程组的结构引入矩阵乘法. 这种新运算在形式上较为复杂,但它实际上有直观的、深刻的几何背景.

给定数域 K 上的 $m\times n$ 矩阵

$$A=\begin{bmatrix}a_{11}&a_{12}&\cdots&a_{1n}\\a_{21}&a_{22}&\cdots&a_{2n}\\\vdots&\vdots&&\vdots\\a_{m1}&a_{m2}&\cdots&a_{mn}\end{bmatrix},$$

考察向量空间 K^n 到 K^m 的映射 f_A 如下:对任意

$$X=\begin{bmatrix}x_1\\x_2\\\vdots\\x_n\end{bmatrix}\in K^n,$$

将 X 看作 $n\times1$ 矩阵,定义 $f_A(X)=AX\in K^m$.

取定 K^n 中坐标向量

$$X_j=\begin{bmatrix}0\\\vdots\\0\\1\\0\\\vdots\\0\end{bmatrix}j\text{ 行},$$

我们有

$$f_A(X_j)=\begin{bmatrix}a_{11}&a_{12}&\cdots&a_{1n}\\a_{21}&a_{22}&\cdots&a_{2n}\\\vdots&\vdots&&\vdots\\a_{m1}&a_{m2}&\cdots&a_{mn}\end{bmatrix}\begin{bmatrix}0\\\vdots\\0\\1\\0\\\vdots\\0\end{bmatrix}=\begin{bmatrix}a_{1j}\\a_{2j}\\\vdots\\a_{nj}\end{bmatrix}.$$

即 $f_A(X_j)$是 A 的第 j 个列向量.

如果另有 K 上 $m\times n$ 矩阵 A_1 使 $f_{A_1}=f_A$,那么 A_1 的第 j 个列向量$=f_{A_1}(X_j)=f_A(X_j)=A$ 的第 j 个列向量,这里 $j=1,2,\cdots,n$. 由此得 $A_1=A$. 这说明映射 f_A 反过来又唯一地决定了矩阵 A.

现在给定 K 上 $n\times s$ 矩阵

$$B=\begin{bmatrix}b_{11}&b_{12}&\cdots&b_{1s}\\b_{21}&b_{22}&\cdots&b_{2s}\\\vdots&\vdots&&\vdots\\b_{n1}&b_{n2}&\cdots&b_{ns}\end{bmatrix}.$$

考察向量空间的如下映射图

$$K^s \xrightarrow{f_B} K^n \xrightarrow{f_A} K^m,$$

设 $AB=C=(c_{ij})$. 根据映射乘法,对任意 $X\in K^s$,我们有

$$(f_A f_B)(X)=f_A(f_B(X))=f_A\begin{bmatrix}\sum_{l=1}^{s} b_{1l}x_l\\ \sum_{l=1}^{s} b_{2l}x_l\\ \vdots\\ \sum_{l=1}^{s} b_{nl}x_l\end{bmatrix}$$

$$=\begin{bmatrix}\sum_{k=1}^{n} a_{1k}\sum_{l=1}^{s} b_{kl}x_l\\ \sum_{k=1}^{n} a_{2k}\sum_{l=1}^{s} b_{kl}x_l\\ \vdots\\ \sum_{k=1}^{n} a_{mk}\sum_{l=1}^{s} b_{kl}x_l\end{bmatrix}=\begin{bmatrix}\sum_{l=1}^{s}\left(\sum_{k=1}^{n} a_{1k}b_{kl}\right)x_l\\ \sum_{l=1}^{s}\left(\sum_{k=1}^{n} a_{2k}b_{kl}\right)x_l\\ \vdots\\ \sum_{l=1}^{s}\left(\sum_{k=1}^{n} a_{mk}b_{kl}\right)x_l\end{bmatrix}$$

$$=\begin{bmatrix}\sum_{l=1}^{s} c_{1l}x_l\\ \sum_{l=1}^{s} c_{2l}x_l\\ \vdots\\ \sum_{l=1}^{s} c_{ml}x_l\end{bmatrix}=f_C(X).$$

也就是 $f_A f_B=f_C=f_{AB}$. 这说明,矩阵 A 与矩阵 B 的乘积实际上就是映射 f_A 与映射 f_B 的乘积. 这就使形式上复杂的矩阵乘法得

到了几何上直观的解释了.

4. 矩阵乘法的基本性质

命题 4.2 数域 K 上的矩阵运算满足如下运算法则:

(i) 乘法满足结合律: $A(BC)=(AB)C$;

(ii) 分配律: $(A+B)C=AC+BC$,

$$A(B+C)=AB+AC;$$

(iii) 对 K 内的任一数 k,有 $k(AB)=(kA)B=A(kB)$;

(iv) $(A+B)'=A'+B'$,$(kA)'=kA'$,$(AB)'=B'A'$.

证 首先来证明结合律成立. 设 A 是 $m\times n$ 矩阵,B 是 $n\times r$ 矩阵,C 是 $r\times s$ 矩阵. 考察如下向量空间映射图

$$K^s \xrightarrow{f_C} K^r \xrightarrow{f_B} K^n \xrightarrow{f_A} K^m$$

根据第一章命题 1.2,我们有 $f_A(f_Bf_C)=(f_Af_B)f_C$,于是 $f_{A(BC)}=f_Af_{BC}=f_A(f_Bf_C)=(f_Af_B)f_C=f_{AB}f_C=f_{(AB)C}$. 由上一段的分析,我们有 $A(BC)=(AB)C$.

性质(ii)与(iii)请读者自行证明.

最后证明性质(iv). $(A+B)'=A'+B'$,$(kA)'=kA'$ 显然成立. 现设 $A=(a_{ij})_{m\times n}$,$B=(b_{ij})_{n\times s}$,此时 $(AB)'$ 的 i 行 j 列元素为 AB 的 j 行 i 列元素

$$\sum_{k=1}^{n}a_{jk}b_{ki}.$$

而 $B'A'$ 的 i 行 j 列元素为 B' 的 i 行(即 B 的 i 列)元素与 A' 的 j 列(即 A 的 j 行)对应元素相乘再连加:

$$\sum_{k=1}^{n}b_{ki}a_{jk}=\sum_{k=1}^{n}a_{jk}b_{ki}.$$

比较上面两个式子即知 $(AB)'=B'A'$(读者必须注意,一般情况下

$$(AB)'\neq A'B').\quad \blacksquare$$

矩阵乘法满足结合律,我们把 $(AB)C=A(BC)$ 直接写成 ABC. 由此知,我们可以把 k 个矩阵 $A_1,A_2,\cdots,A_k$ 连乘直接写成 $A_1A_2\cdots A_k$.

前面已指出: 给定数域 K 上 $m\times n$ 矩阵 A,我们得到向量空间 K^n 到 K^m 的映射 f_A. 从命题 4.2,我们推知映射 f_A 具有下列两条

性质：

(1) 对任意 $X,Y\in K^n$，有

$$f_A(X+Y)=A(X+Y)=AX+AY=f_A(X)+f_A(Y).$$

(2) 对任意 $X\in K^n$ 及任意 $k\in K$，有

$$f_A(kX)=A(kX)=k(AX)=kf_A(X).$$

由此知，对任意 $X_1,X_2,\cdots,X_s\in K^n$ 及任意 $k_1,k_2,\cdots,k_s\in K$，有

$$\begin{aligned}&f_A(k_1X_1+k_2X_2+\cdots+k_sX_s)\\&=k_1f_A(X_1)+k_2f_A(X_2)+\cdots+k_sf_A(X_s).\end{aligned}$$

这就是说，映射 f_A 保持 K^n 和 K^m 内加法、数乘的对应关系. 这一点将在第四章做深入的讨论.

上面性质(i)，(ii)，(iii)与数的乘法所满足的运算法则类似. 但读者必须特别注意矩阵乘法和数的乘法有两个根本不同点：

1) 矩阵乘法一般是不可交换的，即在一般情况下，$AB\neq BA$. 实际上，AB 有意义时，BA 不一定有意义，因为 B 的列数不一定等于 A 的行数. 而且，即使有意义，两者也不一定相等；

2) 两个非零矩阵相乘有可能变成零矩阵. 因而，由 $AB=0$ 并不能推出 $A=0$ 或 $B=0$. 随之而来的是：由 $AB=AC$，且 $A\neq0$，并不能推出 $B=C$，由 $BA=CA$ 且 $A\neq0$ 也不能推出 $B=C$，即矩阵乘法没有消去律.

例 4.5　给定矩阵

$$A=\begin{bmatrix}0&1&0\\0&0&1\\0&0&1\end{bmatrix},\quad B=\begin{bmatrix}0&0&1\\0&0&0\\0&0&0\end{bmatrix},$$

则有

$$AB=\begin{bmatrix}0&1&0\\0&0&1\\0&0&1\end{bmatrix}\begin{bmatrix}0&0&1\\0&0&0\\0&0&0\end{bmatrix}=\begin{bmatrix}0&0&0\\0&0&0\\0&0&0\end{bmatrix}=0,$$

$$BA=\begin{bmatrix}0&0&1\\0&0&0\\0&0&0\end{bmatrix}\begin{bmatrix}0&1&0\\0&0&1\\0&0&1\end{bmatrix}=\begin{bmatrix}0&0&1\\0&0&0\\0&0&0\end{bmatrix}\neq0.$$

矩阵乘法是个很有用的工具. 下面介绍一个简单的例子.

例 4.6 已知在蔬菜种植中使用 m 种农药 $A_1,A_2,\cdots,A_m$. 为了解蔬菜中残留农药对居民健康的影响,在某农贸市场对 n 种蔬菜 $B_1,B_2,\cdots,B_n$ 中残留农药进行检测,查明蔬菜 B_j 每千克含农药 A_i 为 a_{ij} 毫克. 又对在该农贸市场购买蔬菜的居民 $C_1,C_2,\cdots,C_s$ 进行调查,查明居民 C_j 在一周内食用蔬菜 B_i 共 b_{ij} 千克. 于是得到两个矩阵

$$A=\begin{bmatrix} a_{11} & a_{12} & \cdots & a_{1n} \\ a_{21} & a_{22} & \cdots & a_{2n} \\ \vdots & \vdots & & \vdots \\ a_{m1} & a_{m2} & \cdots & a_{mn} \end{bmatrix}, \quad B=\begin{bmatrix} b_{11} & b_{12} & \cdots & b_{1s} \\ b_{21} & b_{22} & \cdots & b_{2s} \\ \vdots & \vdots & & \vdots \\ b_{n1} & b_{n2} & \cdots & b_{ns} \end{bmatrix}.$$

令 $C=AB$. 则 C 的 i 行 j 列元素

$$c_{ij}=\sum_{k=1}^{n} a_{ik}b_{kj}$$

表示居民 C_j 在一周内摄入农药 A_i 的毫克数,由矩阵 C 即可估量蔬菜中残留农药对居民健康影响的大小.

5. 矩阵运算和秩的关系

在§2 中我们学习了矩阵的秩的概念,本节又介绍了矩阵的三种运算. 现在来讨论这两部分知识之间的关系. 先证明一个有用的命题.

命题 4.3 在 K^m 中给定两个向量组:

$$\alpha_1,\ \alpha_2,\ \cdots,\ \alpha_n; \tag{I}$$

$$\beta_1,\ \beta_2,\ \cdots,\ \beta_k. \tag{II}$$

如果(I)可被(II)线性表示,则(I)的秩⩽(II)的秩.

证 设(I)的一个极大线性无关部分组为

$$\alpha_{i_1},\ \alpha_{i_2},\ \cdots,\ \alpha_{i_r}, \tag{III}$$

则(I)的秩$=r$. 又设(II)的一个极大线性无关部分组为

$$\beta_{j_1},\ \beta_{j_2},\ \cdots,\ \beta_{j_s}. \tag{IV}$$

则(II)的秩$=s$. 现在(III)可由(II)线性表示,(II)又可被(IV)线性表示,于是(III)可被(IV)线性表示,而(III)线性无关,按命题 1.4,应有 $r\leqslant s$. ▌

命题 4.4　给定 $A,B\in M_{m,n}(K)$. 则有

(i) 对任意 $k\in K,k\neq 0$, $\mathrm{r}(kA)=\mathrm{r}(A)$;

(ii) $\mathrm{r}(A+B)\leqslant \mathrm{r}(A)+\mathrm{r}(B)$.

证　(i) kA 为 A 的每行乘 K 内非零数 k,故为对 A 做 m 次第二类初等行变换. 按命题 2.1,有 $\mathrm{r}(kA)=\mathrm{r}(A)$.

(ii) 设 A 的列向量组为 $\alpha_1,\alpha_2,\cdots,\alpha_n$,它的一个极大线性无关部分组设为 $\alpha_{i_1},\alpha_{i_2},\cdots,\alpha_{i_r}$,于是 $r=\mathrm{r}(A)$;又设 B 的列向量组为 $\beta_1,\beta_2,\cdots,\beta_n$, 它的一个极大线性无关部分组设为 $\beta_{j_1},\beta_{j_2},\cdots,\beta_{j_s}$, 于是 $s=\mathrm{r}(B)$. 此时 $A+B$ 的列向量组为 $\alpha_1+\beta_1,\alpha_2+\beta_2,\cdots,\alpha_n+\beta_n$,它显然能被下面向量组

$$\alpha_{i_1},\ \alpha_{i_2},\ \cdots,\ \alpha_{i_r},\ \beta_{j_1},\ \beta_{j_2},\ \cdots,\ \beta_{j_s} \qquad (\mathrm{I})$$

线性表示,按命题 4.3, $\mathrm{r}(A+B)\leqslant$(I)的秩$\leqslant r+s$. ▌

命题 4.5　设 $A\in M_{m,n}(K),B\in M_{n,s}(K)$,则

$$\mathrm{r}(AB)\leqslant \min\{\mathrm{r}(A),\ \mathrm{r}(B)\}$$

(注: $\min\{\mathrm{r}(A),\mathrm{r}(B)\}$表示 $\mathrm{r}(A),\mathrm{r}(B)$中较小者).

证　设 $C=AB$. 按命题 4.1,C 的列向量组可被 A 的列向量组线性表示,再由命题 4.3 知 $\mathrm{r}(C)\leqslant \mathrm{r}(A)$.

另一方面,$\mathrm{r}(C)=\mathrm{r}(C')=\mathrm{r}((AB)')=\mathrm{r}(B'A')\leqslant \mathrm{r}(B')=\mathrm{r}(B)$(这里用到上面的结论). ▌

命题 4.6　设 $A\in M_{m,n}(K),B\in M_{n,s}(K)$,则

$$\mathrm{r}(AB)\geqslant \mathrm{r}(A)+\mathrm{r}(B)-n.$$

证　令 $C=AB$. 设 B 的列向量组为 $B_1,B_2,\cdots,B_s$(看作 $n\times 1$ 矩阵),C 的列向量组为 $C_1,C_2,\cdots,C_s$(看作 $m\times 1$ 矩阵). 那么按矩阵乘法,应有

$$AB_i=C_i\quad (i=1,2,\cdots,s).$$

现设 $C_{i_1},C_{i_2},\cdots,C_{i_r}$ 为 C 的列向量组的一个极大线性无关部分组,于是 $r=\mathrm{r}(C)=\mathrm{r}(AB)$. 对任一 C_i,有

$$C_i=k_1C_{i_1}+k_2C_{i_2}+\cdots+k_rC_{i_r}.$$

于是

$$A(k_1B_{i_1}+k_2B_{i_2}+\cdots+k_rB_{i_r})$$
$$=k_1AB_{i_1}+k_2AB_{i_2}+\cdots+k_rAB_{i_r}$$
$$=k_1C_{i_1}+k_2C_{i_2}+\cdots+k_rC_{i_r}=C_i.$$

现在线性方程组 $AX=C_i$ 有两组解

$$X_1=B_i,\quad X_2=k_1B_{i_1}+k_2B_{i_2}+\cdots+k_rB_{i_r}.$$

如设其导出方程组 $AX=0$ 的一个基础解系为 $P_1,P_2,\cdots,P_t$(都看作 $n\times1$ 矩阵),则 $t=n-\mathrm{r}(A)$. 且由本章§3 中的定理 3.3 知

$$B_i=k_1B_{i_1}+k_2B_{i_2}+\cdots+k_rB_{i_r}$$
$$+l_1P_1+l_2P_2+\cdots+l_tP_t.$$

于是 B 的列向量组 $B_1,B_2,\cdots,B_s$ 可由向量组

$$B_{i_1},\ B_{i_2},\ \cdots,\ B_{i_r},\ P_1,\ P_2,\ \cdots,\ P_t \qquad (\mathrm{I})$$

线性表示,按命题 4.3,$\mathrm{r}(B)\leqslant$(I)的秩$\leqslant r+t=\mathrm{r}(C)+n-\mathrm{r}(A)$,移项得

$$\mathrm{r}(AB)=\mathrm{r}(C)\geqslant\mathrm{r}(A)+\mathrm{r}(B)-n.$$ ▌

习 题 四

1. 进行下列矩阵运算:

(1) $$5\begin{bmatrix}3&-2&-1\\2&0&1\\-1&1&2\\0&1&0\end{bmatrix}-\begin{bmatrix}-1&-1&-1\\1&1&1\\0&0&0\\2&2&2\end{bmatrix}-\frac{1}{2}\begin{bmatrix}1&2&1\\0&0&2\\1&-1&-1\\0&0&0\end{bmatrix}.$$

(2) $$\begin{bmatrix}-1&3&2\\4&-1&0\\0&2&-1\\1&-1&1\end{bmatrix}\begin{bmatrix}1\\2\\-1\end{bmatrix};\quad\begin{bmatrix}\mathrm{i}&-\mathrm{i}\\1&2+\mathrm{i}\\0&-1\\2-\mathrm{i}&\mathrm{i}\end{bmatrix}\begin{bmatrix}\mathrm{i}\\-\mathrm{i}\end{bmatrix};$$

$$\begin{bmatrix}-3&1&0&2&1\\-1&0&1&-1&1\\0&2&0&1&-1\\-1&1&0&-2&1\end{bmatrix}\begin{bmatrix}-1&2&1\\0&1&2\\1&-1&1\\2&0&1\\1&-1&-1\end{bmatrix};$$

$$\begin{bmatrix}1&-1&0&0&0\\2&-1&0&0&0\\0&0&3&1&2\\0&0&-1&2&1\\0&0&1&-1&0\end{bmatrix}\begin{bmatrix}-1&0&0&0&0\\2&-1&0&0&0\\0&0&1&1&1\\0&0&-1&2&0\\0&0&1&-1&1\end{bmatrix}.$$

(3) $\begin{bmatrix}\lambda_1&0&0\\0&\lambda_2&0\\0&0&\lambda_3\end{bmatrix}\begin{bmatrix}a_{11}&a_{12}&a_{13}&a_{14}\\a_{21}&a_{22}&a_{23}&a_{24}\\a_{31}&a_{32}&a_{33}&a_{34}\end{bmatrix}$;

$$\begin{bmatrix}a_{11}&a_{12}&a_{13}&a_{14}\\a_{21}&a_{22}&a_{23}&a_{24}\\a_{31}&a_{32}&a_{33}&a_{34}\end{bmatrix}\begin{bmatrix}\lambda_1&0&0&0\\0&\lambda_2&0&0\\0&0&\lambda_3&0\\0&0&0&\lambda_4\end{bmatrix}.$$

2. 设

(1) $A=\begin{bmatrix}3&1&1\\2&1&2\\1&2&3\end{bmatrix}$, $B=\begin{bmatrix}1&1&-1\\2&-1&0\\1&0&1\end{bmatrix}$;

(2) $A=\begin{bmatrix}a&b&c\\c&b&a\\1&1&1\end{bmatrix}$, $B=\begin{bmatrix}1&a&c\\1&b&b\\1&c&a\end{bmatrix}$.

计算 AB, $AB-BA$, $(AB)'$, $A'B'$.

3. 计算：

(1) $(2,3,-1)\begin{bmatrix}1\\-1\\-1\end{bmatrix}$;

(2) $\begin{bmatrix} 1 \\ -1 \\ -1 \end{bmatrix}(2,3,-1)$;

(3) $(x,y,1)\begin{bmatrix} a_{11} & a_{12} & a_{13} \\ a_{21} & a_{22} & a_{23} \\ a_{31} & a_{32} & a_{33} \end{bmatrix}\begin{bmatrix} x \\ y \\ 1 \end{bmatrix}$;

(4) $(x_1,x_2,\cdots,x_n)\begin{bmatrix} a_{11} & a_{12} & \cdots & a_{1n} \\ a_{21} & a_{22} & \cdots & a_{2n} \\ \vdots & \vdots & & \vdots \\ a_{n1} & a_{n2} & \cdots & a_{nn} \end{bmatrix}\begin{bmatrix} y_1 \\ y_2 \\ \vdots \\ y_n \end{bmatrix}$.

4. 给定数域 K 上两个 $n\times n$ 矩阵

$$A=\begin{bmatrix} a_{11} & a_{12} & \cdots & a_{1n} \\ a_{21} & a_{22} & \cdots & a_{2n} \\ \vdots & \vdots & & \vdots \\ a_{n1} & a_{n2} & \cdots & a_{nn} \end{bmatrix}, \quad J=\begin{bmatrix} 0 & & & & \\ 1 & 0 & & \text{\Large 0} & \\ & \ddots & \ddots & & \\ \text{\Large 0} & & \ddots & \ddots & \\ & & & 1 & 0 \end{bmatrix}.$$

试计算 AJ 及 JA,并判断在什么情况下 $AJ=JA$.

5. 设 $A,B\in M_{m,n}(K)$,$C\in M_{n,s}(K)$,k 为数域 K 上一个数. 证明:

(1) $(A+B)C=AC+BC$;

(2) $k(AC)=(kA)C=A(kC)$.

6. 给定数域 K 上两个 $n\times n$ 矩阵

$$A=\begin{bmatrix} 0 & \cdots & 0 & a_{1k} & \cdots & a_{1n} \\ & \ddots & & \ddots & \ddots & \vdots \\ & & \ddots & & \ddots & a_{n-k+1\,n} \\ & \text{\Large 0} & & \ddots & & 0 \\ & & & & \ddots & \vdots \\ & & & & & 0 \end{bmatrix},$$

$$J=\begin{bmatrix} 0 & 1 & 0 & \cdots & 0 \\ & \ddots & \ddots & \ddots & \vdots \\ & & \ddots & \ddots & 0 \\ & 0 & & \ddots & 1 \\ & & & & 0 \end{bmatrix}.$$

试计算 JA.

7. 设 $A\in M_{m,n}(K)$, $B\in M_{n,s}(K)$. 如果 $AB=0$,证明:

$$\mathrm{r}(A)+\mathrm{r}(B)\leqslant n.$$

8. 设 $A\in M_{m,n}(K)$ 且 $\mathrm{r}(A)=n$. 又设 B,C 为数域 K 上 $n\times s$ 矩阵,且 $AB=AC$. 证明:$B=C$.

9. 给定数域 K 上的 3×3 矩阵

$$A=\begin{bmatrix} 2 & 1 & 1 \\ k & 0 & -1 \\ -1 & 0 & 3 \end{bmatrix},$$

问 k 取 K 内何值时,可找到数域 K 上的 3×3 矩阵 B, $B\neq 0$,且 $AB=0$,并具体求出一个这样的 3×3 矩阵 B.

10. 设 A,B 是数域 K 上的两个 $m\times n$ 矩阵. 如果 $\mathrm{r}(A)<\frac{n}{2}$, $\mathrm{r}(B)<\frac{n}{2}$. 证明:存在 K 上 $n\times s$ 矩阵 C, $C\neq 0$,使 $(A+B)C=0$.

11. 设 A,B 是数域 K 上两个 $n\times n$ 矩阵. 已知存在 K 上非零的 $n\times n$ 矩阵 C,使 $AC=0$. 证明:存在 K 上非零的 $n\times n$ 矩阵 D,使 $ABD=0$.

12. 设 A,B 是数域 K 上两个 $n\times n$ 矩阵且 $AB=BA$. 又设 C 是将 A,B 的行向量依次排列所得的 $2n\times n$ 矩阵,即 $C=\begin{pmatrix} A \\ B \end{pmatrix}$. 证明:

$$\mathrm{r}(A)+\mathrm{r}(B)\geqslant \mathrm{r}(C)+\mathrm{r}(AB).$$

(注:上式中的 AB 表示 A 与 B 的乘积.)

13. 给定数域 K 上 n 维向量空间 K^n 内一个线性无关向量组 $\eta_1,\eta_2,\cdots,\eta_s$. 证明:存在 K 上一个齐次线性方程组以此向量组为一个基础解系.

14. 给定数域 K 上 n 维向量空间 K^n 内一个线性无关向量组 $\gamma_0,\gamma_1,\cdots,\gamma_s$. 证明存在 K 上一个非齐次线性方程组满足如下条件:

(1) $\gamma_0,\gamma_1,\cdots,\gamma_s$ 均为此非齐次线性方程组的解向量;

(2) 该方程组的任意解向量 γ 均能被 $\gamma_0,\gamma_1,\cdots,\gamma_s$ 线性表示.

15. 给定数域 K 上 $m\times n$ 矩阵 A, $n\times s$ 矩阵 B. 设齐次线性方程组 $BX=0$ 有一个基础解系 $\eta_1,\eta_2,\cdots,\eta_k$. 将它扩充为齐次线性方程组 $(AB)X=0$ 的一个基础解系 $\eta_1,\cdots,\eta_k,\eta_{k+1},\cdots,\eta_l$. 证明: 向量组 $B\eta_{k+1},\cdots,B\eta_l$ 的秩 $=\mathrm{r}(B)-\mathrm{r}(AB)$. 利用这个结果给出命题 4.6 的另一证明.

16. 设 A,B 分别是数域 K 上 $m\times n$ 矩阵和 $n\times s$ 矩阵, 令 $AB=C$. 若 $\mathrm{r}(A)=n$. 又设 B 的列向量组 $\beta_1,\beta_2,\cdots,\beta_s$ 的一个极大线性无关部分组是 $\beta_{i_1},\beta_{i_2},\cdots,\beta_{i_r}$. 试求 C 的列向量组 $\gamma_1,\gamma_2,\cdots,\gamma_s$ 的一个极大线性无关部分组.

§5 n 阶方阵

前面已指出, 矩阵乘法实质上就是第一章 §1 介绍的集合间映射的乘法的一种特例. 我们已经知道, 集合间映射不是随便可以做乘法的. 所以也不是随便两个矩阵都能相乘. 但是在那里我们也指出: 如果是一个集合到自身上的映射, 即该集合内的变换, 那么乘法总可以进行. 用到现在这个特例上来, 就是 $m=n=s$ 时, 即 K^n 到自身的映射, 也就是 A 和 B 都是一个 $n\times n$ 矩阵时, 乘法总有意义. 这时它所探讨的是 K^n 自身的结构, 即 K^n 的内部关系. 它在理论上显然有其特别的重要性, 需要我们对它做深入的探讨. 由于这个原因, 本节将集中对数域 K 上的 $n\times n$ 矩阵做较深一步的研究.

1. 数域上的 n 阶方阵

定义 数域 K 上的 $n\times n$ 矩阵称为 K 上的 n **阶方阵**. K 上全体 n 阶方阵所成的集合记作 $M_n(K)$.

现在集合 $M_n(K)$ 内有矩阵加法, 与 K 中数的数乘以及矩阵乘法：K 上两个 n 阶方阵的乘积仍为 K 上 n 阶方阵. 这些运算又满足前面指出的运算法则. 这就是说，$M_n(K)$已经是一个代数系统，成为代数学的研究对象了.

数域 K 上一个 n 阶方阵是一个正方形表格

$$A=\begin{bmatrix} a_{11} & a_{12} & \cdots & a_{1n} \\ a_{21} & a_{22} & \cdots & a_{2n} \\ \vdots & \vdots & & \vdots \\ a_{n1} & a_{n2} & \cdots & a_{nn} \end{bmatrix}.$$

自左上角到右下角这一条对角线称为 A 的**主对角线**. 主对角线上元素的特征是其两个下角标相同，表示为 $a_{ii}(i=1,2,\cdots,n)$. A 的主对角线上 n 个元素连加：

$$\mathrm{Tr}(A)\xlongequal{\text{def}}a_{11}+a_{22}+\cdots+a_{nn}$$

称为 A 的**迹**，它是描述 A 的某种特征的一个数量，有许多重要的应用.

在本章§1 指出，K^n 中 n 个坐标向量

$$\varepsilon_i=(0,\cdots,0,\overset{i}{1},0,\cdots,0)\quad(i=1,2,\cdots,n)$$

特别重要. 与之相应的是 $M_n(K)$内如下 n^2 个方阵具有特殊的重要性：

$$E_{ij}=\begin{bmatrix} & & \overset{j\text{列}}{\vdots} & \\ \cdots\cdots\cdots\cdots & & 1 & \cdots \\ & & \vdots & \\ & & \vdots & \end{bmatrix}\begin{matrix} \\ i\text{行} \\ \\ \\ \end{matrix}.$$

它的特点是：第 i 行 j 列元素为 1，其他元素都是 0，$i=1,2,\cdots,n$；$j=1,2,\cdots,n$. 给定 K 上一个 n 阶方阵 $A=(a_{ij})$. 显然可表示为

$$A=\sum_{i=1}^{n}\sum_{j=1}^{n}a_{ij}E_{ij}.$$

由于这个原因，有许多 n 阶方阵的问题可以归结为这 n^2 个特殊的 n 阶方阵来处理.

根据矩阵乘法，对 m 阶方阵 E_{ij}，我们有

$$E_{ij}\begin{bmatrix} a_{11} & a_{12} & \cdots & a_{1n} \\ a_{21} & a_{22} & \cdots & a_{2n} \\ \vdots & \vdots & & \vdots \\ a_{m1} & a_{m2} & \cdots & a_{mn} \end{bmatrix} = \begin{bmatrix} & & 0 & \\ a_{j1} & a_{j2} & \cdots & a_{jn} \\ & & 0 & \end{bmatrix} i \text{ 行}.$$

这就是说,用 m 阶方阵 E_{ij} 左乘一个 $m\times n$ 矩阵,其结果是把该矩阵的第 j 行平移到第 i 行的位置,其他行一律变为零(当 $i=j$ 时,就是使该矩阵的第 i 行保持不动,其他行变为零). 而对 n 阶方阵 E_{ij},我们有

$$\begin{bmatrix} a_{11} & a_{12} & \cdots & a_{1n} \\ a_{21} & a_{22} & \cdots & a_{2n} \\ \vdots & \vdots & & \vdots \\ a_{m1} & a_{m2} & \cdots & a_{mn} \end{bmatrix} E_{ij} = \begin{bmatrix} & a_{1i} & \\ & a_{2i} & \\ 0 & \vdots & 0 \\ & a_{mi} & \end{bmatrix}$$

（j 列）

这就是说,用 n 阶方阵 E_{ij} 右乘一个 $m\times n$ 矩阵,其结果是把该矩阵第 i 列平移到第 j 列位置上来,其他列一律变为零(当 $i=j$ 时,就是使该矩阵第 i 列保持不动,其他列变为零).

特别地,我们有下列重要公式:

$$E_{ij}E_{kl}=\begin{cases} E_{il}, & \text{若 } j=k; \\ 0, & \text{若 } j\neq k. \end{cases}$$

数域 K 上的如下 n 阶方阵

$$D=\begin{bmatrix} d_1 & & & 0 \\ & d_2 & & \\ & & \ddots & \\ 0 & & & d_n \end{bmatrix} = \sum_{i=1}^{n} d_i E_{ii} \quad (d_i\in K)$$

称为 n **阶对角矩阵**. 用一个 m 阶对角矩阵左乘一个 $m\times n$ 矩阵时可表示为

$$\left(\sum_{i=1}^{m} d_i E_{ii}\right)\begin{bmatrix} a_{11} & a_{12} & \cdots & a_{1n} \\ a_{21} & a_{22} & \cdots & a_{2n} \\ \vdots & \vdots & & \vdots \\ a_{m1} & a_{m2} & \cdots & a_{mn} \end{bmatrix} = \sum_{i=1}^{m} d_i \begin{bmatrix} & & 0 & \\ a_{i1} & a_{i2} & \cdots & a_{in} \\ & & 0 & \end{bmatrix}$$

$$= \sum_{i=1}^{m} \begin{bmatrix} & & 0 & \\ d_i a_{i1} & d_i a_{i2} & \cdots & d_i a_{in} \\ & & 0 & \end{bmatrix}$$

$$= \begin{bmatrix} d_1 a_{11} & d_1 a_{12} & \cdots & d_1 a_{1n} \\ d_2 a_{21} & d_2 a_{22} & \cdots & d_2 a_{2n} \\ \vdots & \vdots & & \vdots \\ d_m a_{m1} & d_m a_{m2} & \cdots & d_m a_{mn} \end{bmatrix},$$

即把该对角矩阵主对角线上元素分别乘到右边矩阵的各个行上去.

同样,我们有

$$\begin{bmatrix} a_{11} & a_{12} & \cdots & a_{1n} \\ a_{21} & a_{22} & \cdots & a_{2n} \\ \vdots & \vdots & & \vdots \\ a_{m1} & a_{m2} & \cdots & a_{mn} \end{bmatrix} \begin{bmatrix} d_1 & & & 0 \\ & d_2 & & \\ & & \ddots & \\ 0 & & & d_n \end{bmatrix}$$

$$= \begin{bmatrix} d_1 a_{11} & d_2 a_{12} & \cdots & d_n a_{1n} \\ d_1 a_{21} & d_2 a_{22} & \cdots & d_n a_{2n} \\ \vdots & \vdots & & \vdots \\ d_1 a_{m1} & d_2 a_{m2} & \cdots & d_n a_{mn} \end{bmatrix}.$$

即一个 $m\times n$ 矩阵右乘一个 n 阶对角矩阵,其结果是把对角矩阵主对角线上的元素分别乘到左边矩阵的各个列上去.

一个 n 阶对角矩阵的主对角线上元素都是 K 上同一个数 k 时,即为

$$\begin{bmatrix} k & & & \\ & k & & 0 \\ 0 & & \ddots & \\ & & & k \end{bmatrix},$$

则称为一个 n **阶数量矩阵**. 显然,用一个数量矩阵左乘或右乘 K 上一个 $m\times n$ 矩阵时,其结果是把该矩阵所有行(或列)都乘以 k,也就是用 k 与该矩阵做数乘运算.

特别地,下列 n 阶方阵

$$E=\begin{bmatrix} 1 & & & \\ & 1 & & 0 \\ 0 & & \ddots & \\ & & & 1 \end{bmatrix}$$

称为 n **阶单位矩阵**. 用一个单位矩阵(其阶数根据矩阵乘法的要求确定)左乘或右乘 K 上一个 $m\times n$ 矩阵时,使该矩阵保持不动. 所以单位矩阵在矩阵乘法中的地位相当于 1 在数的乘法中的地位. 在本书中固定用记号 E 代表单位矩阵,其阶数则由该处上下文可以判定,一般不再标出. 在特别需要标出时,用 E_n 记 n 阶单位矩阵. 一个 n 阶数量矩阵现在可以写成 kE_n.

现在介绍 n 阶方阵的方幂的概念. 给定 K 上 n 阶方阵 A,对正整数 m,定义

$$A^m=\overbrace{AA\cdots A}^{m\text{个}}.$$

当 $A\neq 0$ 时定义 $A^0=E$ 为 n 阶单位矩阵. 显然有下面指数律:当 m,k 为非负整数时,有

$$A^mA^k=A^{m+k},\quad (A^m)^k=A^{mk}.$$

注意一个方阵的负指数幂现在没有意义,不能使用.

对数域 K 上一个 m 次多项式

$$f(x)=a_0x^m+a_1x^{m-1}+\cdots+a_{m-1}x+a_m\quad (a_i\in K),$$

我们可以用 K 上一个 n 阶方阵 A"代入",定义为

$$f(A)=a_0A^m+a_1A^{m-1}+\cdots+a_{m-1}A+a_mE$$

(注意常数项 a_m“代入”时变成 a_mE，否则与前面矩阵不能相加). $f(A)$将称为**方阵 A 的多项式**.

2. n 阶初等矩阵

现在我们来指出：本章§2讲到的对 K 上 $m\times n$ 矩阵做初等行(列)变换可以用左(右)乘一个适当的方阵来实现，这是矩阵乘法的一个重要应用.

定义　n 阶单位矩阵 E 经过一次初等行变换或初等列变换所得的矩阵称为 n 阶**初等矩阵**.

下面把初等矩阵分为三种类型分别写出来.

1) 互换 E 的 i,j 两行，得

$$P_n(i,j)=\left[\begin{array}{ccccccccccc}
1 & & & \vdots & & & & \vdots & & & \\
 & \ddots & & \vdots & & & & \vdots & & & \\
 & & 1 & \vdots & & & & \vdots & & & \\
\cdots & \cdots & \cdots & 0 & \cdots & \cdots & \cdots & 1 & \cdots & \cdots & \cdots \\
 & & & \vdots & 1 & & & \vdots & & & \\
 & & & \vdots & & \ddots & & \vdots & & & \\
 & & & \vdots & & & 1 & \vdots & & & \\
\cdots & \cdots & \cdots & 1 & \cdots & \cdots & \cdots & 0 & \cdots & \cdots & \cdots \\
 & & & \vdots & & & & \vdots & 1 & & \\
 & & & \vdots & & & & \vdots & & \ddots & \\
 & & & \vdots & & & & \vdots & & & 1
\end{array}\right]\begin{array}{l} \\ \\ \\ i\text{ 行} \\ \\ \\ \\ j\text{ 行} \\ \\ \\ \\ \end{array}.$$

i 列　j 列

显然，互换 E 的 i,j 两列得到相同的结果.

2) 把 E 的第 i 行乘以 $c\neq0$(这里 $c\in K$)，得

$$P_n(c\cdot i)=\left[\begin{array}{ccccccc}
1 & & & \vdots & & & \\
 & \ddots & & \vdots & & & \\
 & & 1 & \vdots & & & \\
\cdots & \cdots & \cdots & c & \cdots & \cdots & \cdots \\
 & & & \vdots & 1 & & \\
 & & & \vdots & & \ddots & \\
 & & & \vdots & & & 1
\end{array}\right]\begin{array}{l} \\ \\ \\ i\text{ 行}. \\ \\ \\ \\ \end{array}$$

i 列

显然，把 E 的第 i 列乘以 c 得到相同的结果.

3) 把 E 的第 j 行加上第 i 行的 k 倍(这里 $k\in K$)，得

$$P_n(k\cdot i,j)=\begin{bmatrix}1 & & \vdots & & \vdots & & \\ & \ddots & \vdots & & \vdots & & \\ \cdots\cdots & & 1 & \cdots & \vdots & \cdots\cdots & \\ & & \vdots & \ddots & \vdots & & \\ \cdots\cdots & & k & \cdots & 1 & \cdots\cdots & \\ & & \vdots & & \vdots & \ddots & \\ & & \vdots & & \vdots & & 1\end{bmatrix}\begin{matrix} \\ \\ i\text{ 行} \\ \\ j\text{ 行} \\ \\ \\ \end{matrix}$$

i 列 j 列

(上面各矩阵的空白处均为零).

对 E 还可以做第四种初等变换：把第 j 列加上第 i 列的 k 倍，得

$$P'_n(k\cdot i,j)=\begin{bmatrix}1 & & \vdots & & \vdots & & \\ & \ddots & \vdots & & \vdots & & \\ \cdots\cdots & & 1 & \cdots & k & \cdots\cdots & \\ & & \vdots & \ddots & \vdots & & \\ \cdots\cdots & & \vdots & \cdots & 1 & \cdots\cdots & \\ & & \vdots & & \vdots & \ddots & \\ & & \vdots & & \vdots & & 1\end{bmatrix}\begin{matrix} \\ \\ i\text{ 行} \\ \\ j\text{ 行} \\ \\ \\ \end{matrix}$$

i 列 j 列

但是 $P'_n(k\cdot i,j)$可看作 $P_n(k\cdot j,i)$，即 E 的第 i 行加上第 j 行的 k 倍，所以它实际上属于类型 3).

命题 5.1 给定数域 K 上 $m\times n$ 矩阵 A，则有：

(i) $P_m(i,j)A$ 为互换 A 的 i,j 两行；$AP_n(i,j)$为互换 A 的 i，j 两列.

(ii) $P_m(c\cdot i)A$ 为把 A 的第 i 行乘以 $c\neq0$；$AP_n(c\cdot i)$为把 A 的第 i 列乘以 $c\neq0$.

(iii) $P_m(k\cdot i,j)A$ 为把 A 的第 j 行加上第 i 行的 k 倍；$AP'_n(k\cdot i,j)$为把 A 的第 j 列加上第 i 列的 k 倍.

证 (i) 我们有

$$P_m(i,j)=E-E_{ii}-E_{jj}+E_{ij}+E_{ji}.$$

故

$$P_m(i,j)A=(A-E_{ii}A-E_{jj}A)+E_{ij}A+E_{ji}A.$$

其中 $A-E_{ii}A-E_{jj}A$ 为把 A 的第 i,j 两行换为零，其他行不动；$E_{ij}A$ 为把 A 的第 j 行平移到第 i 行，其他行为零；而 $E_{ji}A$ 则是把 A 的第 i 行平移到第 j 行，其他行为零. 把这三部分连加起来，恰为互换 A 的 i,j 两行，其他行不动.

$AP_n(i,j)$为互换 A 的 i,j 两列,证法相同.

(ii) $P_m(c\cdot i)$为 m 阶对角矩阵,主对角线上第 i 个元素为 c,其余为 1. 根据前面指出的对角矩阵左乘 A 的法则可知 $P_m(c\cdot i)A$ 为把 A 的第 i 行乘 c,其余行不动.

$AP_n(c\cdot i)$为把 A 的第 i 列乘 c,证法相同.

(iii) 显然有

$$P_m(k\cdot i,j)=E+kE_{ji}.$$

故

$$P_m(k\cdot i,j)A=A+kE_{ji}A.$$

$kE_{ji}A$ 为把 A 的第 i 行平移到第 j 行后再乘 k,其余行为零. 故 $A+kE_{ji}A$ 恰为 A 的第 j 行加上第 i 行的 k 倍,其他行不动.

$AP_n'(k\cdot i,j)$为把 A 的第 j 列加上第 i 列的 k 倍,证法相同.

▎

在§2 中已经指出,可以用一系列初等行及列变换把一个非零的 $m\times n$ 矩阵化为标准形 D:

$$A\to A_1\to A_2\to\cdots\to A_k=D.$$

其中

$$D=\begin{bmatrix}1 & & & & & \\ & \ddots & & & 0 & \\ & & 1 & & & \\ & & & 0 & & \\ & & & & \ddots & \\ 0 & & & & 0 & \cdots\ 0\end{bmatrix},\quad \begin{bmatrix}1 & & & & \\ & \ddots & & & \\ & & 1 & & \\ & & & 0 & \\ & & & & \ddots \\ & & & & & 0\end{bmatrix},\quad \begin{bmatrix}1 & & & & \\ & \ddots & & 0 & \\ & & 1 & & \\ & & & 0 & \\ & & & & \ddots \\ & 0 & & & 0 \\ & & & & \vdots \\ & & & & 0\end{bmatrix}.$$

($n>m$ 时) ($n=m$ 时) ($n<m$ 时)

因为矩阵的初等变换是可逆的,矩阵 A 经若干次初等行、列变换化为 D,那么,矩阵 D 也可经若干次初等行、列变换化为 A(只要把上面每个变换倒过来做就可以了):

$$D=A_k\to\cdots\to A_2\to A_1\to A.$$

现在根据命题 5.1 知存在初等矩阵 $P_1,P_2,\cdots,P_s,Q_1,Q_2,\cdots,Q_t$,使

$$A=P_1P_2\cdots P_sDQ_1Q_2\cdots Q_t.$$

一个数域 K 上的 n 阶方阵 A,如果它的秩 $\mathrm{r}(A)=n$,则称为一

个**满秩**的 n 阶方阵. 满秩的 n 阶方阵在初等变换下的标准形 D 应为 n 阶单位矩阵 E,故

$$\begin{aligned} A &= P_1P_2\cdots P_sEQ_1Q_2\cdots Q_t \\ &= P_1P_2\cdots P_sQ_1Q_2\cdots Q_t. \end{aligned}$$

命题 5.2 数域 K 上的 n 阶方阵 A 满秩的充要条件是 A 可表示为有限多个初等矩阵的乘积.

证 *必要性* 上面已证.

充分性 若 A 可表为初等矩阵 $P_1,P_2,\cdots,P_s$ 的乘积:

$$A = P_1P_2\cdots P_s = P_1P_2\cdots P_sE.$$

上式表示 A 可由 n 阶单位矩阵 E 作 s 次初等行变换得到,故

$$\mathrm{r}(A) = \mathrm{r}(E) = n. \quad \blacksquare$$

推论 1 设 A 是数域 K 上满秩的 n 阶方阵,则 A 可单用初等行变换化为单位矩阵 E,也可单用初等列变换化为单位矩阵 E.

证 按命题 5.2,存在 n 阶初等矩阵 $P_1,P_2,\cdots,P_s$,使

$$A = P_1P_2\cdots P_s = P_1P_2\cdots P_sE.$$

上式表明 E 经 s 次初等行变换化为 A,而初等行变换可逆,故 A 可用初等行变换化为 E. 又由

$$A = EP_1P_2\cdots P_s,$$

按同样推理知 A 可单用 s 次初等列变换化为 E. $\blacksquare$

定义 给定数域 K 上两个 $m\times n$ 矩阵 A,B. 若 A 经有限次初等行、列变换化为 B,则称 B 与 A **相抵**.

容易看出,矩阵的相抵关系是集合 $M_{m,n}(K)$ 内的一种等价关系.

推论 2 给定数域 K 上两个 $m\times n$ 矩阵 A,B,则下面命题等价:

(i) B 与 A 相抵;

(ii) $\mathrm{r}(B)=\mathrm{r}(A)$;

(iii) 存在 m 阶满秩方阵 P 及 n 阶满秩方阵 Q,使 $B=PAQ$.

证 使用轮转证法.

(i)$\Longrightarrow$(ii) 这是因为初等变换不改变矩阵的秩.

(ii)$\Longrightarrow$(iii) 此时 B 与 A 经初等变换化为同一标准形 D,而初

等变换可逆，故 A 可经初等变换化为 D，再经初等变换化为 B. 即存在 m 阶初等矩阵 $P_1, P_2, \cdots, P_k$，n 阶初等矩阵 $Q_1, Q_2, \cdots, Q_l$，使得 $P_1P_2\cdots P_kAQ_1Q_2\cdots Q_l = B$，令 $P = P_1P_2\cdots P_k$，$Q = Q_1Q_2\cdots Q_l$ 即可.

(iii)$\Longrightarrow$(i)　已知 P, Q 满秩，可分别表为初等矩阵的乘积：$P = P_1P_2\cdots P_k$，$Q = Q_1Q_2\cdots Q_l$，则 $B = P_1P_2\cdots P_kAQ_1Q_2\cdots Q_l$，这表示 A 经有限次初等行、列变换化为 B，即 B 与 A 相抵.　▎

3. 逆矩阵

已知在数域 K 上 n 阶方阵所成的集合 $M_n(K)$ 内有乘法运算. 一个自然的问题是，在 $M_n(K)$ 内能不能做除法运算？前面我们曾指出，可能存在两个 K 上 n 阶方阵 A, B，$A \neq 0$，$B \neq 0$，但 $AB = 0$（例如§4 的例 4.5）. 如果除法总可进行，那么从 $AB = 0$ 两边同"除"A 就得 $B = 0$，与已知矛盾. 由此可知，在 $M_n(K)$ 内一般不能做"除法". 但在这一段落里我们要来指明：在一定条件下可以有类似于数的除法的概念（但又有根本性的不同）.

两个数 $a, b\,(b \neq 0)$ 相除可用 $a \cdot b^{-1}$ 或 $b^{-1}a$ 来表示. 能不能做除法，关键在于对每个 $b \neq 0$，是否能找到一个数 b^{-1}，使 $b^{-1}b = bb^{-1} = 1$. 在数的范围内这总是可以办到的. 但在矩阵的范围内就不一定了，只有在更强的条件下才能做到这一点.

定义　设 A 是数域 K 上的一个 n 阶方阵，如果存在数域 K 上的 n 阶方阵 B，使

$$BA = AB = E,$$

则称 B 是 A 的一个**逆矩阵**，此时 A 称为**可逆矩阵**.

请读者注意，这定义仅对 n 阶方阵才有意义.

从上面的定义立刻提出如下两个问题：

1) 什么样的 n 阶方阵 A 是可逆的？

2) 如果 n 阶方阵 A 可逆，那么它的逆矩阵是不是唯一的？

下面来回答这两个问题.

命题 5.3　设 A 是数域 K 上的 n 阶方阵. 如果存在 K 上 n 阶方阵 B, B_1，使

$$AB = B_1A = E,$$

则 $B_1 = B$,即 A 可逆,且 B 为 A 的一个逆矩阵.

证 我们有

$$B_1 = B_1E = B_1(AB) = (B_1A)B = EB = B. \quad \blacksquare$$

推论 设 $A \in M_n(K)$. 如果 A 可逆,则其逆矩阵是唯一的.

证 设 B, B_1 均为 A 的逆矩阵,按定义有

$$AB = E, \quad B_1A = E.$$

由命题 5.3 知 $B_1 = B$. $\blacksquare$

当 A 可逆时,我们把 A 的唯一逆矩阵记为 A^{-1}. 对正整数 k,令 $A^{-k} = (A^{-1})^k$.

命题 5.4 设 A 是数域 K 上的 n 阶方阵. 则 A 可逆的充要条件是 A 是满秩的.

证 *必要性* A 可逆时,有 $B \in M_n(K)$,使 $AB = E$. 故(注意一个 n 阶方阵秩最多为 n)

$$n = \mathrm{r}(E) = \mathrm{r}(AB) \leqslant \mathrm{r}(A) \leqslant n.$$

于是 $\mathrm{r}(A) = n$.

充分性 若 A 满秩,按命题 5.2 的推论 1,存在 n 阶初等矩阵 $P_1, P_2, \cdots, P_s; Q_1, Q_2, \cdots, Q_t$,使

$$P_1P_2\cdots P_sA = E, \quad AQ_1Q_2\cdots Q_t = E.$$

令 $P = P_1P_2\cdots P_s$, $Q = Q_1Q_2\cdots Q_t$,则 $PA = AQ = E$,由命题 5.3 知 $P = Q$,且 P 为 A 的逆矩阵. $\blacksquare$

推论 设 $A \in M_n(K)$. 如果存在 $B \in M_n(K)$,使 $AB = E$ 或 $BA = E$ 之一成立,则 A 可逆且 $A^{-1} = B$.

证 例如,当 $AB = E$ 成立时,有

$$n = \mathrm{r}(E) = \mathrm{r}(AB) \leqslant \mathrm{r}(A) \leqslant n,$$

即 $\mathrm{r}(A) = n$. 于是 A 可逆. 我们有

$$A^{-1} = A^{-1}E = A^{-1}(AB) = (A^{-1}A)B = EB = B.$$

当 $BA = E$ 成立时证法相同. $\blacksquare$

引进逆矩阵的概念有重要的意义. 例如,把线性方程组写成矩阵方程式

$$AX = B.$$

如果 A 是一个可逆方阵，则以 A^{-1} 左乘（不能右乘，因为矩阵乘法不可交换，X 与 B 都是 $n\times 1$ 矩阵，所以在这里右乘甚至没有意义）等式两边，得

$$A^{-1}(AX)=(A^{-1}A)X=EX=X=A^{-1}B.$$

即

$$X=\begin{bmatrix}x_1\\x_2\\\vdots\\x_n\end{bmatrix}=A^{-1}\begin{bmatrix}b_1\\b_2\\\vdots\\b_n\end{bmatrix}.$$

这就把线性方程组的解求出来了. 这很像解一元一次方程 $ax=b$ 所采用的办法. 关于这个问题，我们将在第三章再做详细和严格的讨论.

例 5.1　设

$$A=\begin{bmatrix}1&0&1\\-1&1&1\\2&-1&1\end{bmatrix},\quad B=\begin{bmatrix}2&-1&-1\\3&-1&-2\\-1&1&1\end{bmatrix},$$

做矩阵乘法，不难验证

$$BA=AB=E.$$

故 A 可逆，且 $A^{-1}=B$.

例 5.2　在上一段中所定义的初等矩阵都是可逆矩阵. 具体地说，有

(i) $P_n(i,j)^{-1}=P_n(i,j)$；

(ii) $P_n(c\cdot i)^{-1}=P_n\left(\frac{1}{c}\cdot i\right)\ (c\neq 0)$；

(iii) $P_n(k\cdot i,j)^{-1}=P_n(-k\cdot i,j)$.

上面的关系式既可以用矩阵乘法直接验证，也可以用命题 5.1 加以证明. 例如证明(iii)：验证

$$P_n(k\cdot i,j)\cdot P_n(-k\cdot i,j)E=E.$$

等式左边表示对 n 阶单位矩阵 E 做两次初等行变换，第一次是把第 j 行加上第 i 行的 $-k$ 倍，第二次是把变换后的矩阵的第 j 行再加上第 i 行的 k 倍，结果还变成 E，故

$$P_n(k\cdot i,j)\cdot P_n(-k\cdot i,j)=E.$$

于是按命题 5.4 的推论，有

$$P_n(k\cdot i,j)^{-1}=P_n(-k\cdot i,j).$$

(i)与(ii)请读者自行证明.

关于逆矩阵，有如下几个简单的事实.

命题 5.5 设 A,B 是数域 K 上的两个可逆 n 阶方阵，则有

(i) $(A^{-1})^{-1}=A$；

(ii) AB 可逆，且$(AB)^{-1}=B^{-1}A^{-1}$；

(iii) A'可逆，且$(A')^{-1}=(A^{-1})'$.

证 (i) 设 $A^{-1}=C$，则因 $CA=AC=E$，故 A 可看作 C 的逆矩阵，即 $C^{-1}=A$，亦即$(A^{-1})^{-1}=A$.

(ii) 因为

$$(AB)(B^{-1}A^{-1})=A(BB^{-1})A^{-1}=AEA^{-1}=AA^{-1}=E,$$

故$(AB)^{-1}=B^{-1}A^{-1}$.

(iii) 因为

$$A'(A^{-1})'=(A^{-1}A)'=E'=E,$$

故$(A')^{-1}=(A^{-1})'$. ▌

根据上述命题的(ii)可知：有限多个可逆方阵 $A_1,A_2,\cdots,A_s$ 的乘积还是可逆的，且

$$(A_1A_2\cdots A_s)^{-1}=A_s^{-1}\cdots A_2^{-1}A_1^{-1}.$$

特别地，如果 A 是一个 n 阶可逆矩阵，则对任意正整数 k，A^k 也可逆，且

$$(A^k)^{-1}=(A^{-1})^k=A^{-k}.$$

下面来说明在实际上如何计算一个可逆 n 阶方阵的逆矩阵. 首先注意下面两个事实：

1) 如果 A 可逆，则 A 满秩. 于是按命题 5.2 的推论 1，它可单用初等行变换化为单位矩阵 E；

2) 如果 A 单用初等行变换化为单位矩阵 E，即有 n 阶初等矩阵 $P_1,P_2,\cdots,P_s$，使 $P_1P_2\cdots P_sA=E$. 那么，按命题 5.4 的推论，有

$$A^{-1}=P_1P_2\cdots P_s=P_1P_2\cdots P_sE.$$

上式表示：如将这 s 个初等变换同时作用在 E 上，最后得出的就

是 A^{-1}.

由此得逆矩阵的如下计算方法：

(i) 把 A 和 E 并排放在一起，排成一个 $n\times 2n$ 矩阵：$(A \mid E)$；

(ii) 对上面的 $n\times 2n$ 矩阵做初等行变换(不能做列变换)，把左边的 A 化为 E 时，右边 E 的位置上所出来的就是 A^{-1}. 用图式表示，就是

$$(A \mid E)\longrightarrow(E \mid A^{-1}).$$

读者仿照上面的办法自己证明一下：如把 A 和 E 上下排列成一个 $2n\times n$ 矩阵

$$\begin{bmatrix} A \\ \hdashline E \end{bmatrix},$$

对它做列初等变换(不能做行变换)，把上面的 A 化成 E，则此时下面 E 的位置上所出来的也是 A^{-1}

$$\begin{bmatrix} A \\ \hdashline E \end{bmatrix}\longrightarrow\begin{bmatrix} E \\ \hdashline A^{-1} \end{bmatrix}.$$

例 5.3　求

$$A=\begin{bmatrix} 1 & 0 & 1 \\ -1 & 1 & 1 \\ 2 & -1 & 1 \end{bmatrix}$$

的逆矩阵.

解　给定 A，我们事先可能不知道它是否可逆. 但并不需要先去判断它是否可逆，而可以直接利用上面介绍的办法进行计算. 如果 A 不可逆，那么做行初等变换，把 A 化成阶梯形后，其阶梯个数为 $\mathrm{r}(A)<n$. 若 A 可逆，则 $\mathrm{r}(A)=n$，此时先把 A 化为阶梯形，再把各行乘适当数使主对角线上元素全变为 1，再利用最后一行最后一列的 1 消去它顶上的其他数，又利用倒数第二行主对角线上的 1 消去它顶上的其他数，等等. 本例具体计算如下：

$$(A \mid E)=\left[\begin{array}{cc:c|ccc} 1 & 0 & 1 & 1 & 0 & 0 \\ -1 & 1 & 1 & 0 & 1 & 0 \\ 2 & -1 & 1 & 0 & 0 & 1 \end{array}\right]\longrightarrow\left[\begin{array}{ccc:ccc} 1 & 0 & 1 & 1 & 0 & 0 \\ 0 & 1 & 2 & 1 & 1 & 0 \\ 0 & -1 & -1 & -2 & 0 & 1 \end{array}\right]$$

$$\rightarrow\left[\begin{array}{ccc:ccc}1&0&1&1&0&0\\0&1&2&1&1&0\\0&0&1&-1&1&1\end{array}\right]\rightarrow\left[\begin{array}{ccc:ccc}1&0&1&1&0&0\\0&1&0&3&-1&-2\\0&0&1&-1&1&1\end{array}\right]$$

$$\rightarrow\left[\begin{array}{ccc:ccc}1&0&0&2&-1&-1\\0&1&0&3&-1&-2\\0&0&1&-1&1&1\end{array}\right].$$

$$A^{-1}=\begin{bmatrix}2&-1&-1\\3&-1&-2\\-1&1&1\end{bmatrix}.$$

例 5.4 解矩阵方程

$$\begin{bmatrix}1&0&1\\-1&1&1\\2&-1&1\end{bmatrix}\begin{bmatrix}x_1&y_1\\x_2&y_2\\x_3&y_3\end{bmatrix}=\begin{bmatrix}1&1\\0&1\\-1&0\end{bmatrix}.$$

解 显然,有

$$\begin{bmatrix}x_1&y_1\\x_2&y_2\\x_3&y_3\end{bmatrix}=\begin{bmatrix}1&0&1\\-1&1&1\\2&-1&1\end{bmatrix}^{-1}\begin{bmatrix}1&1\\0&1\\-1&0\end{bmatrix}.$$

但处理这类问题实际上可以不必先计算逆矩阵.设 A 是一个 n 阶可逆方阵,B 是 $n\times s$ 矩阵,要求一个 $n\times s$ 矩阵 X,使

$$AX=B$$

(显然,这样的 X 必存在,例如不难验证 $A^{-1}B$ 就是).已知有初等矩阵 $P_1,P_2,\cdots,P_l$,使

$$P_1P_2\cdots P_lA=E, \tag{1}$$

把这些初等矩阵左乘上面的矩阵方程,得

$$P_1P_2\cdots P_lAX=P_1P_2\cdots P_lB,$$

即

$$X=P_1P_2\cdots P_lB. \tag{2}$$

比较(1),(2)两式可知:如果用一系列初等行变换把 A 化为 E,同时把这些初等行变换施加在 B 上,所得的结果即为 X 的解.用图式表示,就是

$$(A\ \vdots\ B)\rightarrow(E\ \vdots\ X).$$

例 5.4 具体计算如下

$$(A\ \vdots\ B)=\left[\begin{array}{ccc:cc}1&0&1&1&1\\-1&1&1&0&1\\2&-1&1&-1&0\end{array}\right]\to\left[\begin{array}{ccc:cc}1&0&1&1&1\\0&1&2&1&2\\0&-1&-1&-3&-2\end{array}\right]$$

$$\to\left[\begin{array}{ccc:cc}1&0&1&1&1\\0&1&2&1&2\\0&0&1&-2&0\end{array}\right]\to\left[\begin{array}{ccc:cc}1&0&0&3&1\\0&1&0&5&2\\0&0&1&-2&0\end{array}\right].$$

故

$$\begin{bmatrix}x_1&y_1\\x_2&y_2\\x_3&y_3\end{bmatrix}=\begin{bmatrix}3&1\\5&2\\-2&0\end{bmatrix}.$$

当 X 和 B 都是 $n\times1$ 矩阵时，$AX=B$ 就是 n 个未知量 n 个方程的线性方程组，而这时上面所述的办法就是第一章§3所讲的矩阵消元法. 读者可仿照上述办法导出解矩阵方程

$$XA=B$$

（其中 A 是 n 阶可逆方阵，X，B 是 $m\times n$ 矩阵）的方法.

本节最后我们来介绍上述理论在处理矩阵问题时的一个应用的实例.

例 5.5　给定数域 K 上 $m\times n$ 矩阵 A 和 $n\times s$ 矩阵 B，证明：

$$\mathrm{r}(AB)\geqslant\mathrm{r}(A)+\mathrm{r}(B)-n.$$

证　这就是命题 4.6，现在利用矩阵乘法技巧来给出它的另一个证明.

若 $A=0$，则 $AB=0$，于是 $\mathrm{r}(AB)=\mathrm{r}(A)=0$，而 $\mathrm{r}(B)\leqslant n$. 不等式显然成立. 下面设 $A\neq0$. 按前面的讨论，存在 m 阶初等矩阵 P_1，P_2，…，P_s 及 n 阶初等矩阵 Q_1，Q_2，…，Q_t，使 $P_1P_2\cdots P_sAQ_1Q_2\cdots Q_t=D$ 为 A 在初等变换下的标准形. 令 $P=P_1P_2\cdots P_s$，$Q=Q_1Q_2\cdots Q_t$，则 $PAQ=D$. 按命题 5.2，P，Q 均为满秩方阵. 又由该命题的推论 2，有

$$\mathrm{r}(AB)=\mathrm{r}(PAB)=\mathrm{r}((PAQ)Q^{-1}B)=\mathrm{r}(DB_1),$$

这里 $B_1=Q^{-1}B$，现在 $\mathrm{r}(D)=\mathrm{r}(A)$，$\mathrm{r}(B_1)=\mathrm{r}(B)$. 根据上面叙述

$$DB_1=\begin{bmatrix}1&&&&&\\&\ddots&&&&\\&&1&&&\\&&&0&&\\&&&&\ddots&\\&&&&&0\end{bmatrix}\begin{bmatrix}b_{11}&b_{12}&\cdots&b_{1s}\\b_{21}&b_{22}&\cdots&b_{2s}\\\vdots&\vdots&&\vdots\\b_{n1}&b_{n2}&\cdots&b_{ns}\end{bmatrix}$$

$$=\begin{bmatrix}b_{11}&b_{12}&\cdots&b_{1s}\\b_{21}&b_{22}&\cdots&b_{2s}\\\vdots&\vdots&&\vdots\\b_{r1}&b_{r2}&\cdots&b_{rs}\\&0&&\end{bmatrix}.$$

DB_1 的秩等于 B_1 前 r 行的秩，DB_1 前 r 个行向量的极大线性无关部分组添加 B_1 的后 $n-r$ 个行向量即可线性表示 B_1 的各个行向量. 由命题 4.3 得 $\mathrm{r}(B_1)\leqslant\mathrm{r}(DB_1)+(n-r)$. 于是(注意 $r=\mathrm{r}(D)=\mathrm{r}(A)$)

$$\begin{aligned}\mathrm{r}(AB)=\mathrm{r}(DB_1)&\geqslant\mathrm{r}(B_1)+r-n\\&=\mathrm{r}(B)+\mathrm{r}(A)-n.\end{aligned}$$ ▌

4. 几类特殊的 n 阶方阵

现在来介绍应用广泛的几类特殊的 n 阶方阵.

Ⅰ. n 阶对称矩阵

设 $A=(a_{ij})$ 为数域 K 上的 n 阶方阵. 如果 $A'=A$，则 A 称为 n 阶**对称矩阵**. 因为 A' 的第 i 行 j 列元素为 a_{ji}，故 $A'=A$ 的充要条件是 $a_{ij}=a_{ji}\,(i=1,2,\cdots,n;j=1,2,\cdots,n)$. 具体写出来就是

$$A=\begin{bmatrix}\ddots&\vdots&&\vdots&\\\cdots&\cdots&\cdots&a_{ij}&\cdots\\&\vdots&\ddots&\vdots&\\\cdots&a_{ji}&\cdots&\cdots&\cdots\\&\vdots&&\vdots&\ddots\end{bmatrix}\begin{matrix}\\i\text{ 行}\\\\j\text{ 行}\\\\\end{matrix},$$

（上方列标：i 列，j 列）

即方阵 A 关于主对角线对称位置上的元素相等.

如果 A,B 是 K 上两个 n 阶对称矩阵，则对任意 $k,l\in K$，$kA+lB$ 显然仍为 n 阶对称矩阵.

Ⅱ. 反对称矩阵

设 $A=(a_{ij})$ 是数域 K 上的 n 阶方阵. 如果 $A'=-A$，则称 A 为 n 阶**反对称矩阵**. A 是 n 阶反对称矩阵的充要条件是 $a_{ij}=-a_{ji}$ $(i=1,2,\cdots,n;j=1,2,\cdots,n)$. 由此推出 $a_{ii}=-a_{ii}$，即 $a_{ii}=0$. 故反对称矩阵主对角线上元素全为 0，关于主对角线对称位置的元素互为反号数. 具体表示为

$$A=\begin{bmatrix} 0 & & & \\ & 0 & a_{ij} & \\ & & \ddots & \\ & a_{ji} & & \ddots \\ & & & 0 \end{bmatrix}$$

如果 A,B 是 K 上两个 n 阶反对称矩阵，则对任意的 $k,l\in K$，$kA+lB$ 仍为 n 阶反对称矩阵.

Ⅲ. 上三角矩阵

数域 K 上的下列 n 阶方阵(其主对角线下的元素全为零)

$$A=\begin{bmatrix} a_{11} & a_{12} & \cdots & a_{1n} \\ & \ddots & & \vdots \\ 0 & & \ddots & \vdots \\ & & & a_{nn} \end{bmatrix}$$

称为 n 阶**上三角矩阵**. 设 B 为 K 上另一上三角矩阵，则 A,B 可分别写成：

$$A=\sum_{1\leqslant i\leqslant j\leqslant n} a_{ij}E_{ij},\quad B=\sum_{1\leqslant k\leqslant l\leqslant n} b_{kl}E_{kl}.$$

于是

$$AB=\sum_{1\leqslant i\leqslant j\leqslant n}\ \sum_{1\leqslant k\leqslant l\leqslant n} a_{ij}b_{kl}E_{ij}E_{kl}=\sum_{1\leqslant i\leqslant j\leqslant l\leqslant n} a_{ij}b_{jl}E_{il}.$$

其中用到前面介绍的公式：仅当 $j=k$ 时 $E_{ij}E_{kl}\neq 0$，而且 $E_{ij}E_{jl}=E_{il}$，现在 $i\leqslant j\leqslant l$. 由此知 AB 仍为 n 阶上三角矩阵. 当 $i=l$ 时为其主对角线上元素. AB 的 i 行 i 列元素恰为 $a_{ii}b_{ii}$，即 AB 主对角线

上各元素为 A 与 B 主对角线上元素的对应乘积：

$$\begin{bmatrix} a_{11} & a_{12} & \cdots & a_{1n} \\ & a_{22} & \cdots & a_{2n} \\ 0 & & \ddots & \vdots \\ & & & a_{nn} \end{bmatrix} \begin{bmatrix} b_{11} & b_{12} & \cdots & b_{1n} \\ & b_{22} & \cdots & b_{2n} \\ 0 & & \ddots & \vdots \\ & & & b_{nn} \end{bmatrix}$$

$$= \begin{bmatrix} a_{11}b_{11} & & * & \\ & a_{22}b_{22} & & \\ 0 & & \ddots & \\ & & & a_{nn}b_{nn} \end{bmatrix}$$

Ⅳ. 下三角矩阵

数域 K 上的下列 n 阶方阵(其主对角线上方的元素全为零)

$$A = \begin{bmatrix} a_{11} & & 0 & \\ a_{21} & a_{22} & & \\ \vdots & \vdots & \ddots & \\ a_{n1} & a_{n2} & \cdots & a_{nn} \end{bmatrix}$$

称为 n 阶**下三角矩阵**. 显然也有

$$\begin{bmatrix} a_{11} & & 0 & \\ a_{21} & a_{22} & & \\ \vdots & \vdots & \ddots & \\ a_{n1} & a_{n2} & \cdots & a_{nn} \end{bmatrix} \begin{bmatrix} b_{11} & & 0 & \\ b_{21} & b_{22} & & \\ \vdots & \vdots & \ddots & \\ b_{n1} & b_{n2} & \cdots & b_{nn} \end{bmatrix}$$

$$= \begin{bmatrix} a_{11}b_{11} & & 0 & \\ & a_{22}b_{22} & & \\ & & \ddots & \\ * & & & a_{nn}b_{nn} \end{bmatrix},$$

即两个 n 阶下三角矩阵的乘积仍为 n 阶下三角矩阵，且主对角线上元素恰为左、右两矩阵主对角线上对应元素相乘.

习　题　五

1. 计算下列矩阵：

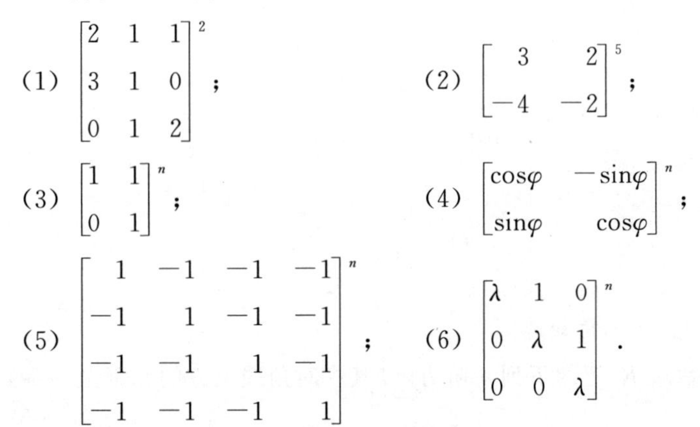

(1) $\begin{bmatrix} 2 & 1 & 1 \\ 3 & 1 & 0 \\ 0 & 1 & 2 \end{bmatrix}^2$；　　(2) $\begin{bmatrix} 3 & 2 \\ -4 & -2 \end{bmatrix}^5$；

(3) $\begin{bmatrix} 1 & 1 \\ 0 & 1 \end{bmatrix}^n$；　　(4) $\begin{bmatrix} \cos\varphi & -\sin\varphi \\ \sin\varphi & \cos\varphi \end{bmatrix}^n$；

(5) $\begin{bmatrix} 1 & -1 & -1 & -1 \\ -1 & 1 & -1 & -1 \\ -1 & -1 & 1 & -1 \\ -1 & -1 & -1 & 1 \end{bmatrix}^n$；　　(6) $\begin{bmatrix} \lambda & 1 & 0 \\ 0 & \lambda & 1 \\ 0 & 0 & \lambda \end{bmatrix}^n$.

2. 给定 n 阶方阵

$$J=\begin{bmatrix} 0 & 1 & & \\ & 0 & \ddots & \\ & & \ddots & 1 \\ & & & 0 \end{bmatrix}_{n\times n},$$

证明：当 $k\geqslant n$ 时，$J^k=0$（矩阵中空白处元素为零）.

3. 设 $f(\lambda)=\lambda^2-\lambda-1$，而

$$A=\begin{bmatrix} 2 & 1 & 1 \\ 3 & 1 & 2 \\ 1 & -1 & 0 \end{bmatrix},$$

求 $f(A)$.

4. 如果数域 K 上的两个 n 阶方阵满足 $AB=BA$，则称**可交换**. 求所有与

$$J=\begin{bmatrix} 0 & 1 & 0 \\ 0 & 0 & 1 \\ 0 & 0 & 0 \end{bmatrix}$$

可交换的 K 上 3 阶方阵.

5. 设给定数域 K 上的对角矩阵

$$A=\begin{bmatrix}\lambda_1 & & & \\ & \lambda_2 & & \\ & & \ddots & \\ & & & \lambda_n\end{bmatrix},\quad \lambda_i\neq\lambda_j\quad(i\neq j),$$

证明：与 A 可交换的数域 K 上的 n 阶方阵都是对角矩阵.

6. 证明：如果数域 K 上的 n 阶方阵 A 与数域 K 上的所有 n 阶方阵都可交换,则 A 必是一个数量矩阵：$A=\lambda E$.

7. 设 A 是数域 K 上的 n 阶方阵. 证明：

(1) 若 $A^2=E$,则

$$\mathrm{r}(A+E)+\mathrm{r}(A-E)=n;$$

(2) 若 $A^2=A$,则

$$\mathrm{r}(A)+\mathrm{r}(A-E)=n.$$

8. 设 n 为偶数. 证明：存在实数域上的 n 阶方阵 A,使

$$A^2+E=0.$$

9. 设 $A_1,A_2,\cdots,A_k$ 是数域 K 上的 n 阶方阵,这里 $k\geqslant 2$,如果 $A_1A_2\cdots A_k=0$,证明：

$$\mathrm{r}(A_1)+\mathrm{r}(A_2)+\cdots+\mathrm{r}(A_k)\leqslant(k-1)n.$$

10. 给定

$$A=\begin{bmatrix}1 & 3 & 2\\ 15 & 2 & 0\\ 4 & 2 & 1\end{bmatrix}.$$

(1) 证明

$$A^{-1}=\begin{bmatrix}2 & 1 & -4\\ -15 & -7 & 30\\ 22 & 10 & -43\end{bmatrix};$$

(2) 利用上述结果解线性方程组

$$\begin{cases}x_1+3x_2+2x_3=b_1,\\ 15x_1+2x_2=b_2,\\ 4x_1+2x_2+x_3=b_3.\end{cases}$$

11. 计算下列逆矩阵：

(1) $A=\begin{bmatrix} a & b \\ c & d \end{bmatrix}$，$ad-bc=1$；

(2) $A=\begin{bmatrix} 1 & 1 & -1 \\ 2 & 1 & 0 \\ 1 & -1 & 0 \end{bmatrix}$；　(3) $A=\begin{bmatrix} 2 & 2 & 3 \\ 1 & -1 & 0 \\ -1 & 2 & 1 \end{bmatrix}$；

(4) $A=\begin{bmatrix} 1 & 2 & 3 & 4 \\ 2 & 3 & 1 & 2 \\ 1 & 1 & 1 & -1 \\ 1 & 0 & -2 & -6 \end{bmatrix}$；　(5) $A=\begin{bmatrix} 1 & 1 & 1 & 1 \\ 1 & 1 & -1 & -1 \\ 1 & -1 & 1 & -1 \\ 1 & -1 & -1 & 1 \end{bmatrix}$；

(6) $A=\begin{bmatrix} 3 & 3 & -4 & -3 \\ 0 & 6 & 1 & 1 \\ 5 & 4 & 2 & 1 \\ 2 & 3 & 3 & 2 \end{bmatrix}$；　(7) $A=\begin{bmatrix} 1 & 3 & -5 & 7 \\ 0 & 1 & 2 & -3 \\ 0 & 0 & 1 & 2 \\ 0 & 0 & 0 & 1 \end{bmatrix}$；

(8) $A=\begin{bmatrix} 2 & 1 & 0 & 0 \\ 3 & 2 & 0 & 0 \\ 5 & 7 & 1 & 8 \\ -1 & -3 & -1 & -6 \end{bmatrix}$；　(9) $A=\begin{bmatrix} 0 & 0 & 1 & -1 \\ 0 & 3 & 1 & 4 \\ 2 & 7 & 6 & -1 \\ 1 & 2 & 2 & -1 \end{bmatrix}$；

(10) $A=\begin{bmatrix} 2 & 1 & 0 & 0 & 0 \\ 0 & 2 & 1 & 0 & 0 \\ 0 & 0 & 2 & 1 & 0 \\ 0 & 0 & 0 & 2 & 1 \\ 0 & 0 & 0 & 0 & 2 \end{bmatrix}$.

12. 求方阵 X，使

(1) $\begin{bmatrix} 2 & 5 \\ 1 & 3 \end{bmatrix} X=\begin{bmatrix} 4 & -6 \\ 2 & 1 \end{bmatrix}$；

(2) $\begin{bmatrix} 1 & 1 & -1 \\ 0 & 2 & 2 \\ 1 & -1 & 0 \end{bmatrix} X=\begin{bmatrix} 1 & -1 & 1 \\ 1 & 1 & 0 \\ 2 & 1 & 1 \end{bmatrix}$；

(3) $X\begin{bmatrix} 1 & 1 & -1 \\ 0 & 2 & 2 \\ 1 & -1 & 0 \end{bmatrix}=\begin{bmatrix} 1 & -1 & 1 \\ 1 & 1 & 0 \\ 2 & 1 & 1 \end{bmatrix}$；

(4) $\begin{bmatrix} 1 & 1 & \cdots & 1 \\ 0 & 1 & \cdots & 1 \\ \vdots & \ddots & \ddots & \vdots \\ 0 & \cdots & 0 & 1 \end{bmatrix}_{n\times n} X = \begin{bmatrix} 2 & 1 & & & 0 \\ 1 & 2 & 1 & & \\ & 1 & \ddots & \ddots & \\ & & \ddots & \ddots & 1 \\ 0 & & & 1 & 2 \end{bmatrix}_{n\times n}$.

13. 设

$$A = \begin{bmatrix} 0 & a_1 & & & & 0 \\ \vdots & 0 & a_2 & & & \\ \vdots & \vdots & \ddots & \ddots & & \\ \vdots & \vdots & & \ddots & \ddots & \\ 0 & \vdots & & & \ddots & a_{n-1} \\ a_n & 0 & \cdots & \cdots & \cdots & 0 \end{bmatrix},$$

其中 $a_i \neq 0(i=1,2,\cdots,n)$，求 A^{-1}.

14. 求下面矩阵的逆矩阵：

$$A = \begin{bmatrix} 1 & 2 & 3 & \cdots & n-1 & n \\ n & 1 & 2 & \cdots & n-2 & n-1 \\ n-1 & n & 1 & \cdots & n-3 & n-2 \\ \vdots & \vdots & \vdots & & \vdots & \vdots \\ 2 & 3 & 4 & \cdots & n & 1 \end{bmatrix};$$

$$B = \begin{bmatrix} 1 & 1 & 1 & 1 & \cdots & 1 \\ 1 & \varepsilon & \varepsilon^2 & \varepsilon^3 & \cdots & \varepsilon^{n-1} \\ 1 & \varepsilon^2 & \varepsilon^4 & \varepsilon^6 & \cdots & \varepsilon^{2(n-1)} \\ 1 & \varepsilon^3 & \varepsilon^6 & \varepsilon^9 & \cdots & \varepsilon^{3(n-1)} \\ \vdots & \vdots & \vdots & \vdots & & \vdots \\ 1 & \varepsilon^{n-1} & \varepsilon^{2(n-1)} & \varepsilon^{3(n-1)} & \cdots & \varepsilon^{(n-1)^2} \end{bmatrix},$$

其中 $\varepsilon = e^{\frac{2\pi i}{n}}$.

15. 设 A 是数域 K 上的 n 阶方阵. 证明：$A+A'$，AA'，$A'A$ 都是对称矩阵，而 $A-A'$ 是反对称矩阵.

16. 设 A，B 都是数域 K 上的 n 阶对称矩阵. 证明：AB 是对称矩阵的充要条件是 A，B 可交换.

17. 设 A 是数域 K 上的 n 阶对称(反对称)矩阵，T 是 K 上任意 n 阶方阵. 证明：$T'AT$ 仍为对称(反对称)矩阵.

18. 设 A 是数域 K 上的 n 阶可逆方阵，证明：

(1) 若 A 对称(反对称),则 A^{-1} 也对称(反对称);

(2) 若 A 是上(下)三角矩阵,则 A^{-1} 也是上(下)三角矩阵.

19. 设 A 是数域 K 上的一个 n 阶方阵,$A^k=0$. 证明:

$$(E-A)^{-1}=E+A+A^2+\cdots+A^{k-1}.$$

20. 给定数域 K 上的多项式:

$$f(\lambda)=a_0\lambda^m+a_1\lambda^{m-1}+\cdots+a_m \quad (a_m\neq 0).$$

若 A 是数域 K 上的一个 n 阶方阵,且 $f(A)=0$,证明:A 可逆,且

$$A^{-1}=-\frac{1}{a_m}(a_0A^{m-1}+a_1A^{m-2}+\cdots+a_{m-1}E).$$

21. 设 B 为数域 K 上的可逆 n 阶方阵,又设

$$U=\begin{bmatrix}u_1\\u_2\\\vdots\\u_n\end{bmatrix},\quad V=\begin{bmatrix}v_1\\v_2\\\vdots\\v_n\end{bmatrix}\quad (u_i,v_j\in K).$$

令 $A=B+UV'$. 证明:当 $\gamma=1+V'B^{-1}U\neq 0$ 时,

$$A^{-1}=B^{-1}-\frac{1}{\gamma}(B^{-1}U)(V'B^{-1}).$$

22. 证明:一个上(下)三角矩阵主对角线上元素全不为零时必定可逆.

23. 证明方阵的迹有如下性质:

(1) 设 $A,B\in M_n(K)$,那么 $\mathrm{Tr}(AB)=\mathrm{Tr}(BA)$;

(2) 设 $A\in M_n(\mathbb{R})$,那么 $\mathrm{Tr}(AA')\geqslant 0$ 且 $\mathrm{Tr}(AA')=0$ 的充要条件是 $A=0$;

(3) 设 $A,B\in M_n(\mathbb{R})$,且 $A'=A$, $B'=B$. 那么

$$\mathrm{Tr}[(AB)^2]\leqslant \mathrm{Tr}(A^2B^2).$$

§6　分块矩阵

读者可能已经感觉到,矩阵乘法是较为复杂的一种代数运算. 但它又是应用十分广泛的一种数学工具. 为了帮助读者使用矩阵的技巧去处理形形色色的理论和实际问题,现在来介绍分块矩阵的概

念及其基本应用.

分块矩阵的思想来源于人们在生产实践以至日常生活中普遍采用的方法,即将一个较庞大复杂的事物分割为若干较小的小组来处理的方法. 举一个简单例子,比如一个大班内有 120 名学生,为了举办各种活动方便,把他们划分为 10 个小班,每班 12 人. 这样,在举办各种活动时,就以小班为单位来安排. 对于一个阶数较高的矩阵,我们也采用这个办法,把它的元素划分为若干"小组",这样,在做矩阵乘法时,就可以按"小组"为单位来进行,处理起来简单快捷. 这就是矩阵分块的初步概念.

设 A 是数域 K 上的 $m\times n$ 矩阵,B 是 K 上 $n\times k$ 矩阵,把它们按如下方式分割成小块:

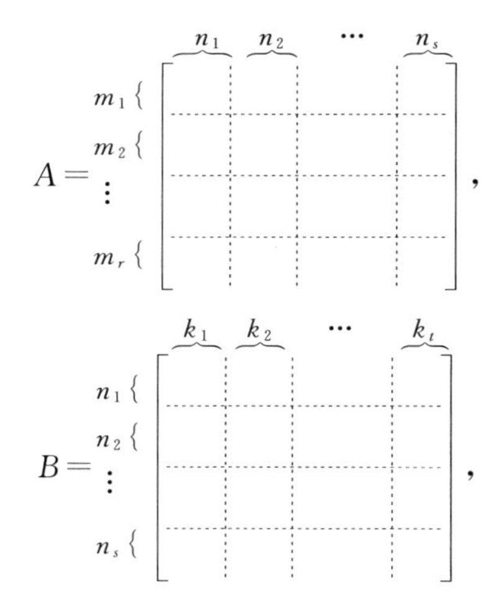

即将 A 的行分割为 r 段,每段分别包含 $m_1,m_2,\cdots,m_r$ 个行,又将 A 的列分割为 s 段,每段分别包含 $n_1,n_2,\cdots,n_s$ 个列. 于是 A 可用小块矩阵表示如下

$$A=\begin{bmatrix} A_{11} & A_{12} & \cdots & A_{1s} \\ A_{21} & A_{22} & \cdots & A_{2s} \\ \vdots & \vdots & & \vdots \\ A_{r1} & A_{r2} & \cdots & A_{rs} \end{bmatrix},$$

其中 A_{ij} 为 $m_i\times n_j$ 矩阵. 对 B 做类似的分割,只是要求它的行的分

割法和 A 的列的分割法相同(列的分割法没有限制). 于是 B 可表为

$$B=\begin{bmatrix} B_{11} & B_{12} & \cdots & B_{1t} \\ B_{21} & B_{22} & \cdots & B_{2t} \\ \vdots & \vdots & & \vdots \\ B_{s1} & B_{s2} & \cdots & B_{st} \end{bmatrix},$$

其中 B_{ij} 是 $n_i \times k_j$ 矩阵. 这种分割法称为**矩阵的分块**. 此时,设

$$AB=C,$$

则 C 有如下分块形式:

$$C=\begin{bmatrix} C_{11} & C_{12} & \cdots & C_{1t} \\ C_{21} & C_{22} & \cdots & C_{2t} \\ \vdots & \vdots & & \vdots \\ C_{r1} & C_{r2} & \cdots & C_{rt} \end{bmatrix},$$

其中 C_{ij} 是 $m_i \times k_j$ 矩阵,且

$$C_{ij}=\sum_{l=1}^{s} A_{il} B_{lj}.$$

上面的公式是把矩阵乘法中原来一个个数对应相乘再相加改写成以"小组"为单位对应相乘再相加,没有实质性的变化,其正确性是显而易见的,因此不再做理论上的论证. 但是读者要注意一点,现在是做小块矩阵的乘法,而矩阵乘法一般是不能交换次序的. 所以在运用分块矩阵时,一定要严格分清哪个小块矩阵在左,哪个在右,绝对不能混淆.

1. 准对角矩阵

下面来介绍最常用的一类分块矩阵. 给定数域 K 上的两个对角矩阵

$$A=\begin{bmatrix} a_1 & & & \\ & a_2 & & 0 \\ 0 & & \ddots & \\ & & & a_n \end{bmatrix}, \quad B=\begin{bmatrix} b_1 & & & \\ & b_2 & & 0 \\ 0 & & \ddots & \\ & & & b_n \end{bmatrix}.$$

做矩阵乘法,显然有

$$AB=\begin{bmatrix} a_1b_1 & & & \\ & a_2b_2 & & 0 \\ 0 & & \ddots & \\ & & & a_nb_n \end{bmatrix}.$$

这说明,两个对角矩阵的乘积还是对角矩阵,而且恰好就是主对角线上的元素对应相乘.因此,从矩阵乘法运算的角度来看,对角矩阵是最简单的一类矩阵.

下面来介绍一类稍复杂一点的矩阵.先看一个例子.考察

$$A=\begin{bmatrix} a_{11} & a_{12} & 0 & 0 & 0 \\ a_{21} & a_{22} & 0 & 0 & 0 \\ 0 & 0 & a_{33} & a_{34} & a_{35} \\ 0 & 0 & a_{43} & a_{44} & a_{45} \\ 0 & 0 & a_{53} & a_{54} & a_{55} \end{bmatrix},\quad B=\begin{bmatrix} b_{11} & b_{12} & 0 & 0 & 0 \\ b_{21} & b_{22} & 0 & 0 & 0 \\ 0 & 0 & b_{33} & b_{34} & b_{35} \\ 0 & 0 & b_{43} & b_{44} & b_{45} \\ 0 & 0 & b_{53} & b_{54} & b_{55} \end{bmatrix}.$$

如果令

$$A_1=\begin{bmatrix} a_{11} & a_{12} \\ a_{21} & a_{22} \end{bmatrix},\qquad B_1=\begin{bmatrix} b_{11} & b_{12} \\ b_{21} & b_{22} \end{bmatrix},$$

$$A_2=\begin{bmatrix} a_{33} & a_{34} & a_{35} \\ a_{43} & a_{44} & a_{45} \\ a_{53} & a_{54} & a_{55} \end{bmatrix},\quad B_2=\begin{bmatrix} b_{33} & b_{34} & b_{35} \\ b_{43} & b_{44} & b_{45} \\ b_{53} & b_{54} & b_{55} \end{bmatrix}.$$

那么,上述两个五阶方阵可简写为分块形式

$$A=\begin{bmatrix} A_1 & 0 \\ 0 & A_2 \end{bmatrix},\quad B=\begin{bmatrix} B_1 & 0 \\ 0 & B_2 \end{bmatrix},$$

其中左下角的 0 表 3×2 零矩阵,右上角的 0 表 2×3 零矩阵.这样表示之后,A,B 的样子很像对角矩阵,只是现在它们里面的“元素”不是数,而是小块矩阵.按照上述分块矩阵乘法不难验证:此时有

$$AB=\begin{bmatrix} A_1B_1 & 0 \\ 0 & A_2B_2 \end{bmatrix},$$

其中 A_1B_1 是两个矩阵的乘积,A_2B_2 也是两个矩阵的乘积,所以要注意它们乘积的次序,不能交换位置.从这个例子可以看出,这种矩阵在做乘法时也比较简单.

定义　称数域 K 上的分块形式的 n 阶方阵

$$A=\begin{bmatrix} A_1 & & & \\ & A_2 & & \\ & & \ddots & \\ & & & A_s \end{bmatrix}$$

为**准对角矩阵**，其中 $A_i(i=1,2,\cdots,s)$ 为 n_i 阶方阵，且 $n_1+n_2+\cdots+n_s=n$（除 A_i 的位置外，其他位置处全是小块零矩阵）.

n 阶准对角矩阵有如下性质：

1）对两个同类型的 n 阶准对角矩阵

$$A=\begin{bmatrix} A_1 & & & \\ & A_2 & & \\ & & \ddots & \\ & & & A_s \end{bmatrix},\quad B=\begin{bmatrix} B_1 & & & \\ & B_2 & & \\ & & \ddots & \\ & & & B_s \end{bmatrix}$$

（其中 $A_i,B_i(i=1,2,\cdots,s)$ 同为 n_i 阶方阵），有

$$AB=\begin{bmatrix} A_1B_1 & & & \\ & A_2B_2 & & \\ & & \ddots & \\ & & & A_sB_s \end{bmatrix};$$

2）$\mathrm{r}(A)=\mathrm{r}(A_1)+\mathrm{r}(A_2)+\cdots+\mathrm{r}(A_s)$；

3）A 可逆 $\Longleftrightarrow A_i(i=1,2,\cdots,s)$ 都可逆，且

$$A^{-1}=\begin{bmatrix} A_1^{-1} & & & \\ & A_2^{-1} & & \\ & & \ddots & \\ & & & A_s^{-1} \end{bmatrix}.$$

性质 1）是显然的，我们证明性质 2）及 3）.

性质 2）的证明：在矩阵 A 中用初等变换分别把 $A_1,A_2,\cdots,A_s$ 化为标准形. 在对 A_i 做变换时，对其他 A_j 没有影响. 每个 A_i 位置所出来的标准形含有 $\mathrm{r}(A_i)$ 个 1，再调换一下位置即得 A 的标准形，其中 1 的个数为

$$\mathrm{r}(A)=\mathrm{r}(A_1)+\mathrm{r}(A_2)+\cdots+\mathrm{r}(A_s).$$

性质 3)的证明：A 可逆$\Longleftrightarrow \mathrm{r}(A)=n$(参看命题 5.4). 再由性质 2)知，$\mathrm{r}(A)=n$ 的充要条件是 $\mathrm{r}(A_i)=n_i$，即 A_i 可逆. 而 A^{-1} 的上述表达式从性质 1)不难验证.

2. 分块矩阵的秩

分块矩阵的秩有一些特殊性质，它们是有用的工具. 本段对此做一些初步的介绍.

命题 6.1 给定数域 K 上的分块矩阵

$$M=\begin{bmatrix} A & C \\ 0 & B \end{bmatrix},$$

其中 A 为 $m\times n$ 矩阵，B 为 $k\times l$ 矩阵. 则

$$\mathrm{r}(A)+\mathrm{r}(B)\leqslant \mathrm{r}(M).$$

证 设 A 在初等变换下的标准形为

$$D_1=\begin{bmatrix} E_r & 0 \\ 0 & 0 \end{bmatrix}, \quad r=\mathrm{r}(A);$$

又设 B 在初等变换下的标准形为

$$D_2=\begin{bmatrix} E_s & 0 \\ 0 & 0 \end{bmatrix}, \quad s=\mathrm{r}(B).$$

那么，对 M 前 m 行前 n 列做初等变换，对它的后 k 行后 l 列也做初等变换可把 M 化为

$$M_1=\begin{bmatrix} D_1 & C_1 \\ 0 & D_2 \end{bmatrix}.$$

现在利用 D_1 左上角的 1 经列初等变换消去它右边 C_1 位置中的非零元；再用 D_2 左上角的 1 经行初等变换消去它上面 C_1 处的非零元素，于是把 M_1 再化作

$$M_2=\begin{bmatrix} E_r & 0 & 0 & 0 \\ 0 & 0 & 0 & C_2 \\ 0 & 0 & E_s & 0 \\ 0 & 0 & 0 & 0 \end{bmatrix}.$$

则有

$$\mathrm{r}(M)=\mathrm{r}(M_1)=\mathrm{r}(M_2)=r+s+\mathrm{r}(C_2)\geqslant r+s$$

$$=\mathrm{r}(A)+\mathrm{r}(B). \quad \blacksquare$$

推论 1　给定数域 K 上的分块矩阵

$$N=\begin{bmatrix} A & 0 \\ C & B \end{bmatrix},$$

则有

$$\mathrm{r}(A)+\mathrm{r}(B)\leqslant \mathrm{r}(N).$$

证　因为

$$N'=\begin{bmatrix} A' & C' \\ 0 & B' \end{bmatrix}.$$

按命题 6.1 有

$$\mathrm{r}(N)=\mathrm{r}(N')\geqslant \mathrm{r}(A')+\mathrm{r}(B')=\mathrm{r}(A)+\mathrm{r}(B). \quad \blacksquare$$

推论 2　给定数域 K 上的分块矩阵

$$M=\begin{bmatrix} A & C \\ 0 & B \end{bmatrix},\quad N=\begin{bmatrix} A & 0 \\ C & B \end{bmatrix},$$

其中 A 为 $m\times n$ 矩阵,B 为 $k\times l$ 矩阵.

当 $\mathrm{r}(A)=m$,$\mathrm{r}(B)=k$ 时,$\mathrm{r}(M)=\mathrm{r}(A)+\mathrm{r}(B)$;

当 $\mathrm{r}(A)=n$,$\mathrm{r}(B)=l$ 时,$\mathrm{r}(N)=\mathrm{r}(A)+\mathrm{r}(B)$.

证　因 $\mathrm{r}(M)\leqslant M$ 的行数 $=m+k$,又按命题 6.1 知 $m+k=\mathrm{r}(A)+\mathrm{r}(B)\leqslant\mathrm{r}(M)\leqslant m+k$. 立即知道 $\mathrm{r}(M)=m+k$. 对 $\mathrm{r}(N)$的证法相同. $\blacksquare$

命题 6.2　设 A 是数域 K 上的 $m\times n$ 矩阵,B 是 K 上的 $n\times k$ 矩阵,C 是 K 上的 $k\times s$ 矩阵,则

$$\mathrm{r}(AB)+\mathrm{r}(BC)\leqslant \mathrm{r}(ABC)+\mathrm{r}(B).$$

证　令

$$M=\begin{bmatrix} AB & 0 \\ B & BC \end{bmatrix}.$$

则由命题 6.1 有 $\mathrm{r}(AB)+\mathrm{r}(BC)\leqslant\mathrm{r}(M)$. 但

$$\begin{bmatrix} E_m & -A \\ 0 & E_n \end{bmatrix}\begin{bmatrix} AB & 0 \\ B & BC \end{bmatrix}\begin{bmatrix} E_k & -C \\ 0 & E_s \end{bmatrix}=\begin{bmatrix} 0 & -ABC \\ B & 0 \end{bmatrix}=N.$$

显然有

$$\mathrm{r}(N)=\mathrm{r}(B)+\mathrm{r}(-ABC)=\mathrm{r}(ABC)+\mathrm{r}(B).$$

又由命题 6.1 的推论 2 知

$$\begin{bmatrix} E_m & -A \\ 0 & E_n \end{bmatrix}, \quad \begin{bmatrix} E_k & -C \\ 0 & E_s \end{bmatrix}$$

分别为满秩 $m+n$ 阶方阵及满秩 $k+s$ 阶方阵,按命题 5.2 的推论 2,有 $\mathrm{r}(N)=\mathrm{r}(M)$. 故

$$\mathrm{r}(ABC)+\mathrm{r}(B)=\mathrm{r}(N)=\mathrm{r}(M)\geqslant \mathrm{r}(AB)+\mathrm{r}(BC). \quad \blacksquare$$

推论 设 A 是数域 K 上的 $m\times n$ 矩阵,B 是 K 上的 $n\times s$ 矩阵,则

$$\mathrm{r}(A)+\mathrm{r}(B)-n\leqslant \mathrm{r}(AB).$$

证 按命题 6.2 有

$$\begin{aligned} \mathrm{r}(A)+\mathrm{r}(B) &= \mathrm{r}(AE_n)+\mathrm{r}(E_nB) \\ &\leqslant \mathrm{r}(AE_nB)+\mathrm{r}(E_n)=\mathrm{r}(AB)+n. \quad \blacksquare \end{aligned}$$

这里,利用分块矩阵的技巧我们给出了命题 4.6 的第三种证明方法.

3. 矩阵的分块求逆

给定数域 K 上的 n 阶分块方阵

$$M=\begin{bmatrix} A & B \\ C & D \end{bmatrix},$$

其中 A 为 k 阶可逆方阵. 我们有

$$\begin{aligned} N &= \begin{bmatrix} E_k & 0 \\ -CA^{-1} & E_{n-k} \end{bmatrix} \begin{bmatrix} A & B \\ C & D \end{bmatrix} \begin{bmatrix} E_k & -A^{-1}B \\ 0 & E_{n-k} \end{bmatrix} \\ &= \begin{bmatrix} A & 0 \\ 0 & D-CA^{-1}B \end{bmatrix}. \end{aligned}$$

根据命题 6.1 的推论 2,

$$\begin{bmatrix} E_k & 0 \\ -CA^{-1} & E_{n-k} \end{bmatrix}, \quad \begin{bmatrix} E_k & -A^{-1}B \\ 0 & E_{n-k} \end{bmatrix}$$

均为满秩 n 阶方阵,故 $\mathrm{r}(M)=\mathrm{r}(N)=\mathrm{r}(A)+\mathrm{r}(D-CA^{-1}B)$. 若 $\mathrm{r}(M)=n$,令 $D_1=D-CA^{-1}B$,则 $\mathrm{r}(D_1)=n-k$,故当 M 可逆时,D_1 也可逆. 而

$$N^{-1}=\begin{bmatrix} E_k & -A^{-1}B \\ 0 & E_{n-k} \end{bmatrix}^{-1} \begin{bmatrix} A & B \\ C & D \end{bmatrix}^{-1} \begin{bmatrix} E_k & 0 \\ -CA^{-1} & E_{n-k} \end{bmatrix}^{-1}$$

$$=\begin{bmatrix} A & 0 \\ 0 & D_1 \end{bmatrix}^{-1}=\begin{bmatrix} A^{-1} & 0 \\ 0 & D_1^{-1} \end{bmatrix}.$$

于是

$$\begin{aligned} M^{-1} &= \begin{bmatrix} A & B \\ C & D \end{bmatrix}^{-1} \\ &= \begin{bmatrix} E_k & -A^{-1}B \\ 0 & E_{n-k} \end{bmatrix} \begin{bmatrix} A^{-1} & 0 \\ 0 & D_1^{-1} \end{bmatrix} \begin{bmatrix} E_k & 0 \\ -CA^{-1} & E_{n-k} \end{bmatrix}. \end{aligned}$$

只要计算出两个低阶方阵 A,D_1 的逆矩阵 A^{-1} 和 D_1^{-1}，代入上面公式，即可求得高阶方阵 M 的逆.

在 §5 我们指出，可以用左乘(右乘)一个初等矩阵来实现一个矩阵的行(列)初等变换. 因为分块矩阵的乘法形式上与普通矩阵相同，所以也可以用左乘(或右乘)一个适当的分块方阵来对一个分块矩阵做类似的变换. 上面的讨论中就是这样做的. 但要注意两点：

1) 两个小块矩阵相乘时必须遵循左边矩阵的列数等于右边矩阵的行数这一原则；

2) 两个小块矩阵相乘不能交换次序，要分清哪个在左，哪个在右.

运用分块矩阵时，带有较高的技巧性，必须细心观察一个具体矩阵的特点，恰到好处地进行分块，才能收到事半功倍的效果.

习　题　六

1. 求下面矩阵的逆矩阵：

$$A=\begin{bmatrix} 1 & 1 & -1 & 0 & 0 & 0 \\ 2 & 1 & 0 & 0 & 0 & 0 \\ 1 & -1 & 0 & 0 & 0 & 0 \\ 0 & 0 & 0 & 2 & 2 & 3 \\ 0 & 0 & 0 & 1 & -1 & 0 \\ 0 & 0 & 0 & -1 & 2 & 1 \end{bmatrix}.$$

2. 设

$$X=\begin{bmatrix} 0 & A \\ C & 0 \end{bmatrix},$$

其中 A,C 是两个可逆方阵. 设已知 A^{-1},C^{-1}，求 X^{-1}.

3. 设

$$D=\begin{bmatrix}A&0\\C&B\end{bmatrix},$$

其中 A,B 是两个可逆方阵. 设已知 A^{-1},B^{-1},求 D^{-1}.

4. 设 A,B 分别为 m,n 阶方阵. 如果存在 m,n 阶可逆方阵 T_1, T_2,使 $T_1^{-1}AT_1$ 和 $T_2^{-1}BT_2$ 均为对角矩阵,试证:存在 $m+n$ 阶可逆方阵 T,使

$$T^{-1}\begin{bmatrix}A&0\\0&B\end{bmatrix}T$$

为对角矩阵.

5. 给定数域 K 上的分块矩阵

$$M=\begin{bmatrix}A&C\\0&B\end{bmatrix},$$

其中 A 为 $m\times n$ 矩阵,B 为 $k\times l$ 矩阵. 如果已知 $\mathrm{r}(A)=m$ 或 $\mathrm{r}(B)=l$,证明:$\mathrm{r}(A)+\mathrm{r}(B)=\mathrm{r}(M)$.

6. 给定数域 K 上的分块矩阵

$$M=\begin{bmatrix}A_1&&&\\&A_2&&*\\0&&\ddots&\\&&&A_s\end{bmatrix},$$

其中 A_i 为 $m_i\times n_i$ 矩阵$(i=1,2,\cdots,s)$. 证明:

$$\mathrm{r}(A_1)+\mathrm{r}(A_2)+\cdots+\mathrm{r}(A_s)\leqslant\mathrm{r}(M),$$

且当 $\mathrm{r}(A_i)=m_i\,(i=1,2,\cdots,s-1)$ 或 $\mathrm{r}(A_i)=n_i\,(i=2,\cdots,s)$ 时等号成立.

7. 给定数域 K 上分块矩阵

$$A=\begin{bmatrix}A_{11}&A_{12}&A_{13}\\A_{21}&A_{22}&A_{23}\\A_{31}&A_{32}&A_{33}\end{bmatrix},$$

其中每个 A_{ij} 均为 n 阶方阵,且 A_{11} 可逆. 试求 $3n$ 阶满秩方阵 P,Q,使

$$PAQ=\begin{bmatrix}A_{11}&0&0\\0&B_{22}&B_{23}\\0&B_{32}&B_{33}\end{bmatrix},$$

其中 B_{ij} 亦为 K 上 n 阶方阵.

8. 给定数域 K 上 n 阶方阵 A. 又设 $n_1,n_2,\cdots,n_k$ 为正整数,使 $n_1+n_2+\cdots+n_k=n$. 将 A 分块:

$$A=\begin{bmatrix}A_{11} & A_{12} & \cdots & A_{1k}\\ A_{21} & A_{22} & \cdots & A_{2k}\\ \vdots & \vdots & & \vdots\\ A_{k1} & A_{k2} & \cdots & A_{kk}\end{bmatrix},$$

其中 A_{ij} 为 $n_i\times n_j$ 矩阵. 如果已知 A_{11} 可逆,试求 K 上一 n 阶满秩方阵 P,使

$$PA=\begin{bmatrix}A_{11} & A_{12} & \cdots & A_{1k}\\ \vdots & \vdots & & \vdots\\ A_{i-1,1} & A_{i-1,2} & \cdots & A_{i-1,k}\\ 0 & B_{i2} & \cdots & B_{ik}\\ A_{i+1,1} & A_{i+1,2} & \cdots & A_{i+1,k}\\ \vdots & \vdots & & \vdots\\ A_{k1} & A_{k2} & \cdots & A_{kk}\end{bmatrix}.$$

9. 给定如下准对角矩阵

$$J=\begin{bmatrix}J_1 & & 0\\ & J_2 & \\ 0 & & J_3\end{bmatrix},$$

其中

$$J_1=\begin{bmatrix}-2 & 1\\ 0 & -2\end{bmatrix},\quad J_2=\begin{bmatrix}-2 & 1 & 0\\ 0 & -2 & 1\\ 0 & 0 & -2\end{bmatrix},\quad J_3=\begin{bmatrix}3 & 1\\ 0 & 3\end{bmatrix}.$$

找出一个 5 次整数系数多项式

$$f(x)=x^5+a_1x^4+a_2x^3+a_3x^2+a_4x+a_5\quad(a_i\in\mathbb{Z})$$

使 $f(J)=0$.

10. 给定数域 K 上 n 阶准对角矩阵

$$J=\begin{bmatrix} J_1 & & & 0 \\ & J_2 & & \\ 0 & & \ddots & \\ & & & J_s \end{bmatrix},$$

其中 J_i 为如下 n_i 阶方阵：

$$J_i=\begin{bmatrix} \lambda_i & 1 & & & 0 \\ & \lambda_i & 1 & & \\ & & \ddots & \ddots & \\ 0 & & & \ddots & 1 \\ & & & & \lambda_i \end{bmatrix}_{n_i\times n_i} \quad (i=1,2,\cdots,s).$$

找出数域 K 上一个多项式

$$f(x)=x^m+a_1x^{m-1}+\cdots+a_m \quad (a_i\in K),$$

其中 $m\leqslant n$，使 $f(J)=0$.

11. 给定实数域上 n 阶分块方阵

$$A=\begin{pmatrix} A_1 & A_2 \\ 0 & A_3 \end{pmatrix},$$

其中 A_1 为 r 阶方阵. 如果 A 与 A' 可交换，证明：$A_2=0$.

12. 证明下列命题：

(1) 设 A,B 分别是数域 K 上的 $m\times n$ 矩阵和 $n\times m$ 矩阵. 如果 AB 为 m 阶单位矩阵，则 $\mathrm{r}(A)=\mathrm{r}(B)$；

(2) 设 $A\in M_{m,n}(K)$，$B\in M_{n,s}(K)$，$C\in M_{s,t}(K)$，则

$$\mathrm{r}(A)+\mathrm{r}(B)+\mathrm{r}(C)\leqslant n+s+\min\{\mathrm{r}(A),\mathrm{r}(B),\mathrm{r}(C)\}.$$

本 章 小 结

Ⅰ. 统率本章的基本线索

本章以经典代数学中求解线性方程组问题为出发点，通过分析线性方程组结构上的特点引出代数学的两个重要研究对象：向量空间和矩阵. 图示如下：

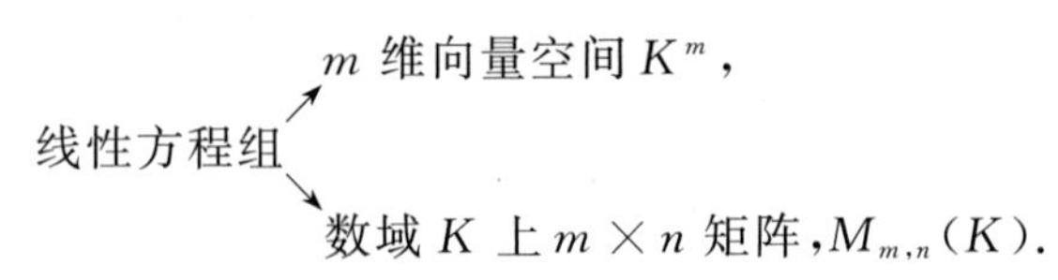

将线性方程组分别用两种形式表示：

(i) 向量方程：$x_1\alpha_1+x_2\alpha_2+\cdots+x_n\alpha_n=\beta$；

(ii) 矩阵方程：$AX=B$.

然后，以线性方程组理论问题为背景，对向量空间和矩阵理论做初步探讨，并将这初步理论反过来应用于线性方程组，给出完满的解答.

Ⅱ. 关于向量空间 K^m 的初步知识

向量空间概念包含三个要素：

(i) K^m 是一个集合，其元素是数域 K 上 m 元有序数组；

(ii) K^m 内有两种运算，即向量加法及与 K 中数的数乘；

(iii) 两种运算满足八条运算法则. 由此，K^m 成为一个代数系统.

线性方程组的核心问题是齐次线性方程组有无非零解，这核心问题转化成 K^m 中的核心概念，即向量组的线性相关与线性无关. 由于讨论线性相关向量组的结构又形成了向量组的极大线性无关部分组与秩的概念.

K 上一个 $m\times n$ 矩阵，其行向量为 K^n 中的向量组，其列向量为 K^m 中向量组，因而由向量组的秩的概念引出矩阵的秩的概念.

由于研究线性方程组的理论课题而引入向量空间和矩阵，其中出现众多新概念和命题，可能使初学者感到迷惑. 这里关键是抓住一条主干线：向量组的线性相关或线性无关⟶向量组的极大线性无关部分⟶向量组的秩⟶矩阵的秩. 这部分的理论都是围绕这条主干线展开的. 线性方程组的理论课题就由它完满解决：方程组有解无解取决于系数矩阵的秩与增广矩阵的秩是否相等，有解的线性方程其解的结构由一齐次线性方程组的基础解系完全描述清楚. 本段是从事科学研究工作的优秀范例，值得仔细体味.

在 K^m 的初步理论中，最值得注意的是：上述基本概念和有关命题的叙述及证明，实际上不依赖于 K^m 中元素的具体表达式，也不依赖于 K^m 中两种运算的具体内容，而仅仅依赖于八条基本的运算法则. 这一事实提示我们，如果舍弃这些非本质的东西（如向量的 m 元有序数组的形式及加法、数乘的具体计算法），我们在理论上将能再上升到一个新的高度，这是本课程后面章节所要做的工作.

Ⅲ. 关于矩阵的初步知识

给定数域 K 上的一个 $m\times n$ 矩阵，就是给出了 K^n 到 K^m 之间的一个映射，这个映射保持向量空间两种运算的对应关系. 所以，矩阵是联系两个向量空间的一个纽带. 特别地，n 阶方阵是探讨 K^n 内部结构的基本工具.

给定 $A,B\in M_{m,n}(K)$. $A+B$ 就是把 K^n 到 K^m 的两个映射“叠加”起来：

$$\begin{aligned} K^n &\longrightarrow K^m,\\ X &\longmapsto (A+B)X=AX+BX. \end{aligned}$$

而 kA 则是将 K^n 到 K^m 的一个映射“放大”：

$$\begin{aligned} K^n &\longrightarrow K^m,\\ X &\longmapsto (kA)X=k(AX). \end{aligned}$$

对于 $A\in M_{m,n}(K)$，$B\in M_{n,s}(K)$，AB 是把 K^s 到 K^n 的映射和 K^n 到 K^m 的映射“连接”起来：

$$\begin{aligned} K^s &\xrightarrow{f_B} K^n \xrightarrow{f_A} K^m,\\ X &\longmapsto (AB)X=A(BX). \end{aligned}$$

这样，矩阵中存在三种运算：加法、数乘、乘法，而且也满足相应的运算法则.

到此我们已经把线性代数这门学科的两种基本研究对象：向量空间和矩阵做了初步的阐述. 后面许多章节的任务，是以这些知识为基础，把对这两种对象的研讨提高一步，深入一步.

在结束本章之时，请读者注意，我们对代数学的研究已经发生了一个根本性的变化. 在中学代数学中，研究的都是数及其四则运算，而从本章起，我们的研究已经跳出了数的圈子. 现在研讨的向量空间和矩阵已经不是数，它们的运算也不再是数的运算. 虽然所满足的运算法则和数的运算法则有不少相似之处，但也有许多本质的不同. 这是读者容易发生困惑或产生误解的地方. 特别要着重提出下列三点：

1）在 K^m 中向量只有加法和数乘，向量和向量没有乘法运算；

2）两个矩阵相乘没有交换律；

3）两个非零矩阵相乘有可能变为零矩阵，从而矩阵乘法没有消去律.

以上简单总结的内容，尚需读者细心体会.

第三章 行 列 式

在第二章我们曾指出,数域 K 上的 n 阶方阵是线性代数的重要研究对象. 本章的目的是为研究 n 阶方阵提供一个有力的工具,这就是一个 n 阶方阵的行列式.

在日常生活中,人们用身高、体重等数据来描述一个人在形体方面的特征. 在物理学中,用物体的体积、质量等数据来刻画该物体的物理属性,这种方法也被用来研究矩阵. 方阵是一个正方表格,它本身不是数,但我们可以用某些数据来刻画它的某种特征. 本章阐述的行列式概念,就是用来刻画数域 K 上一个 n 阶方阵的某种特征的一个重要数据.

§1 平行六面体的有向体积

在给出方阵的行列式的概念之前,我们先来讨论一个重要的几何实例.

在三维几何空间中取定一个右手直角坐标系 $Oxyz$,如图 3.1 所示. 这时空间任一向量 a(其起点都放在坐标原点 O)可用坐标向量 i,j,k 表示:

$$a = xi + yj + zk.$$

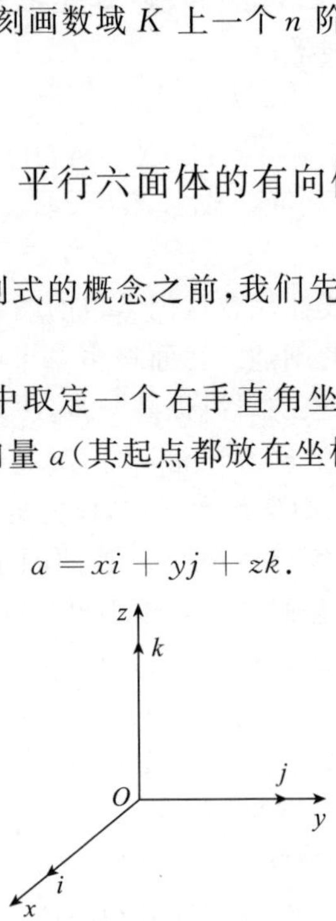

图 3.1

x,y,z 称为 a 在此坐标系的坐标，是唯一确定的. (x,y,z) 现在是实数域上三维向量空间 $\mathbb{R}^3$ 中的一个向量. 三维几何空间中的向量和 $\mathbb{R}^3$ 中的向量按此方法建立一一对应. 于是我们不妨直接写成 $\boldsymbol{a}=(x,y,z)$. 现在设

$$a_1=(x_1,y_1,z_1), \quad a_2=(x_2,y_2,z_2),$$

那么如果按平行四边形法则把 a_1 与 a_2 相加，结果就是(在空间解析几何中已经证明)

$$a_1+a_2=(x_1+x_2,\ y_1+y_2,\ z_1+z_2).$$

对任意实数 k，又有

$$ka=k(x,y,z)=(kx,ky,kz).$$

这恰好是上一章§1所讲到的 $\mathbb{R}$ 上 3 维向量空间.

关于 $\mathbb{R}^3$，我们有下面基础知识：

1) 在 $\mathbb{R}^3$ 中给定向量组 a,b，根据第二章命题 1.2，它们线性相关的充要条件是有一个向量(设为 b)能被另一个向量线性表示(即 $b=ka$)，而在几何上，这表示两向量共线.

给定 $\mathbb{R}^3$ 中向量组 a,b,c，它们线性相关的充要条件是有一向量被其余两向量线性表示，例如 $c=ka+lb$. 在几何上，这表示 c 位于 a,b 所在的平面内(按向量加法的平行四边形法则). 即空间中三向量线性相关的充要条件是它们共面.

2) 给定两向量 a,b，它们的**点乘**是

$$a\cdot b=|a||b|\cos\langle a,b\rangle,$$

即为 a 与 b 的长度和夹角余弦的连乘积(当 a,b 有一为零向量时，$a\cdot b=0$). 如果

$$a=(a_1,a_2,a_3), \quad b=(b_1,b_2,b_3),$$

那么

$$a\cdot b=a_1b_1+a_2b_2+a_3b_3.$$

点乘有如下基本性质：

(i) 对称性：$a\cdot b=b\cdot a$；

(ii) $(k_1a_1+k_2a_2)\cdot b=k_1a_1\cdot b+k_2a_2\cdot b$；

(iii) $a\cdot(l_1b_1+l_2b_2)=l_1a\cdot b_1+l_2a\cdot b_2$.

3）给定向量 a,b，它们的叉乘定义为一个向量 $c=a\times b$，当 a,b 共线时，c 为零向量，当 a,b 不共线时，c 与 a,b 所决定的平面垂直，其指向使 a,b,c 组成一个右手系，而 c 的长度为

$$|c|=|a|\cdot|b|\sin\langle a,b\rangle,$$

这数值恰为以 a,b 为边的平行四边形的面积.

如设

$$a=(a_1,a_2,a_3),\quad b=(b_1,b_2,b_3),$$

那么，在空间解析几何里已证明

$$c=a\times b=(a_2b_3-a_3b_2,\ a_3b_1-a_1b_3,\ a_1b_2-a_2b_1).$$

为了把上面向量 $a\times b$ 的三个坐标与 a,b 的坐标之间的关系更清楚地表达出来，现在我们引进一个记号. 对任意数域 K 上的二阶方阵

$$A=\begin{bmatrix} x_1 & x_2 \\ y_1 & y_2 \end{bmatrix},$$

定义

$$|A|=\begin{vmatrix} x_1 & x_2 \\ y_1 & y_2 \end{vmatrix}=x_1y_2-x_2y_1,$$

即 $|A|$ 为此方阵主对角线两元素 x_1,y_2 之积减去另一对角线上两元素 x_2,y_1 之积. $|A|$ 称为方阵 A 的**行列式**. 于是两向量叉乘的坐标可以写成

$$a\times b=\left(\begin{vmatrix} a_2 & a_3 \\ b_2 & b_3 \end{vmatrix},-\begin{vmatrix} a_1 & a_3 \\ b_1 & b_3 \end{vmatrix},\begin{vmatrix} a_1 & a_2 \\ b_1 & b_2 \end{vmatrix}\right).$$

如把 a,b 的坐标写成一个 2×3 矩阵：

$$\begin{bmatrix} a_1 & a_2 & a_3 \\ b_1 & b_2 & b_3 \end{bmatrix},$$

那么 $a\times b$ 的第 i 个坐标为划去上面矩阵的第 i 列后剩下的 2 阶方阵的行列式再乘以 $(-1)^{i+1}$.

向量叉乘有如下性质：

(i) $a\times b=-b\times a$；

(ii) $(k_1a_1+k_2a_2)\times b=k_1a_1\times b+k_2a_2\times b$;

(iii) $a\times(l_1b_1+l_2b_2)=l_1a\times b_1+l_2a\times b_2$.

4) 给定$\mathbb{R}^3$中三个向量

$$a=(a_1,a_2,a_3),$$
$$b=(b_1,b_2,b_3),$$
$$c=(c_1,c_2,c_3).$$

以它们为棱组成空间中一个平行六面体(见图 3.2). 这个平行六面

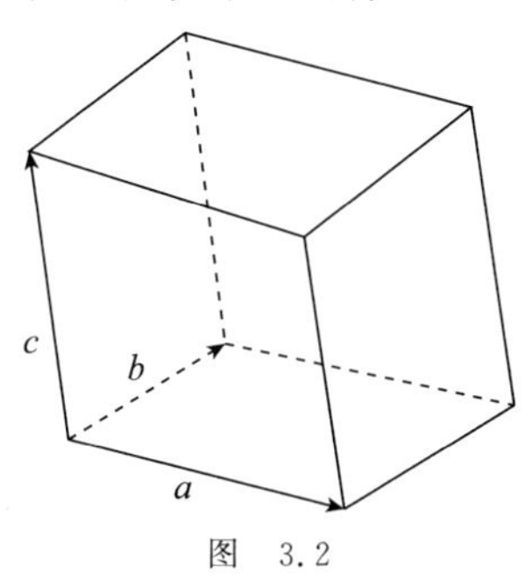

图 3.2

体用如下三阶方阵表示:

$$A=\begin{bmatrix}a_1 & a_2 & a_3\\ b_1 & b_2 & b_3\\ c_1 & c_2 & c_3\end{bmatrix}.$$

那么,a,b,c三向量的混合积

$$V=a\cdot(b\times c)$$

表示这个平行六面体的有向体积,其绝对值等于该平行六面体的体积,当a,b,c组成右手系时取正号,反之取负号. 我们把它记为

$$V=|A|=\begin{vmatrix}a_1 & a_2 & a_3\\ b_1 & b_2 & b_3\\ c_1 & c_2 & c_3\end{vmatrix}.$$

按照前面点乘、叉乘的坐标计算公式,有

$$V=|A|=\begin{vmatrix}a_1 & a_2 & a_3\\ b_1 & b_2 & b_3\\ c_1 & c_2 & c_3\end{vmatrix}$$

$$=a_1\begin{vmatrix} b_2 & b_3 \\ c_2 & c_3 \end{vmatrix}-a_2\begin{vmatrix} b_1 & b_3 \\ c_1 & c_3 \end{vmatrix}+a_3\begin{vmatrix} b_1 & b_2 \\ c_1 & c_2 \end{vmatrix}.$$

我们把$|A|$称为三阶方阵 A 的行列式. 所以,一个$\mathbb{R}$上三阶方阵 A 的行列式$|A|$是刻画该三阶方阵(现在代表三维几何空间中一个平行六面体)特性的一个重要数据,它是这个三阶方阵所代表的平行六面体的有向体积.

方阵 A 的行列式有如下基本性质:

1) 根据点乘和叉乘的基本性质可知,如果 a,b,c 中有一个向量为两个向量的线性组合,例如 $a=k_1a_1+k_2a_2$(这相当于方阵 A 中第一个行向量为两个向量的线性组合),此时

$$\begin{aligned}|A|&=(k_1a_1+k_2a_2)\cdot(b\times c)\\&=k_1a_1\cdot(b\times c)+k_2a_2\cdot(b\times c)\\&=k_1\ |A_1|+k_2\ |A_2|,\end{aligned}$$

其中 A_1,A_2 为分别以 a_1,a_2 为第一行的三阶方阵. 方阵 A 的行列式$|A|$的这个性质称为**行线性**;

2) 如果 a,b,c 线性相关,即 A 的行向量线性相关,亦即 A 不满秩,此时三向量共面,它们决定的平行六面体的体积为 0,故此时 A 的行列式$|A|=0$.

3) 如果 a,b,c 为三个坐标向量:

$$\begin{aligned}a&=i=(1,0,0),\\b&=j=(0,1,0),\\c&=k=(0,0,1),\end{aligned}$$

那么它们排成三阶单位矩阵

$$E=\begin{bmatrix}1&0&0\\0&1&0\\0&0&1\end{bmatrix},$$

这时它代表的是单位立方体,体积为 1,亦即

$$|E|=\begin{vmatrix}1&0&0\\0&1&0\\0&0&1\end{vmatrix}=1.$$

从上面这个几何实例我们得到如下启示：对任意数域 K 上的 n 阶方阵 A，我们可以用一个数 $|A|$ 来刻画它的某种属性（就像用质量来刻画一个物体的物理属性一样），而这个数 $|A|$ 应满足如下三条基本性质：

1）如果 A 的某行（或某列）换为两个向量的线性组合 $k\alpha+l\beta$，则 $|A|=k|A_1|+l|A_2|$，其中 A_1,A_2 为分别把该行（列）换为 α,β 所得的 n 阶方阵；

2）如果 A 不满秩，则 $|A|=0$.

3）当 A 为单位矩阵时，应有 $|E|=1$.

在下一节，我们就按这三条原则来给出任意数域 K 上 n 阶方阵 A 的行列式 $|A|$ 的严格定义.

§2 n 阶方阵的行列式

现在我们按照上节几何实例的提示，来阐述 n 阶方阵行列式的概念及其基本性质.

1. 行列式函数的定义

读者在中学里已经学习过定义在实数域 $\mathbb{R}$ 上的函数：对于每个实数 x，都按一个给定的法则对应于一个唯一确定的实数 y，x 称为自变量，y 称为 x 的函数，使用记号 $y=f(x)$ 来表示. 在前面两章我们把研究范围扩大，摆脱了实数运算的限制，进入矩阵运算这个新领域. 与此相应，函数的概念也应当扩大，把自变量由实数转换成矩阵，即研究定义在数域 K 上全体 n 阶方阵所成的集合 $M_n(K)$ 上的函数 $y=f(A)$.

进入大学后学习微积分的知识，对函数的研究深入了一步：研究某些特殊的函数. 设 $f(x)$ 是定义在区间 (a,b) 内的函数，如果它满足某些特定条件（读者已熟知，此处不细述），它就称为一个连续函数，如果它再满足某些进一步的条件，它就称为区间 (a,b) 内的可微函数. 数学分析的这些思想对学习本章有重要参考价值.

本章的内容，就是按照上面所说的思想，研究定义在 $M_n(K)$ 上的满足某些特定条件的函数 $f(A)$.

考察数域 K 上全体 n 阶方阵所成的集合 $M_n(K)$. 从集合 $M_n(K)$ 到数域 K 的一个映射 f 称为定义在 $M_n(K)$ 上的一个**数量函数**. 因此，$M_n(K)$ 上一个数量函数就是一个给定的法则，依照这一法则，K 上每个 n 阶方阵 A 对应于 K 内一个唯一确定的数 $f(A)$.

例如，设 $A=(a_{ij})\in M_n(K)$，我们定义 $f(A)=a_{11}$，即每个 n 阶方阵 A 在法则 f 下对应于其第一行第一列元素 a_{11}，f 就是 $M_n(K)$ 上的一个数量函数. 由此看来，$M_n(K)$ 上的数量函数是很多的. 第二章中研讨的一个方阵 A 的秩 $\mathrm{r}(A)$ 和迹 $\mathrm{Tr}(A)$ 都是 $M_n(K)$ 上数量函数的具体例子. 显然，并不是 $M_n(K)$ 上随便一个数量函数都有研究价值. 下面我们介绍 $M_n(K)$ 上具有某种特定属性的数量函数，它将成为研究 n 阶方阵的重要工具.

为了使下面的阐述较为简明、清楚，我们在本章中将使用一些特定的记号. 设 A 是数域 K 上一个 n 阶方阵，其行向量组为 $\alpha_1,\alpha_2,\cdots,\alpha_n$（写成横排形式），列向量组为 $\beta_1,\beta_2,\cdots,\beta_n$（写成竖列形式），我们根据行文的需要把 A 写成

$$A=\begin{bmatrix}\alpha_1\\ \alpha_2\\ \vdots\\ \alpha_n\end{bmatrix}\quad 或\quad A=(\beta_1,\beta_2,\cdots,\beta_n).$$

如果我们只研究 A 的第 i 行或第 j 列，就写

$$A=\begin{bmatrix}\vdots\\ \alpha_i\\ \vdots\end{bmatrix}\quad 或\quad A=(\cdots,\beta_j,\cdots),$$

把不讨论的行（列）用省略号代替. 于是 $M_n(K)$ 上一个数量函数 $f(A)$ 可以写成

$$f(A)=f\begin{bmatrix}\alpha_1\\ \alpha_2\\ \vdots\\ \alpha_n\end{bmatrix}\quad 或\quad f\begin{bmatrix}\vdots\\ \alpha_i\\ \vdots\end{bmatrix}$$

以及

$$f(A)=f(\beta_1,\beta_2,\cdots,\beta_n) \quad \text{或} \quad f(\cdots,\beta_j,\cdots).$$

定义　设 f 是定义在 $M_n(K)$ 上的一个数量函数，满足如下条件：对 K^n 中任意向量 $\alpha_1,\alpha_2,\cdots,\alpha_n,\alpha$（写成横排形式）以及 K 中任意数 λ，都有

$$f\begin{bmatrix}\alpha_1\\ \vdots\\ \alpha_i+\alpha\\ \vdots\\ \alpha_n\end{bmatrix}=f\begin{bmatrix}\alpha_1\\ \vdots\\ \alpha_i\\ \vdots\\ \alpha_n\end{bmatrix}+f\begin{bmatrix}\alpha_1\\ \vdots\\ \alpha\\ \vdots\\ \alpha_n\end{bmatrix},$$

$$f\begin{bmatrix}\alpha_1\\ \vdots\\ \lambda\alpha_i\\ \vdots\\ \alpha_n\end{bmatrix}=\lambda f\begin{bmatrix}\alpha_1\\ \vdots\\ \alpha_i\\ \vdots\\ \alpha_n\end{bmatrix}$$

（这里 $i=1,2,\cdots,n$），则称 f 为 $M_n(K)$ 上一个**行线性函数**.

设 g 是定义在 $M_n(K)$ 上一个数量函数，满足如下条件：对 K^n 中任意向量 $\beta_1,\beta_2,\cdots,\beta_n,\beta$（写成竖列形式）以及 K 中任意数 λ，都有

$$\begin{aligned}&g(\beta_1,\cdots,\beta_j+\beta,\cdots,\beta_n)\\ &\quad=g(\beta_1,\cdots,\beta_j,\cdots,\beta_n)+g(\beta_1,\cdots,\beta,\cdots,\beta_n),\\ &g(\beta_1,\cdots,\lambda\beta_j,\cdots,\beta_n)=\lambda g(\beta_1,\cdots,\beta_j,\cdots,\beta_n)\end{aligned}$$

（这里 $j=1,2,\cdots,n$），则称 g 为 $M_n(K)$ 上一个**列线性函数**.

如果 $f(A)$ 是 $M_n(K)$ 上的行线性函数，那么对任意 $\lambda,\mu\in K$ 都有

$$f\begin{bmatrix}\vdots\\ \lambda\alpha_i+\mu\alpha\\ \vdots\end{bmatrix}=\lambda f\begin{bmatrix}\vdots\\ \alpha_i\\ \vdots\end{bmatrix}+\mu f\begin{bmatrix}\vdots\\ \alpha\\ \vdots\end{bmatrix}.$$

反之，若 $M_n(K)$ 上一个数量函数满足上面的条件，只要分别令 $\lambda=\mu=1$ 及 $\mu=0$ 代入，即知它满足行线性函数的条件. 同样，若 $g(A)$ 为

$M_n(K)$上列线性函数,那么

$$g(\cdots,\lambda\beta_j+\mu\beta,\cdots)=\lambda g(\cdots,\beta_j,\cdots)+\mu g(\cdots,\beta,\cdots).$$

同样,$M_n(K)$上一个数量函数如果满足上述条件,则它是一个列线性函数.

如果$A\in M_n(K)$,且A有一行向量为0,于是该行向量可以写成0α,则对任意行线性函数f,有$f(A)=0\cdot f(A)=0$. 同样,若A有一列向量为0,则对任意列线性函数g,有$g(A)=0$.

例如,考察$M_2(K)$. 设

$$A=\begin{bmatrix}a_{11} & a_{12}\\ a_{21} & a_{22}\end{bmatrix}\in M_2(K),$$

定义$f(A)=a_{11}a_{22}-a_{12}a_{21}$. 容易验证,$f$是$M_2(K)$上一个行线性函数,也是一个列线性函数(请读者作为习题,按上面的定义自行验证).

如果$M_n(K)$上一个列线性函数f满足如下条件:当$A\in M_n(K)$有两列元素相同时(这时当然要$n\geqslant 2$),必有$f(A)=0$,则f称为**反对称**的列线性函数.

当然,我们可以类似地定义反对称的行线性函数,这就不再重复说明了. 读者容易看出,上面定义的$M_2(K)$内的列(行)线性函数是反对称的.

命题 2.1　设f是$M_n(K)(n\geqslant 2)$上的反对称列(行)线性函数,那么,下面命题成立:

(i) 设将$A\in M_n(K)$的i,j两列(行)互换得出方阵B,则$f(B)=-f(A)$;

(ii) 设将$A\in M_n(K)$的第j列(行)加上其第i列(行)的λ倍(λ为K中任意取定的数)得出方阵B,则有$f(B)=f(A)$.

证　设$A=(\cdots,\beta_i,\cdots,\beta_j,\cdots)$. 由于$f$是反对称的列线性函数,我们有

$$\begin{aligned}0&=f(\cdots,\beta_i+\beta_j,\cdots,\beta_i+\beta_j,\cdots)\\&=f(\cdots,\beta_i,\cdots,\beta_i,\cdots)+f(\cdots,\beta_i,\cdots,\beta_j,\cdots)\\&\quad+f(\cdots,\beta_j,\cdots,\beta_i,\cdots)+f(\cdots,\beta_j,\cdots,\beta_j,\cdots)\end{aligned}$$

$$=f(\cdots,\beta_i,\cdots,\beta_j,\cdots)+f(\cdots,\beta_j,\cdots,\beta_i,\cdots).$$

于是

$$\begin{aligned}f(A)&=f(\cdots,\beta_i,\cdots,\beta_j,\cdots)\\&=-f(\cdots,\beta_j,\cdots,\beta_i,\cdots)\\&=-f(B).\end{aligned}$$

同样地,我们有

$$\begin{aligned}f(B)&=f(\cdots,\beta_i,\cdots,\beta_j+\lambda\beta_i,\cdots)\\&=f(\cdots,\beta_i,\cdots,\beta_j,\cdots)+f(\cdots,\beta_i,\cdots,\lambda\beta_i,\cdots)\\&=f(A)+\lambda f(\cdots,\beta_i,\cdots,\beta_i,\cdots)\\&=f(A).\end{aligned}$$ ▍

推论 1 设 f,g 是 $M_n(K)$ 上两个反对称列线性函数,且对某个 $A\in M_n(K)$ 有 $f(A)=g(A)$. 设 A 经有限次初等列变换变为方阵 B,则仍有 $f(B)=g(B)$.

证 显然只需考虑 B 是 A 做一次初等列变换得出的方阵就可以了. 下面分别讨论三种初等列变换.

(i) 设互换 A 的 i,j 两列变为 B,则按命题 2.1,有

$$f(B)=-f(A),\quad g(B)=-g(A),$$

从而 $f(B)=g(B)$.

(ii) 设将 A 的第 j 列乘以 K 内非零数 λ 得出方阵 B,则

$$f(B)=f(\cdots,\lambda\beta_j,\cdots)=\lambda f(\cdots,\beta_j,\cdots)=\lambda f(A).$$

同理,$g(B)=\lambda g(A)$,于是 $f(B)=g(B)$.

(iii) 设将 A 的第 j 列加上第 i 列的 λ 倍得出方阵 B,则按命题 2.1,有

$$f(B)=f(A)=g(A)=g(B).$$ ▍

推论 2 设 f 是 $M_n(K)(n\geqslant2)$ 上的列(行)线性函数. 则 f 为反对称的充要条件是对 K 上任何不满秩 n 阶方阵 A 都有 $f(A)=0$.

证 *必要性* 若 $\mathrm{r}(A)<n$,则 A 的第 i 个列向量为其余列向量的线性组合,此时将 A 的其余各列乘适当倍数加到第 i 列,使第 i 列变为 0,得 K 上 n 阶方阵 B. 按命题 2.1 及列线性函数的性质知

$$f(A)=f(B)=0.$$

充分性　当 A 有两个列向量相同时，显然不满秩，按假设应有 $f(A)=0$，故 f 为反对称. ▎

下面给出本节的基本概念.

定义　设 f 是 $M_n(K)$ 上一个列线性函数且满足如下条件：

(i) 如果 $A\in M_n(K)$ 不满秩，则 $f(A)=0$；

(ii) 对 $M_n(K)$ 内单位矩阵 E，有 $f(E)=1$，

则称 f 为 $M_n(K)$ 上一个**行列式函数**.

例如，在 $M_2(K)$ 上定义数量函数 f 如下：若

$$A=\begin{bmatrix} a_{11} & a_{12} \\ a_{21} & a_{22} \end{bmatrix},$$

令 $f(A)=a_{11}a_{22}-a_{12}a_{21}$. 那么，容易验证 f 是 $M_2(K)$ 上的一个行列式函数(具体验证留给读者作为练习).

对 K 上任意一阶方阵 $A=(a_{11})=a_{11}E$，定义 $f(A)=a_{11}$，数量函数 f 显然为 $M_1(K)$ 上的行列式函数. 反之，对 $M_1(K)$ 上任意行列式函数 g，按定义有 $g(A)=a_{11}g(E)=a_{11}$. 故 $g(A)\equiv f(A)$. 即此 f 为 $M_1(K)$ 上唯一的行列式函数. 下面只要讨论 $n\geqslant 2$ 的情况. 此时按命题 2.1 的推论 2. 行列式函数定义中的条件(i)等价于 f 为反对称列线性函数.

命题 2.2　$M_n(K)$ 上的行列式函数是唯一的.

证　设 f 与 g 是 $M_n(K)$ 上两个行列式函数，我们需要证明：对任意 $A\in M_n(K)$，有 $f(A)=g(A)$.

(i) 如果 $\mathrm{r}(A)<n$，那么按定义有 $f(A)=g(A)=0$.

(ii) 如果 $\mathrm{r}(A)=n$，按第二章命题 5.2，A 可表为 n 阶初等矩阵 $P_1,\cdots,P_m$ 的乘积：

$$A=P_1\cdots P_m=EP_1\cdots P_m.$$

上式表明 A 可由单位矩阵 E 做 m 次初等列变换得出. 因为 f,g 均为 $M_n(K)$ 上反对称列线性函数，按命题 2.1 的推论 1，由 $f(E)=g(E)=1$ 可推出

$$f(A)=g(A).$$ ▎

下面对行列式函数的性质做进一步的讨论.

命题 2.3 设 $f(A)$是$M_n(K)$上的行列式函数，则对一切 $A\in M_n(K)$有 $f(A')=f(A)$，即 A 和它的转置 A'函数值相同.

证 当 $n=1$ 时 $A'=A$，命题自然成立. 下面设 $n\geqslant 2$.

若 $\mathrm{r}(A)<n$，则 $f(A)=0$. 此时 $\mathrm{r}(A')=\mathrm{r}(A)<n$，故

$$f(A')=0=f(A).$$

若 $\mathrm{r}(A)=n$，按第二章命题 5.2，存在 n 阶初等矩阵 $P_1,P_2,\cdots,P_m$，使

$$A=EP_1P_2\cdots P_m. \tag{1}$$

令 $B_i=EP_1P_2\cdots P_i\,(i=1,2,\cdots,m)$. 设 $B_0=E$，则 $B_i=B_{i-1}P_i$. 根据第二章命题 5.1，$B_{i-1}P_i$ 是对 B_{i-1} 做一次初等列变换. 因为 $f(A)$为反对称列线性函数，如果 P_i 是互换 k,l 两列，按命题 2.1，$f(B_i)=-f(B_{i-1})$，如果 P_i 是对第 k 列乘以 λ，因 f 是列线性的，$f(B_i)=\lambda f(B_{i-1})$，如果 P_i 将第 k 列乘 λ 加到第 l 列. 按命题 2.1，$f(B_i)=f(B_{i-1})$. 故 $f(B_i)=f(B_{i-1}P_i)=\varepsilon_i f(B_{i-1})$，其中

$$\varepsilon_i=\begin{cases}-1, & \text{若 } P_i \text{ 是第一类初等矩阵 } P_n(k,l),\\ \lambda, & \text{若 } P_i \text{ 是第二类初等矩阵 } P_n(\lambda\cdot k),\\ 1, & \text{若 } P_i \text{ 是第三类初等矩阵 } P_n(\lambda\cdot k,l).\end{cases}$$

于是

$$\begin{aligned}f(A)&=f(B_m)=\varepsilon_m f(B_{m-1})\\&=\varepsilon_m\varepsilon_{m-1}f(B_{m-2})=\cdots\\&=\varepsilon_m\varepsilon_{m-1}\cdots\varepsilon_1 f(B_0)=\varepsilon_1\varepsilon_2\cdots\varepsilon_m.\end{aligned}$$

如设 $P_1,P_2,\cdots,P_m$ 中有 r 个第一类初等矩阵，s 个第二类初等矩阵，则由上式得

$$f(A)=(-1)^r\lambda_1\lambda_2\cdots\lambda_s.$$

现在由(1)式得

$$A'=EP'_mP'_{m-1}\cdots P'_2P'_1.$$

如果 P 是第一类或第二类初等矩阵，则 $P'=P$. 而当 P 是第三类初等矩阵时，P'也是第三类初等矩阵. 于是 $P'_m,P'_{m-1},\cdots P'_2,P'_1$ 中恰有与 $P_1,P_2,\cdots,P_m$ 中相同的 r 个第一类初等矩阵和 s 个第二类初等矩阵，于是

$$f(A')=(-1)^r\lambda_1\lambda_2\cdots\lambda_s=f(A).\quad ▌$$

上述命题表明：行列式函数 $f(A)$ 如果对矩阵的列具有某种性质，那么它对行也具有相同的性质，即行与列处于平等的地位. 特别地，我们有

命题 2.4　设 $f(A)$ 是 $M_n(K)(n\geqslant 2)$ 上的行列式函数，则 $f(A)$ 是反对称的行线性函数.

证　设 A 的第 i 个行向量 $\alpha_i=\lambda\alpha+\mu\beta$（这里 α_i,α,β 看作 $1\times n$ 矩阵），则 A' 的第 i 列为 $\alpha_i'=\lambda\alpha'+\mu\beta'$. 设把 A 的第 i 行分别换成 α，β 后得到 n 阶方阵 A_1,A_2，则由命题 2.3 及 f 的列线性，有

$$\begin{aligned}f(A)=f(A')&=\lambda f(A_1')+\mu f(A_2')\\&=\lambda f(A_1)+\mu f(A_2).\end{aligned}$$

这说明 f 是行线性函数. 如果 A 有两行向量相同，则 A' 有两列向量相同，而 f 是反对称列线性函数，故

$$f(A)=f(A')=0.$$

这就表明 f 是反对称行线性函数.　▌

前面已指出，对反对称行线性函数可以进行相仿的讨论而得出相同的结果. 例如，设 f 是 $M_n(K)$ 上的行线性函数且满足如下两个条件：

(i) 如果 $A\in M_k(K)$ 不满秩，则 $f(A)=0$；

(ii) 对 $M_n(K)$ 内单位矩阵，有 $f(E)=1$.

对 $n=1$，由行线性立得 $f(A)=a_{11}f(E)=a_{11}$. 当 $n\geqslant 2$ 时 f 即为反对称行线性函数. 进行与上面命题 2.3 的证明中相仿的讨论（把(1)式改为 $A=P_1P_2\cdots P_mE$，即将列变换改为行变换）同样得出 $f(A')=f(A)$，再按命题 2.4 的证明方法推出 f 为反对称列线性函数，于是 f 即为定义中的行列式函数.

2. 行列式函数 det(A)

上面我们给出了行列式函数的定义，并证明了这种数量函数是唯一的. 但 $M_n(K)$ 上是否确实存在这样的数量函数，还是一个未解

决的问题.现在我们具体地给出 $M_n(K)$ 上一个数量函数 $\det(A)$ [det 是英文“行列式”(determinant)的前三个字母],并证明它是一个行列式函数.

首先我们给出排列的一些基本概念.

给定 n 个互不相同的自然数,把它们按一定次序排列起来:

$$i_1\ i_2\ \cdots\ i_n,$$

称为该 n 个自然数的一个排列.在上述排列中,如果有一个较大的自然数排在一个较小的自然数前面,则称为一个**反序**.例如,2,3,5,7 这四个自然数的一个排列 7325,其中 3 在 2 前,是一个反序;7 在 2 前,是一个反序;7 在 3 前,是一个反序;7 在 5 前,也是一反序,故此排列共有 4 个反序.

一个排列中包含的反序的总数称为该排列的**反序数**.排列 $i_1i_2\cdots i_n$ 的反序数记作 $N(i_1i_2\cdots i_n)$.例如我们有 $N(7325)=4$.一个排列的反序数是奇数时,该排列称为**奇排列**;如果反序数是偶数,则称为**偶排列**.例如,7325 是一个偶排列,而因为 $N(7235)=3$,故 7235 是一个奇排列.

给定 n 个正整数,按大小顺序排列:

$$1\leqslant i_1<i_2<\cdots<i_n.$$

现在把它们按任意次序重排,得 n 元排列

$$j_1\ j_2\ \cdots\ j_n.$$

这个排列的反序数 $N(j_1j_2\cdots j_n)$可用下法计算:先找出排在 i_1 前面的数字有多少个,它的个数记为 $\tau(i_1)$,然后划去 i_1,再看 i_2 前面未划去的数字有多少个,其个数记为 $\tau(i_2)$,然后划去 i_2,再看 i_3 前面未划去的数有多少个,其个数记为 $\tau(i_3)$,然后划去 i_3,….经 n 次后,即得

$$N(j_1j_2\cdots j_n)=\tau(i_1)+\tau(i_2)+\cdots+\tau(i_n).$$

命题 2.5 对 n 个正整数 $i_1,i_2,\cdots,i_n$ 的一个排列 $j_1j_2\cdots j_n$,互换此排列中两个数 j_k,j_l 的位置,则有

$$(-1)^{N(\cdots j_k\cdots j_l\cdots)}=-(-1)^{N(\cdots j_l\cdots j_k\cdots)}.$$

上面用省略号表示的地方保持不动.

证　首先设 j_k 与 j_l 相邻，即 $l=k+1$. 则按上面指出的 $N(j_1j_2\cdots j_n)$ 的计算法易知

$$N(\cdots j_kj_{k+1}\cdots)+1=N(\cdots j_{k+1}j_k\cdots)\quad(\text{当 } j_k<j_{k+1}),$$

$$N(\cdots j_kj_{k+1}\cdots)-1=N(\cdots j_{k+1}j_k\cdots)\quad(\text{当 } j_k>j_{k+1})$$

(因为 j_k,j_{k+1} 与排列中其他数相对位置不变，故其反序关系也不变，仅需要考虑 j_kj_{k+1} 与 $j_{k+1}j_k$ 的反序关系). 由此知命题对 $l=k+1$ 时成立.

现设 $l=k+t$，这里 $t>1$. 把 j_k 与 $j_{k+1},j_{k+2},\cdots,j_{k+t}$ 逐个做相邻元素对换 t 次，每对换一次改变一次符号，共改变 t 次符号. 最后得出的排列是

$$\cdots\hat{j}_kj_{k+1}\cdots j_{k+t-1}j_{k+t}j_k\cdots \tag{2}$$

(上面 $\hat{j}_k$ 表示去掉 j_k)，于是

$$(-1)^{N(\cdots\hat{j}_kj_{k+1}\cdots j_{k+t-1}j_{k+t}j_k\cdots)}=(-1)^t(-1)^{N(\cdots j_k\cdots j_l\cdots)}.$$

再把(2)中的排列中的 j_{k+t} 与前面的 $j_{k+t-1},j_{k+t-2},\cdots,j_{k+1}$ 逐次做相邻元素对换 $t-1$ 次，排列变为

$$\cdots j_{k+t},j_{k+1},\cdots,j_{k+t-1},j_k,\cdots.$$

于是

$$\begin{aligned}(-1)^{N(\cdots j_{k+t}\cdots j_k\cdots)}&=(-1)^{t-1}(-1)^t(-1)^{N(\cdots j_k\cdots j_{k+t}\cdots)}\\&=-(-1)^{N(\cdots j_k\cdots j_{k+t}\cdots)}.\end{aligned}$$ ▌

定义　给定数域 K 上的 n 阶方阵

$$A=\begin{bmatrix}a_{11}&a_{12}&\cdots&a_{1n}\\a_{21}&a_{22}&\cdots&a_{2n}\\\vdots&\vdots&&\vdots\\a_{n1}&a_{n2}&\cdots&a_{nn}\end{bmatrix},$$

令

$$\det(A)=\sum_{(j_1j_2\cdots j_n)}(-1)^{N(j_1j_2\cdots j_n)}a_{j_11}a_{j_22}\cdots a_{j_nn},$$

其中求和号表示对前 n 个自然数 $1,2,\cdots,n$ 的所有可能排列 $j_1j_2\cdots j_n$ 求和.

$\det(A)$是 $M_n(K)$上一个数量函数. 今后我们使用如下记号来表示这个数量函数:

$$\det(A)=|A|=\begin{vmatrix} a_{11} & a_{12} & \cdots & a_{1n} \\ a_{21} & a_{22} & \cdots & a_{2n} \\ \vdots & \vdots & & \vdots \\ a_{n1} & a_{n2} & \cdots & a_{nn} \end{vmatrix}.$$

$\det(A)$定义式的构成可概述如下:

1) $\det(A)$是由 $n!$ 个项连加而成.

2) 每项是矩阵 A 中 n 个不同行且不同列的元素的乘积. 如把它们按列角标的自然顺序排列,则其一般形式为

$$a_{i_1 1}a_{i_2 2}\cdots a_{i_n n},$$

其中 $i_1i_2\cdots i_n$ 是 $1,2,\cdots,n$ 这 n 个自然数的一个排列(如果矩阵 A 的行角标不用 $1,2,\cdots,n$ 表示,而用其他自然数表示,那就改用其他自然数的排列). 这样的排列共有 $n!$个,就对应 det 定义式中包含的 $n!$项;

3) 每项前面应带正、负号. 如果 $i_1i_2\cdots i_n$ 是一个偶排列,则 $a_{i_1 1}a_{i_2 2}\cdots a_{i_n n}$ 这一项前面带正号;而如果 $i_1i_2\cdots i_n$ 是奇排列,则该项前面带负号.

下面我们将证明: $\det(A)$就是 $M_n(K)$上的行列式函数,因此,我们今后称 $\det(A)$为方阵 A 的**行列式**或简称它是一个 n **阶行列式**.

定理 2.1　$\det(A)$是 $M_n(K)$上唯一的行列式函数.

证　当 $n=1$ 时 $\det(A)=a_{11}$,前面已指出结论成立. 下面设 $n\geqslant 2$.

(i) 证 $\det(A)$为列线性函数. 设 A 第 k 列为两向量线性组合:

$$A=(\alpha_1\ \cdots\ \overset{k\text{列}}{\lambda\alpha+\mu\beta}\ \cdots\ \alpha_n),$$

$$A_1=(\alpha_1\ \cdots\ \overset{k\text{列}}{\alpha}\ \cdots\ \alpha_n),$$

$$A_2=(\alpha_1\ \cdots\ \overset{k\text{列}}{\beta}\ \cdots\ \alpha_n),$$

即 A 的第 k 个列向量

$$\alpha_k=\begin{bmatrix}a_{1k}\\a_{2k}\\\vdots\\a_{nk}\end{bmatrix}=\lambda\begin{bmatrix}a_1\\a_2\\\vdots\\a_n\end{bmatrix}+\mu\begin{bmatrix}b_1\\b_2\\\vdots\\b_n\end{bmatrix},$$

那么

$$\begin{aligned}\det(A)&=\sum(-1)^{N(i_1\cdots i_n)}a_{i_11}\cdots a_{i_kk}\cdots a_{i_nn}\\&=\sum(-1)^{N(i_1\cdots i_n)}a_{i_11}\cdots(\lambda a_{i_k}+\mu b_{i_k})\cdots a_{i_nn}\\&=\lambda\sum(-1)^{N(i_1\cdots i_n)}a_{i_11}\cdots a_{i_k}\cdots a_{i_nn}\\&\quad+\mu\sum(-1)^{N(i_1\cdots i_n)}a_{i_11}\cdots b_{i_k}\cdots a_{i_nn}\\&=\lambda\det(A_1)+\mu\det(A_2),\end{aligned}$$

其中求和号 $\sum$ 表示对 $1,2,\cdots,n$ 的所有可能排列 $i_1i_2\cdots i_n$ 求和.

(ii) 证 $\det(A)$反对称. 设 A 的 k,l 两列向量相同：

$$\begin{bmatrix}a_{1k}\\a_{2k}\\\vdots\\a_{nk}\end{bmatrix}=\begin{bmatrix}a_{1l}\\a_{2l}\\\vdots\\a_{nl}\end{bmatrix}=\begin{bmatrix}a_1\\a_2\\\vdots\\a_n\end{bmatrix}.$$

考察 $\det(A)$表达式中如下两项(注意 k,l 为取定正整数)：

$$\begin{aligned}&(-1)^{N(i_1\cdots i_k\cdots i_l\cdots i_n)}a_{i_11}\cdots a_{i_kk}\cdots a_{i_ll}\cdots a_{i_nn}\\&\quad=(-1)^{N(i_1\cdots i_k\cdots i_l\cdots i_n)}a_{i_11}\cdots a_{i_k}\cdots a_{i_l}\cdots a_{i_nn};\\&(-1)^{N(i_1\cdots i_l\cdots i_k\cdots i_n)}a_{i_11}\cdots a_{i_lk}\cdots a_{i_kl}\cdots a_{i_nn}\\&\quad=(-1)^{N(i_1\cdots i_l\cdots i_k\cdots i_n)}a_{i_11}\cdots a_{i_l}\cdots a_{i_k}\cdots a_{i_nn}.\end{aligned}$$

上两式黑体部分相同,由命题 2.5 知上两项相加为 0,这表明此时

$$\det(A)=0.$$

(iii) 若 $A=E$,则

$$a_{i_kk}=\begin{cases}1, & 若\ i_k=k,\\0, & 若\ i_k\neq k.\end{cases}$$

由此立得 $\det(E)=(-1)^{N(1\,2\cdots n)}a_{11}a_{22}\cdots a_{nn}=1$.

综合上面三条结论,又由命题 2.2,即知 $\det(A)$ 是 $M_n(K)$ 上唯一的行列式函数. ▌

推论 设 $A=(a_{ij})$ 为数域 K 上的 n 阶方阵,则

$$|A|=\sum_{(i_1i_2\cdots i_n)}(-1)^{N(i_1i_2\cdots i_n)}a_{1i_1}a_{2i_2}\cdots a_{ni_n},$$

其中和式为对前 n 个自然数的所有可能排列 $i_1i_2\cdots i_n$ 求和.

证 设 $A'=(a'_{ij})$,则 $a'_{ij}=a_{ji}$. 按命题 2.3 有

$$\begin{aligned}|A|=|A'|&=\sum_{(i_1i_2\cdots i_n)}(-1)^{N(i_1i_2\cdots i_n)}a'_{i_11}a'_{i_22}\cdots a'_{i_nn}\\&=\sum_{(i_1i_2\cdots i_n)}(-1)^{N(i_1i_2\cdots i_n)}a_{1i_1}a_{2i_2}\cdots a_{ni_n}.\end{aligned}$$ ▌

上面的推论说明 $|A|$ 的完全展开式的 $n!$ 个项中,每一项也可按行角标的自然顺序排列,然后对列角标的所有可能排列求和.

对数域 K 上 n 阶方阵 $A=(a_{ij})$,去掉 A 的第 i 行第 j 列得到的 $n-1$ 阶方阵记作 $A\binom{i}{j}$. 我们有

$$A\binom{1}{k}=\begin{bmatrix}a_{21}&\cdots&a_{2\,k-1}&a_{2\,k+1}&\cdots&a_{2n}\\ \vdots&&\vdots&\vdots&&\vdots\\ a_{n1}&\cdots&a_{n\,k-1}&a_{n\,k+1}&\cdots&a_{nn}\end{bmatrix}.$$

按照上面的推论,我们有

$$\det\left(A\binom{1}{k}\right)=\left|A\binom{1}{k}\right|=\sum_{(j_2j_3\cdots j_n)}(-1)^{N(j_2j_3\cdots j_n)}a_{2j_2}a_{3j_3}a_{nj_n},\tag{3}$$

其中 $j_2j_3\cdots j_n$ 是 $n-1$ 个自然数 $1,2,\cdots k-1,k+1,\cdots,n$ 的一个排列,求和号表示对所有可能的 $(n-1)!$ 个这种排列求和.

定理 2.2 对数域 K 上的 n 阶方阵 $A=(a_{ij})$,我们有

$$\det(A)=|A|=\sum_{k=1}^{n}(-1)^{1+k}a_{1k}\det\left(A\binom{1}{k}\right).$$

证 设 $\varepsilon_i=(0,\cdots,0,1,0,\cdots,0)\,(i=1,2,\cdots,n)$ 是 K 上 n 维向量空间 K^n 的坐标向量. 若设 A 的行向量组是 $\alpha_1,\alpha_2,\cdots,\alpha_n$,则

$$A=\begin{bmatrix}\alpha_1\\ \alpha_2\\ \vdots\\ \alpha_n\end{bmatrix}=\begin{bmatrix}\sum_{k=1}^{n}a_{1k}\varepsilon_k\\ \alpha_2\\ \vdots\\ \alpha_n\end{bmatrix}.$$

按命题 2.4，$\det(A)$是行线性函数，故

$$\det(A)=\sum_{k=1}^{n}a_{1k}\det\begin{bmatrix}\varepsilon_k\\ \alpha_2\\ \vdots\\ \alpha_n\end{bmatrix},\tag{4}$$

这里

$$\begin{bmatrix}\varepsilon_k\\ \alpha_2\\ \vdots\\ \alpha_n\end{bmatrix}=\begin{bmatrix}0&\cdots&0&1&0&\cdots&0\\ a_{21}&\cdots&a_{2k-1}&a_{2k}&a_{2k+1}&\cdots&a_{2n}\\ \vdots&&\vdots&\vdots&\vdots&&\vdots\\ a_{n1}&\cdots&a_{nk-1}&a_{nk}&a_{nk+1}&\cdots&a_{nn}\end{bmatrix}.$$

按上面的推论，有(注意第一行仅第 k 个元素等于 1，其他元素均为 0)

$$\det\begin{bmatrix}\varepsilon_k\\ \alpha_2\\ \vdots\\ \alpha_n\end{bmatrix}=\sum_{(j_2j_3\cdots j_n)}(-1)^{N(kj_2j_3\cdots j_n)}a_{2j_2}a_{3j_3}\cdots a_{nj_n},$$

其中求和号是对 $n-1$ 个自然数 $1,2,\cdots,k-1,k+1,\cdots,n$ 的所有可能的排列 $j_2j_3\cdots j_n$ 求和，显然有

$$N(kj_2j_3\cdots j_n)=k-1+N(j_2j_3\cdots j_n)$$

(因为 $j_2,j_3,\cdots,j_n$ 中恰有 $k-1$ 个数小于 k)．利用上面关于 $\det(A\binom{1}{k})$的表达式(3)，得

$$\det\begin{bmatrix}\varepsilon_k\\ \alpha_2\\ \vdots\\ \alpha_n\end{bmatrix}=(-1)^{k-1}\sum_{(j_2j_3\cdots j_n)}(-1)^{N(j_2j_3\cdots j_n)}a_{2j_2}a_{3j_3}\cdots a_{nj_n}$$

$$=(-1)^{k+1}\det(A\binom{1}{k}).$$

以此代入(4)式即得

$$\det(A)=\sum_{k=1}^{n}(-1)^{1+k}a_{1k}\det(A\binom{1}{k}). \quad \blacksquare$$

现在具体地给出 $n=2,3$ 时 $\det(A)=|A|$ 的表达式.

当 $n=2$ 时,令

$$A=\begin{bmatrix} a_{11} & a_{12} \\ a_{21} & a_{22} \end{bmatrix},$$

现在 $A\binom{1}{1}=(a_{22})$,$A\binom{1}{2}=(a_{21})$,故 $\det A\binom{1}{1}=a_{22}$,$\det A\binom{1}{2}=a_{21}$. 于是,按定理 2.2,

$$\det(A)=\begin{vmatrix} a_{11} & a_{12} \\ a_{21} & a_{22} \end{vmatrix}=a_{11}a_{22}-a_{12}a_{21},$$

它恰好是把二阶方阵 A(正方形表格)两条对角线上的元素相乘再相减.

当 $n=3$ 时,令

$$A=\begin{bmatrix} a_{11} & a_{12} & a_{13} \\ a_{21} & a_{22} & a_{23} \\ a_{31} & a_{32} & a_{33} \end{bmatrix}.$$

现在

$$A\binom{1}{1}=\begin{bmatrix} a_{22} & a_{23} \\ a_{32} & a_{33} \end{bmatrix},$$

$$A\binom{1}{2}=\begin{bmatrix} a_{21} & a_{23} \\ a_{31} & a_{33} \end{bmatrix},$$

$$A\binom{1}{3}=\begin{bmatrix} a_{21} & a_{22} \\ a_{31} & a_{32} \end{bmatrix}.$$

相应的函数值是

$$\left|A\binom{1}{1}\right|=a_{22}a_{33}-a_{23}a_{32};$$

$$\left|A\binom{1}{2}\right|=a_{21}a_{33}-a_{23}a_{31};$$

$$\left|A\binom{1}{3}\right|=a_{21}a_{32}-a_{22}a_{31}.$$

于是,按定理 2.2,

$$\det(A)=\begin{vmatrix} a_{11} & a_{12} & a_{13} \\ a_{21} & a_{22} & a_{23} \\ a_{31} & a_{32} & a_{33} \end{vmatrix}$$

$$=a_{11}\left|A\binom{1}{1}\right|-a_{12}\left|A\binom{1}{2}\right|+a_{13}\left|A\binom{1}{3}\right|$$

$$=a_{11}a_{22}a_{33}+a_{12}a_{23}a_{31}+a_{13}a_{21}a_{32}$$

$$-a_{13}a_{22}a_{31}-a_{11}a_{23}a_{32}-a_{12}a_{21}a_{33}.$$

所以,对一个三阶方阵 A,数量函数 $\det(A)$的表达式中出现 6 项. 它们可以用图 3.3 表示. 图 3.3 中用实线相连的三个元素连乘前面取"+"号,用虚线相连的三个元素连乘前面取"−"号. 恰为三项取正号,三项取负号.

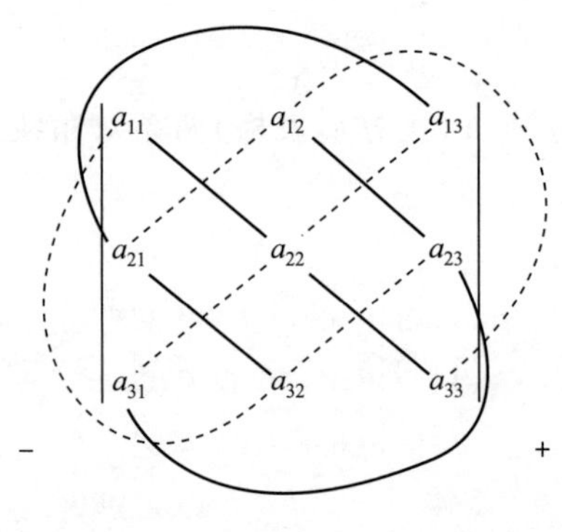

图　3.3

命题 2.6　我们有

$$\begin{vmatrix} a_{11} & & & 0 \\ a_{21} & a_{22} & & \\ \vdots & \vdots & \ddots & \\ a_{n1} & a_{n2} & \cdots & a_{nn} \end{vmatrix}=a_{11}a_{22}\cdots a_{nn}.$$

证　对 n 做数学归纳法. $n=1$ 时显然成立. 设上面公式在 $n-1$ 阶方阵时已成立,那么对 n 阶方阵

$$A=\begin{bmatrix}a_{11} & & & 0\\ a_{21} & a_{22} & & \\ \vdots & \vdots & \ddots & \\ a_{n1} & a_{n2} & \cdots & a_{nn}\end{bmatrix},$$

因为按归纳假设有

$$\det A\binom{1}{1}=\begin{vmatrix}a_{22} & & 0\\ \vdots & \ddots & \\ a_{n2} & \cdots & a_{nn}\end{vmatrix}=a_{22}\cdots a_{nn},$$

于是按定理 2.2 有

$$\det(A)=a_{11}\det A\binom{1}{1}=a_{11}a_{22}\cdots a_{nn}.\quad \blacksquare$$

3. 行列式的性质

前面的讨论中已经证明了行列式的一些基本性质，现在对此做一个小结，把这些基本性质罗列如下.

性质 1 行列互换，行列式的值不变，亦即 $|A'|=|A|$.

性质 2 两行(列)互换，行列式值变号.

性质 3 若行列式中某行(列)每个元素分为两个数之和(即某行(列)向量为两向量之和)，则该行列式可关于该行(列)拆开成两个行列式之和. 拆开时其他各行(列)均保持不动.

性质 4 行列式中某行(列)有公因子 $\lambda\in K$ 时，λ 可提出行列式外.

性质 5 把行列式的第 j 行(列)加上第 i 行(列)的 k 倍后，其值不变.

性质 6 一个 n 阶方阵 A 不满秩(即 $\mathrm{r}(A)<n$)时，其行列式为 0. 特别地，如果 A 有两行(列)元素相同时，$|A|=0$；或 A 有一行(列)元素全为 0 时，$|A|=0$.

以上性质 1 即为命题 2.3；性质 3 和 4 是 $\det(A)$ 为行(列)线性函数(定理 2.1 和命题 2.4)的另一种说法；性质 2 和 5 即为命题 2.1；而性质 6 是 $\det(A)$ 为行列式函数的直接推论.

根据性质 1 和命题 2.6，我们有

$$\begin{vmatrix} a_{11} & a_{12} & \cdots & a_{1n} \\ & a_{22} & \cdots & a_{2n} \\ 0 & & \ddots & \vdots \\ & & & a_{nn} \end{vmatrix} = \begin{vmatrix} a_{11} & & & \\ a_{12} & a_{22} & & 0 \\ \vdots & \vdots & \ddots & \\ a_{1n} & a_{2n} & \cdots & a_{nn} \end{vmatrix} = a_{11}a_{22}\cdots a_{nn}.$$

我们已知一个 n 阶方阵可用行、列初等变换化为阶梯形矩阵，从上面的公式可以看出，阶梯形矩阵的行列式值等于其主对角线元素的连乘积. 而性质 2,4,5 说明方阵做初等变换时其行列式值发生什么变化. 因而，这些性质给出计算行列式值的一个有效方法.

例 2.1　计算下列行列式的值：

$$|A| = \begin{vmatrix} -2 & 5 & -1 & 3 \\ 1 & -9 & 13 & 7 \\ 3 & -1 & 5 & -5 \\ 2 & 8 & -7 & -10 \end{vmatrix}.$$

解　利用行列式性质 2,4,5 把它化为阶梯形，再利用上面公式计算出它的值. 步骤如下：

$$|A| = -\begin{vmatrix} 1 & -9 & 13 & 7 \\ -2 & 5 & -1 & 3 \\ 3 & -1 & 5 & -5 \\ 2 & 8 & -7 & -10 \end{vmatrix}$$

$$= -\begin{vmatrix} 1 & -9 & 13 & 7 \\ 0 & -13 & 25 & 17 \\ 0 & 26 & -34 & -26 \\ 0 & 26 & -33 & -24 \end{vmatrix}$$

$$= -\begin{vmatrix} 1 & -9 & 13 & 7 \\ 0 & -13 & 25 & 17 \\ 0 & 0 & 16 & 8 \\ 0 & 0 & 17 & 10 \end{vmatrix} = -\begin{vmatrix} 1 & -9 & 13 & 7 \\ 0 & -13 & 25 & 17 \\ 0 & 0 & 16 & 8 \\ 0 & 0 & 0 & \frac{3}{2} \end{vmatrix}$$

$$= -(-13) \cdot 16 \cdot \frac{3}{2} = 312.$$

例 2.2 计算下列行列式：

$$|A|=\begin{vmatrix}1&1&1&1\\1&1&-1&-1\\1&-1&1&-1\\1&-1&-1&1\end{vmatrix}.$$

解 通过观察发现此行列式第 2,3,4 列元素之和为 0,故利用性质 5,把其第 2,3,4 行的 1 倍加到第 1 行,再利用定理 2.2,得

$$|A|=\begin{vmatrix}4&0&0&0\\1&1&-1&-1\\1&-1&1&-1\\1&-1&-1&1\end{vmatrix}=4\begin{vmatrix}1&-1&-1\\-1&1&-1\\-1&-1&1\end{vmatrix},$$

然后对右边三阶行列式应用例 2.1 的方法,得

$$|A|=4\begin{vmatrix}1&-1&-1\\0&0&-2\\0&-2&0\end{vmatrix}=-4\begin{vmatrix}1&-1&-1\\0&-2&0\\0&0&-2\end{vmatrix}$$
$$=-4\cdot(-2)\cdot(-2)=-16.$$

例 2.3 计算初等矩阵的行列式.

解 初等矩阵是由单位矩阵做一次初等变换得来的. 已知 $|E|=1$,故由行列式性质 2,4,5 可知

(i) $|P_n(i,j)|=-|E|=-1$；

(ii) $|P_n(\lambda\cdot i)|=\lambda|E|=\lambda\quad(\lambda\neq 0)$；

(iii) $|P_n(k\cdot i,j)|=|E|=1$,

$|P_n'(k\cdot i,j)|=|P_n(k\cdot i,j)|=1.$

4. 行列式对任意行(列)的展开公式

给定 $A=(a_{ij})\in M_n(K)$. 前面用 $A\binom{i}{j}$ 表示划去 A 的第 i 行第 j 列后所剩的 $n-1$ 阶方阵,其行列式 $\left|A\binom{i}{j}\right|$ 称为 A 中元素 a_{ij} 的**余子式**. 为了简单起见,我们把 a_{ij} 的余子式简单地写成 M_{ij}(只要从上下文可以清楚地知道它代表的是哪个方阵中元素的余子式,不会产生混淆). 这时定理 2.2 可以写成

$$|A|=\sum_{k=1}^{n}(-1)^{k+1}a_{1k}M_{1k}.$$

它也称为 n 阶行列式 $|A|$ 对其**第一行的展开公式**.

现在我们来证明：行列式可以按它的任意一行或任意一列来展开. 为了把下面所要论证的一般展开公式写得简单明了,我们先介绍一个重要的概念.

定义　设 $A=(a_{ij})$ 为一数域 K 上的 n 阶方阵,M_{ij} 为第 i 行第 j 列元素 a_{ij} 的余子式. 令

$$A_{ij}=(-1)^{i+j}M_{ij}=(-1)^{i+j}\left|A\binom{i}{j}\right|,$$

称之为元素 a_{ij} 的**代数余子式**.

注意余子式 M_{ij} 和代数余子式 A_{ij} 都是划去 A 的第 i 行第 j 列元素得出的,所以它们的数值恰与 A 的第 i 行元素及第 j 列元素无关. 换句话说,如果改变 A 的第 i 行和第 j 列元素,其他元素不动,那么余子式 M_{ij} 和代数余子式 A_{ij} 都没有变化. 这一点对我们讨论某些问题是有用的.

例 2.4　求

$$A=\begin{bmatrix}-1 & 0 & 1\\ 2 & 1 & 0\\ 0 & -3 & 1\end{bmatrix}$$

的全部代数余子式.

解　按定义,有

$$A_{11}=(-1)^{1+1}M_{11}=\begin{vmatrix}1 & 0\\ -3 & 1\end{vmatrix}=1;$$

$$A_{12}=(-1)^{1+2}M_{12}=-\begin{vmatrix}2 & 0\\ 0 & 1\end{vmatrix}=-2;$$

$$A_{13}=(-1)^{1+3}M_{13}=\begin{vmatrix}2 & 1\\ 0 & -3\end{vmatrix}=-6;$$

$$A_{21}=(-1)^{2+1}M_{21}=-\begin{vmatrix}0 & 1\\ -3 & 1\end{vmatrix}=-3;$$

$$A_{22}=(-1)^{2+2}M_{22}=\begin{vmatrix}-1 & 1\\ 0 & 1\end{vmatrix}=-1;$$

$$A_{23}=(-1)^{2+3}M_{23}=-\begin{vmatrix}-1 & 0\\ 0 & -3\end{vmatrix}=-3;$$

$$A_{31}=(-1)^{3+1}M_{31}=\begin{vmatrix}0 & 1\\ 1 & 0\end{vmatrix}=-1;$$

$$A_{32}=(-1)^{3+2}M_{32}=-\begin{vmatrix}-1 & 1\\ 2 & 0\end{vmatrix}=2;$$

$$A_{33}=(-1)^{3+3}M_{33}=\begin{vmatrix}-1 & 0\\ 2 & 1\end{vmatrix}=-1.$$

利用代数余子式的概念，行列式对第一行的展开公式可以写成

$$|A|=a_{11}A_{11}+a_{12}A_{12}+\cdots+a_{1n}A_{1n}.$$

命题 2.7 n 阶行列式 $|A|$ 可按任意一行和任意一列展开，展开公式为

$$|A|=a_{i1}A_{i1}+a_{i2}A_{i2}+\cdots+a_{in}A_{in}\quad (i=1,2,\cdots,n);$$
$$|A|=a_{1j}A_{1j}+a_{2j}A_{2j}+\cdots+a_{nj}A_{nj}\quad (j=1,2,\cdots,n);$$

证 首先证明对第 i 行的展开公式，再利用行列式性质 1 来证明对任一列的展开公式. $i=1$ 时即为定理 2.2，已经成立. 下面设 $i>1$.

如果把矩阵 A 的 i 行与 $i-1$ 行互换，再与 $i-2$ 行互换，…，最后与第 1 行互换，共经过 $i-1$ 次相邻两行的互换，此时原第 i 行换到第 1 行，而其他行则各向下推移一行，它们之间的相对位置没有变化. 最后得到的矩阵记作 $\overline{A}$. 由行列式性质 2，$|A|=(-1)^{i-1}|\overline{A}|$. $|A|$ 和 $|\overline{A}|$ 的余子式分别记作 M_{ij} 和 $\overline{M}_{ij}$，它们的代数余子式分别记作 A_{ij} 和 $\overline{A}_{ij}$. 显然有

$$\overline{M}_{1k} = M_{ik} \quad (k=1,2,\cdots,n).$$

因而

$$\begin{aligned}\overline{A}_{1k} &= (-1)^{1+k}\overline{M}_{1k} = (-1)^{1+k}M_{ik} = (-1)^{1+i}(-1)^{i+k}M_{ik} \\ &= (-1)^{1+i}A_{ik}.\end{aligned}$$

把$|\overline{A}|$按第一行展开(注意$|\overline{A}|$第一行元素为$a_{i1},a_{i2},\cdots,a_{in}$)

$$\begin{aligned}|\overline{A}| &= a_{i1}\overline{A}_{11} + a_{i2}\overline{A}_{12} + \cdots + a_{in}\overline{A}_{1n} \\ &= \sum_{k=1}^{n} a_{ik}\overline{A}_{1k} \\ &= \sum_{k=1}^{n} a_{ik} \cdot (-1)^{i+1}A_{ik} \\ &= (-1)^{i+1}\sum_{k=1}^{n} a_{ik}A_{ik}.\end{aligned}$$

而

$$\begin{aligned}|A| &= (-1)^{i-1}|\overline{A}| \\ &= (-1)^{i-1}\cdot(-1)^{i+1}\sum_{k=1}^{n} a_{ik}A_{ik} \\ &= \sum_{k=1}^{n} a_{ik}A_{ik}.\end{aligned}$$

下面证明$|A|$对其第j列元素的展开公式. A的第j列为A'的第j行,而$(A\binom{k}{j})' = A'\binom{j}{k}$,故按行列式性质1及$A'$对第$j$行的展开公式,有

$$\begin{aligned}|A| &= |A'| \\ &= \sum_{k=1}^{n}(-1)^{j+k}a_{kj}\left|A'\binom{j}{k}\right| \\ &= \sum_{k=1}^{n} a_{kj}(-1)^{j+k}\left|A\binom{k}{j}\right| \\ &= \sum_{k=1}^{n} a_{kj}A_{kj}. \quad \blacksquare\end{aligned}$$

有了命题2.7之后,我们计算行列式时,可以挑其中零最多的行

(列)来展开.

例 2.5 计算行列式

$$|A|=\begin{vmatrix}-1 & 1 & 1 & 0 & 1\\ 2 & 1 & 0 & 0 & -1\\ 0 & -1 & 0 & 0 & 0\\ 0 & 0 & 0 & -1 & 1\\ 1 & 0 & 0 & 0 & 2\end{vmatrix}.$$

解 对第三列展开,得

$$|A|=1\cdot A_{13}=(-1)^{1+3}\begin{vmatrix}2 & 1 & 0 & -1\\ 0 & -1 & 0 & 0\\ 0 & 0 & -1 & 1\\ 1 & 0 & 0 & 2\end{vmatrix}$$

$$=\begin{vmatrix}2 & 1 & 0 & -1\\ 0 & -1 & 0 & 0\\ 0 & 0 & -1 & 1\\ 1 & 0 & 0 & 2\end{vmatrix}=|\overline{A}|.$$

再把最后所得四阶行列式对第二行展开,得

$$|A|=|\overline{A}|=(-1)\cdot\overline{A}_{22}$$

$$=(-1)\cdot(-1)^{2+2}\begin{vmatrix}2 & 0 & -1\\ 0 & -1 & 1\\ 1 & 0 & 2\end{vmatrix}$$

$$=-\begin{vmatrix}2 & 0 & -1\\ 0 & -1 & 1\\ 1 & 0 & 2\end{vmatrix}$$

$$=-(-1)\cdot(-1)^{2+2}\begin{vmatrix}2 & -1\\ 1 & 2\end{vmatrix}=\begin{vmatrix}2 & -1\\ 1 & 2\end{vmatrix}=5.$$

下面我们来介绍一个重要的行列式.

例 2.6 证明范德蒙德(Vandermonde)行列式

$$|A|=\begin{vmatrix} 1 & 1 & \cdots & 1 \\ a_1 & a_2 & \cdots & a_n \\ a_1^2 & a_2^2 & \cdots & a_n^2 \\ \vdots & \vdots & & \vdots \\ a_1^{n-1} & a_2^{n-1} & \cdots & a_n^{n-1} \end{vmatrix}=\prod_{1\leqslant j<i\leqslant n}(a_i-a_j),$$

其中的$\prod$是连乘积的记号. 等式右端表示对 $a_1,a_2,\cdots,a_n$ 这 n 个数做所有可能的差：

$$a_i-a_j \quad (1\leqslant j<i\leqslant n),$$

然后把它们连乘起来. 具体写出来，就是

$$\begin{aligned}\prod_{1\leqslant j<i\leqslant n}(a_i-a_j)=&(a_2-a_1)(a_3-a_1)(a_4-a_1)\cdots(a_n-a_1)\\ &\times(a_3-a_2)(a_4-a_2)\cdots(a_n-a_2)\\ &\times(a_4-a_3)\cdots(a_n-a_3)\\ &\times\cdots\times(a_n-a_{n-1}).\end{aligned}$$

证　采用数学归纳法. 当 $n=2$ 时，有

$$\begin{vmatrix} 1 & 1 \\ a_1 & a_2 \end{vmatrix}=a_2-a_1,$$

命题成立. 设对 $n-1$ 阶范德蒙德行列式命题成立，证明对 n 阶范德蒙德行列式$|A|$，命题也成立.

在$|A|$中将第 n 行减去第 $n-1$ 行的 a_1 倍，第 $n-1$ 行又减去第 $n-2$ 行的 a_1 倍，…. 即由下而上依次把每一行减去它上面一行的 a_1 倍，有

$$|A|=\begin{vmatrix} 1 & 1 & 1 & \cdots & 1 \\ 0 & a_2-a_1 & a_3-a_1 & \cdots & a_n-a_1 \\ 0 & a_2^2-a_1a_2 & a_3^2-a_1a_3 & \cdots & a_n^2-a_1a_n \\ \vdots & \vdots & \vdots & & \vdots \\ 0 & a_2^{n-1}-a_1a_2^{n-2} & a_3^{n-1}-a_1a_3^{n-2} & \cdots & a_n^{n-1}-a_1a_n^{n-2} \end{vmatrix}$$

$$=\begin{vmatrix} a_2-a_1 & a_3-a_1 & \cdots & a_n-a_1 \\ a_2(a_2-a_1) & a_3(a_3-a_1) & \cdots & a_n(a_n-a_1) \\ \vdots & \vdots & & \vdots \\ a_2^{n-2}(a_2-a_1) & a_3^{n-2}(a_3-a_1) & \cdots & a_n^{n-2}(a_n-a_1) \end{vmatrix}$$

$$=(a_2-a_1)(a_3-a_1)\cdots(a_n-a_1)\begin{vmatrix} 1 & 1 & \cdots & 1 \\ a_2 & a_3 & \cdots & a_n \\ a_2^2 & a_3^2 & \cdots & a_n^2 \\ \vdots & \vdots & & \vdots \\ a_2^{n-2} & a_3^{n-2} & \cdots & a_n^{n-2} \end{vmatrix}.$$

最后得到的是一个 $n-1$ 阶范德蒙德行列式. 根据归纳假设,它等于所有可能的差

$$(a_i-a_j)\quad(2\leqslant j<i\leqslant n)$$

的连乘积. 而包含 a_1 的差 $a_i-a_1(i=2,3,\cdots,n)$ 全在前面的因子中出现了,因之,命题对 n 阶范德蒙德行列式也成立. ▎

n 阶方阵行列式的计算带有较多的技巧性,必须细心地观察该方阵的特点,然后利用行列式的性质加以化简. 下面再举两个例子.

例 2.7 给定数域 K 上 n 阶方阵

$$A_n=\begin{bmatrix} x+y & xy & 0 & \cdots & \cdots & \cdots & 0 \\ 1 & x+y & xy & 0 & \cdots & \cdots & 0 \\ 0 & 1 & x+y & xy & 0 & \cdots & 0 \\ \vdots & \ddots & \ddots & \ddots & \ddots & \ddots & \vdots \\ \vdots & & \ddots & \ddots & \ddots & \ddots & 0 \\ \vdots & & & \ddots & \ddots & \ddots & xy \\ 0 & \cdots & \cdots & \cdots & 0 & 1 & x+y \end{bmatrix}.$$

试计算 A_n 的行列式.

解 当 $n=1$ 时, $|A_1|=x+y$,

当 $n=2$ 时, $|A_2|=(x+y)^2-xy=x^2+xy+y^2$.

对 $n\geqslant 3$，把$|A_n|$按第 1 列展开，得

$$|A_n|=(x+y)|A_{n-1}|-xy|A_{n-2}|.$$

故

$$\begin{aligned}|A_3|&=(x+y)|A_2|-xy|A_1|\\&=x^3+x^2y+xy^2+y^3.\end{aligned}$$

从$|A_1|$，$|A_2|$，$|A_3|$的上述表达式立即可以猜想：

$$|A_n|=x^n+x^{n-1}y+x^{n-2}y^2+\cdots+xy^{n-1}+y^n.$$

下面使用数学归纳法. 设命题当 $n\leqslant k$ 时成立，则当 $n=k+1$ 时，有

$$\begin{aligned}|A_{k+1}|&=(x+y)|A_k|-xy|A_{k-1}|\\&=(x+y)(x^k+x^{k-1}y+\cdots+xy^{k-1}+y^k)\\&\quad-xy(x^{k-1}+x^{k-2}y+\cdots+xy^{k-2}+y^{k-1})\\&=x^{k+1}+x^ky+\cdots+xy^k+y^{k+1}.\end{aligned}$$

即命题当 $n=k+1$ 也成立，于是猜想成立. 写成较简明的形式，就是

$$|A_n|=\begin{cases}(x^{n+1}-y^{n+1})/(x-y), & \text{当 } x\neq y \text{ 时},\\(n+1)x^n, & \text{当 } x=y \text{ 时}.\end{cases}$$

例 2.8　计算如下 n 阶行列式

$$D_n=\begin{vmatrix}a & b & b & \cdots & b\\c & a & b & \cdots & b\\c & c & a & \ddots & \vdots\\\vdots & & \ddots & \ddots & b\\c & \cdots & \cdots & c & a\end{vmatrix}.$$

解　这个行列式的特点是，主对角线上元素都是 a，其上半元素都是 b，其下半元素都是 c. 把第一行写成两向量之和：

$$(a,b,b,\cdots,b)=(a-b,0,\cdots,0)+(b,b,\cdots,b),$$

那么，按行列式的性质得

$$D_n=\begin{vmatrix} a-b & 0 & 0 & \cdots & 0 \\ c & a & b & \cdots & b \\ \vdots & \ddots & \ddots & \ddots & \vdots \\ \vdots & & \ddots & \ddots & b \\ c & \cdots & \cdots & c & a \end{vmatrix}+\begin{vmatrix} b & b & b & \cdots & b \\ c & a & b & \cdots & b \\ \vdots & \ddots & \ddots & \ddots & \vdots \\ \vdots & & \ddots & \ddots & b \\ c & \cdots & \cdots & c & a \end{vmatrix}$$

$$=(a-b)D_{n-1}+b\begin{vmatrix} 1 & 1 & 1 & \cdots & 1 \\ c & a & b & \cdots & b \\ \vdots & \ddots & \ddots & \ddots & \vdots \\ \vdots & & \ddots & \ddots & b \\ c & \cdots & \cdots & c & a \end{vmatrix}$$

$$=(a-b)D_{n-1}+b\begin{vmatrix} 1 & 1 & 1 & \cdots & 1 \\ 0 & a-c & b-c & \cdots & b-c \\ \vdots & \ddots & \ddots & \ddots & \vdots \\ \vdots & & \ddots & \ddots & b-c \\ 0 & \cdots & \cdots & 0 & a-c \end{vmatrix}$$

$$=(a-b)D_{n-1}+b(a-c)^{n-1}.$$

D_n 行列互换,其值不变. 但行列互换实即 b 与 c 互换,于是我们又有

$$D_n=(a-c)D_{n-1}+c(a-b)^{n-1}.$$

当 $b\neq c$ 时,由上两式消去 D_{n-1},得

$$D_n=\frac{b(a-c)^n-c(a-b)^n}{b-c}.$$

当 $b=c$ 时,有

$$\begin{aligned} D_n&=(a-b)D_{n-1}+b(a-b)^{n-1} \\ &=(a-b)^2D_{n-2}+2b(a-b)^{n-1} \\ &=(a-b)^3D_{n-3}+3b(a-b)^{n-1} \\ &=\cdots \\ &=(a-b)^{n-1}D_1+(n-1)b(a-b)^{n-1} \end{aligned}$$

$$=(a-b)^n+nb(a-b)^{n-1}.$$

5. 行列式的其他重要性质

下面是分块矩阵行列式的重要性质.

命题 2.8　给定数域 K 上分块 n 阶方阵

$$M=\begin{bmatrix}A & C\\ 0 & B\end{bmatrix},$$

其中 A 为 k 阶方阵. 则 $|M|=|A|\cdot|B|$.

证　对 k 做数学归纳法. 当 $k=1$ 时对第 1 列展开:

$$|M|=\begin{vmatrix}a_{11} & C\\ 0 & B\end{vmatrix}=a_{11}\ |B|=|A|\cdot|B|.$$

现设对 A 为 k 阶方阵时命题成立,当 A 为 $k+1$ 阶方阵时,把 $|M|$ 按第 1 列展开:

$$|M|=\sum_{i=1}^{k+1}(-1)^{i+1}a_{i1}\left|M\binom{i}{1}\right|.$$

注意到

$$M\binom{i}{1}=\begin{bmatrix}A\binom{i}{1} & C_i\\ 0 & B\end{bmatrix},$$

按归纳假设,有

$$\left|M\binom{i}{1}\right|=\left|A\binom{i}{1}\right|\,|B|.$$

代回 $|M|$ 的表达式,有

$$\begin{aligned}|M|&=\sum_{i=1}^{k+1}(-1)^{i+1}a_{i1}\left|A\binom{i}{1}\right|\,|B|\\ &=|A|\cdot|B|.\end{aligned}$$ ▌

推论　给定数域 K 上的 n 阶准对角矩阵

$$A=\begin{bmatrix}A_1 & & & 0\\ & A_2 & & \\ & & \ddots & \\ 0 & & & A_s\end{bmatrix}.$$

则

$$|A|=|A_1||A_2|\cdots|A_s|.$$

证 反复应用命题 2.8 即可得证. ▌

现在考察实数域上的 n 阶方阵

$$A(t)=\begin{bmatrix} a_{11}(t) & a_{12}(t) & \cdots & a_{1n}(t) \\ a_{21}(t) & a_{22}(t) & \cdots & a_{2n}(t) \\ \vdots & \vdots & & \vdots \\ a_{n1}(t) & a_{n2}(t) & \cdots & a_{nn}(t) \end{bmatrix},$$

其中 $a_{ij}(t)$为开区间(a,b)内的可微函数. 应用数学分析的知识立即可以看出行列式$|A(t)|$也是(a,b)内的可微函数. 现在来导出$\frac{\mathrm{d}}{\mathrm{d}t}|A(t)|$的计算公式. 令

$$A_i(t)=\begin{bmatrix} a_{11}(t) & \cdots & a_{1n}(t) \\ \vdots & & \vdots \\ a_{i-1\,1}(t) & \cdots & a_{i-1\,n}(t) \\ a'_{i1}(t) & \cdots & a'_{in}(t) \\ a_{i+1\,1}(t) & \cdots & a_{i+1\,n}(t) \\ \vdots & & \vdots \\ a_{n1}(t) & \cdots & a_{nn}(t) \end{bmatrix}.$$

即 $A_i(t)$为将 $A(t)$的第 i 行求微商,其他行不变所得的 n 阶方阵.

命题 2.9 给定实数域上的 n 阶方阵

$$A(t)=\begin{bmatrix} a_{11}(t) & a_{12}(t) & \cdots & a_{1n}(t) \\ a_{21}(t) & a_{22}(t) & \cdots & a_{2n}(t) \\ \vdots & \vdots & & \vdots \\ a_{n1}(t) & a_{n2}(t) & \cdots & a_{nn}(t) \end{bmatrix},$$

其中 $a_{ij}(t)$为开区间(a,b)内的可微函数. 则$|A(t)|$也是(a,b)内

的可微函数，且

$$\frac{\mathrm{d}}{\mathrm{d}t}\mid A(t)\mid=\sum_{i=1}^{n}\mid A_i(t)\mid.$$

证 利用定理 2.1 的推论，有

$$\begin{aligned}\frac{\mathrm{d}\,|A|}{\mathrm{d}t}&=\frac{\mathrm{d}}{\mathrm{d}t}\sum_{(i_1i_2\cdots i_n)}(-1)^{N(i_1i_2\cdots i_n)}\cdot a_{1i_1}(t)a_{2i_2}(t)\cdots a_{ni_n}(t)\\&=\sum_{k=1}^{n}\sum_{(i_1i_2\cdots i_n)}(-1)^{N(i_1i_2\cdots i_n)}a_{1i_1}(t)\cdots a'_{ki_k}(t)\cdots a_{ni_n}(t)\\&=\sum_{k=1}^{n}\begin{vmatrix}a_{11}(t)&a_{12}(t)&\cdots&a_{1n}(t)\\\vdots&\vdots&&\vdots\\a'_{k1}(t)&a'_{k2}(t)&\cdots&a'_{kn}(t)\\\vdots&\vdots&&\vdots\\a_{n1}(t)&a_{n2}(t)&\cdots&a_{nn}(t)\end{vmatrix}.\end{aligned}$$ ▌

命题 2.9 表明，对于由函数做元素的 n 阶方阵的行列式求微商时，等于分别对每一行求微商再连加. 由于行列式中行与列是平等的，所以也可以分别对每一列求微商再连加起来.

习 题 一

1. 在 $M_n(K)$ 内定义如下三个数量函数：若

$$A=\begin{bmatrix}a_{11}&a_{12}&\cdots&a_{1n}\\a_{21}&a_{22}&\cdots&a_{2n}\\\vdots&\vdots&&\vdots\\a_{n1}&a_{n2}&\cdots&a_{nn}\end{bmatrix},$$

则令

$$f(A)=a_{11}a_{12}\cdots a_{1n},$$
$$g(A)=a_{11}a_{21}\cdots a_{n1},$$
$$h(A)=a_{11}a_{22}\cdots a_{nn}.$$

证明：$f(A)$是列线性函数；$g(A)$是行线性函数；$h(A)$既是列线

性,又是行线性函数.

2. 设 $f(A)$是 $M_n(K)(n\geqslant 2)$上的列线性函数. 证明下面三个命题互相等价:

(1) $f(A)$为反对称列线性函数;

(2) 互换 A 的 i,j 两列($i\neq j$)得方阵 B 时,$f(B)=-f(A)$;

(3) 将 A 的第 j 列加上第 i 列的 k 倍($i\neq j$)得方阵 B 时,$f(B)=f(A)$.

3. 证明在 $M_n(K)$内存在无穷多个满足如下条件的列线性函数 $f(A)$:若 $\mathrm{r}(A)<n$,则 $f(A)=0$.

4. 设 $f(A)$为 $M_n(K)(n\geqslant 2)$上的反对称列线性函数. 如果存在一个 $A_0\in M_n(K)$, $\mathrm{r}(A_0)=n$,使 $f(A_0)=0$,证明:$f(A)\equiv 0$.

5. 求下列排列的反序数,并判断它是奇排列还是偶排列.

23145; 985467321; 375149;

$n(n-1)(n-2)\cdots 321$; $(2n+1)(2n-1)\cdots 531$.

6. 选择 i 与 $k(1\leqslant i,k\leqslant 9)$使

(1) $1274i56k9$ 成偶排列;

(2) $1i25k4897$ 成奇排列.

7. 在六阶行列式中,

$$a_{23}a_{31}a_{42}a_{56}a_{14}a_{65} \quad 以及 \quad a_{32}a_{43}a_{14}a_{51}a_{66}a_{25}$$

这两项应带什么符号?

8. 写出四阶行列式中所有带负号,且包含因子 a_{23} 的项.

9. 证明:

$$\begin{vmatrix} a_1 & a_2 & a_3 & a_4 & a_5 \\ b_1 & b_2 & b_3 & b_4 & b_5 \\ c_1 & c_2 & 0 & 0 & 0 \\ d_1 & d_2 & 0 & 0 & 0 \\ e_1 & e_2 & 0 & 0 & 0 \end{vmatrix}=0.$$

10. 求

$$f(x)=\begin{vmatrix} 2x & x & 1 & 2 \\ 1 & x & 1 & -1 \\ 3 & 2 & x & 1 \\ 1 & 1 & 1 & x \end{vmatrix}$$

中 x^4 与 x^3 的系数.

11. 由

$$\begin{vmatrix} 1 & 1 & \cdots & 1 \\ 1 & 1 & \cdots & 1 \\ \vdots & \vdots & & \vdots \\ 1 & 1 & \cdots & 1 \end{vmatrix}=0,$$

证明：前 n 个自然数 $1,2,\cdots,n$ 所组成的排列中，奇、偶排列各占一半.

12. 求

$$\sum_{(j_1j_2\cdots j_n)}\begin{vmatrix} a_{1j_1} & a_{1j_2} & \cdots & a_{1j_n} \\ a_{2j_1} & a_{2j_2} & \cdots & a_{2j_n} \\ \vdots & \vdots & & \vdots \\ a_{nj_1} & a_{nj_2} & \cdots & a_{nj_n} \end{vmatrix},$$

其中求和号表示对前 n 个自然数的所有可能的排列 $j_1j_2\cdots j_n$ 求和.

13. 设 $f(A)$ 为 $M_n(K)(n\geqslant 2)$ 上的反对称列线性函数且 $f(A)\neq 0$. 证明：存在 K 内非零常数 a，使 $f(A)=a\det(A)$.

14. 设在 $M_3(K)$ 内数量函数 $\det(A)$ 已定义，写出 $M_4(K)$ 内 $\det(A)$ 的定义式.

15. 给定如下 4 阶方阵的行列式：

$$\begin{vmatrix} -1 & 2 & 0 & 1 \\ 0 & 1 & -1 & 1 \\ -3 & 1 & 0 & 2 \\ -1 & 1 & 0 & 1 \end{vmatrix},$$

求余子式 M_{13}, M_{31}, M_{24}.

16. 设 A 是奇数阶反对称矩阵：$A'=-A$，证明：$|A|=0$.

17. 证明：

$$\begin{vmatrix} 1 & -1 & 0 & \cdots & \cdots & 0 \\ 0 & 1 & -1 & & & \vdots \\ \vdots & \ddots & \ddots & \ddots & & 0 \\ \vdots & & \ddots & \ddots & \ddots & \vdots \\ 0 & & & \ddots & \ddots & -1 \\ -1 & 0 & \cdots & \cdots & 0 & 1 \end{vmatrix}=0.$$

18. 计算下列行列式的值：

(1) $\begin{vmatrix} 1 & 2 & 1 & 4 \\ 0 & -1 & 2 & 1 \\ 0 & 0 & 2 & 1 \\ 0 & 0 & 0 & 3 \end{vmatrix}$；　(2) $\begin{vmatrix} 1 & -1 & 2 \\ 3 & 2 & 1 \\ 0 & 1 & 4 \end{vmatrix}$；

(3) $\begin{vmatrix} 0 & 1 & 2 & -1 & 4 \\ 2 & 0 & 1 & 2 & 1 \\ -1 & 3 & 5 & 1 & 2 \\ 3 & 3 & 1 & 2 & 1 \\ 2 & 1 & 0 & 3 & 5 \end{vmatrix}$；　(4) $\begin{vmatrix} 1 & -2 & 1 & 0 \\ 0 & 3 & -2 & -1 \\ 4 & -1 & 0 & -3 \\ 1 & 2 & -6 & 3 \end{vmatrix}$；

(5) $\begin{vmatrix} 1 & 2 & -1 & 1 \\ 3 & 0 & 1 & 2 \\ 1 & -1 & 2 & 1 \\ 1 & 0 & 3 & -2 \end{vmatrix}$；　(6) $\begin{vmatrix} 1 & \frac{1}{2} & 0 & 1 & -1 \\ 2 & 0 & -1 & 1 & 2 \\ 3 & 2 & 1 & \frac{1}{2} & 0 \\ 1 & -1 & 0 & 1 & 2 \\ 2 & 1 & 3 & 0 & \frac{1}{2} \end{vmatrix}$.

19. 计算下列行列式：

(1) $\begin{vmatrix} x & y & x+y \\ y & x+y & x \\ x+y & x & y \end{vmatrix}$；(2) $\begin{vmatrix} 1+x & 1 & 1 & 1 \\ 1 & 1-x & 1 & 1 \\ 1 & 1 & 1+y & 1 \\ 1 & 1 & 1 & 1-y \end{vmatrix}$；

(3) $\begin{vmatrix} a^2 & (a+1)^2 & (a+2)^2 & (a+3)^2 \\ b^2 & (b+1)^2 & (b+2)^2 & (b+3)^2 \\ c^2 & (c+1)^2 & (c+2)^2 & (c+3)^2 \\ d^2 & (d+1)^2 & (d+2)^2 & (d+3)^2 \end{vmatrix}$；

(4) $\begin{vmatrix} 3 & 1 & 1 & 1 \\ 1 & 3 & 1 & 1 \\ 1 & 1 & 3 & 1 \\ 1 & 1 & 1 & 3 \end{vmatrix}$；(5) $\begin{vmatrix} 1 & 2 & 3 & 4 \\ 2 & 3 & 4 & 1 \\ 3 & 4 & 1 & 2 \\ 4 & 1 & 2 & 3 \end{vmatrix}$；(6) $\begin{vmatrix} 0 & 1 & 1 & a \\ 1 & 0 & 1 & b \\ 1 & 1 & 0 & c \\ a & b & c & d \end{vmatrix}$.

20. 证明：

$$\begin{vmatrix} b+c & c+a & a+b \\ b_1+c_1 & c_1+a_1 & a_1+b_1 \\ b_2+c_2 & c_2+a_2 & a_2+b_2 \end{vmatrix} = 2\begin{vmatrix} a & b & c \\ a_1 & b_1 & c_1 \\ a_2 & b_2 & c_2 \end{vmatrix}.$$

21. 求下列方阵每个元素的代数余子式：

$$A = \begin{bmatrix} -3 & 1 & 0 \\ 2 & 1 & -1 \\ 1 & 0 & 1 \end{bmatrix},$$

并写出$|A|$对第二行和对第三列的展开公式.

22. 写出行列式

$$\begin{vmatrix} 4 & -3 & 2 & 1 & -1 \\ 0 & -5 & 3 & 0 & 1 \\ 7 & -1 & 0 & 2 & -1 \\ 1 & 0 & 1 & -1 & -1 \\ 0 & 7 & 3 & 2 & 0 \end{vmatrix}$$

对第三行的展开公式.

23. 证明：

$$\begin{vmatrix} a_{11} & \cdots & \cdots & \cdots & a_{1n} \\ a_{21} & \cdots & \cdots & a_{2n-1} & 0 \\ \vdots & & \iddots & \iddots & \vdots \\ & \iddots & \iddots & & \\ a_{n1} & 0 & \cdots & \cdots & 0 \end{vmatrix} = (-1)^{\frac{n(n-1)}{2}} a_{1n}a_{2n-1}\cdots a_{n1}.$$

24. 给定 $n-1$ 个互不相同的数 $a_1, a_2, \cdots, a_{n-1}$，令

$$P(x) = \begin{vmatrix} 1 & x & x^2 & \cdots & x^{n-1} \\ 1 & a_1 & a_1^2 & \cdots & a_1^{n-1} \\ \vdots & \vdots & \vdots & & \vdots \\ 1 & a_{n-1} & a_{n-1}^2 & \cdots & a_{n-1}^{n-1} \end{vmatrix}.$$

(1) 证明：$P(x)$是一个 $n-1$ 次多项式；

(2) 求出 $P(x)$的 $n-1$ 个根.

25. 设给定 n 阶方阵 $A=(a_{ij})$，将其每个元素 a_{ij} 乘以 b^{i-j} $(b\neq 0)$后得到 n 阶方阵 B. 证明：$|A|=|B|$.

26. 计算下列 n 阶行列式：

(1) $$\begin{vmatrix} a_1 & x & x & \cdots & \cdots & x \\ x & a_2 & x & \cdots & \cdots & x \\ \vdots & \ddots & \ddots & \ddots & & \vdots \\ \vdots & & \ddots & \ddots & \ddots & \vdots \\ \vdots & & & \ddots & \ddots & x \\ x & \cdots & \cdots & \cdots & x & a_n \end{vmatrix};$$

(2) $$\begin{vmatrix} 1 & 2 & 3 & \cdots & n-2 & n-1 & n \\ 2 & 3 & 4 & \cdots & n-1 & n & n \\ 3 & 4 & 5 & \cdots & n & n & n \\ \vdots & \vdots & \vdots & & \vdots & \vdots & \vdots \\ n-1 & n & n & \cdots & n & n & n \\ n & n & n & \cdots & n & n & n \end{vmatrix};$$

(3) $\begin{vmatrix} a_1b_1 & a_1b_2 & a_1b_3 & \cdots & a_1b_n \\ a_1b_2 & a_2b_2 & a_2b_3 & \cdots & a_2b_n \\ a_1b_3 & a_2b_3 & a_3b_3 & \cdots & a_3b_n \\ \vdots & \vdots & \vdots & & \vdots \\ a_1b_n & a_2b_n & a_3b_n & \cdots & a_nb_n \end{vmatrix}$；

(4) $\begin{vmatrix} 7 & 5 & 0 & 0 & \cdots & \cdots & 0 \\ 2 & 7 & 5 & 0 & \cdots & \cdots & 0 \\ 0 & 2 & 7 & 5 & \ddots & & \vdots \\ \vdots & \ddots & \ddots & \ddots & \ddots & \ddots & \vdots \\ \vdots & & \ddots & \ddots & \ddots & \ddots & 0 \\ \vdots & & & \ddots & \ddots & \ddots & 5 \\ 0 & \cdots & \cdots & \cdots & 0 & 2 & 7 \end{vmatrix}$；

(5) $\begin{vmatrix} 2\cos\alpha & 1 & 0 & \cdots & \cdots & 0 \\ 1 & 2\cos\alpha & 1 & \ddots & & \vdots \\ 0 & 1 & 2\cos\alpha & \ddots & \ddots & \vdots \\ \vdots & \ddots & \ddots & \ddots & \ddots & 0 \\ \vdots & & \ddots & \ddots & \ddots & 1 \\ 0 & \cdots & \cdots & 0 & 1 & 2\cos\alpha \end{vmatrix}$；

(6) $\begin{vmatrix} a_1 & a_2 & a_3 & \cdots & \cdots & a_n \\ -x_1 & x_2 & 0 & \cdots & \cdots & 0 \\ 0 & -x_2 & x_3 & 0 & \cdots & 0 \\ \vdots & \ddots & \ddots & \ddots & \ddots & \vdots \\ \vdots & \ddots & \ddots & \ddots & \ddots & 0 \\ 0 & \cdots & \cdots & 0 & -x_{n-1} & x_n \end{vmatrix}$.

27. 设 $f_i(x)$是数域 K 上的 i 次多项式，其首项系数为 a_i（$i=$

$0,1,2,\cdots,n-1$). 又设 $b_1,b_2,\cdots,b_n$ 是 K 内一组数. 试计算下列 n 阶行列式:

$$\begin{vmatrix} f_0(b_1) & f_0(b_2) & \cdots & f_0(b_n) \\ f_1(b_1) & f_1(b_2) & \cdots & f_1(b_n) \\ \vdots & \vdots & & \vdots \\ f_{n-1}(b_1) & f_{n-1}(b_2) & \cdots & f_{n-1}(b_n) \end{vmatrix}.$$

28. 试计算下面 n 阶行列式:

$$\begin{vmatrix} 1 & 1 & \cdots & 1 \\ \cos\alpha_1 & \cos\alpha_2 & \cdots & \cos\alpha_n \\ \cos 2\alpha_1 & \cos 2\alpha_2 & \cdots & \cos 2\alpha_n \\ \vdots & \vdots & & \vdots \\ \cos(n-1)\alpha_1 & \cos(n-1)\alpha_2 & \cdots & \cos(n-1)\alpha_n \end{vmatrix}.$$

§3 行列式的初步应用

在这一节里,我们应用行列式理论来讨论线性方程组和矩阵论中的若干问题

1. 齐次线性方程组

首先证明一个重要命题.

命题 3.1 设 A_0 是数域 K 上的一个 n 阶方阵,则 A_0 满秩的充要条件是其行列式 $|A_0|\neq 0$.

证 必要性 $n=1$ 时显然成立. 设 $n\geqslant 2$. 在 $M_n(K)$上定义函数 $f(A)\equiv 0$. 它显然是反对称列线性函数. 若 $\mathrm{r}(A_0)=n$,但 $\det(A_0)=0$. 则 $\det(A_0)=f(A_0)=0$. 由第二章命题 5.2 的推论 1 知 A_0 可单用初等列变换化为 E,再由本章命题 2.1 的推论知 $\det(E)=f(E)=0$,矛盾. 故$\det(A_0)\neq 0$.

充分性 因为 $\det(A)$为行列式函数,由定义可知. ▌

现在来讨论 n 个未知量 n 个方程的齐次线性方程组

$$\begin{cases} a_{11}x_1+a_{12}x_2+\cdots+a_{1n}x_n=0, \\ a_{21}x_1+a_{22}x_2+\cdots+a_{2n}x_n=0, \\ \cdots\cdots\cdots\cdots\cdots\cdots\cdots\cdots\cdots\cdots \\ a_{n1}x_1+a_{n2}x_2+\cdots+a_{nn}x_n=0. \end{cases}$$

根据第二章定理 3.1 的推论，上面的齐次线性方程组有非零解的充要条件是其系数矩阵 A 的秩 $\mathrm{r}(A)$ 小于未知量个数 n. 现在 A 是一个 n 阶方阵，由命题 3.1，$\mathrm{r}(A)<n$ 的充要条件是 $|A|=0$. 故有如下重要结论.

定理 3.1 数域 K 上的 n 个未知量 n 个方程的齐次线性方程组有非零解的充要条件是其系数矩阵的行列式为零.

这个定理告诉我们：如果这样的齐次线性方程组系数矩阵的行列式不为零时，它就只有零解. 注意这定理仅限于 n 个未知量 n 个方程的情况.

2. 逆矩阵

首先我们介绍数学中一个常用的符号. 命

$$\delta_{ij}=\begin{cases} 1, & \text{当 } i=j \text{ 时}, \\ 0, & \text{当 } i\neq j \text{ 时}. \end{cases}$$

这个符号称为**克罗内克**(Kronecker)**符号**. 利用这个符号，许多数学式子就可以写得比较简洁. 例如，单位矩阵 E 可以写成(δ_{ij})，即 E 的 i 行 j 列元素为 δ_{ij}.

命题 3.2 n 阶方阵 $A=(a_{ij})$的行列式$|A|$和它的代数余子式有如下关系：

$$\begin{matrix} a_{i1}A_{j1}+a_{i2}A_{j2}+\cdots+a_{in}A_{jn}=\delta_{ij}|A|, \\ a_{1i}A_{1j}+a_{2i}A_{2j}+\cdots+a_{ni}A_{nj}=\delta_{ij}|A| \end{matrix} \quad (i,j=1,2,\cdots,n).$$

证 当 $i=j$ 时上面两个等式即为命题 2.7. 下面来证 $i\neq j$ 的情况. 我们只要证明了第一个关于行的公式，那么，由行列式的性质 1，第二个关于列的公式就随之成立.

把 A 的第 j 行元素换成 $a_{i1},a_{i2},\cdots,a_{in}$，得矩阵 $\overline{A}$. $\overline{A}$ 的 i,j 两

行相同,故$|\overline{A}|=0$.把$|\overline{A}|$对第j行展开,就有

$$a_{i1}A_{j1}+a_{i2}A_{j2}+\cdots+a_{in}A_{jn}=|\overline{A}|=0.$$

其中利用了$\overline{A}$与A仅是第j行不相同,故$\overline{A}$第j行元素的代数余子式与A的第j行元素的代数余子式相同. ▌

给定数域K上一个n阶方阵($n\geqslant 2$)

$$A=\begin{bmatrix} a_{11} & a_{12} & \cdots & a_{1n} \\ a_{21} & a_{22} & \cdots & a_{2n} \\ \vdots & \vdots & & \vdots \\ a_{n1} & a_{n2} & \cdots & a_{nn} \end{bmatrix}.$$

用A的代数余子式排成如下一个n阶方阵

$$A^*=\begin{bmatrix} A_{11} & A_{21} & \cdots & A_{n1} \\ A_{12} & A_{22} & \cdots & A_{n2} \\ \vdots & \vdots & & \vdots \\ A_{1n} & A_{2n} & \cdots & A_{nn} \end{bmatrix}$$

(即A^*的i行j列处放置代数余子式A_{ji}),A^*称为A的**伴随矩阵**.根据命题3.2,有

$$AA^*=\left(\sum_{k=1}^{n}a_{ik}A_{jk}\right)=(\delta_{ij}\ |A|)=|A|\cdot E,$$

$$A^*A=\left(\sum_{k=1}^{n}A_{ki}a_{kj}\right)=(\delta_{ij}\ |A|)=|A|\cdot E.$$

如果$|A|\neq 0$,则有

$$\left(\frac{1}{|A|}A^*\right)A=A\left(\frac{1}{|A|}A^*\right)=E.$$

这表示此时A可逆,且

$$A^{-1}=\frac{1}{|A|}A^*.$$

反之,若A可逆,则由第二章命题5.4知A满秩,再由命题3.1知$|A|\neq 0$,于是$\frac{1}{|A|}A^*$有意义,那么,它就是A的逆矩阵.故有

定理 3.2 n阶方阵A可逆的充要条件是$|A|\neq 0$.在A可逆且

$n \geqslant 2$ 时,有

$$A^{-1}=\frac{1}{|A|}A^{*}.$$

例 3.1 给定矩阵

$$A=\begin{bmatrix}-1 & 0 & 1\\ 2 & 1 & 0\\ 0 & -3 & 1\end{bmatrix},$$

有

$$\begin{aligned}|A| &= \begin{vmatrix}-1 & 0 & 1\\ 2 & 1 & 0\\ 0 & -3 & 1\end{vmatrix}\\ &= \begin{vmatrix}-1 & 0 & 0\\ 2 & 1 & 2\\ 0 & -3 & 1\end{vmatrix}\\ &= -\begin{vmatrix}1 & 2\\ -3 & 1\end{vmatrix}\\ &= -7\\ &\neq 0.\end{aligned}$$

故 A 可逆. 在 §2 的例 2.4 中已经算出 A 的全部代数余子式,于是可写出 A 的伴随矩阵

$$A^{*}=\begin{bmatrix}A_{11} & A_{21} & A_{31}\\ A_{12} & A_{22} & A_{32}\\ A_{13} & A_{23} & A_{33}\end{bmatrix}=\begin{bmatrix}1 & -3 & -1\\ -2 & -1 & 2\\ -6 & -3 & -1\end{bmatrix}.$$

那么,A 的逆矩阵是

$$A^{-1}=\frac{1}{|A|}A^{*}=-\frac{1}{7}\begin{bmatrix}1 & -3 & -1\\ -2 & -1 & 2\\ -6 & -3 & -1\end{bmatrix}$$

$$=\begin{bmatrix} -\frac{1}{7} & \frac{3}{7} & \frac{1}{7} \\ \frac{2}{7} & \frac{1}{7} & -\frac{2}{7} \\ \frac{6}{7} & \frac{3}{7} & \frac{1}{7} \end{bmatrix}.$$

下面再来讨论 n 个未知量 n 个方程的线性方程组

$$\begin{cases} a_{11}x_1+a_{12}x_2+\cdots+a_{1n}x_n=b_1, \\ a_{21}x_1+a_{22}x_2+\cdots+a_{2n}x_n=b_2, \\ \cdots\cdots\cdots\cdots\cdots\cdots\cdots\cdots\cdots\cdots\cdots \\ a_{n1}x_1+a_{n2}x_2+\cdots+a_{nn}x_n=b_n. \end{cases} \tag{1}$$

命

$$A=\begin{bmatrix} a_{11} & a_{12} & \cdots & a_{1n} \\ a_{21} & a_{22} & \cdots & a_{2n} \\ \vdots & \vdots & & \vdots \\ a_{n1} & a_{n2} & \cdots & a_{nn} \end{bmatrix},$$

$$X=\begin{bmatrix} x_1 \\ x_2 \\ \vdots \\ x_n \end{bmatrix}, \quad B=\begin{bmatrix} b_1 \\ b_2 \\ \vdots \\ b_n \end{bmatrix},$$

则方程组可写成

$$AX=B. \tag{2}$$

现在(1)的系数矩阵 A 是一个 n 阶方阵. 我们有如下两个结论：

1) 方程组(1)有唯一解的充要条件是 $|A|\neq 0$.

证 *必要性* 若 $|A|\neq 0$，由命题 3.1 知，$r(A)=n$. 从而方程组(1)的增广矩阵 $\overline{A}$ 的秩 $r(\overline{A})=n=r(A)$(因 $\overline{A}$ 只有 n 行，其秩不超过 n，而 $r(\overline{A})\geqslant r(A)=n$)，故方程组有解. 再由第二章定理 3.3 的(i)知解唯一.

充分性　若方程组有唯一解，则由第二章定理 3.3 的(ii)可知，$r(A)=n$. 再由命题 3.1 知，$|A|\neq 0$.

2) 当 $|A|\neq 0$，方程组(1)有唯一解时，命

$$X = A^{-1}B, \tag{3}$$

代入(2)式，即知(3)式就是方程组的唯一解.

现在用伴随矩阵表示 A^{-1}. 把定理 3.2 的结论代入(3)式，得

$$X = A^{-1}B = \frac{1}{|A|}A^* B$$

$$= \frac{1}{|A|}\begin{bmatrix} A_{11} & A_{21} & \cdots & A_{n1} \\ A_{12} & A_{22} & \cdots & A_{n2} \\ \vdots & \vdots & & \vdots \\ A_{1n} & A_{2n} & \cdots & A_{nn} \end{bmatrix}\begin{bmatrix} b_1 \\ b_2 \\ \vdots \\ b_n \end{bmatrix} = \frac{1}{|A|}\begin{bmatrix} \sum\limits_{k=1}^{n} A_{k1}b_k \\ \sum\limits_{k=1}^{n} A_{k2}b_k \\ \vdots \\ \sum\limits_{k=1}^{n} A_{kn}b_k \end{bmatrix}.$$

命

$$|A_i| = \sum_{k=1}^{n} A_{ki}b_k = \begin{vmatrix} a_{11} & \cdots & a_{1\,i-1} & b_1 & a_{1\,i+1} & \cdots & a_{1n} \\ a_{21} & \cdots & a_{2\,i-1} & b_2 & a_{2\,i+1} & \cdots & a_{2n} \\ \vdots & & \vdots & \vdots & \vdots & & \vdots \\ a_{n1} & \cdots & a_{n\,i-1} & b_n & a_{n\,i+1} & \cdots & a_{nn} \end{vmatrix}.$$

$|A_i|$ 恰为把 $|A|$ 的第 i 列换成方程组(1)的常数项而得的 n 阶行列式. 此时方程组(1)的解可表为

$$X = \begin{bmatrix} x_1 \\ x_2 \\ \vdots \\ x_n \end{bmatrix} = \frac{1}{|A|}\begin{bmatrix} |A_1| \\ |A_2| \\ \vdots \\ |A_n| \end{bmatrix}.$$

由此即得如下重要结论：

定理 3.3　若数域 K 上的 n 个未知量 n 个方程的线性方程组

(1)的系数矩阵的行列式$|A|\neq 0$时,则它有唯一的一组解

$$x_1=\frac{|A_1|}{|A|},\quad x_2=\frac{|A_2|}{|A|},\quad \cdots,\quad x_n=\frac{|A_n|}{|A|},$$

其中$|A_i|(i=1,2,\cdots,n)$是把$|A|$的第i列换成方程组的常数项而得的n阶行列式.

定理3.3通常称为**克拉默**(Cramer)**法则**.

例3.2 解方程组

$$\begin{cases}2x_1+x_2-5x_3+x_4=8,\\ x_1-3x_2-6x_4=9,\\ 2x_2-x_3+2x_4=-5,\\ x_1+4x_2-7x_3+6x_4=0.\end{cases}$$

解 先算系数矩阵的行列式

$$|A|=\begin{vmatrix}2&1&-5&1\\1&-3&0&-6\\0&2&-1&2\\1&4&-7&6\end{vmatrix}=27\neq 0,$$

故克拉默法则可以应用.由于

$$|A_1|=\begin{vmatrix}8&1&-5&1\\9&-3&0&-6\\-5&2&-1&2\\0&4&-7&6\end{vmatrix}=81,$$

$$|A_2|=\begin{vmatrix}2&8&-5&1\\1&9&0&-6\\0&-5&-1&2\\1&0&-7&6\end{vmatrix}=-108,$$

$$|A_3|=\begin{vmatrix}2&1&8&1\\1&-3&9&-6\\0&2&-5&2\\1&4&0&6\end{vmatrix}=-27,$$

$$|A_4|=\begin{vmatrix}2&1&-5&8\\1&-3&0&9\\0&2&-1&-5\\1&4&-7&0\end{vmatrix}=27,$$

故方程组的唯一的一组解为

$$x_1=\frac{|A_1|}{|A|}=3,\qquad x_2=\frac{|A_2|}{|A|}=-4,$$

$$x_3=\frac{|A_3|}{|A|}=-1,\quad x_4=\frac{|A_4|}{|A|}=1.$$

从上面的例子可以看出，如用克拉默法则去解线性方程组，其计算量是很大的，远不如用第一章的矩阵消元法简单. 但这个法则对理论上讨论某些问题是有用的. 还应当注意：克拉默法则只能用于 n 个未知量 n 个方程且系数矩阵的行列式不为零的线性方程组.

3. 矩阵乘积的行列式

现在来考虑两个 n 阶方阵乘积的行列式.

命题 3.3 设 P 是 n 阶初等矩阵，B 是任一 n 阶方阵，则

$$|PB|=|P|\cdot|B|.$$

证 PB 相当于对 B 做一次初等行变换. 下面分三种情况讨论：

(i) $P=P_n(i,j)$，则 $|P|=-1$. 而 PB 是互换 B 的 i,j 两行，由行列式性质 2，有 $|PB|=-|B|=|P|\cdot|B|$；

(ii) $P=P_n(c\cdot i)$，则 $|P|=c$. 而 PB 是把 B 的第 i 行乘以 c，由行列式性质 4，有 $|PB|=c|B|=|P|\cdot|B|$；

(iii) $P=P_n(k\cdot i,j)$，则 $|P|=1$. 而 PB 是把 B 的第 j 行加上第 i 行的 k 倍，由行列式性质 5，$|PB|=|B|=|P|\cdot|B|$. ▎

推论 设 $P_1,P_2,\cdots,P_s$ 是 n 阶初等矩阵，B 是任一 n 阶方阵，则有

$$|P_1P_2\cdots P_sB|=|P_1|\cdot|P_2|\cdots|P_s|\cdot|B|.$$

证 反复利用命题 3.3，有

$$|P_1P_2\cdots P_sB|=|P_1|\cdot|P_2\cdots P_sB|=\cdots$$

$$=|P_1|\cdot|P_2|\cdots|P_s|\cdot|B|. \quad \blacksquare$$

定理 3.4　对数域 K 上任意两个 n 阶方阵 A,B 有

$$|AB|=|A|\cdot|B|.$$

证　分两种情况讨论.

(i) 若 $|A|=0$,则 $\mathrm{r}(A)<n$. 由第二章命题 4.5,有

$$\mathrm{r}(AB)\leqslant\min\{\mathrm{r}(A),\mathrm{r}(B)\}<n.$$

故 $|AB|=0=|A|\cdot|B|$.

(ii) 若 $|A|\neq0$,则由命题 3.1,$\mathrm{r}(A)=n$. 再由第二章命题 5.2,A 可表为初等矩阵的乘积:

$$A=P_1P_2\cdots P_s.$$

于是由命题 3.3 的推论,有

$$|A|=|P_1|\cdot|P_2|\cdots|P_s|,$$

$$|AB|=|P_1P_2\cdots P_sB|=|P_1|\cdot|P_2|\cdots|P_s|\cdot|B|$$

$$=|A|\cdot|B|. \quad \blacksquare$$

定理 3.4 是一个有用的工具,下面举一个应用实例.

例 3.3　给定数域 K 上的 n 阶循环矩阵

$$A=\begin{bmatrix} a_1 & a_2 & a_3 & \cdots & a_n \\ a_n & a_1 & a_2 & \cdots & a_{n-1} \\ a_{n-1} & a_n & a_1 & \cdots & a_{n-2} \\ \vdots & \vdots & \vdots & & \vdots \\ a_2 & a_3 & a_4 & \cdots & a_1 \end{bmatrix},$$

试计算 A 的行列式.

解　令 $\varepsilon_k=\mathrm{e}^{\frac{2k\pi\mathrm{i}}{n}}(k=1,2,\cdots,n)$ 为 1 的 n 个 n 次根,即方程 x^n-1 在$\mathbb{C}$内的 n 个根。构造$\mathbb{C}$上 n 阶方阵

$$B=\begin{bmatrix} 1 & 1 & \cdots & 1 \\ \varepsilon_1 & \varepsilon_2 & \cdots & \varepsilon_n \\ \vdots & \vdots & & \vdots \\ \varepsilon_1^{n-1} & \varepsilon_2^{n-1} & \cdots & \varepsilon_n^{n-1} \end{bmatrix}.$$

因为 $\varepsilon_1,\varepsilon_2,\cdots,\varepsilon_n$ 两两不同,从§2 例 2.6 知 $|B|\neq0$.

令 $f(x)=a_1+a_2x+\cdots+a_nx^{n-1}$ 为 K 上多项式. 我们有

$$f(\varepsilon_k)=a_1+a_2\varepsilon_k+\cdots+a_n\varepsilon_k^{n-1},$$
$$\varepsilon_k f(\varepsilon_k)=a_n+a_1\varepsilon_k+\cdots+a_{n-1}\varepsilon_k^{n-1},$$
$$\varepsilon_k^2 f(\varepsilon_k)=a_{n-1}+a_n\varepsilon_k+\cdots+a_{n-2}\varepsilon_k^{n-1},$$
$$\cdots\cdots\cdots\cdots\cdots\cdots$$
$$\varepsilon_k^{n-1} f(\varepsilon_k)=a_2+a_3\varepsilon_k+\cdots+a_1\varepsilon_k^{n-1}.$$

于是

$$AB=\begin{bmatrix} a_1 & a_2 & \cdots & a_n \\ a_n & a_1 & \cdots & a_{n-1} \\ \vdots & \vdots & & \vdots \\ a_2 & a_3 & \cdots & a_1 \end{bmatrix}\begin{bmatrix} 1 & 1 & \cdots & 1 \\ \varepsilon_1 & \varepsilon_2 & \cdots & \varepsilon_n \\ \vdots & \vdots & & \vdots \\ \varepsilon_1^{n-1} & \varepsilon_2^{n-1} & \cdots & \varepsilon_n^{n-1} \end{bmatrix}$$

$$=\begin{bmatrix} f(\varepsilon_1) & f(\varepsilon_2) & \cdots & f(\varepsilon_n) \\ \varepsilon_1 f(\varepsilon_1) & \varepsilon_2 f(\varepsilon_2) & \cdots & \varepsilon_n f(\varepsilon_n) \\ \vdots & \vdots & & \vdots \\ \varepsilon_1^{n-1} f(\varepsilon_1) & \varepsilon_2^{n-1} f(\varepsilon_2) & \cdots & \varepsilon_n^{n-1} f(\varepsilon_n) \end{bmatrix}$$

现在利用定理 3.4 来计算上述式子. 注意到右边矩阵第 k 列有公因子 $f(\varepsilon_k)$,两边取行列式,有

$$|A|\cdot|B|=|AB|=f(\varepsilon_1)f(\varepsilon_2)\cdots f(\varepsilon_n)\,|B|.$$

因 $|B|\neq 0$,故有

$$|A|=f(\varepsilon_1)f(\varepsilon_2)\cdots f(\varepsilon_n).$$

4. 矩阵的秩与行列式

给定数域 K 上的 $m\times n$ 矩阵

$$A=\begin{bmatrix} a_{11} & a_{12} & \cdots & a_{1n} \\ a_{21} & a_{22} & \cdots & a_{2n} \\ \vdots & \vdots & & \vdots \\ a_{m1} & a_{m2} & \cdots & a_{mn} \end{bmatrix}.$$

取 $2r$ 个正整数 $i_1,i_2,\cdots,i_r,j_1,j_2,\cdots,j_r$,其中可有相同者且 $i_1,i_2,\cdots,i_r$ 属集合 $\{1,2,\cdots,m\}$,$j_1,j_2,\cdots,j_r$ 属集合 $\{1,2,\cdots,n\}$. 定义

$$A\begin{Bmatrix} i_1 & i_2 & \cdots & i_r \\ j_1 & j_2 & \cdots & j_r \end{Bmatrix} = \begin{vmatrix} a_{i_1j_1} & a_{i_1j_2} & \cdots & a_{i_1j_r} \\ a_{i_2j_1} & a_{i_2j_2} & \cdots & a_{i_2j_r} \\ \vdots & \vdots & & \vdots \\ a_{i_rj_1} & a_{i_rj_2} & \cdots & a_{i_rj_r} \end{vmatrix},$$

即取 A 的 $i_1,i_2,\cdots,i_r$ 行，$j_1,j_2,\cdots,j_r$ 列交叉点处的 r^2 个元素组成一 r 阶行列式，称之为 A 的一个 r **阶子式**.

命题 3.4 数域 K 上一个 $m\times n$ 矩阵 A 的秩为 m 的充要条件是它有一 m 阶子式不为 0.

证 必要性 设 $\mathrm{r}(A)=m$. 则 A 有 m 个列向量 $\alpha_{i_1},\alpha_{i_2},\cdots,\alpha_{i_m}$ 线性无关，以它们为列向量的 m 阶方阵的行列式即为 A 的一个 m 阶子式，根据命题 3.1，此 m 阶子式不为 0.

充分性 设 A 有 m 阶子式

$$A\begin{Bmatrix} i_1 & i_2 & \cdots & i_m \\ j_1 & j_2 & \cdots & j_m \end{Bmatrix} \neq 0,$$

则 $i_1,i_2,\cdots,i_m$ 无相同者，故必为 $1,2,\cdots,m$ 的一个排列，即

$$A\begin{Bmatrix} i_1 & i_2 & \cdots & i_m \\ j_1 & j_2 & \cdots & j_m \end{Bmatrix} = \pm A\begin{Bmatrix} 1 & 2 & \cdots & m \\ j_1 & j_2 & \cdots & j_m \end{Bmatrix} \neq 0.$$

这表明 A 的第 $j_1,j_2,\cdots,j_m$ 列向量线性无关(根据命题 3.1)，这 m 个列向量可由 A 的列向量组的任一极大线性无关部分组线性表示，由第二章命题 1.4 推知 $m\leqslant \mathrm{r}(A)\leqslant m$，即 $\mathrm{r}(A)=m$. ▌

命题 3.5 设 A 是数域 K 上一个 $m\times n$ 矩阵. 则 $\mathrm{r}(A)=r$ 的充要条件是 A 有一 r 阶子式不为 0，而所有 $r+1$ 阶子式都为 0.

证 必要性 设 A 的行向量组为 $\beta_1,\beta_2,\cdots,\beta_m$，$\mathrm{r}(A)=r$，设行向量组的一极大线性无关部分组为 $\beta_{i_1},\beta_{i_2},\cdots,\beta_{i_r}$. 以它们为行向量组成 $r\times n$ 矩阵 B，$\mathrm{r}(B)=r$，按命题 3.4，B 有一 r 阶子式不为 0，它即为 A 的不为 0 的 r 阶子式.

若 A 有一 $r+1$ 阶子式

$$A\begin{Bmatrix} k_1 & k_2 & \cdots & k_{r+1} \\ l_1 & l_2 & \cdots & l_{r+1} \end{Bmatrix} \neq 0.$$

则由命题 3.4,以 $\beta_{k_1},\beta_{k_2},\cdots,\beta_{k_{r+1}}$ 为行向量的$(r+1)\times n$ 矩阵 B 的秩为 $r+1$,即其行向量组线性无关. 但 $\beta_{k_1},\beta_{k_2},\cdots,\beta_{k_{r+1}}$ 可被 β_{i_1}, $\beta_{i_2},\cdots,\beta_{i_r}$ 线性表示,其向量个数 $r+1>r$. 按第二章命题 1.4,它们又线性相关,矛盾. 故 A 的所有 $r+1$ 阶子式都为 0.

充分性　设 A 有 r 阶子式

$$A\begin{Bmatrix} i_1 & i_2 & \cdots & i_r \\ j_1 & j_2 & \cdots & j_r \end{Bmatrix}\neq 0.$$

以 A 的第 $i_1,i_2,\cdots,i_r$ 行向量 $\beta_{i_1},\beta_{i_2},\cdots,\beta_{i_r}$ 为行向量组成 $r\times n$ 矩阵 B,由命题 3.4,$\mathrm{r}(B)=r$,即 $\beta_{i_1},\beta_{i_2},\cdots,\beta_{i_r}$ 线性无关. 易知 $\mathrm{r}(A)\geqslant r$. 如果 $\mathrm{r}(A)>r$,则 A 必有 $r+1$ 个行向量 $\beta_{k_1},\cdots,\beta_{k_{r+1}}$ 线性无关(其行向量组的一极大线性无关部分组含 $\mathrm{r}(A)$ 个向量,从中任取 $r+1$ 个即可). 以它们为行向量组成$(r+1)\times n$ 矩阵 B. 此时 $\mathrm{r}(B)=r+1$. 由命题 3.4 知 B 有 $r+1$ 阶子式不为 0,即 A 有 $r+1$ 阶子式不为 0,与假设矛盾. 故 $\mathrm{r}(A)=r$. ▎

这两个命题说明可以借助矩阵 A 的子式来研究矩阵 A 的秩,它对理论上研讨问题是有用的.

习 题 二

1. 设 $\alpha_1,\alpha_2,\cdots,\alpha_s$ 是一个线性无关向量组,而

$$\beta_i=\sum_{j=1}^{s}a_{ij}\alpha_j,\quad i=1,2,\cdots,s.$$

证明 $\beta_1,\beta_2,\cdots,\beta_s$ 线性无关的充要条件是下面的 s 阶行列式

$$\begin{vmatrix} a_{11} & a_{12} & \cdots & a_{1s} \\ a_{21} & a_{22} & \cdots & a_{2s} \\ \vdots & \vdots & & \vdots \\ a_{s1} & a_{s2} & \cdots & a_{ss} \end{vmatrix}\neq 0.$$

2. 给定矩阵

$$A=\begin{bmatrix} -1 & 2 & 0 \\ -3 & 1 & 1 \\ 0 & 2 & 0 \end{bmatrix},$$

求它的伴随矩阵 A^*.

3. 利用伴随矩阵求下列矩阵的逆矩阵：

(1) $A=\begin{bmatrix}1 & 1 & -1\\ 2 & 1 & 0\\ 1 & -1 & 0\end{bmatrix}$；　(2) $A=\begin{bmatrix}2 & 2 & 3\\ 1 & -1 & 0\\ -1 & 2 & 1\end{bmatrix}$；

(3) $A=\begin{bmatrix}1 & 0 & -1 & 0\\ 0 & 1 & 0 & 0\\ 0 & 0 & -1 & 1\\ 0 & 0 & 0 & -1\end{bmatrix}$.

4. 给定线性方程组

$$\begin{cases} a_{11}x_1+a_{12}x_2+\cdots+a_{1n}x_n=0,\\ a_{21}x_1+a_{22}x_2+\cdots+a_{2n}x_n=0,\\ \cdots\cdots\cdots\cdots\cdots\cdots\cdots\cdots\cdots\cdots\cdots\cdots\\ a_{n-1\,1}x_1+a_{n-1\,2}x_2+\cdots+a_{n-1\,n}x_n=0, \end{cases}$$

以 M_i 表其系数矩阵划去第 i 列后所剩 $n-1$ 阶方阵的行列式. 证明：

(1) $(M_1,-M_2,\cdots,(-1)^{n-1}M_n)$是方程组的解；

(2) 若上述方程组系数矩阵的秩为 $n-1$，则方程组的解全是 $(M_1,-M_2,\cdots,(-1)^{n-1}M_n)$的倍数.

5. 证明：对 n 阶方阵 $A(n\geqslant 2)$，有 $|A^*|=|A|^{n-1}$.

6. 设 A 是 n 阶方阵，$n\geqslant 2$. 证明：

$$\mathrm{r}(A^*)=\begin{cases} n, & \text{当 } \mathrm{r}(A)=n,\\ 1, & \text{当 } \mathrm{r}(A)=n-1,\\ 0, & \text{当 } \mathrm{r}(A)<n-1. \end{cases}$$

7. 设 A,B,T 均为 n 阶实数方阵，T 可逆. 证明：

(1) 若 $B=T^{-1}AT$，则 $|B|=|A|$；

(2) 若 $B=T'AT$，且 $|A|>0$，则 $|B|>0$.

8. 设将 n 阶方阵 R 分块

$$R=\begin{bmatrix}A & B\\ C & D\end{bmatrix},$$

其中 A 为 k 阶可逆方阵. 证明：

$$|R|=|A|\cdot|D-CA^{-1}B|.$$

9. 在平面直角坐标系 Oxy 内给定二次曲线

$$a_{11}x^2+2a_{12}xy+a_{22}y^2+2b_1x+2b_2y+c=0,$$

证明：

$$F=\begin{vmatrix} a_{11} & a_{12} & b_1 \\ a_{12} & a_{22} & b_2 \\ b_1 & b_2 & c \end{vmatrix}$$

是坐标变换

$$\begin{cases} x=\cos\theta\cdot x'-\sin\theta\cdot y'+x_0, \\ y=\sin\theta\cdot x'+\cos\theta\cdot y'+y_0 \end{cases}$$

的不变量.

10. 利用克拉默法则解下列线性方程组：

(1) $\begin{cases} 2x_1-x_2+3x_3+2x_4=6, \\ 3x_1-3x_2+3x_3+2x_4=5, \\ 3x_1-x_2-x_3+2x_4=3, \\ 3x_1-x_2+3x_3-x_4=4; \end{cases}$

(2) $\begin{cases} x_1+2x_2+3x_3-2x_4=6, \\ 2x_1-x_2-2x_3-3x_4=8, \\ 3x_1+2x_2-x_3+2x_4=4, \\ 2x_1-3x_2+3x_3+x_4=-8. \end{cases}$

11. 给定数域 K 上 n 个互不相同的数 $a_1,a_2,\cdots,a_n$，又任意给定数域 K 上 n 个数 $b_1,b_2,\cdots,b_n$. 证明：存在数域 K 上一个次数小于 n 的多项式 $f(x)$，使

$$f(a_i)=b_i\quad(i=1,2,\cdots,n),$$

且这样的多项式是唯一的.

12. 计算下列 n 阶行列式：

(1) $\begin{vmatrix} 1+x_1y_1 & 1+x_1y_2 & \cdots & 1+x_1y_n \\ 1+x_2y_1 & 1+x_2y_2 & \cdots & 1+x_2y_n \\ \vdots & \vdots & & \vdots \\ 1+x_ny_1 & 1+x_ny_2 & \cdots & 1+x_ny_n \end{vmatrix}$;

(2) $\begin{vmatrix} s_0 & s_1 & s_2 & \cdots & s_{n-1} \\ s_1 & s_2 & s_3 & \cdots & s_n \\ s_2 & s_3 & s_4 & \cdots & s_{n+1} \\ \vdots & \vdots & \vdots & & \vdots \\ s_{n-1} & s_n & s_{n+1} & \cdots & s_{2n-2} \end{vmatrix}$,

其中 $s_k=a_1^k+a_2^k+\cdots+a_n^k$ ($a_1,a_2,\cdots,a_n$ 属数域 K);

(3) $\begin{vmatrix} a_1 & a_2 & a_3 & \cdots & a_n \\ a_2 & a_3 & a_4 & \cdots & a_1 \\ a_3 & a_4 & a_5 & \cdots & a_2 \\ \vdots & \vdots & \vdots & & \vdots \\ a_n & a_1 & a_2 & \cdots & a_{n-1} \end{vmatrix}$.

13. 设 A,B 分别是数域 K 上的 $n\times m$ 与 $m\times n$ 矩阵. 证明:

$$\begin{vmatrix} E_m & B \\ A & E_n \end{vmatrix}=|E_n-AB|\,|E_m-BA|.$$

14. 给定数域 K 上的 m 阶方阵 A, n 阶方阵 B. 令

$$M=\begin{bmatrix} C & A \\ B & O \end{bmatrix},$$

证明: $|M|=(-1)^{mn}|A|\cdot|B|$.

15. 给定数域 K 内的数所组成的无穷序列 $a_0,a_1,a_2,\cdots$. 对于任意的非负整数 s,m, 定义

$$A_{s,m}=\begin{bmatrix} a_s & a_{s+1} & \cdots & a_{s+m} \\ a_{s+1} & a_{s+2} & \cdots & a_{s+m+1} \\ \vdots & \vdots & & \vdots \\ a_{s+m} & a_{s+m+1} & \cdots & a_{s+2m} \end{bmatrix},$$

如果存在非负整数 n,k,使当 $s\geqslant k$ 时 $|A_{s,n}|=0$,证明：存在 K 内不全为 0 的数 $b_0,b_1,\cdots,b_n$ 及非负整数 S,使得当 $s\geqslant S$ 时,有

$$a_s b_n + a_{s+1} b_{n-1} + \cdots + a_{s+n} b_0 = 0.$$

*§4 拉普拉斯展开式与比内-柯西公式

本节来介绍关于行列式的两个重要公式.

在§2我们指出,行列式可按任意行(列)展开. 现在进一步给出按任意几行(列)来展开它的公式.

给定数域 K 上的 n 阶方阵 A,划去 A 的 $i_1,i_2,\cdots,i_m$ 行,$j_1,j_2,\cdots,j_m$ 列(这里设 $i_1<i_2<\cdots<i_m$,$j_1<j_2<\cdots<j_m$)所剩 $n-m$ 阶方阵的行列式记作

$$A\begin{bmatrix} i_1 & i_2 & \cdots & i_m \\ j_1 & j_2 & \cdots & j_m \end{bmatrix}.$$

例如

$$A=\begin{bmatrix} -1 & 3 & 0 & 2 & 0 \\ 1 & -1 & 2 & 1 & 0 \\ 3 & 0 & 0 & 1 & 2 \\ 4 & 1 & 2 & 5 & 1 \\ -3 & 0 & 1 & 0 & 1 \end{bmatrix},$$

我们有(回想一下§3关于 A 的子式的定义)

$$A\begin{Bmatrix} 2 & 4 \\ 3 & 5 \end{Bmatrix}=\begin{vmatrix} 2 & 0 \\ 2 & 1 \end{vmatrix},$$

$$A\begin{bmatrix} 2 & 4 \\ 3 & 5 \end{bmatrix}=\begin{vmatrix} -1 & 3 & 2 \\ 3 & 0 & 1 \\ -3 & 0 & 0 \end{vmatrix}.$$

如果行角标固定不变,我们也采用如下简单记号：

$$A\begin{Bmatrix} i_1 & i_2 & \cdots & i_m \\ j_1 & j_2 & \cdots & j_m \end{Bmatrix}=A\{j_1 j_2\cdots j_m\};$$

$$A\begin{bmatrix} i_1 & i_2 & \cdots & i_m \\ j_1 & j_2 & \cdots & j_m \end{bmatrix}=A[j_1j_2\cdots j_m];$$

$$\omega(j_1j_2\cdots j_m)=(-1)^{j_1+j_2+\cdots+j_m}A\{j_1j_2\cdots j_m\}A[j_1j_2\cdots j_m].$$

命题 4.1 记号如上. 设 n 阶方阵 A 有 k,l 两个列向量相同. 给定自然数序列

$$1\leqslant j_1<j_2<\cdots<j_{m+1}\leqslant n.$$

设 $j_s=k,j_{s+t+1}=l$. 又设已取定 A 的 m 个行(省略不写出来),则

$$\omega(j_1\cdots j_s\cdots\hat{j}_{s+t+1}\cdots j_{m+1})+\omega(j_1\cdots\hat{j}_s\cdots j_{s+t+1}\cdots j_{m+1})=0,$$

其中记号"ˆ"表示把该数字去掉.

证 显然,把 $A\{j_1\cdots\hat{j}_s\cdots j_{s+t+1}\cdots j_{m+1}\}$中标号为 j_{s+t+1} 的列向量按相邻两列互换的办法向左平移 t 次即变为

$$A\{j_1\cdots j_s\cdots\hat{j}_{s+t+1}\cdots j_{m+1}\},$$

故 $A\{j_1\cdots\hat{j}_s\cdots j_{s+t+1}\cdots j_{m+1}\}=(-1)^tA\{j_1\cdots j_s\cdots\hat{j}_{s+t+1}\cdots j_{m+1}\}$.

现在把 $A[j_1\cdots\hat{j}_s\cdots j_{s+t+1}\cdots j_{m+1}]$中不包含的列向量图示如下(用×号表示):

$$\begin{array}{ccccccccc} & & k & & & l & & \\ \times & \times & \circ & \times & \times & \times & \times \\ j_1 \;\cdots & j_{s-1} & j_s & j_{s+1} & \cdots\; j_{s+t} & j_{s+t+1} & \cdots\; j_{m+1} \end{array}$$

再把 $A[j_1\cdots j_s\cdots\hat{j}_{s+t+1}\cdots j_{m+1}]$中不包含的列向量图示如下:

$$\begin{array}{ccccccccc} & & k & & & l & & \\ \times & \times & \times & \times & \times & \circ & \times \\ j_1 \;\cdots & j_{s-1} & j_s & j_{s+1} & \cdots\; j_{s+t} & j_{s+t+1} & \cdots\; j_{m+1} \end{array}$$

从上面两个图示可看出:只要把 $A[j_1\cdots\hat{j}_s\cdots j_{s+t+1}\cdots j_{m+1}]$中标号为 $j_s=k$ 的列向量按相邻两列互换的办法向右平移 $l-k-1-t$ 次(因中间 $j_{s+1},\cdots,j_{s+t}$ 列已删去)即变为 $A[j_1\cdots j_s\cdots\hat{j}_{s+t+1}\cdots j_{m+1}]$. 故

$$A[j_1\cdots\hat{j}_s\cdots j_{s+t+1}\cdots j_{m+1}]=(-1)^{l-k-1-t}A[j_1\cdots j_s\cdots\hat{j}_{s+t+1}\cdots j_{m+1}].$$

现在令 $j=j_1+j_2+\cdots+j_{m+1}$,则

$$\begin{aligned}&\omega(j_1\cdots\hat{j}_s\cdots j_{s+t+1}\cdots j_{m+1})\\&\quad=(-1)^{j-j_s}A\{j_1\cdots\hat{j}_s\cdots j_{s+t+1}\cdots j_{m+1}\}A[j_1\cdots\hat{j}_s\cdots j_{s+t+1}\cdots j_{m+1}]\end{aligned}$$

$$=(-1)^{j-k}\cdot(-1)^{t}A\{j_1\cdots j_s\cdots\hat{j}_{s+t+1}\cdots j_{m+1}\}$$

$$\times(-1)^{l-k-1-t}A[j_1\cdots j_s\cdots\hat{j}_{s+t+1}\cdots j_{m+1}]$$

$$=(-1)^{j+l-1}A\{j_1\cdots j_s\cdots\hat{j}_{s+t+1}\cdots j_{m+1}\}A[j_1\cdots j_s\cdots\hat{j}_{s+t+1}\cdots j_{m+1}]$$

$$=-\omega(j_1\cdots j_s\cdots\hat{j}_{s+t+1}\cdots j_{m+1}).\quad \blacksquare$$

定理 4.1(**拉普拉斯**)　给定数域 K 上的 n 阶方阵 $A=(a_{ij})$($n\geqslant 2$). 又给定 m 个自然数 $i_1,i_2,\cdots,i_m$($1\leqslant i_1<i_2<\cdots<i_m\leqslant n$),令 $i=i_1+i_2+\cdots+i_m$,则

$$|A|=(-1)^{i}\sum_{1\leqslant j_1<j_2<\cdots<j_m\leqslant n}(-1)^{j_1+j_2+\cdots+j_m}\times A\begin{Bmatrix}i_1 & i_2 & \cdots & i_m\\ j_1 & j_2 & \cdots & j_m\end{Bmatrix}A\begin{bmatrix}i_1 & i_2 & \cdots & i_m\\ j_1 & j_2 & \cdots & j_m\end{bmatrix}.$$

证　在 $M_n(K)$内定义数量函数 f 如下:若 $A=(a_{ij})$,则

$$f(A)=(-1)^{i}\sum_{1\leqslant j_1<j_2<\cdots<j_m\leqslant n}(-1)^{j_1+j_2+\cdots+j_m}\times A\begin{Bmatrix}i_1 & i_2 & \cdots & i_m\\ j_1 & j_2 & \cdots & j_m\end{Bmatrix}A\begin{bmatrix}i_1 & i_2 & \cdots & i_m\\ j_1 & j_2 & \cdots & j_m\end{bmatrix}.$$

只要证 $f(A)$为行列式函数即可.

(i) 证 $f(A)$为列线性函数. 设 A 的第 k 列为两个向量的线性组合:

$$A=(\alpha_1\ \cdots\ \overset{k列}{\lambda\alpha+\mu\beta}\ \cdots\ \alpha_n),$$

$$A_1=(\alpha_1\ \cdots\ \overset{k列}{\alpha}\ \cdots\ \alpha_n),$$

$$A_2=(\alpha_1\ \cdots\ \overset{k列}{\beta}\ \cdots\ \alpha_n).$$

如果 $k\in\{j_1,j_2,\cdots,j_m\}$,那么按行列式性质,有(使用前面的简单记号)

$$A\{j_1j_2\cdots j_m\}=\lambda A_1\{j_1j_2\cdots j_m\}+\mu A_2\{j_1j_2\cdots j_m\}.$$

现在 $k\notin\{1,2,\cdots,n\}\backslash\{j_1,j_2,\cdots,j_m\}$,故

$$A[j_1j_2\cdots j_m]=A_1[j_1j_2\cdots j_m]=A_2[j_1j_2\cdots j_m].$$

如果 k 不属集合 $\{j_1,j_2,\cdots,j_m\}$，则

$$A\{j_1j_2\cdots j_m\}=A_1\{j_1j_2\cdots j_m\}=A_2\{j_1j_2\cdots j_m\}.$$

而此时 $k\in\{1,2,\cdots,n\}\backslash\{j_1,j_2,\cdots,j_m\}$，按行列式的性质有

$$A[j_1j_2\cdots j_m]=\lambda A_1[j_1j_2\cdots j_m]+\mu A_2[j_1j_2\cdots j_m].$$

在上述两种情况下都有

$$A\{j_1j_2\cdots j_m\}A[j_1j_2\cdots j_m]=\lambda A_1\{j_1j_2\cdots j_m\}A_1[j_1j_2\cdots j_m]$$
$$+\mu A_2\{j_1j_2\cdots j_m\}A_2[j_1j_2\cdots j_m].$$

代入 $f(A)$ 的表达式得

$$f(A)=\lambda f(A_1)+\mu f(A_2).$$

(ii) 证 $f(A)$ 为反对称. 设 A 的第 k,l 两列向量相同，$k<l$. 首先，若 k,l 皆属集合 $\{j_1,j_2,\cdots,j_m\}$，则 $A\{j_1j_2\cdots j_m\}$ 有两列相同，其值为 0；若 k,l 均不属集合 $\{j_1,j_2,\cdots,j_m\}$，则 $A[j_1j_2\cdots j_m]$ 有两列相同，其值为 0. 故在此两种情况下均有

$$A\{j_1j_2\cdots j_m\}A[j_1j_2\cdots j_m]=0.$$

如果 k 属集合 $\{j_1,j_2,\cdots,j_m\}$ 但 l 不属此集合. 当 $l<j_m$ 时，考察

$$1\leqslant j_1<\cdots<j_{s-1}<j_s=k<j_{s+1}<\cdots<j_{s+t}$$
$$<l<j_{s+t+1}<\cdots<j_m\leqslant n.$$

当 $l>j_m$ 时，考察

$$1\leqslant j_1<\cdots<j_s=k<\cdots<j_m<j_{m+1}=l.$$

现在把集合 $\{j_1,\cdots,j_{s-1},j_{s+1},\cdots,\cdots,j_{s+t},l,j_{s+t+1},\cdots,j_m\}$ 或集合 $\{j_1,\cdots,j_{s-1},j_{s+1},\cdots,j_m,l\}$ 记作 $\{k_1,k_2,\cdots,k_m\}$（按大小次序排列）. 按命题 4.1，下列两项：

$$(-1)^{j_1+j_2+\cdots+j_m}A\{j_1j_2\cdots j_m\}A[j_1j_2\cdots j_m];$$
$$(-1)^{k_1+k_2+\cdots+k_m}A\{k_1k_2\cdots k_m\}A[k_1k_2\cdots k_m]$$

互相抵消. 从上面的分析易知，每个含 k 但不含 l 的排列 $\{j_1j_2\cdots j_m\}$ 恰与一个含 l 但不含 k，其他数字相同的排列 $\{k_1k_2\cdots k_m\}$ 相对应，它们相应的项相加为零. 由此立得 $f(A)=0$.

(iii) 最后指出 $f(E)=1$. 这是因为在 $A=E$ 的情况下我们有

$$A\begin{Bmatrix} i_1 & i_2 & \cdots & i_m \\ j_1 & j_2 & \cdots & j_m \end{Bmatrix} = \begin{cases} 1, & \text{若 } i_1=j_1, i_2=j_2, \cdots, i_m=j_m, \\ 0, & \text{其他}; \end{cases}$$

$$A\begin{bmatrix} i_1 & i_2 & \cdots & i_m \\ j_1 & j_2 & \cdots & j_m \end{bmatrix} = \begin{cases} 1, & \text{若 } i_1=j_1, i_2=j_2, \cdots, i_m=j_m, \\ 0, & \text{其他}. \end{cases}$$

故

$$f(E) = (-1)^i \cdot (-1)^{i_1+i_2+\cdots+i_m} = 1. \quad \blacksquare$$

在§3我们介绍过两个 n 阶方阵乘积的行列式的公式，现在把它推广到更一般的情况.

命题 4.2　给定数域 K 上 $m\times n$ 矩阵($m\leqslant n$)

$$A = \begin{bmatrix} a_{11} & a_{12} & \cdots & a_{1n} \\ a_{21} & a_{22} & \cdots & a_{2n} \\ \vdots & \vdots & & \vdots \\ a_{m1} & a_{m2} & \cdots & a_{mn} \end{bmatrix}.$$

取定 m 个自然数，按大小次序排列：

$$1 \leqslant i_1 < i_2 < \cdots < i_m \leqslant n.$$

又设 $j_1 j_2 \cdots j_m$ 是这 m 个自然数的一个排列，则

$$\begin{vmatrix} a_{1j_1} & a_{1j_2} & \cdots & a_{1j_m} \\ a_{2j_1} & a_{2j_2} & \cdots & a_{2j_m} \\ \vdots & \vdots & & \vdots \\ a_{mj_1} & a_{mj_2} & \cdots & a_{mj_m} \end{vmatrix} = (-1)^{N(j_1 j_2 \cdots j_m)} \begin{vmatrix} a_{1i_1} & a_{1i_2} & \cdots & a_{1i_m} \\ a_{2i_1} & a_{2i_2} & \cdots & a_{2i_m} \\ \vdots & \vdots & & \vdots \\ a_{mi_1} & a_{mi_2} & \cdots & a_{mi_m} \end{vmatrix}.$$

证　等式左端的行列式列的排列顺序为排列 $j_1 j_2 \cdots j_m$. 现在用相邻两列互换的方式(为了不打乱其他列的相对位置)把列角标为 i_1 的列调到第1列的位置，这需做 $\tau(i_1)$ 次相邻两列的互换，行列式前应乘 $(-1)^{\tau(i_1)}$. 再经相邻两列互换 $\tau(i_2)$ 次把列角标为 i_2 的列调到第2列，行列式前面又乘 $(-1)^{\tau(i_2)}$，…，最后使行列式的列角标的顺序按大小排列，即成为排列 $i_1 i_2 \cdots i_m$，行列式变成等式右端的行列式，前面乘以因子

$$\begin{aligned} &(-1)^{\tau(i_1)} \cdot (-1)^{\tau(i_2)} \cdots (-1)^{\tau(i_m)} \\ &\quad = (-1)^{\tau(i_1)+\tau(i_2)+\cdots+\tau(i_m)} = (-1)^{N(j_1 j_2 \cdots j_m)}. \end{aligned}$$

亦即

$$(-1)^{N(j_1j_2\cdots j_m)}\begin{vmatrix} a_{1j_1} & a_{1j_2} & \cdots & a_{1j_m} \\ a_{2j_1} & a_{2j_2} & \cdots & a_{2j_m} \\ \vdots & \vdots & & \vdots \\ a_{mj_1} & a_{mj_2} & \cdots & a_{mj_m} \end{vmatrix} = \begin{vmatrix} a_{1i_1} & a_{1i_2} & \cdots & a_{1i_m} \\ a_{2i_1} & a_{2i_2} & \cdots & a_{2i_m} \\ \vdots & \vdots & & \vdots \\ a_{mi_1} & a_{mi_2} & \cdots & a_{mi_m} \end{vmatrix}.$$

这与命题要证的等式相同. ▌

定理 4.2（**比内-柯西**） 设 A 是数域 K 上 $m\times n$ 矩阵，B 是 K 上 $n\times m$ 矩阵，则

$$|AB| = \sum_{1\leqslant i_1<i_2<\cdots<i_m\leqslant n} A\begin{Bmatrix} 1 & 2 & \cdots & m \\ i_1 & i_2 & \cdots & i_m \end{Bmatrix} B\begin{Bmatrix} i_1 & i_2 & \cdots & i_m \\ 1 & 2 & \cdots & m \end{Bmatrix}.$$

证 若 $m>n$，则因 $\mathrm{r}(A)\leqslant n$，有

$$\mathrm{r}(AB)\leqslant \min\{\mathrm{r}(A),\mathrm{r}(B)\}\leqslant n.$$

AB 为 m 阶方阵，故不满秩，应有 $|AB|=0$. 而此时

$$A\begin{Bmatrix} 1 & 2 & \cdots & m \\ i_1 & i_2 & \cdots & i_m \end{Bmatrix}=0$$

（因 $i_1,i_2,\cdots,i_m$ 为 $\{1,2,\cdots,n\}$ 中的自然数，共 m 个，而 $m>n$，故其中必有两个相同）. 等式成立.

下面设 $m\leqslant n$. 设 $A=(a_{ij})_{m\times n}$，$B=(b_{ij})_{n\times m}$，则

$$|AB| = \begin{vmatrix} \sum_{i_1=1}^n a_{1i_1}b_{i_11} & \sum_{i_2=1}^n a_{1i_2}b_{i_22} & \cdots & \sum_{i_m=1}^n a_{1i_m}b_{i_mm} \\ \sum_{i_1=1}^n a_{2i_1}b_{i_11} & \sum_{i_2=1}^n a_{2i_2}b_{i_22} & \cdots & \sum_{i_m=1}^n a_{2i_m}b_{i_mm} \\ \vdots & \vdots & & \vdots \\ \sum_{i_1=1}^n a_{mi_1}b_{i_11} & \sum_{i_2=1}^n a_{mi_2}b_{i_22} & \cdots & \sum_{i_m=1}^n a_{mi_m}b_{i_mm} \end{vmatrix}$$

$$=\sum_{i_1=1}^{n}\sum_{i_2=1}^{n}\cdots\sum_{i_m=1}^{n}\begin{vmatrix} a_{1i_1}b_{i_1 1} & a_{1i_2}b_{i_2 2} & \cdots & a_{1i_m}b_{i_m m} \\ a_{2i_1}b_{i_1 1} & a_{2i_2}b_{i_2 2} & \cdots & a_{2i_m}b_{i_m m} \\ \vdots & \vdots & & \vdots \\ a_{mi_1}b_{i_1 1} & a_{mi_2}b_{i_2 2} & \cdots & a_{mi_m}b_{i_m m} \end{vmatrix}$$

$$=\sum_{i_1=1}^{n}\sum_{i_2=1}^{n}\cdots\sum_{i_m=1}^{n}\begin{vmatrix} a_{1i_1} & a_{1i_2} & \cdots & a_{1i_m} \\ a_{2i_1} & a_{2i_2} & \cdots & a_{2i_m} \\ \vdots & \vdots & & \vdots \\ a_{mi_1} & a_{mi_2} & \cdots & a_{mi_m} \end{vmatrix} b_{i_1 1}b_{i_2 2}\cdots b_{i_m m}.$$

如果 $i_1,i_2,\cdots,i_m$ 中有相同者,则上式中的行列式为 0. 对 $i_1i_2\cdots i_m$ 为 m 个不同自然数的排列,利用命题 4.2 把它们改换成按大小顺序排列,于是

$$|AB|=\sum_{1\leqslant i_1<i_2<\cdots<i_m\leqslant n}\sum_{(j_1j_2\cdots j_m)}(-1)^{N(j_1j_2\cdots j_m)}\begin{vmatrix} a_{1i_1} & a_{1i_2} & \cdots & a_{1i_m} \\ a_{2i_1} & a_{2i_2} & \cdots & a_{2i_m} \\ \vdots & \vdots & & \vdots \\ a_{mi_1} & a_{mi_2} & \cdots & a_{mi_m} \end{vmatrix} b_{j_1 1}b_{j_2 2}\cdots b_{j_m m}$$

$$=\sum_{1\leqslant i_1<i_2<\cdots<i_m\leqslant n} A\begin{Bmatrix} 1 & 2 & \cdots & m \\ i_1 & i_2 & \cdots & i_m \end{Bmatrix} B\begin{Bmatrix} i_1 & i_2 & \cdots & i_m \\ 1 & 2 & \cdots & m \end{Bmatrix}.$$

其中上面等式中的排列 $(j_1j_2\cdots j_m)$ 是 $i_1,i_2,\cdots,i_m$ 的一个排列,求和号是对所有可能的这种排列求和,按定理 4.1,有

$$\sum_{(j_1j_2\cdots j_m)}(-1)^{N(j_1j_2\cdots j_m)}b_{j_1 1}b_{j_2 2}\cdots b_{j_m m}$$

$$=B\begin{Bmatrix} i_1 & i_2 & \cdots & i_m \\ 1 & 2 & \cdots & m \end{Bmatrix}.$$

定理证毕. ▌

比内-柯西(Binet-Cauchy)公式是一个有用的工具,下面举一个应用实例.

例　证明柯西恒等式:

$$\left(\sum_{i=1}^{n}a_ic_i\right)\left(\sum_{i=1}^{n}b_id_i\right)-\left(\sum_{i=1}^{n}a_id_i\right)\left(\sum_{i=1}^{n}b_ic_i\right)$$
$$=\sum_{1\leqslant j<k\leqslant n}(a_jb_k-a_kb_j)(c_jd_k-c_kd_j),$$

这里 $n\geqslant 2$.

证 上面等式左端为

$$\begin{vmatrix}\sum_{i=1}^{n}a_ic_i & \sum_{i=1}^{n}a_id_i\\ \sum_{i=1}^{n}b_ic_i & \sum_{i=1}^{n}b_id_i\end{vmatrix}=\left|\begin{bmatrix}a_1 & a_2 & \cdots & a_n\\ b_1 & b_2 & \cdots & b_n\end{bmatrix}\begin{bmatrix}c_1 & d_1\\ c_2 & d_2\\ \vdots & \vdots\\ c_n & d_n\end{bmatrix}\right|$$
$$=\sum_{1\leqslant j<k\leqslant n}\begin{vmatrix}a_j & a_k\\ b_j & b_k\end{vmatrix}\begin{vmatrix}c_j & d_j\\ c_k & d_k\end{vmatrix}$$
$$=\sum_{1\leqslant j<k\leqslant n}(a_jb_k-a_kb_j)(c_jd_k-c_kd_j).\quad\blacksquare$$

习 题 三

1. 利用拉普拉斯定理计算下列行列式：

(1) $\begin{vmatrix}1&1&3&4\\2&0&0&8\\3&0&0&2\\4&4&7&5\end{vmatrix}$； (2) $\begin{vmatrix}1&2&3&4&5\\0&6&0&4&1\\2&4&1&3&5\\1&3&5&2&4\\0&5&0&3&2\end{vmatrix}$；

(3) $\begin{vmatrix}0&a&b&c\\1&x&0&0\\1&0&y&0\\1&0&0&z\end{vmatrix}$； (4) $\begin{vmatrix}1&1&1&0&0\\1&2&3&0&0\\0&1&1&1&1\\0&x_1&x_2&x_3&x_4\\0&x_1^2&x_2^2&x_3^2&x_4^2\end{vmatrix}$.

2. 计算下面的 $2n$ 阶行列式：

$$\begin{vmatrix} a_{11} & a_{12} & a_{13} & \cdots & a_{1\,2n-2} & a_{1\,2n-1} & a_{1\,2n} \\ 0 & a_{22} & a_{23} & \cdots & a_{2\,2n-2} & a_{2\,2n-1} & 0 \\ 0 & 0 & a_{33} & \cdots & a_{3\,2n-2} & 0 & 0 \\ \vdots & \vdots & \vdots & & \vdots & \vdots & \vdots \\ 0 & 0 & a_{2n-2\,3} & \cdots & a_{2n-2\,2n-2} & 0 & 0 \\ 0 & a_{2n-1\,2} & a_{2n-1\,3} & \cdots & a_{2n-1\,2n-2} & a_{2n-1\,2n-1} & 0 \\ a_{2n\,1} & a_{2n\,2} & a_{2n\,3} & \cdots & a_{2n\,2n-2} & a_{2n\,2n-1} & a_{2n\,2n} \end{vmatrix}.$$

3. 设 A 是数域 K 上的 n 阶方阵，又给定 $k+l$ 个自然数，按次序排列如下：

$$1 \leqslant i_1 < i_2 < \cdots < i_k \leqslant n,$$
$$1 \leqslant j_1 < j_2 < \cdots < j_l \leqslant n.$$

如果 $k+l>n$，且 A 的 $i_1,i_2,\cdots,i_k$ 行与 $j_1,j_2,\cdots,j_l$ 列交叉点处的元素全为 0，证明 $|A|=0$.

4. 给定数域 K 上 n 阶分块方阵：

$$M=\begin{bmatrix} 0 & A \\ B & C \end{bmatrix},$$

其中 A 为 k 阶方阵. 用 $|A|$，$|B|$ 表示出 $|M|$.

5. 证明拉格朗日恒等式

$$\left(\sum_{i=1}^{n} a_i^2\right)\left(\sum_{i=1}^{n} b_i^2\right)-\left(\sum_{i=1}^{n} a_i b_i\right)^2=\sum_{1\leqslant j<k\leqslant n}(a_j b_k-a_k b_j)^2.$$

6. 设 $a_1,a_2,\cdots,a_n,b_1,b_2,\cdots,b_n$ 为实数. 证明：

$$(a_1b_1+a_2b_2+\cdots+a_nb_n)^2$$
$$\leqslant (a_1^2+a_2^2+\cdots+a_n^2)(b_1^2+b_2^2+\cdots+b_n^2).$$

7. 计算下面 n 阶行列式：

$$\begin{vmatrix} a_1-b_1 & a_1-b_2 & \cdots & a_1-b_n \\ a_2-b_1 & a_2-b_2 & \cdots & a_2-b_n \\ \vdots & \vdots & & \vdots \\ a_n-b_1 & a_n-b_2 & \cdots & a_n-b_n \end{vmatrix}.$$

本 章 小 结

本章的核心内容，是引进刻画数域 K 上 n 阶方阵的某种特性的一个重要数量，即该方阵的行列式．最典型的例子是：当我们用实数域上一个三阶方阵去代表空间一个平行六面体的时候，该方阵的行列式就是该平行六面体的有向体积．由有向体积的三个基本属性我们可以得出 n 阶方阵行列式的三个基本属性：1）为列线性函数；2）$\mathrm{r}(A)<n$ 时值为 0；3）在 E 处值为 1．这三条属性完全确定了行列式的值．读者必须注意：行列式与方阵有一个根本不同点：方阵不是数，而行列式是一个数．但是这个数又反映方阵的某些基本性质，正如一个物体的质量反映了该物体的基本物理属性一样．因此，要求读者初步学会运用行列式这一工具去研究方阵的各种课题，例如矩阵的秩，矩阵乘积的有关性质，矩阵的逆运算等等．而所有这些，都是以行列式的基本性质为立足点的．§2 中所概括的行列式的六条基本性质读者必须熟记，为今后的学习打下坚实的基础．

第四章　线性空间与线性变换

引　　言

在第二章我们引进了数域 K 上的向量空间与矩阵的概念，并阐明它们在代数学中的地位：K 上 m 维向量空间 K^m 是一个最初等的代数系统，而 K 上的 $m\times n$ 矩阵则代表 K^n 到 K^m 的一个保持加法、数乘运算的映射. 这样，我们已经在从经典代数学向近代的代数学过渡中迈出了关键性的一步. 我们已经摆脱了数及其四则运算的局限性，进入了一类不是由普通的数所构成的集合，在这个集合内研究不是普通数的运算的两种新的运算. 我们首先提请读者注意这一个重要的转折：我们的研究已经进入一个新的领域，我们的思想必须适应这个变化，不能处处都把中学代数中已经习惯了的一些东西不加考虑地照搬到这个新的领域中来，因为那里的许多东西现在已经不适用了.

但是我们又要看到，这个转变还处在一个比较低的层次上. 因为，K^m 中的元素虽然不是普通的数，却仍然局限于是 K 上的 m 元有序数组. 就是说，我们的进步，只是从研究单个的数进到研究一组数. 我们说到"向量"，就意味着一组具体的数，一说到向量"加法"就是具体的"对应坐标(或分量)相加"，数乘就是"k 乘向量的每个坐标". 如果我们仍然停留在这个水平上，那我们的认识还没有提升到应有的高度. 数学作为一门科学，它的任务就是要从感性上升到理性，从具体上升到抽象，只有这样，才有理论上的实质性进展，我们对该理论的认识才能深入，该理论的应用领域才能更加宽广. 数学史提供了无数这样的例子，说明当人们的认识被一些具体的非本质的事物束缚不能自拔时，数学发展就受到严重的阻滞，而当人们摆脱这种束缚时，理论就有了重大的突破. 最典型的例子就是对"数"的认识. 长时间内，人们总认为"数"就是各种具体事物在量上的体现，例如某种东西有多少重量，多大体积，线段长度有多少，几何图形面积有多少，某几何体的体积有多少等等．总之，人们天经地义地认为“数”应当是“实实在在”的，以至于直到今天，我们仍然把认识中的这种“数”称为“实数”．由于这个原因，在长达数百年时间内人们不承认“复数”，把它称为“虚数”．而今天我们已经清楚地看到，如果没有复数，那对数学以至整个自然科学都是无法想象的．实际上，“数”在根本上是它具有加法和乘法两种运算（这些运算应满足第二章 §1 所指出的九条运算法则），而不在于它是否“实实在在”地代表某种量．从这个观点看，从实数发展到复数是非常自然和合理的．正是由于这个发展，才得以建立经典代数学的基本定理：高等代数基本定理；正是这个发展，才使“数”在各个领域发挥更大的作用，数学才得以有长足的进步．

因此，我们关于向量空间和矩阵的认识还需要从理论上再提高一步，要实现从具体到抽象的又一次飞跃．但是，首先要问：实现这又一次的飞跃的依据是什么呢？这依据就在于：如果我们仔细分析一下就可以发觉，第二章关于向量空间的一切概念及有关命题（包括它们的证明）都不依赖于向量的 m 元有序数组的具体表达式，也不依赖于向量加法、数乘的具体计算式，而只依赖于如下两点：1）向量间有加法，与数域 K 内的数可以做数乘（不管具体如何做加法及数乘）；2）加法、数乘满足八条运算法则．这一事实告诉我们：可以把向量的 m 元数组这一具体表达形式及加法、数乘的具体计算式这些非本质的东西抛弃，只把最根本的八条运算法则保留下来（这时它们就不能从理论上给予证明，而要当作“公理”加以承认）．这样，我们就形成了本章的核心概念，也是线性代数这门学科的基本研究对象：数域 K 上的抽象线性空间．

矩阵是数域 K 上向量空间之间保持向量加法与数乘运算的映射．现在我们已经把向量空间提升为抽象的线性空间，那么，矩阵也相应地被提升为抽象线性空间之间保持向量（不再是 m 元有序数组）加法、数乘运算的映射，即线性空间之间的线性映射，特别是一个线性空间到自身的线性变换．这就是本章的第二个核心概念．

§1 线性空间的基本概念

1. 线性空间的定义和实例

在引言中已经指出：向量空间的实质是它有两种运算并满足八条法则，而其具体的表现形式是非本质的，应予舍弃. 为了帮助读者理解这一思想，下面先来看一个实例.

例如，考察闭区间$[a,b]$上全体实连续函数$f(x)$所组成的集合，我们记之为$C[a,b]$. 这个集合内任意两个元素$f(x)$与$g(x)$，它们作为函数可以有加法运算：$f(x)+g(x)$，而且其和仍为$[a,b]$上的连续函数，也就是仍然属于集合$C[a,b]$. 对任一实数k，有乘法$kf(x)$，且乘以k后所得的$kf(x)\in C[a,b]$. 这样一来，在集合$C[a,b]$的元素之间有加法和与实数的数乘运算. 不难验证，这两种运算具有第二章命题1.1所指出的八条基本性质，因而第二章§1中的所有概念和命题就可以应用到$C[a,b]$上来了. $C[a,b]$中的元素和m维向量空间中的向量是根本不同的两种东西，但从上面的分析可知，它们之间有着某些共同点. 这些共同点追根究源是由于它们都具有上面所说的两种运算和八条性质而产生的.

像$C[a,b]$这样的例子还可以举出很多，从理论上加以概括和抽象化，就得到线性空间的一般性概念.

定义 设V是一个非空集合，K是一个数域. 又设：

(i) 在V中定义了一种运算，称为**加法**. 即对V中任意两个元素α与β，都按某一法则对应于V内唯一确定的一个元素，记之为$\alpha+\beta$；

(ii) 在K中的数与V的元素间定义了一种运算，称为**数乘**. 即对V中任意元素α和数域K中任意数k，都按某一法则对应于V内唯一确定的一个元素，记之为$k\alpha$.

如果加法与数乘满足下面列出的八条运算法则，那么称V是数域K上的一个**线性空间**.

加法和数乘满足下面的八条运算法则：

(i) 对任意 $\alpha,\beta,\gamma\in V$，$\alpha+(\beta+\gamma)=(\alpha+\beta)+\gamma$；

(ii) 对任意 $\alpha,\beta\in V$，$\alpha+\beta=\beta+\alpha$；

(iii) 存在一个元素 $0\in V$，使对一切 $\alpha\in V$，有

$$\alpha+0=\alpha,$$

此元素 0 称为 V 的**零元素**；

(iv) 对任一 $\alpha\in V$ 都存在 $\beta\in V$，使

$$\alpha+\beta=0,$$

β 称为 α 的一个**负元素**；

(v) 对数域中的数 1，有 $1\cdot\alpha=\alpha$；

(vi) 对任意 $k,l\in K,\alpha\in V$，有

$$(kl)\alpha=k(l\alpha);$$

(vii) 对任意 $k,l\in K,\alpha\in V$，有

$$(k+l)\alpha=k\alpha+l\alpha;$$

(viii) 对任意 $k\in K,\alpha,\beta\in V$，有

$$k(\alpha+\beta)=k\alpha+k\beta.$$

显然，第二章§1 中讲的数域 K 上 m 维向量空间是 K 上的线性空间的一个具体例子. 上面讲到的集合 $C[a,b]$，关于函数加法及与实数的乘法则组成实数域 $\mathbb{R}$ 上的线性空间. 下面再举一些例子.

例 1.1 取集合 V 为三维几何空间中全体向量(有向线段)，K 为实数域 $\mathbb{R}$. 则 V 关于向量加法(平行四边形法则)和与实数的数乘构成一实数域 $\mathbb{R}$ 上的线性空间.

例 1.2 取数域 K 上 $m\times n$ 矩阵的全体所成的集合 $M_{m,n}(K)$，加法和数乘为矩阵加法和数乘. 显然，定义中的八条性质是具备的，因此，$M_{m,n}(K)$ 构成一数域 K 上的线性空间.

例 1.3 取全体实数所成的集合 $\mathbb{R}$，其加法为普通实数的加法，其与有理数的数乘为普通数的乘法，则 $\mathbb{R}$ 为有理数域 $\mathbb{Q}$ 上的一个线性空间.

例 1.4 取以数域 K 的元素做系数的一元多项式 $f(x)$ 的全体所成的集合，记之为 $K[x]$. 加法为通常多项式的加法，与 K 的元素的数乘为通常数与多项式的乘法. 显然，定义中的八条性质是具备的，因而 $K[x]$ 是数域 K 上的一个线性空间.

例 1.5　取以数域 K 的元素作系数而次数小于 n 的一元多项式 $f(x)$ 的全体再加上零多项式所成的集合，记之为 $K[x]_n$. 加法与数乘运算同例 1.4. 显然，$K[x]_n$ 也是数域 K 上的一个线性空间.

如果取 V 为 $K[x]$ 中全体 n 次多项式（n 为一个固定的正整数）所成的集合，加法与数乘定义同例 1.4，那么此时 V 不成一线性空间，因为它关于加法运算不封闭（或者更确切地说，这个集合内多项式的加法并不总有意义）. 例如：$x^n \in V, -x^n \in V$，但 $(x^n)+(-x^n)=0 \notin V$.

从上面的例子已经可以看出，线性空间的概念比 m 维向量空间的概念具有更大的普遍性，因而，它的应用范围也更广.

因为线性空间是从向量空间抽象出来的，所以我们把线性空间的元素也称为**向量**. 显然，它已不再具有三维几何空间中向量的几何直观意义，也不再具有 m 维向量空间中向量的 m 元有序数组的具体形式. 线性空间中的零元素称为**零向量**. 一个向量 α 的负元素则称为 α 的**负向量**.

2. 线性空间的基本属性

设 V 是数域 K 上的线性空间. 由于 V 内的加法和数乘是以抽象的形式给出来的，可能跟我们熟悉的数或向量空间中向量的加法和数乘相去甚远，因此，我们已经习以为常的一些事实，都需要从逻辑上加以证明以确认其正确性. 下面把主要的事实列举出来.

1）V 中零向量是唯一的.

设 V 中又有另一 o' 也满足零向量的要求，那么按运算法则(iii)及(ii)，有

$$o' = o' + 0 = 0 + o' = 0.$$

V 中唯一的零向量今后固定记为 0.

2）V 中任一向量 α 的负向量是唯一的.

设 β, β_1 均为 α 的负向量，则

$$\begin{aligned}\beta &= \beta + 0 = \beta + (\alpha + \beta_1) = (\beta + \alpha) + \beta_1 \\ &= 0 + \beta_1 = \beta_1.\end{aligned}$$

α 的唯一负向量今后固定记为 $-\alpha$，而 $\alpha+(-\gamma)$ 记作 $\alpha-\gamma$，并称之为

V 内的**减法**.

3) 加法有消去律,即由 $\alpha+\beta=\alpha+\gamma$ 可推出 $\beta=\gamma$.

只要两边加上 $-\alpha$,有

$$(-\alpha)+(\alpha+\beta)=(-\alpha)+(\alpha+\gamma),$$

利用加法的结合律,有

$$((-\alpha)+\alpha)+\beta=((-\alpha)+\alpha)+\gamma,$$

即有 $$\beta=0+\beta=0+\gamma=\gamma.$$

4) 加法可移项,即由 $\alpha+\beta=\gamma$ 推出 $\alpha=\gamma-\beta$. 我们有

$$\begin{aligned}\alpha&=\alpha+0=\alpha+(\beta+(-\beta))=(\alpha+\beta)+(-\beta)\\&=\gamma+(-\beta)=\gamma-\beta.\end{aligned}$$

5) $0\cdot\alpha=0$; $(-1)\alpha=-\alpha$, $k\cdot 0=0$.

分别证这三个等式:

因为 $0\cdot\alpha+0\cdot\alpha=(0+0)\alpha=0\cdot\alpha$,移项得

$$0\cdot\alpha=0\cdot\alpha-0\cdot\alpha=0;$$

因为 $\alpha+(-1)\cdot\alpha=1\cdot\alpha+(-1)\cdot\alpha=(1+(-1))\alpha=0\cdot\alpha=0$,故 $(-1)\alpha$ 为 α 的负向量,又由负向量的唯一性即知 $(-1)\alpha=-\alpha$;

因为 $k\cdot 0+k\cdot 0=k(0+0)=k\cdot 0=k\cdot 0+0$,由消去律即知 $k\cdot 0=0$.

6) 若 $k\alpha=\beta$, $k\neq 0$,则 $\alpha=\frac{1}{k}\beta$.

这是因为 $\alpha=1\cdot\alpha=\left(\frac{1}{k}k\right)\cdot\alpha=\frac{1}{k}(k\alpha)=\frac{1}{k}\beta$. 由此立即推出,当 $k\alpha=0$ 且 $k\neq 0$ 时必有 $\alpha=\frac{1}{k}\cdot 0=0$.

3. 线性空间的基本概念

对数域 K 上的 m 维向量空间 K^m,我们在第二章 §1 中已经给出了一些基本概念和命题. 在引言中已指出,这些概念和命题都仅仅用到加法、数乘的八条运算法则,而与向量的具体表达形式(m 元有序数组)及向量加法、数乘的具体形式无关,而八条运算法则现在已经作为公理包含在线性空间的定义之中,所以那里涉及的基本概

念及命题(即命题1.2,1.3,1.4,1.5,1.6及它们的推论)对数域K上的任意线性空间也都是成立的,不需重新证明,可以直接引用. 下面只把几个重要概念简单重复说一下.

1) 给定V内一个向量组$\alpha_1,\alpha_2,\cdots,\alpha_s$,如果对$V$内一个向量$\beta$,存在数域$K$内的$s$个数$k_1,k_2,\cdots,k_s$,使

$$\beta=k_1\alpha_1+k_2\alpha_2+\cdots+k_s\alpha_s,$$

则称β可被向量组$\alpha_1,\alpha_2,\cdots,\alpha_s$ **线性表示**.

2) 给定V内一个向量组$\alpha_1,\alpha_2,\cdots,\alpha_s$,如果存在$K$内不全为零的$s$个数$k_1,k_2,\cdots,k_s$,使

$$k_1\alpha_1+k_2\alpha_2+\cdots+k_s\alpha_s=0,$$

则称向量组$\alpha_1,\alpha_2,\cdots,\alpha_s$ **线性相关**. 如果由

$$k_1\alpha_1+k_2\alpha_2+\cdots+k_s\alpha_s=0,$$

必定推出$k_1=k_2=\cdots=k_s=0$,则称向量组$\alpha_1,\alpha_2,\cdots,\alpha_s$ **线性无关**.

3) 给定V内两个向量组

$$\alpha_1,\ \alpha_2,\ \cdots,\ \alpha_r, \tag{Ⅰ}$$

$$\beta_1,\ \beta_2,\ \cdots,\ \beta_s, \tag{Ⅱ}$$

如果(Ⅰ)中任一向量都能被(Ⅱ)线性表示,反过来,(Ⅱ)中任一向量也都能被(Ⅰ)线性表示,则称两向量组**线性等价**.

4) 给定V内一个向量组$\alpha_1,\alpha_2,\cdots,\alpha_s$,如果它有一个部分组$\alpha_{i_1},\alpha_{i_2},\cdots,\alpha_{i_r}$满足如下条件:

(i) $\alpha_{i_1},\alpha_{i_2},\cdots,\alpha_{i_r}$线性无关;

(ii) 原向量组中任一向量都能被$\alpha_{i_1},\alpha_{i_2},\cdots,\alpha_{i_r}$线性表示,

则称此部分组为原向量组的一个**极大线性无关部分组**. 一个向量组的任一极大线性无关部分组中均包含相同数目的向量,其向量数目称为该向量组的**秩**.

在第二章§1中指出,K^m中一个向量组线性相关或线性无关等价于一个齐次线性方程组有无非零解. 现在处理的是一般抽象线性空间,向量一般说不再是m元有序数组,所以向量组线性相关或线性无关不能再用齐次线性方程组有无非零解来判断了. 现在应该根据各具体线性空间内向量及其加法、数乘的具体含义做具体分析,不能一概而论. 下面举两个例子.

例 1.6 在实数域上线性空间 $C[a,b]$ 内给定向量组

$$e^{\lambda_1 x},\ e^{\lambda_2 x}$$

这里 λ_1,λ_2 是两个不同的实数. 判断此向量组是否线性无关.

解 按定义,设此向量组的一个实系数线性组合等于零向量:

$$k_1 e^{\lambda_1 x} + k_2 e^{\lambda_2 x} = 0,$$

来判断是否 $k_1=k_2=0$. 首先要弄清上面等式的含义是什么. 等式左端是$[a,b]$上两个连续函数分别乘以实数 k_1,k_2 再相加,它仍然为$[a,b]$内一个连续函数. 右端的 0 为 $C[a,b]$内的零向量,容易知道,$C[a,b]$的零向量为区间$[a,b]$内的常数函数 0,所以上述线性空间内的等式“翻译”成数学分析的语言就是:能否找到两个不全为零实数 k_1,k_2,使左端的连续函数为$[a,b]$内常数函数零.

方法 1 用反证法. 设有不全为 0 的实数 k_1,k_2,使 $k_1 e^{\lambda_1 x} + k_2 e^{\lambda_2 x} \equiv 0$($\forall x\in[a,b]$). 不妨设 $k_1\neq 0$,那么(现在可以使用数学分析的知识)我们有

$$e^{(\lambda_1-\lambda_2)x} = -\frac{k_2}{k_1}.$$

因 $\lambda_1-\lambda_2\neq 0$,左端为指数函数. 而右端为$[a,b]$内常数函数. 在区间$[a,b]$内两函数相等,这与指数函数为$[a,b]$内单调函数(非常数函数)矛盾. 故必有 $k_1=k_2=0$. 即向量组 $e^{\lambda_1 x},e^{\lambda_2 x}$ 为 $C[a,b]$内线性无关向量组.

方法 2 将$[a,b]$内函数等式

$$k_1 e^{\lambda_1 x} + k_2 e^{\lambda_2 x} = 0$$

两边在开区间(a,b)内求微商,得

$$k_1\lambda_1 e^{\lambda_1 x} + k_2\lambda_2 e^{\lambda_2 x} = 0.$$

现在把 k_1,k_2 当作未知量,上面两式联立,是两个未知量两个方程的齐次线性方程组,其系数矩阵的行列式为

$$\begin{vmatrix} e^{\lambda_1 x} & e^{\lambda_2 x} \\ \lambda_1 e^{\lambda_1 x} & \lambda_2 e^{\lambda_2 x} \end{vmatrix} = e^{(\lambda_1+\lambda_2)x}(\lambda_2-\lambda_1).$$

此行列式对(a,b)内任意 x 均不为 0. 而 k_1,k_2 满足的上面两个方程对任意 $x\in(a,b)$均成立. 在此情况下,根据第三章定理 3.1 知 $k_1=k_2=0$,故向量组 $e^{\lambda_1 x},e^{\lambda_2 x}$ 为 $C[a,b]$内线性无关向量组.

方法 3　等式

$$k_1 e^{\lambda_1 x} + k_2 e^{\lambda_2 x} \equiv 0$$

对区间$[a,b]$内任意 x 均成立. 现分别令 $x=a,b$ 代入:

$$\begin{cases} k_1 e^{\lambda_1 a} + k_2 e^{\lambda_2 a} = 0, \\ k_1 e^{\lambda_1 b} + k_2 e^{\lambda_2 b} = 0. \end{cases}$$

把 k_1,k_2 当作未知量求上面齐次线性方程组的解: 写出系数矩阵, 做消元法

$$\begin{bmatrix} e^{\lambda_1 a} & e^{\lambda_2 a} \\ e^{\lambda_1 b} & e^{\lambda_2 b} \end{bmatrix} \to \begin{bmatrix} e^{\lambda_1 a} & e^{\lambda_2 a} \\ 0 & e^{\lambda_2 b} - e^{\lambda_2 a + \lambda_1 b - \lambda_1 a} \end{bmatrix}.$$

易知 $e^{\lambda_2 b} - e^{\lambda_2 a + \lambda_1 (b-a)} \neq 0$,故上面齐次线性方程组只有零解,即 $k_1 = k_2 = 0$,于是 $e^{\lambda_1 x}$, $e^{\lambda_2 x}$ 线性无关.

例 1.7　考察集合

$$\mathbb{Q}(\sqrt{2}) = \{a + b\sqrt{2} \mid a,b \in \mathbb{Q}\}.$$

在其中定义加法为普通实数的加法,与任意有理数 k 的数乘为有理数与实数的乘法. 那么,关于上述加法与数乘,$\mathbb{Q}(\sqrt{2})$为有理数域$\mathbb{Q}$上的线性空间(八条公理显然满足). 在此线性空间内给定向量组

$$-2,\ 3,\ \sqrt{2}.$$

它线性相关. 因为令 $k_1=\frac{1}{2}, k_2=\frac{1}{3}, k_3=0$,它是$\mathbb{Q}$上一组不全为 0 的数,使

$$k_1 \cdot (-2) + k_2 \cdot (3) + k_3(\sqrt{2}) = 0.$$

如果考察$\mathbb{Q}(\sqrt{2})$内向量组

$$3,\ \sqrt{2}.$$

为判断其是否线性相关,设有 $k_1,k_2 \in \mathbb{Q}$,使

$$k_1 \cdot 3 + k_2 \cdot \sqrt{2} = 0.$$

若 $k_2 \neq 0$,则

$$\sqrt{2} = -\frac{3k_1}{k_2} \in \mathbb{Q},$$

这与$\sqrt{2}$为无理数矛盾. 故必有 $k_2=0$,代入原式立得 $k_1=0$,故 $3,\sqrt{2}$

为线性空间$\mathbb{Q}(\sqrt{2})$内的一个线性无关向量组.

4. 基和维数

在有了线性空间的概念之后,现在我们就可以把研究深入一步了. 本段的内容是介绍线性空间的一个核心概念: 基和维数. 首先证明一个命题.

命题 1.1 设V是数域K上的一个线性空间. 如果在V中存在n个线性无关的向量

$$\varepsilon_1,\varepsilon_2,\cdots,\varepsilon_n, \tag{Ⅰ}$$

使V中任一向量均能被(Ⅰ)线性表示,那么,有

(i) 任给V内n个线性无关向量

$$\eta_1,\eta_2,\cdots,\eta_n, \tag{Ⅱ}$$

则V中任一向量都能被(Ⅱ)线性表示;

(ii) 如果$\eta_1,\eta_2,\cdots,\eta_s$是$V$的一个线性无关向量组,且$V$内任一向量均能被它们线性表示,则$s=n$.

证 (i) 任给$\alpha\in V$,考察向量组

$$\eta_1,\eta_2,\cdots,\eta_n,\alpha.$$

它们能被(Ⅰ)线性表示,其个数$>n$,由第二章命题 1.4,此向量组线性相关. 已知$\eta_1,\eta_2,\cdots,\eta_n$线性无关,由第二章命题 3.2 知$\alpha$可被$\eta_1,\eta_2,\cdots,\eta_n$线性表示.

(ii) 根据所给的条件,$\eta_1,\eta_2,\cdots,\eta_s$与$\varepsilon_1,\varepsilon_2,\cdots,\varepsilon_n$线性等价,由第二章命题 1.5 的推论 2,它们的秩相同. 它们又都是线性无关的,其秩分别为s与n,故$s=n$. ▌

根据命题 1.1,我们可以给出如下一个重要概念:

定义 设V是数域K上的一个线性空间. 如果V中存在n个线性无关的向量

$$\varepsilon_1,\varepsilon_2,\cdots,\varepsilon_n,$$

使V中任一向量均能被此向量组线性表示,则V称为n **维线性空间**,记作$\dim V=n$. 上述向量组称为V的一组**基**. 单由零向量组成的线性空间称为**零空间**. 零空间的维数定义为零.

从命题 1.1 可知: 在n维线性空间中,任意n个线性无关向量

都是它的一组基,反之,它的任意一组基也一定恰好含有 n 个向量.显然,在一个 n 维线性空间中,任意 $n+1$ 个向量都是线性相关的,所以,在一个 n 维线性空间中最多只有 n 个线性无关的向量.

如果一个线性空间有 n 个线性无关向量,而任意 $n+1$ 个向量都线性相关,那么,按第二章命题 3.2,它即为 n 维线性空间.

如果在一个线性空间中存在任意多个线性无关的向量,则称之为**无限维线性空间**.而 n 维线性空间则统称为**有限维线性空间**.本书主要讨论有限维线性空间.

命题 1.1 有一个明显的推论.

推论　设 V 是数域 K 上的 n 维线性空间. $\alpha_1,\alpha_2,\cdots,\alpha_n$ 是 V 中一个向量组,使 V 中任一向量可被它线性表示,则此向量组为 V 的一组基.

证　此时 $\alpha_1,\alpha_2,\cdots,\alpha_n$ 与 V 的任一组基等价,秩都为 n,故线性无关. ▌

例 1.8　考察数域 K 上全体 $m\times n$ 矩阵所组成的线性空间 $M_{m,n}(K)$. 令 $E_{ij}(i=1,2,\cdots,m;j=1,2,\cdots,n)$ 表示第 i 行第 j 列元素为 1,其他元素为零的 $m\times n$ 矩阵.不难验证向量组 E_{ij} 线性无关,且任一向量(为 $m\times n$ 矩阵)均能被它们线性表示.故 $E_{ij}(i=1,2,\cdots,m;j=1,2,\cdots,n)$ 是线性空间 $M_{m,n}(K)$ 的一组基,于是

$$\dim M_{m,n}(K)=mn.$$

例 1.8 的一个特殊情况是 $m=1$,这就是 n 维向量空间.它的一组基是

$$\begin{aligned}\varepsilon_1&=(1,0,\cdots,0),\\ \varepsilon_2&=(0,1,\cdots,0),\\ &\cdots\cdots\cdots\cdots\\ \varepsilon_n&=(0,0,\cdots,1).\end{aligned}$$

现在 K^n 中任意 n 个线性无关的向量都构成 K^n 的一组基. 在 K^n 中给定 n 个向量

$$\alpha_1=\begin{bmatrix}a_{11}\\a_{21}\\\vdots\\a_{n1}\end{bmatrix},\quad \alpha_2=\begin{bmatrix}a_{12}\\a_{22}\\\vdots\\a_{n2}\end{bmatrix},\quad \cdots,\quad \alpha_n=\begin{bmatrix}a_{1n}\\a_{2n}\\\vdots\\a_{nn}\end{bmatrix},$$

把它们作为列向量(或行向量)排成一个 n 阶方阵

$$A=\begin{bmatrix} a_{11} & a_{12} & \cdots & a_{1n} \\ a_{21} & a_{22} & \cdots & a_{2n} \\ \vdots & \vdots & & \vdots \\ a_{n1} & a_{n2} & \cdots & a_{nn} \end{bmatrix},$$

那么,$\alpha_1,\alpha_2,\cdots,\alpha_n$ 是 K^n 的一组基的充要条件是 A 满秩,而这又与 $|A|\neq 0$ 等价. 很显然,满秩的 n 阶方阵有无穷多,从而 K^n 内有无穷多组基.

在第二章,对 K^n 我们称为"数域 K 上的 n 维向量空间",当时我们还无法讲清空间维数的确切含义,只是把它当作一个固定名词来使用. 现在我们从理论上提升了一步,给出线性空间继数的准确定义,并从理论上证明 K^n 确是数域 K 上一个 n 维线性空间,把这个名词的意义完全讲清了. 但是读者要注意,K 上 n 维线性空间有很多,它们的元素(向量)是各种各样的. 并非都是 n 元有序数组.

例 1.9 三维几何空间是实数域上的线性空间. 在第三章§1已讲到,任意三个不共面的向量 a,b,c 都线性无关,从几何学的知识又知道,空间中任意向量均能被 a,b,c 线性表示,所以 a,b,c 构成三维几何空间的一组基. 这就是我们把现实几何空间称为"三维空间"的原因.

例 1.10 考察例 1.5 的线性空间 $K[x]_n$. 在它里面挑出 n 个向量(即 n 个一元多项式)

$$1,\ x,\ x^2,\ \cdots,\ x^{n-1},$$

我们证明它们线性无关. 设

$$k_0\cdot 1+k_1x+k_2x^2+\cdots+k_{n-1}x^{n-1}=0.$$

上面的等式表示 x 用数域 K 内任何数代进去等式都成立. 如果 $k_0,k_1,\cdots,k_{n-1}$ 不全为零,那么等式左端是一个次数 $\leqslant n-1$ 的多项式,它最多只有 $n-1$ 个根. 现在数域 K 内的数都是它的根,而任一数域都包含无穷多个数,这是矛盾的. 因此,必定有 $k_0=k_1=\cdots=k_{n-1}=0$. 另一方面,$K[x]_n$ 内任一向量 $f(x)$ 显然都能被上述向量组线性表示,于是它们组成 $K[x]_n$ 的一组基. 从而有

$$\dim K[x]_n=n.$$

例 1.11 把全体复数所成的集合看作复数域$\mathbb{C}$上的线性空间，则数 1(当作向量看)是它的一组基,故此线性空间是一维的. 如把全体复数所成的集合看作实数域$\mathbb{R}$上的线性空间,则 1,i 是它的一组基,其维数为 2.

例 1.12 考察例 1.4 中的线性空间 $K[x]$. 根据例 1.10 的分析,不难看出,在向量组

$$1,x,x^2,\cdots,x^n,\cdots$$

中任取有限个都是线性无关的. 所以,$K[x]$是一个无限维线性空间.

例 1.13 我们来证明 $C[a,b]$是实数域上的无限维线性空间.

对任意正整数 n,取 n 个两两不等的实数 $\lambda_1,\lambda_2,\cdots,\lambda_n$,我们来证明 $C[a,b]$内的向量组

$$e^{\lambda_1 x},\ e^{\lambda_2 x},\ \cdots,\ e^{\lambda_n x}$$

线性无关. 设

$$k_1 e^{\lambda_1 x}+k_2 e^{\lambda_2 x}+\cdots+k_n e^{\lambda_n x}=0,$$

在(a,b)内求 $n-1$ 次微商,得

$$\begin{aligned}
&k_1\lambda_1 e^{\lambda_1 x}+k_2\lambda_2 e^{\lambda_2 x}+\cdots+k_n\lambda_n e^{\lambda_n x}=0,\\
&k_1\lambda_1^2 e^{\lambda_1 x}+k_2\lambda_2^2 e^{\lambda_2 x}+\cdots+k_n\lambda_n^2 e^{\lambda_n x}=0,\\
&\cdots\cdots\cdots\cdots\cdots\cdots\cdots\cdots\\
&k_1\lambda_1^{n-1} e^{\lambda_1 x}+k_2\lambda_2^{n-1} e^{\lambda_2 x}+\cdots+k_n\lambda_n^{n-1} e^{\lambda_n x}=0.
\end{aligned}$$

把 $k_1,k_2,\cdots,k_n$ 看作未知数,上面是 n 个未知数 n 个方程的齐次线性方程组,其系数矩阵的行列式是(令 $\lambda=\lambda_1+\lambda_2+\cdots+\lambda_n$)

$$\begin{vmatrix}
e^{\lambda_1 x} & e^{\lambda_2 x} & \cdots & e^{\lambda_n x}\\
\lambda_1 e^{\lambda_1 x} & \lambda_2 e^{\lambda_2 x} & \cdots & \lambda_n e^{\lambda_n x}\\
\lambda_1^2 e^{\lambda_1 x} & \lambda_2^2 e^{\lambda_2 x} & \cdots & \lambda_n^2 e^{\lambda_n x}\\
\vdots & \vdots & & \vdots\\
\lambda_1^{n-1} e^{\lambda_1 x} & \lambda_2^{n-1} e^{\lambda_2 x} & \cdots & \lambda_n^{n-1} e^{\lambda_n x}
\end{vmatrix}
= e^{\lambda x}\begin{vmatrix}
1 & 1 & \cdots & 1\\
\lambda_1 & \lambda_2 & \cdots & \lambda_n\\
\lambda_1^2 & \lambda_2^2 & \cdots & \lambda_n^2\\
\vdots & \vdots & & \vdots\\
\lambda_1^{n-1} & \lambda_2^{n-1} & \cdots & \lambda_n^{n-1}
\end{vmatrix}$$

$$= e^{\lambda x}\prod_{1\leqslant j<i\leqslant n}(\lambda_i-\lambda_j)\neq 0.$$

根据第三章定理 3.1,$k_1=k_2=\cdots=k_n=0$.

现在对任意正整数 n，$C[a,b]$内都存在含 n 个向量的线性无关向量组，这表明 $C[a,b]$是无限维的.

5. 向量的坐标

设 V 是数域 K 上的 n 维线性空间，而

$$\varepsilon_1, \varepsilon_2, \cdots, \varepsilon_n$$

是它的一组基. 任给 $\alpha \in V$，有表示式

$$\alpha = a_1\varepsilon_1 + a_2\varepsilon_2 + \cdots + a_n\varepsilon_n.$$

由于 $\varepsilon_1,\varepsilon_2,\cdots,\varepsilon_n$ 线性无关，根据第二章命题 3.1，这个表达式的系数是唯一确定的. 我们称 $a_1,a_2,\cdots,a_n$ 为 α 在基 $\varepsilon_1,\varepsilon_2,\cdots,\varepsilon_n$ 下的**坐标**.

为书写方便，我们借助于矩阵乘法的法则，在形式上把 α 的坐标表示式写成

$$\alpha = (\varepsilon_1,\varepsilon_2,\cdots,\varepsilon_n)\begin{bmatrix} a_1 \\ a_2 \\ \vdots \\ a_n \end{bmatrix}.$$

当然，这只是一个约定，并非真正的矩阵的乘法. 但不难看出，矩阵乘法的某些规律，例如结合律，对这种形式的写法也是适用的.

要求一个向量 α 在某一组基下的坐标，只要设法将这个向量表成这组基的线性组合就可以了.

例 1.14 考虑 n 维线性空间 $K[x]_n$，它的一个向量 $f(x)$为 x 的一个一元多项式

$$f(x) = a_0 + a_1x + \cdots + a_{n-1}x^{n-1} \quad (a_i \in K).$$

显然，它在基 $1,x,x^2,\cdots,x^{n-1}$ 下的坐标为 $a_0,a_1,a_2,\cdots,a_{n-1}$. 用形式写法，可写为

$$f(x) = (1,x,\cdots,x^{n-1})\begin{bmatrix} a_0 \\ a_1 \\ \vdots \\ a_{n-1} \end{bmatrix}.$$

任给 $a\in K$,按二项展开公式,我们有

$$x^k=(x-a+a)^k=\sum_{i=0}^{k}\binom{k}{i}a^i(x-a)^{k-i}.$$

这表明 $K[x]_n$ 内下列向量组

$$1,\ x-a,\ (x-a)^2,\ \cdots,\ (x-a)^{n-1}$$

与 $K[x]_n$ 的一组基 $1,x,x^2,\cdots,x^{n-1}$ 等价,从而它也是 $K[x]_n$ 的一组基.

为了深入一步讨论数域 K 上的多项式,我们现在介绍多项式的形式微商的概念. 在数学分析课中读者已熟知实系数多项式的微商. 因为在一般数域内没有极限概念(因为数域对求极限运算一般不封闭,例如一个有理数序列,当极限存在时,其极限值一般不再是有理数),所以也没有数学分析中的微商运算. 但是我们可以"形式"地将数学分析中实系数多项式的微商公式照搬过来.

对数域 K 上任意多项式

$$f(x)=a_0x^m+a_1x^{m-1}+a_2x^{m-2}+\cdots+a_{m-1}x+a_m,$$

定义

$$f'(x)=a_0mx^{m-1}+a_1(m-1)x^{m-2}+a_2(m-2)x^{m-3}+\cdots+a_{m-1},$$

称 $f'(x)$为 $f(x)$的**形式微商**,它仍为 K 上的一个多项式,但次数比 $f(x)$的次数减 1 或变为零多项式.

形式微商显然也具有数学分析中微商的基本性质: 对 K 上任意两个多项式 $f(x)$,$g(x)$,及任意 $k\in K$,有

$$(f(x)+g(x))'=f'(x)+g'(x);$$
$$(kf(x))'=kf'(x);$$
$$(f(x)g(x))'=f'(x)g(x)+f(x)g'(x).$$

现在设 $f(x)$是 $K[x]_n$ 内任意多项式,a 为 K 内任意数,那么有

$$f(x)=a_0+a_1(x-a)+a_2(x-a)^2+\cdots+a_{n-1}(x-a)^{n-1}.$$

对 $f(x)$逐次求形式微商,再令 $x=a$ 代入,立即得

$$a_0=f(a),$$
$$a_1=f'(a),$$

$$a_2=\frac{1}{2!}f''(a),$$

$$\cdots\cdots\cdots\cdots\cdots\cdots$$

$$a_{n-1}=\frac{1}{(n-1)!}f^{(n-1)}(a).$$

于是

$$f(x)=f(a)+f'(a)(x-a)+\frac{f''(a)}{2!}(x-a)^2+\cdots+\frac{f^{(n-1)}(a)}{(n-1)!}(x-a)^{n-1}.$$

这称为数域 K 上多项式的泰勒(Taylor)展开式. 由此即可知 $f(x)$ 在基 $1,x-a,(x-a)^2,\cdots,(x-a)^{n-1}$ 下的坐标表示式为

$$f(x)=(1,x-a,(x-a)^2,\cdots,(x-a)^{n-1})\begin{bmatrix} f(a) \\ f'(a) \\ \dfrac{f''(a)}{2!} \\ \vdots \\ \dfrac{f^{(n-1)}(a)}{(n-1)!} \end{bmatrix}.$$

例 1.15 设在 K^n 中给定一组基及一向量 β:

$$\alpha_1=\begin{bmatrix} a_{11} \\ a_{21} \\ \vdots \\ a_{n1} \end{bmatrix},\ \alpha_2=\begin{bmatrix} a_{12} \\ a_{22} \\ \vdots \\ a_{n2} \end{bmatrix},\ \cdots,\ \alpha_n=\begin{bmatrix} a_{1n} \\ a_{2n} \\ \vdots \\ a_{nn} \end{bmatrix},\ \beta=\begin{bmatrix} b_1 \\ b_2 \\ \vdots \\ b_n \end{bmatrix},$$

求 β 在基 $\alpha_1,\alpha_2,\cdots,\alpha_n$ 下的坐标.

解 这只要求解下列向量方程

$$x_1\alpha_1+x_2\alpha_2+\cdots+x_n\alpha_n=\beta.$$

把 $\alpha_1,\alpha_2,\cdots,\alpha_n$ 作为列向量排成一个 n 阶方阵 A,它就是上面线性方程组的系数矩阵. 现在 A 满秩,可单用初等行变换化为 E. 写出方程组的增广矩阵,用初等行变换把 A 的位置化为 E:

$$\overline{A}=\begin{bmatrix}a_{11} & a_{12} & \cdots & a_{1n} & b_1\\ a_{21} & a_{22} & \cdots & a_{2n} & b_2\\ \vdots & \vdots & & \vdots & \vdots\\ a_{n1} & a_{n2} & \cdots & a_{nn} & b_n\end{bmatrix}\xrightarrow{\text{行变换}}\begin{bmatrix} & c_1\\ & c_2\\ E & \vdots\\ & c_n\end{bmatrix}.$$

上面第二个矩阵中右边一列即为 β 在基 $\alpha_1,\alpha_2,\cdots,\alpha_n$ 下的坐标.

例 1.16　在 K^4 中给定向量组

$$\alpha_1=(2,1,0,1),$$
$$\alpha_2=(1,-3,2,4),$$
$$\alpha_3=(-5,0,-1,-7),$$
$$\alpha_4=(1,-6,2,6),$$

因为

$$|A|=\begin{vmatrix}2 & 1 & -5 & 1\\ 1 & -3 & 0 & -6\\ 0 & 2 & -1 & 2\\ 1 & 4 & -7 & 6\end{vmatrix}=27\neq 0,$$

所以这四个向量线性无关,构成了 K^4 的一组基. 又设

$$\beta=(8,9,-5,0).$$

求 β 在这组基下的坐标,按例 1.15 指出的办法求解:

$$\begin{bmatrix}2 & 1 & -5 & 1 & 8\\ 1 & -3 & 0 & -6 & 9\\ 0 & 2 & -1 & 2 & -5\\ 1 & 4 & -7 & 6 & 0\end{bmatrix}\longrightarrow\begin{bmatrix}1 & 0 & 0 & 0 & 3\\ 0 & 1 & 0 & 0 & -4\\ 0 & 0 & 1 & 0 & -1\\ 0 & 0 & 0 & 1 & 1\end{bmatrix},$$

于是

$$\beta=3\alpha_1-4\alpha_2-\alpha_3+\alpha_4$$
$$=(\alpha_1,\alpha_2,\alpha_3,\alpha_4)\begin{bmatrix}3\\ -4\\ -1\\ 1\end{bmatrix}.$$

现设在数域 K 上的 n 维线性空间 V 内取定一组基 $\varepsilon_1,\varepsilon_2,\cdots,$

ε_n. 设向量 α,β 在此组基下的坐标表示式为

$$\alpha=(\varepsilon_1,\varepsilon_2,\cdots,\varepsilon_n)\begin{bmatrix}a_1\\a_2\\\vdots\\a_n\end{bmatrix},$$

$$\beta=(\varepsilon_1,\varepsilon_2,\cdots,\varepsilon_n)\begin{bmatrix}b_1\\b_2\\\vdots\\b_n\end{bmatrix}.$$

那么

$$\begin{aligned}\alpha+\beta&=(a_1\varepsilon_1+a_2\varepsilon_2+\cdots+a_n\varepsilon_n)\\&\quad+(b_1\varepsilon_1+b_2\varepsilon_2+\cdots+b_n\varepsilon_n)\\&=(a_1+b_1)\varepsilon_1+(a_2+b_2)\varepsilon_2+\cdots+(a_n+b_n)\varepsilon_n\\&=(\varepsilon_1,\varepsilon_2,\cdots,\varepsilon_n)\begin{bmatrix}a_1+b_1\\a_2+b_2\\\vdots\\a_n+b_n\end{bmatrix}.\end{aligned}$$

对数域 K 内任意数 k,又有

$$\begin{aligned}k\alpha&=ka_1\varepsilon_1+ka_2\varepsilon_2+\cdots+ka_n\varepsilon_n\\&=(\varepsilon_1,\varepsilon_2,\cdots,\varepsilon_n)\begin{bmatrix}ka_1\\ka_2\\\vdots\\ka_n\end{bmatrix}.\end{aligned}$$

V 内一个向量 α 在基 $\varepsilon_1,\varepsilon_2,\cdots,\varepsilon_n$ 下的坐标可以看作 K^n 中一个向量,V 中两个向量相加对应于它们在 K^n 中的坐标向量相加,V 中向量的数乘对应于它们在 K^n 中的坐标向量做数乘. 这样,我们把 V 中向量的抽象加法、数乘运算具体化为它们的坐标作为 K^n 中的向量,按 K^n 的向量加法、数乘(都是具体的)做运算. 这就是说,在 V 中取定一组基后,又把抽象的东西还原为具体的东西. 这种由具体上升到抽象,再由抽象返回到具体,不断循环往复,是代数学的基本

方法.

现在给定 V 中一向量组 $\alpha_1,\alpha_2,\cdots,\alpha_s$,设它们在基 $\varepsilon_1,\varepsilon_2,\cdots,\varepsilon_n$ 下的坐标表示式为

$$\alpha_i=(\varepsilon_1,\varepsilon_2,\cdots,\varepsilon_n)A_i\quad(i=1,2,\cdots,s),$$

其中 $A_i=(a_{1i},a_{2i},\cdots,a_{ni})'\in K^n$ 为 α_i 在此组基下的坐标. 那么,对任意 $k_1,k_2,\cdots,k_s\in K$,我们有

$$\begin{aligned}&k_1\alpha_1+k_2\alpha_2+\cdots+k_s\alpha_s\\&\quad=(\varepsilon_1,\varepsilon_2,\cdots,\varepsilon_n)[k_1A_1+k_2A_2+\cdots+k_sA_s].\end{aligned}$$

等式左端是 V 内向量组的线性组合,等式右边方括号内是 K^n 中向量组的线性组合. 因为一个向量在基 $\varepsilon_1,\varepsilon_2,\cdots,\varepsilon_n$ 下的坐标为 K^n 中零向量(即其坐标全为 0)的充要条件是该向量为 V 中的零向量,所以 $k_1\alpha_1+k_2\alpha_2+\cdots+k_s\alpha=0$ 的充要条件是 $k_1A_1+k_2A_2+\cdots+k_sA_s=0$. 由此我们得到如下命题.

命题 1.2　设 V 是数域 K 上的 n 维线性空间. 在 V 内取定一组基 $\varepsilon_1,\varepsilon_2,\cdots,\varepsilon_n$. 设 V 内向量组 $\alpha_1,\alpha_2,\cdots,\alpha_s$ 中各向量在此组基下的坐标表示式为

$$\alpha_i=(\varepsilon_1,\varepsilon_2,\cdots,\varepsilon_n)A_i\quad(i=1,2,\cdots,s),$$

则 $\alpha_1,\alpha_2,\cdots,\alpha_s$ 线性相关(无关)的充要条件是 $A_1,A_2,\cdots,A_s$ 在 K^n 内线性相关(无关).

证　根据上面的分析,存在 K 内不全为 0 的一组数 $k_1,k_2,\cdots,k_s$ 使

$$k_1\alpha_1+k_2\alpha_2+\cdots+k_s\alpha_s=0$$

的充要条件是这组不全为 0 的数使

$$k_1A_1+k_2A_2+\cdots+k_sA_s=0.$$

故知命题成立. ▌

6. 基变换与坐标变换

从前面讨论的各种例子读者已经看到,在一个有限维线性空间 V 内,基的选取并不唯一,实际上有无穷多组不同的基. 特别要指出的是,如果 $\varepsilon_1,\varepsilon_2,\cdots,\varepsilon_n$ 是 V 的一组基,那么把它们按任意次序重排

得 $\varepsilon_{i_1},\varepsilon_{i_2},\cdots,\varepsilon_{i_n}$ 仍为 V 的一组基(因为它也是 n 个线性无关向量),而且与原来的基不同(因为一个向量 α 在这两组基下的坐标是 K^n 中两个不同向量). 由此立即需要解决一个问题: 找出 V 中两组基之间的关系.

线性空间中的基变换

设在 n 维线性空间 V 内给定两组基

$$\varepsilon_1,\ \varepsilon_2,\ \cdots,\ \varepsilon_n,$$

$$\eta_1,\ \eta_2,\ \cdots,\ \eta_n,$$

每个 η_i 都能被 $\varepsilon_1,\varepsilon_2,\cdots,\varepsilon_n$ 线性表示. 设

$$\begin{aligned}\eta_1&=t_{11}\varepsilon_1+t_{21}\varepsilon_2+\cdots+t_{n1}\varepsilon_n,\\ \eta_2&=t_{12}\varepsilon_1+t_{22}\varepsilon_2+\cdots+t_{n2}\varepsilon_n,\\ &\cdots\cdots\cdots\cdots\cdots\cdots\\ \eta_n&=t_{1n}\varepsilon_1+t_{2n}\varepsilon_2+\cdots+t_{nn}\varepsilon_n.\end{aligned}$$

再度借助矩阵乘法法则,把上面的公式形式地写成

$$(\eta_1,\eta_2,\cdots,\eta_n)=(\varepsilon_1,\varepsilon_2,\cdots,\varepsilon_n)\begin{bmatrix}t_{11}&t_{12}&\cdots&t_{1n}\\ t_{21}&t_{22}&\cdots&t_{2n}\\ \vdots&\vdots&&\vdots\\ t_{n1}&t_{n2}&\cdots&t_{nn}\end{bmatrix}.$$

命

$$T=\begin{bmatrix}t_{11}&t_{12}&\cdots&t_{1n}\\ t_{21}&t_{22}&\cdots&t_{2n}\\ \vdots&\vdots&&\vdots\\ t_{n1}&t_{n2}&\cdots&t_{nn}\end{bmatrix}.$$

称 T 为从基 $\varepsilon_1,\varepsilon_2,\cdots,\varepsilon_n$ 到基 $\eta_1,\eta_2,\cdots,\eta_n$ 的**过渡矩阵**.

两组基间的过渡矩阵是讨论有限维线性空间的基本工具. 读者应当牢记:从第一组基 $\varepsilon_1,\varepsilon_2,\cdots,\varepsilon_n$ 到第二组基 $\eta_1,\eta_2,\cdots,\eta_n$ 的过渡矩阵,就是把第二组的向量在第一组基下的坐标作为列向量依次排列的 n 阶方阵.

命题 1.3 在数域 K 上的 n 维线性空间 V 内给定一组基 ε_1, $\varepsilon_2,\cdots,\varepsilon_n$. T 是 K 上一个 n 阶方阵. 命

$$(\eta_1,\eta_2,\cdots,\eta_n)=(\varepsilon_1,\varepsilon_2,\cdots,\varepsilon_n)T.$$

则有

(i) 如果 $\eta_1,\eta_2,\cdots,\eta_n$ 是 V 的一组基,则 T 可逆;

(ii) 如果 T 可逆,则 $\eta_1,\eta_2,\cdots,\eta_n$ 是 V 的一组基.

证　设 $T=(t_{ij})$的列向量组为

$$T_1=\begin{bmatrix}t_{11}\\t_{21}\\\vdots\\t_{n1}\end{bmatrix},\quad T_2=\begin{bmatrix}t_{12}\\t_{22}\\\vdots\\t_{n2}\end{bmatrix},\ \cdots,\ T_n=\begin{bmatrix}t_{1n}\\t_{2n}\\\vdots\\t_{nn}\end{bmatrix},$$

则有

$$\eta_1=(\varepsilon_1,\varepsilon_2,\cdots,\varepsilon_n)T_1,$$
$$\eta_2=(\varepsilon_1,\varepsilon_2,\cdots,\varepsilon_n)T_2,$$
$$\cdots\cdots\cdots\cdots\cdots\cdots$$
$$\eta_n=(\varepsilon_1,\varepsilon_2,\cdots,\varepsilon_n)T_n.$$

$\eta_1,\eta_2,\cdots,\eta_n$ 是 V 的一组基的充要条件是 $\eta_1,\eta_2,\cdots,\eta_n$ 线性无关,按命题 1.2,这等价于 $T_1,T_2,\cdots,T_n$ 在 K^n 内线性无关,而后者又等价于 T 满秩或可逆.　▌

根据上面的命题,两组基之间的过渡矩阵是可逆矩阵.反过来,从一组给定的基出发,借助于某一可逆矩阵 T,就可以获得一组新的基.

线性空间中的坐标变换

设 V 中一个向量 α 在第一组基 $\varepsilon_1,\varepsilon_2,\cdots,\varepsilon_n$ 下的坐标为 $x_1,x_2,\cdots,x_n$,即

$$\alpha=x_1\varepsilon_1+x_2\varepsilon_2+\cdots+x_n\varepsilon_n=(\varepsilon_1,\varepsilon_2,\cdots,\varepsilon_n)\begin{bmatrix}x_1\\x_2\\\vdots\\x_n\end{bmatrix}.$$

又设 α 在第二组基 $\eta_1,\eta_2,\cdots,\eta_n$ 下的坐标为 $y_1,y_2,\cdots,y_n$,即

$$\alpha=y_1\eta_1+y_2\eta_2+\cdots+y_n\eta_n=(\eta_1,\eta_2,\cdots,\eta_n)\begin{bmatrix}y_1\\y_2\\\vdots\\y_n\end{bmatrix}.$$

现设两组基间的过渡矩阵为 T,即

$$(\eta_1,\eta_2,\cdots,\eta_n)=(\varepsilon_1,\varepsilon_2,\cdots,\varepsilon_n)T.$$

令

$$X=\begin{bmatrix}x_1\\x_2\\\vdots\\x_n\end{bmatrix},\quad Y=\begin{bmatrix}y_1\\y_2\\\vdots\\y_n\end{bmatrix}.$$

那么

$$\alpha=(\varepsilon_1,\varepsilon_2,\cdots,\varepsilon_n)X=(\eta_1,\eta_2,\cdots,\eta_n)Y.$$

以关系式

$$(\eta_1,\eta_2,\cdots,\eta_n)=(\varepsilon_1,\varepsilon_2,\cdots,\varepsilon_n)T$$

代入,得

$$\begin{aligned}(\varepsilon_1,\varepsilon_2,\cdots,\varepsilon_n)X&=[(\varepsilon_1,\varepsilon_2,\cdots,\varepsilon_n)T]Y\\&=(\varepsilon_1,\varepsilon_2,\cdots,\varepsilon_n)(TY).\end{aligned}$$

由于 $\varepsilon_1,\varepsilon_2,\cdots,\varepsilon_n$ 是一组基,线性无关,它们的两个线性组合相等时,对应系数相等,故得

$$X=TY.$$

这就是我们所寻求的**坐标变换公式**. 在上面的推理中用到形式矩阵的下列等式:

$$[(\varepsilon_1,\varepsilon_2,\cdots,\varepsilon_n)T]Y=(\varepsilon_1,\varepsilon_2,\cdots,\varepsilon_n)(TY).$$

上面的式子里未做任何实际计算,只是利用向量加法、数乘的运算法则对表达式重新组合,而所用到的法则与数的加法、乘法所满足的运算法则形式相同,因而矩阵乘法的结合律对形式矩阵也是适合的.这一事实,后面将反复运用.

最后,将本段落的内容概括如下.

1) 基变换公式:

$$(\eta_1,\eta_2,\cdots,\eta_n)=(\varepsilon_1,\varepsilon_2,\cdots,\varepsilon_n)T,\quad |T|\neq 0;$$

2) 坐标变换公式: 若 $\alpha=(\varepsilon_1,\varepsilon_2,\cdots,\varepsilon_n)X=(\eta_1,\eta_2,\cdots,\eta_n)Y$, 则 $X=TY$.

7. K^n 中的基变换

我们具体探讨一下如何求 K^n 中两组基之间的过渡矩阵.

设第一组基为

$$\begin{aligned}\varepsilon_1&=(a_{11},a_{21},\cdots,a_{n1}),\\\varepsilon_2&=(a_{12},a_{22},\cdots,a_{n2}),\\&\cdots\cdots\cdots\cdots\cdots\cdots\\\varepsilon_n&=(a_{1n},a_{2n},\cdots,a_{nn}).\end{aligned}$$

第二组基为

$$\begin{aligned}\eta_1&=(b_{11},b_{21},\cdots,b_{n1}),\\\eta_2&=(b_{12},b_{22},\cdots,b_{n2}),\\&\cdots\cdots\cdots\cdots\cdots\cdots\\\eta_n&=(b_{1n},b_{2n},\cdots,b_{nn}).\end{aligned}$$

而

$$(\eta_1,\eta_2,\cdots,\eta_n)=(\varepsilon_1,\varepsilon_2,\cdots,\varepsilon_n)T.$$

按定义,T 的第 i 个列向量的分量是 η_i 在基 $\varepsilon_1,\varepsilon_2,\cdots,\varepsilon_n$ 下的坐标.以 $\varepsilon_1,\varepsilon_2,\cdots,\varepsilon_n$ 作列向量排成矩阵

$$A=\begin{bmatrix}a_{11}&a_{12}&\cdots&a_{1n}\\a_{21}&a_{22}&\cdots&a_{2n}\\\vdots&\vdots&&\vdots\\a_{n1}&a_{n2}&\cdots&a_{nn}\end{bmatrix}.$$

那么,按照 K^n 中向量坐标的求法(参看上面的例 1.15),把 $\eta_1,\eta_2,\cdots,\eta_n$(每个 η_i 相当于例 1.15 中的 β)作列向量组排成一个 n 阶方阵

$$B=\begin{bmatrix}b_{11}&b_{12}&\cdots&b_{1n}\\b_{21}&b_{22}&\cdots&b_{2n}\\\vdots&\vdots&&\vdots\\b_{n1}&b_{n2}&\cdots&b_{nn}\end{bmatrix}$$

写出 $n\times 2n$ 分块矩阵(AB),用初等行变换(不能做列变换)把左边矩阵 A 处化为单位矩阵 E,则右边出来的就是过渡矩阵 T,示意如下:

$$(A\ \vdots\ B)\xrightarrow{\text{行变换}}(E\ \vdots\ T).$$

求出过渡矩阵后,坐标变换公式也就有了.

例 1.17 在 K^3 中给定两组基

$$\varepsilon_1=(1,0,-1),\ \varepsilon_2=(2,1,1),\quad \varepsilon_3=(1,1,1);$$

$$\eta_1=(0,1,1),\quad \eta_2=(-1,1,0),\ \eta_3=(1,2,1),$$

求它们之间的过渡矩阵 T.

解 分别以 $\varepsilon_1,\varepsilon_2,\varepsilon_3$ 和 η_1,η_2,η_3 作列向量组排成两个矩阵 A 及 B：

$$A=\begin{bmatrix}1&2&1\\0&1&1\\-1&1&1\end{bmatrix},\quad B=\begin{bmatrix}0&-1&1\\1&1&2\\1&0&1\end{bmatrix}.$$

做初等行变换如下：

$$(AB)=\left[\begin{array}{ccc:ccc}1&2&1&0&-1&1\\0&1&1&1&1&2\\-1&1&1&1&0&1\end{array}\right]$$

$$\to\left[\begin{array}{ccc:ccc}1&2&1&0&-1&1\\0&1&1&1&1&2\\0&3&2&1&-1&2\end{array}\right]$$

$$\to\left[\begin{array}{ccc:ccc}1&2&1&0&-1&1\\0&1&1&1&1&2\\0&0&-1&-2&-4&-4\end{array}\right]$$

$$\to\left[\begin{array}{ccc:ccc}1&2&0&-2&-5&-3\\0&1&0&-1&-3&-2\\0&0&1&2&4&4\end{array}\right]$$

$$\to\left[\begin{array}{ccc:ccc}1&0&0&0&1&1\\0&1&0&-1&-3&-2\\0&0&1&2&4&4\end{array}\right].$$

于是

$$T=\begin{bmatrix}0&1&1\\-1&-3&-2\\2&4&4\end{bmatrix}.$$

习　题　一

1. 以 $D(a,b)$ 表示在区间 (a,b) 内存在任意阶导数的实函数的全体所成的集合. 在 $D(a,b)$ 内定义加法为函数的加法,与实数的数乘为实数与函数的乘法. 证明 $D(a,b)$ 构成实数域上的线性空间.

2. 检验以下集合对于所指定的运算是否构成实数域上的线性空间:

(1) 全体 n 阶实对称矩阵所成的集合关于矩阵加法和与实数的数乘;

(2) 全体 n 阶实上三角矩阵所成的集合关于矩阵加法和与实数的数乘;

(3) 全体 n 阶实对角矩阵所成的集合关于矩阵加法和与实数的数乘;

(4) 平面上不平行于某一非零向量的全部向量所成的集合关于向量的加法和数乘运算;

(5) 全体实数的二元有序数组所成的集合关于下面定义的运算:

$$(a_1,b_1)\oplus(a_2,b_2)=(a_1+a_2,\ b_1+b_2+a_1a_2),$$

$$k\circ(a,b)=\left[ka,kb+\frac{k(k-1)}{2}a^2\right];$$

(6) 平面上全体向量所成的集合关于通常的向量加法和如下定义的数量乘法:

$$k\circ\alpha=\alpha;$$

(7) 全体正实数所成的集合关于下面定义的运算:

$$a\oplus b=ab,$$

$$k\circ a=a^k.$$

3. 令

$$\omega=\frac{-1+\sqrt{3}\mathrm{i}}{2},$$

而 $\mathbb{Q}(\omega)$ 为全体形如

$$a+b\omega\quad(a,b\in\mathbb{Q})$$

的数所成的集合. 定义$\mathbb{Q}(\omega)$内元素的加法为普通数的加法,与有理数k的数乘为普通数的乘法. 证明:$\mathbb{Q}(\omega)$关于上述运算成为有理数域$\mathbb{Q}$上的一个线性空间.

4. 设V是数域K上的线性空间. 把V中向量与K内的数乘重新定义:若$k=0$,则$k\circ\alpha=0$,若$k\neq0$,则$k\circ\alpha=\frac{1}{k}\alpha$. 问$V$关于原有向量加法及新定义的数乘是否构成$K$上的线性空间?

5. 设V是数域K上的线性空间. A是一个集合,已知f为A到V的一个集合间的双射. 在A中定义加法如下:对任意$\alpha,\beta\in A$,令

$$\alpha\oplus\beta=f^{-1}[f(\alpha)+f(\beta)].$$

在A中定义K内数k与A内元素α的数乘如下:

$$k\circ\alpha=f^{-1}[kf(\alpha)].$$

证明A关于上述加法与数乘构成K上的线性空间.

6. 在实数域上线性空间$C[-\pi,\pi]$内判断下列向量组是否线性相关,并求它们的秩:

(1) $\cos^2 x$, $\sin^2 x$;

(2) $\cos^2 x$, $\sin^2 x$, 1;

(3) $\sin x$, $\sin\sqrt{2}x$;

(4) $\sin\alpha x$, $\cos\beta x$ $(\alpha\beta\neq0)$;

(5) 1, $\sin x$, $\sin 2x$, $\sin 3x$, $\cdots$, $\sin nx$;

(6) 1, $\sin x$, $\sin^2 x$, $\cdots$, $\sin^n x$.

7. 在第3题的$\mathbb{Q}$上线性空间$\mathbb{Q}(\omega)$内判断下列向量组是否线性相关,并求它们的秩:

(1) $\frac{1}{2},3,-7$;

(2) $1,\omega,\omega^2,\omega^3,\omega^4$;

(3) $\omega,\overline{\omega}$(复共轭),$\sqrt{3}\,\mathrm{i}$.

8. 求$\mathbb{Q}$上线性空间$\mathbb{Q}(\omega)$的维数和一组基.

9. 求数域K上全体n阶对称矩阵关于矩阵加法、数乘所成的K上线性空间的维数和一组基.

10. 求数域K上全体n阶反对称矩阵关于矩阵的加法、数乘所

成的 K 上线性空间的维数和一组基.

11. 求第 2 题的(5),(7)两实数域上线性空间的维数和一组基.

12. 给定如下 3 阶方阵

$$A=\begin{bmatrix}1&0&0\\0&\omega&0\\0&0&\omega^2\end{bmatrix},\quad \omega=\frac{-1+\sqrt{3}\,\mathrm{i}}{2},$$

由 A 的实系数多项式 $f(A)$ 的全体组成的集合关于矩阵加法、数乘组成实数域上线性空间,求它的维数和一组基.

13. 证明下列向量组 $\varepsilon_1,\varepsilon_2,\varepsilon_3,\varepsilon_4$ 组成 K^4 的一组基,并求向量 β 在这组基下的坐标:

(1) $\varepsilon_1=(1,1,1,1)$,　　$\varepsilon_2=(1,1,-1,-1)$,
$\varepsilon_3=(1,-1,1,-1)$,　$\varepsilon_4=(1,-1,-1,1)$,
$\beta=(1,2,1,1)$.

(2) $\varepsilon_1=(1,1,0,1)$,　　$\varepsilon_2=(2,1,3,1)$,
$\varepsilon_3=(1,1,0,0)$,　　$\varepsilon_4=(0,1,-1,-1)$,
$\beta=(1,2,1,1)$.

14. 给定数域 K 上的一个 n 阶方阵 $A\neq 0$. 设

$$f(\lambda)=a_0\lambda^m+a_1\lambda^{m-1}+\cdots+a_m\quad(a_0\neq 0,a_i\in K)$$

是使 $f(A)=0$ 的最低次多项式. 设 V 是由系数在 K 内的 A 的多项式的全体关于矩阵加法、数乘所组成的 K 上线性空间,证明:

$$E,A,A^2,\cdots,A^{m-1}$$

是 V 的一组基,从而 $\dim V=m$. 求 V 中向量

$$(A-aE)^k\quad(a\in K,0\leqslant k\leqslant m)$$

在这组基下的坐标.

15. 接上题. 证明:

$$(A-aE)^k\quad(k=0,1,2,\cdots,m-1)$$

也是 V 的一组基. 求两组基之间的过渡矩阵 T:

$$(E,A-aE,\cdots,(A-aE)^{m-1})=(E,A,\cdots,A^{m-1})T.$$

16. 在 K^4 中求由基 $\varepsilon_1,\varepsilon_2,\varepsilon_3,\varepsilon_4$ 到基 $\eta_1,\eta_2,\eta_3,\eta_4$ 的过渡矩阵,并求向量 β 在所指定的基下的坐标.

(1) $\varepsilon_1=(1,0,0,0)$,　$\eta_1=(2,1,-1,1)$,

$$\varepsilon_2=(0,1,0,0),\quad \eta_2=(0,3,1,0),$$
$$\varepsilon_3=(0,0,1,0),\quad \eta_3=(5,3,2,1),$$
$$\varepsilon_4=(0,0,0,1),\quad \eta_4=(6,6,1,3).$$

求 $\beta=(b_1,b_2,b_3,b_4)$ 在 $\eta_1,\eta_2,\eta_3,\eta_4$ 下的坐标.

(2) $\varepsilon_1=(1,2,-1,0),\quad \eta_1=(2,1,0,1),$
$$\varepsilon_2=(1,-1,1,1),\quad \eta_2=(0,1,2,2),$$
$$\varepsilon_3=(-1,2,1,1),\quad \eta_3=(-2,1,1,2),$$
$$\varepsilon_4=(-1,-1,0,1),\quad \eta_4=(1,3,1,2).$$

求 $\beta=(1,0,0,0)$ 在 $\varepsilon_1,\varepsilon_2,\varepsilon_3,\varepsilon_4$ 下的坐标.

(3) $\varepsilon_1=(1,1,1,1),\quad \eta_1=(1,1,0,1),$
$$\varepsilon_2=(1,1,-1,-1),\quad \eta_2=(2,1,3,1),$$
$$\varepsilon_3=(1,-1,1,-1),\quad \eta_3=(1,1,0,0),$$
$$\varepsilon_4=(1,-1,-1,1),\quad \eta_4=(0,1,-1,-1).$$

求 $\beta=(1,0,0,-1)$ 在 $\eta_1,\eta_2,\eta_3,\eta_4$ 下的坐标.

17. 接上题(1). 求一非零向量 ξ,使它在基 $\varepsilon_1,\varepsilon_2,\varepsilon_3,\varepsilon_4$ 与 $\eta_1,\eta_2,\eta_3,\eta_4$ 下有相同的坐标.

18. 考察数域 K 上线性空间 $K[x]_n$. 给定 K 上 n 个两两不等的数 $a_1,a_2,\cdots,a_n$. 令

$$f_i(x)=(x-a_1)\cdots\widehat{(x-a_i)}\cdots(x-a_n)\quad (i=1,2,\cdots,n)$$

(记号"$\widehat{\ }$"表示去掉该项). 证明:$f_1(x),f_2(x),\cdots,f_n(x)$ 为 $K[x]_n$ 的一组基.

19. 给定数域 K 上 n 个两两不等的数 $a_1,a_2,\cdots,a_n$. 又设 $b_1,b_2,\cdots,b_n$ 是 K 内任意 n 个数. 找出 K 上次数 $<n$ 的多项式 $f(x)$,使

$$f(a_i)=b_i\quad (i=1,2,\cdots,n).$$

20. 设 A 是数域 K 上的 n 阶方阵. 证明存在 K 上次数 $\leqslant n^2$ 的多项式 $f(x)$,使 $f(A)=0$.

21. 在线性空间的定义中去掉向量加法交换律(即运算法则(ii)). 若 $\alpha+\beta=0$,证明:$\beta+\alpha=0$.

22. 线性空间定义中去掉向量加法的交换律,证明:对任意 $\alpha\in V$,仍有 $0+\alpha=\alpha$.

23. 证明:线性空间定义中的八条运算法则,其中向量加法的交

换律可以由其他七条公理推导出来.

24. 举例说明:线性空间定义中的八条运算法则,并不是任意一条都可以由其他七条推导出来.

§2　子空间与商空间

上一节我们已经熟悉了线性空间的基本概念,现在要把对它的研讨深入下去. 下面主要从两个方面来从事这一工作. 第一方面,是深入探讨其内部结构. 众所周知,为了掌握一台仪器的结构,我们需要把它分解开来研究其中的零部件. 动物学家为了弄清一种动物,必须通过解剖标本了解其各器官. 同样的,为了掌握线性空间的结构,我们需要深入到它的内部,研讨其"零部件",即下面所要阐述的各种子空间. 另一方面,为了从整体上更清晰地俯瞰一个线性空间的全貌,我们又常常需要隐去其局部的细节. 例如,为了体现一个地区的总体情况,我们用一张地图来反映它,在地图上,每个城市被简化为一个点. 这种方法应用到线性空间的研究中来,就形成商空间的概念. 这里所介绍的深入研究线性空间的两种方法,是代数学各领域普遍使用的基本方法,读者应当细心体会,逐步掌握.

1. 子空间的基本概念

首先来看一看三维几何空间. 我们取定一个直角坐标系 $Oxyz$. 以 O 为起点的全体向量关于向量加法和数乘组成实数域上的一个三维线性空间. 考察通过原点 O 的一张平面 M 上的全体向量所成的集合,我们仍用 M 来表示这个集合(见图 4.1). M 内两个向量相加仍在 M 内,M 内一个向量乘以实数 k 后仍在 M 内. 加法和数乘自然满足线性空间定义中的八条性质. 所以,M 也是实数域上的一个线性空间. 其加法和数乘运算是沿用的三维几何空间中向量的加法和数乘运算,这个线性空间是二维的(M 内任意不共线的两个向量都是它的一组基). 同样地,考察过原

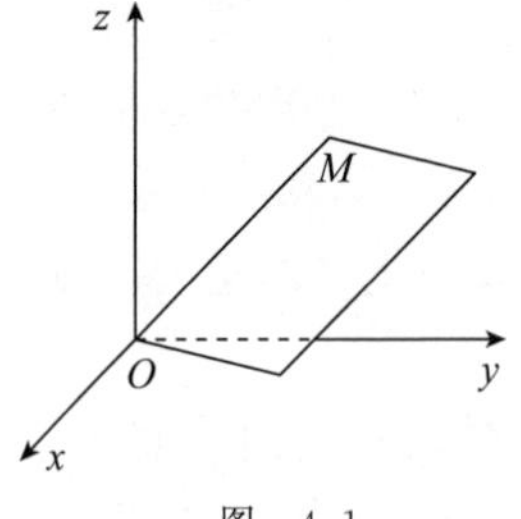

图　4.1

点 O 的任一直线 l 上全体向量所成的集合，记作 L. L 关于三维几何空间中向量的加法和数乘也组成实数域上的一个线性空间，其维数是 1.

这些讨论启发我们去考察一般线性空间中的与此相类似的现象.

定义 设 V 是数域 K 上的一个线性空间，M 是 V 的一个非空子集. 如果 M 关于 V 内的加法与数乘运算也组成数域 K 上的一个线性空间，则 M 称为 V 的一个**子空间**.

命题 2.1 线性空间 V 的一个非空子集 M 是一个子空间的充要条件是，它满足以下两个条件：

(i) 它对加法封闭，即对 M 内任意两个向量 α,β，有 $\alpha+\beta\in M$；

(ii) 它对数乘运算封闭，即对任一 $\alpha\in M$ 和任一 $k\in K$，有 $k\alpha\in M$.

证 条件的必要性是显然的，我们证明充分性. 设条件(i)和(ii)满足. 我们只要证明：零向量属于 M；M 中任一向量 α 的负向量 $-\alpha$ 属于 M. 那么，线性空间定义中的八条性质就都具备，于是 M 就是子空间了. 因为 M 非空，必有某个 $\alpha\in M$. 由条件(ii)知，$0\cdot\alpha=0\in M$. 另一方面，对任意 $\alpha\in M$，$(-1)\cdot\alpha=-\alpha\in M$. 至此命题得证. ▌

现在设 $\alpha_1,\alpha_2,\cdots,\alpha_s$ 是 V 内一个向量组，做它们的所有可能的线性组合，由此所得的 V 的子集记作 $L(\alpha_1,\alpha_2,\cdots,\alpha_s)$. 如果采用集合论中惯用的记号，它可写作

$$L(\alpha_1,\alpha_2\cdots,\alpha_s)$$
$$=\{k_1\alpha_1+k_2\alpha_2+\cdots+k_s\alpha_s \mid k_i\in K, i=1,2,\cdots,s\}.$$

这个记号的意思是：集合 $L(\alpha_1,\alpha_2,\cdots,\alpha_s)$ 的元素是由花括号中所表达出来的向量组成的，而其中线性组合的各个系数 $k_i(i=1,2,\cdots,s)$ 各自遍历数域 K 中的一切元素. 显然，子集 $L(\alpha_1,\alpha_2,\cdots,\alpha_s)$ 满足命题 2.1 中的条件(i)和(ii)，故它是 V 的一个子空间，这个子空间称为**由向量组** $\alpha_1,\alpha_2,\cdots,\alpha_s$ **生成的子空间**. 容易看出，向量组 $\alpha_1,\alpha_2,\cdots,\alpha_s$ 的任一极大线性无关部分组都是子空间 $L(\alpha_1,\alpha_2,\cdots,\alpha_s)$ 的一组基，而此向量组的秩即为 $L(\alpha_1,\alpha_2,\cdots,\alpha_s)$ 的维数.

下面我们举几个子空间的具体例子.

例 2.1 $K[x]_n$ 是 $K[x]$ 的一个子空间. 因为 $K[x]_n$ 作为 $K[x]$ 的一个非空子集，显然满足命题 2.1 中的条件(i)与(ii).

例 2.2 给定数域 K 上的一个齐次线性方程组

$$\begin{cases}a_{11}x_1+a_{12}x_2+\cdots+a_{1n}x_n=0,\\a_{21}x_1+a_{22}x_2+\cdots+a_{2n}x_n=0,\\\cdots\cdots\cdots\cdots\cdots\cdots\cdots\cdots\\a_{m1}x_1+a_{m2}x_2+\cdots+a_{mn}x_n=0,\end{cases}\qquad(a_{ij}\in K)$$

它的全体解向量是 K^n 中的一个非空子集 M. 根据第二章§3中指出的齐次线性方程组解的两条性质,M 满足命题 2.1 中的条件(i)与(ii),故 M 是 K^n 的一个子空间. 这个子空间称为该齐次线性方程组的**解空间**. 此齐次线性方程组的任一组基础解系就是线性空间 M 的一组基. 如果方程组系数矩阵的秩为 r,则

$$\dim M=n-r.$$

例 2.3　考察数域 K 上全体 n 阶方阵所成的线性空间 $M_n(K)$. 设 M 是 $M_n(K)$ 内主对角线元素之和为零的方阵所成的子集,采用集合论的记号,写作

$$M=\{(a_{ij})\in M_n(K)\mid a_{11}+a_{22}+\cdots+a_{nn}=0\}.$$

显然,M 也满足命题 2.1 中的条件(i)与(ii),故 M 是 $M_n(K)$ 的一个子空间.

应当指出,对于一个线性空间 V,单由它的零向量组成的子集也满足命题 2.1 中的条件,所以它也是 V 的一个子空间,称为**零子空间**,记作$\{0\}$. 另外,V 本身也认为是自身的一个子空间. 这两个子空间称为 V 的**平凡子空间**. 除此之外的子空间称为**非平凡子空间**.

命题 2.2　设 V 是数域 K 上的 n 维线性空间,M 是 V 的一个非零子空间,则 M 内任一组基都可以扩充成 V 的一组基.

证　根据命题 1.1,n 维线性空间中至多有 n 个线性无关的向量,于是 M 内线性无关向量的个数也不能大于 n,故 M 也是有限维线性空间. 设 $\dim M=r$,且 $\varepsilon_1,\varepsilon_2,\cdots,\varepsilon_r$ 为 M 的一组基. 于是 $M=L(\varepsilon_1,\varepsilon_2,\cdots,\varepsilon_r)$.

若 $M=V$,则 $\varepsilon_1,\varepsilon_2,\cdots,\varepsilon_r$ 已经是 V 的一组基. 如 $M\neq V$,则存在 $\varepsilon_{r+1}\in V$,而 $\varepsilon_{r+1}\overline{\in}M$. 此时 $\varepsilon_1,\varepsilon_2,\cdots,\varepsilon_r,\varepsilon_{r+1}$ 必线性无关. 因若 $\varepsilon_1,\cdots,\varepsilon_r,\varepsilon_{r+1}$ 线性相关,由第二章命题 3.2,ε_{r+1} 可被 $\varepsilon_1,\cdots,\varepsilon_r$ 线性表示,于是 $\varepsilon_{r+1}\in L(\varepsilon_1,\cdots,\varepsilon_r)=M$,与假设矛盾.

如果 $L(\varepsilon_1,\cdots,\varepsilon_r,\varepsilon_{r+1})\neq V$,再继续上述步骤. V 内最多有 n 个

线性无关向量，所以这个过程在有限步后终止，即有 $L(\varepsilon_1,\cdots,\varepsilon_r,\varepsilon_{r+1},\cdots,\varepsilon_{r+k})=V$. 于是 V 内任何向量可被 $\varepsilon_1,\cdots,\varepsilon_r,\varepsilon_{r+1},\cdots,\varepsilon_{r+k}$ 线性表示. 按命题 1.1，此时 $r+k=n$，于是 $\varepsilon_1,\cdots,\varepsilon_r,\varepsilon_{r+1},\cdots,\varepsilon_n$ 组成 V 的一组基. ▌

推论 一个有限维线性空间 V 内任意 r 个线性无关的向量 $\alpha_1,\alpha_2,\cdots,\alpha_r$ 都可以扩充为 V 的一组基.

证 在命题 2.2 中取 $M=L(\alpha_1,\alpha_2,\cdots,\alpha_r)$即可. ▌

2. 子空间的交与和

定义 设 M_1,M_2 为线性空间 V 的两个子空间，称 $M_1\cap M_2$ 为它们的**交**. 又命

$$M=\{\alpha_1+\alpha_2 \mid \alpha_1\in M_1,\alpha_2\in M_2\},$$

称为 M_1 与 M_2 的**和**，记作 M_1+M_2.

两个子空间的交是它们的公共部分. 两个子空间的和是分别由两个子空间中各任取一个向量相加所组成的集合. 因为 M_1 和 M_2 中都包含零向量，所以显然有

$$M_1\subseteq M_1+M_2;\quad M_2\subseteq M_1+M_2.$$

但要注意 M_1+M_2 和 $M_1\cup M_2$ 不同. 后者只是把两个子空间的向量简单地聚拢在一起成为一个新的集合而已，它们的向量之间并不相加，在一般情况下，$M_1\cup M_2\neq M_1+M_2$.

例 2.4 考察三维几何空间中过坐标原点 O 的两张不重合的平面(参看图 4.2). 它们上面的向量分别组成两个子空间 M_1,M_2. 不难看出，M_1+M_2 是整个三维几何空间. 而它们的交 $M_1\cap M_2$ 则是两平面的交线 l 上全体向量组成的一维子空间.

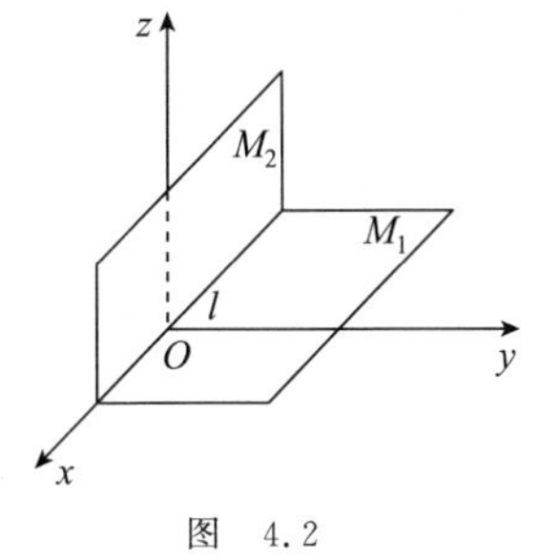

图 4.2

例 2.5 考察三维几何空间中过坐标原点 O 的两条不重合的直线 l_1 和 l_2. 它们上面的向量分别组成两个一维子空间 L_1 和 L_2. 不难看出，L_1+L_2 是过 l_1 和 l_2 的一张平面上的全体向量组成的二维子空间. 而 $L_1\cap L_2$ 只有零向量，为零子空间$\{0\}$(参看图 4.3).

例 2.6 给定数域 K 上的两个齐次线性方程组

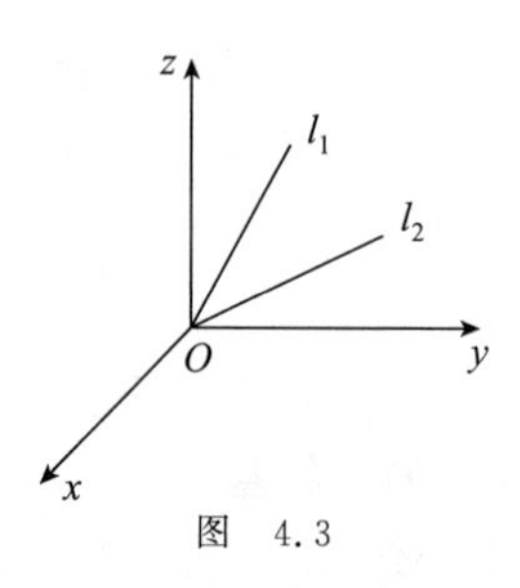

图 4.3

$$\begin{cases} a_{11}x_1 + a_{12}x_2 + \cdots + a_{1n}x_n = 0, \\ a_{21}x_1 + a_{22}x_2 + \cdots + a_{2n}x_n = 0, \\ \cdots\cdots\cdots\cdots\cdots\cdots\cdots\cdots\cdots \\ a_{m1}x_1 + a_{m2}x_2 + \cdots + a_{mn}x_n = 0; \end{cases} \tag{1}$$

$$\begin{cases} b_{11}x_1 + b_{12}x_2 + \cdots + b_{1n}x_n = 0, \\ b_{21}x_1 + b_{22}x_2 + \cdots + b_{2n}x_n = 0, \\ \cdots\cdots\cdots\cdots\cdots\cdots\cdots\cdots\cdots \\ b_{l1}x_1 + b_{l2}x_2 + \cdots + b_{ln}x_n = 0. \end{cases} \tag{2}$$

方程组(1)的解空间设为 M_1,方程组(2)的解空间设为 M_2,它们都是 K^n 的子空间. $M_1 \cap M_2$ 中每个向量既是方程组(1)的解向量,又是方程组(2)的解向量. 所以 $M_1 \cap M_2$ 就是把方程组(1)与(2)并在一起得到一个 n 个未知量、$m+l$ 个方程的新方程组的解空间.

在上面的例子中,$M_1 + M_2$ 与 $M_1 \cap M_2$ 都恰好还是 V 的子空间. 这一点并不是偶然的,而是一个普遍规律.

命题 2.3 设 M_1, M_2 为线性空间 V 的两个子空间,则它们的交 $M_1 \cap M_2$ 与和 $M_1 + M_2$ 仍是 V 的子空间.

证 (i) 证 $M_1 \cap M_2$ 是子空间. 首先,$0 \in M_1 \cap M_2$,故 $M_1 \cap M_2$ 非空. 设 $\alpha, \beta \in M_1 \cap M_2$,则因 $\alpha, \beta \in M_1$,故 $\alpha + \beta \in M_1$;同理,$\alpha + \beta \in M_2$. 于是 $\alpha + \beta \in M_1 \cap M_2$. 又,对任一 $\alpha \in M_1 \cap M_2$ 及任一 $k \in K$,因 $\alpha \in M_1$,有 $k\alpha \in M_1$;同理,$k\alpha \in M_2$. 于是 $k\alpha \in M_1 \cap M_2$. 根据命题 2.1,$M_1 \cap M_2$ 为 V 的子空间.

(ii) 证 $M_1 + M_2$ 为子空间. 首先,$0 \in M_1 + M_2$,故 $M_1 + M_2$ 非空. 若 $\alpha, \beta \in M_1 + M_2$,则有

$$\alpha = \alpha_1 + \alpha_2 \quad (\alpha_1 \in M_1, \alpha_2 \in M_2);$$

$$\beta=\beta_1+\beta_2 \quad (\beta_1\in M_1,\beta_2\in M_2).$$

于是,有

$$\alpha+\beta=(\alpha_1+\beta_1)+(\alpha_2+\beta_2),$$

其中 $\alpha_1+\beta_1\in M_1,\alpha_2+\beta_2\in M_2$,故 $\alpha+\beta\in M_1+M_2$. 又,对任一 $\alpha\in M_1+M_2$ 和任一 $k\in K$,因

$$\alpha=\alpha_1+\alpha_2 \quad (\alpha_1\in M_1,\alpha_2\in M_2),$$

故

$$k\alpha=k\alpha_1+k\alpha_2,$$

其中 $k\alpha_1\in M_1,k\alpha_2\in M_2$,即 $k\alpha\in M_1+M_2$. 再由命题 2.1 知 M_1+M_2 亦为 V 的子空间. ▌

有了两个子空间的交与和后,可以类似地定义多个子空间的交与和. 设 $M_1,M_2,\cdots,M_k$ 为 V 的 k 个子空间,它们的交定义为

$$M_1\cap M_2\cap\cdots\cap M_k,$$

即这 k 个子空间的公共向量所组成的集合. 显然,它是 V 的一个子空间.

又定义

$$M=\{\alpha_1+\alpha_2\cdots+\alpha_k \mid \alpha_i\in M_i,i=1,2,\cdots,k\},$$

称为这 k 个子空间的和,记为 $M_1+M_2+\cdots+M_k$. 显然,它也是一个子空间.

现在我们证明一个重要的结果.

定理 2.1 设 M_1,M_2 是线性空间 V 的两个有限维子空间,则有

$$\dim(M_1+M_2)=\dim M_1+\dim M_2-\dim M_1\cap M_2.$$

证 $M_1\cap M_2$ 既是 M_1 的子空间,又是 M_2 的子空间. 我们在 $M_1\cap M_2$ 内取定一组基

$$\varepsilon_1,\ \varepsilon_2,\ \cdots,\ \varepsilon_r.$$

按命题 2.2,它可以扩充成 M_1 的一组基

$$\varepsilon_1,\ \cdots,\ \varepsilon_r,\ \alpha_1,\ \cdots,\ \alpha_s,$$

也可以扩充成 M_2 的一组基

$$\varepsilon_1,\ \cdots,\ \varepsilon_r,\ \beta_1,\ \cdots,\ \beta_t$$

(当 $M_1\cap M_2=\{0\}$时,取 $r=0$ 即可). 我们证明向量组

$$\varepsilon_1,\ \cdots,\ \varepsilon_r,\ \alpha_1,\ \cdots,\ \alpha_s,\ \beta_1,\ \cdots,\ \beta_t \tag{I}$$

是 M_1+M_2 的一组基.

(i) 对任一 $\alpha \in M_1+M_2$,有

$$\alpha=\gamma_1+\gamma_2 \quad (\gamma_1 \in M_1, \gamma_2 \in M_2).$$

而
$$\gamma_1=k_1\varepsilon_1+\cdots+k_r\varepsilon_r+a_1\alpha_1+\cdots+a_s\alpha_s,$$
$$\gamma_2=l_1\varepsilon_1+\cdots+l_r\varepsilon_r+b_1\beta_1+\cdots+b_t\beta_t.$$

故有

$$\begin{aligned}\alpha=\gamma_1+\gamma_2=&(k_1+l_1)\varepsilon_1+\cdots+(k_r+l_r)\varepsilon_r\\&+a_1\alpha_1+\cdots+a_s\alpha_s+b_1\beta_1+\cdots+b_t\beta_t.\end{aligned}$$

即 α 可被向量组(I)线性表示.

(ii) 再证向量组(I)线性无关.若

$$\begin{aligned}k_1\varepsilon_1+\cdots+k_r\varepsilon_r+a_1\alpha_1+\cdots+a_s\alpha_s&\\+b_1\beta_1+\cdots+b_t\beta_t=0,&\end{aligned} \tag{3}$$

移项,得
$$\begin{aligned}k_1\varepsilon_1+\cdots+k_r\varepsilon_r+a_1\alpha_1+\cdots+a_s\alpha_s&\\=-b_1\beta_1-\cdots-b_t\beta_t.&\end{aligned}$$

因为
$$k_1\varepsilon_1+\cdots+k_r\varepsilon_r+a_1\alpha_1+\cdots+a_s\alpha_s \in M_1,$$
$$-b_1\beta_1-\cdots-b_t\beta_t \in M_2,$$

而两者相等,故

$$\gamma=k_1\varepsilon_1+\cdots+k_r\varepsilon_r+a_1\alpha_1+\cdots+a_s\alpha_s \in M_1 \cap M_2.$$

于是 γ 可被 $\varepsilon_1,\varepsilon_2,\cdots,\varepsilon_r$ 线性表示,即

$$\gamma=f_1\varepsilon_1+\cdots+f_r\varepsilon_r.$$

又已知
$$\gamma=-b_1\beta_1-\cdots-b_t\beta_t,$$

两式相减,得

$$0=f_1\varepsilon_1+\cdots+f_r\varepsilon_r+b_1\beta_1+\cdots+b_t\beta_t.$$

由于 $\varepsilon_1,\cdots,\varepsilon_r,\beta_1,\cdots,\beta_t$ 线性无关,故 $b_1=\cdots=b_t=0$.代入(3)式,得

$$k_1\varepsilon_1+\cdots+k_r\varepsilon_r+a_1\alpha_1+\cdots+a_s\alpha_s=0.$$

再由 $\varepsilon_1,\cdots,\varepsilon_r,\alpha_1,\cdots,\alpha_s$ 线性无关,推得 $k_1=\cdots=k_r=a_1=\cdots=a_s=0$.故向量组(I)线性无关.

综合(i)与(ii)知向量组(I)是 M_1+M_2 的一组基,因此,$\dim(M_1+M_2)=r+s+t$,而 $\dim(M_1 \cap M_2)=r$,$\dim M_1=r+s$,$\dim M_2=r+t$,于是有

$$\dim(M_1+M_2)=\dim M_1+\dim M_2-\dim M_1 \cap M_2. \quad \blacksquare$$

这个定理中的公式称为**维数公式**.

推论 设 $M_1,M_2,\cdots,M_k$ 是线性空间 V 的 k 个有限维子空间,

则

$$\dim(M_1+M_2+\cdots+M_k)\leqslant\dim M_1+\dim M_2+\cdots+\dim M_k.$$

证 按定理 2.1,有 $\dim(M_1+M_2)\leqslant\dim M_1+\dim M_2$. 当 $k>2$ 时,应用数学归纳法即可. ▌

例 2.7 在 K^3 中给定两个向量组

$$\alpha_1=(-1,1,0),\quad \alpha_2=(1,1,1);$$
$$\beta_1=(-1,3,0),\quad \beta_2=(-1,1,-1),$$

求 $L(\alpha_1,\alpha_2)+L(\beta_1,\beta_2)$ 和 $L(\alpha_1,\alpha_2)\cap L(\beta_1,\beta_2)$ 的维数和一组基.

解 (i) 求 $L(\alpha_1,\alpha_2)+L(\beta_1,\beta_2)$ 的维数和一组基. 因为

$$L(\alpha_1,\alpha_2)+L(\beta_1,\beta_2)=L(\alpha_1,\alpha_2,\beta_1,\beta_2),$$

只要求 $\alpha_1,\alpha_2,\beta_1,\beta_2$ 的一个极大线性无关部分组就可以了. 应用第二章 §2 所讲的办法

$$\begin{bmatrix}-1&1&0&\alpha_1\\1&1&1&\alpha_2\\-1&3&0&\beta_1\\-1&1&-1&\beta_2\end{bmatrix}\to\begin{bmatrix}1&1&1&\alpha_2\\-1&1&0&\alpha_1\\-1&3&0&\beta_1\\-1&1&-1&\beta_2\end{bmatrix}$$

$$\to\begin{bmatrix}1&1&1&\alpha_2\\0&2&1&\alpha_1+\alpha_2\\0&4&1&\beta_1+\alpha_2\\0&2&0&\beta_2+\alpha_2\end{bmatrix}\to\begin{bmatrix}1&1&1&\alpha_2\\0&2&1&\alpha_1+\alpha_2\\0&0&1&2\alpha_1+\alpha_2-\beta_1\\0&0&0&\alpha_1+\alpha_2-\beta_1+\beta_2\end{bmatrix}.$$

所以向量组 $\alpha_1,\alpha_2,\beta_1,\beta_2$ 的秩为 3. 又因为

$$\alpha_1+\alpha_2-\beta_1+\beta_2=0,\tag{4}$$

即 $\beta_1=\alpha_1+\alpha_2+\beta_2$,故 $\alpha_1,\alpha_2,\beta_2$ 为 $L(\alpha_1,\alpha_2)+L(\beta_1,\beta_2)$ 的一组基,其维数为 3.

(ii) 求 $L(\alpha_1,\alpha_2)\cap L(\beta_1,\beta_2)$ 的维数和一组基. 因为

$$\dim L(\alpha_1,\alpha_2)=\dim L(\beta_1,\beta_2)=2,$$

从(i)的结果,利用维数公式知

$$\dim L(\alpha_1,\alpha_2)\cap L(\beta_1,\beta_2)=1.$$

又从(4)式得

$$\alpha_1+\alpha_2=\beta_1-\beta_2\in L(\alpha_1,\alpha_2)\cap L(\beta_1,\beta_2).$$

而

$$\alpha_1+\alpha_2=(0,2,1)\neq 0,$$

故 $\alpha_1+\alpha_2$ 为 $L(\alpha_1,\alpha_2)\cap L(\beta_1,\beta_2)$ 的一组基.

3. 子空间的直和

我们先考察三维几何空间 V. 设过坐标原点 O 的两张不重合的平面分别代表 V 的两个子空间 M_1 与 M_2(参看图 4.4). 显然,

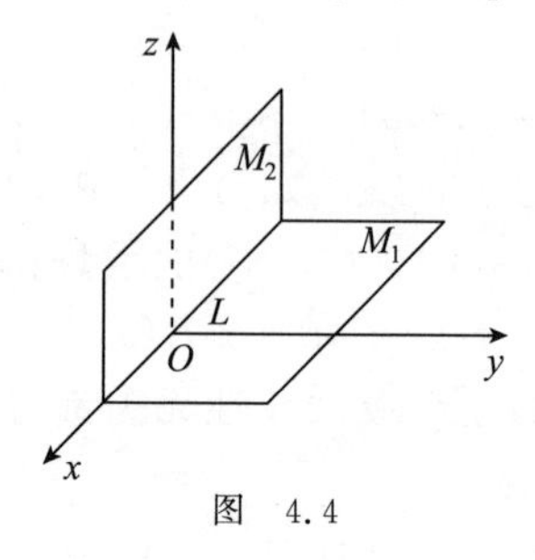

图 4.4

$M_1+M_2=V$. 因此, V 内任一向量 α 可表为

$$\alpha=\alpha_1+\alpha_2\quad(\alpha_1\in M_1,\alpha_2\in M_2).$$

但现在这个表示方法不是唯一的. 就是说,我们可以找到 α 的另一表示方法

$$\alpha=\alpha'_1+\alpha'_2\quad(\alpha'_1\in M_1,\alpha'_2\in M_2),$$

且 $\alpha'_1\neq\alpha_1,\alpha'_2\neq\alpha_2$. 最简单的例子是考察 V 中的零向量. 设 β 为 $M_1\cap M_2=L$ 中任一向量. 因为 $L\neq\{0\}$, 可令 $\beta\neq 0$, 而 $\beta\in M_1$, $-\beta\in M_2$, 我们有

$$0=0+0=\beta+(-\beta).$$

即 V 中零向量至少有两种(实际上有无穷多种)方式表为 M_1 和 M_2 中向量之和的形式.

只要零向量表法不唯一,那么,任意向量的表法也不唯一. 因为:设 α 有一个表示

$$\alpha=\alpha_1+\alpha_2\quad(\alpha_1\in M_1,\alpha_2\in M_2),$$

那么,有

$$\begin{aligned}\alpha&=\alpha+0=(\alpha_1+\alpha_2)+(\beta+(-\beta))\\&=(\alpha_1+\beta)+(\alpha_2-\beta),\end{aligned}$$

其中 $\alpha_1+\beta\in M_1$, $\alpha_2-\beta\in M_2$, 且 $\alpha_1+\beta\neq\alpha_1$, $\alpha_2-\beta\neq\alpha_2$.

我们再考察另一种情况. 设 V 中过坐标原点 O 的一张平面上的

全体向量所成的集合M,和过O点但不在M内的直线l上的全体向量所成的集合L分别代表V的两个子空间(参看图4.5).此时也有

$$V=M+L.$$

于是,V内任一向量α可表为

$$\alpha=\alpha_1+\alpha_2\quad(\alpha_1\in M,\alpha_2\in L),$$

此时表法必定是唯一的.因若还有另一表法

$$\alpha=\alpha_1'+\alpha_2'\quad(\alpha_1'\in M,\alpha_2'\in L),$$

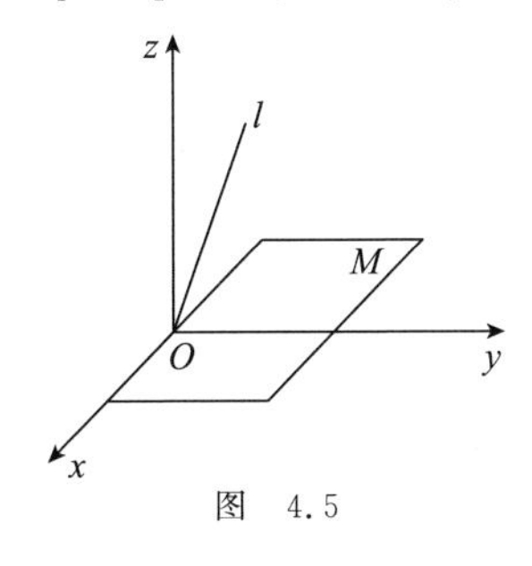

图 4.5

两式相减,得

$$(\alpha_1-\alpha_1')+(\alpha_2-\alpha_2')=0,$$

$$\alpha_1-\alpha_1'=\alpha_2'-\alpha_2.$$

于是$\alpha_1-\alpha_1'\in L\cap M=\{0\}$,即$\alpha_1-\alpha_1'=0$,$\alpha_1=\alpha_1'$.因而又有$\alpha_2=\alpha_2'$.

上面两个例子反映了两种情况:第一种情况向量表法不唯一;第二种情况向量表法唯一.究其原因,主要在于第一种情况下两个子空间的交$M_1\cap M_2\neq\{0\}$,而第二种情况下$M\cap L=\{0\}$.

当我们研究一个线性空间时,常常需要设法把它分解成两个较低维的子空间M_1,M_2(或更多个子空间$M_1,M_2,\cdots,M_k$)的和:$V=M_1+M_2$.但如果出现的是第一种情况,对于我们利用这个分解式讨论问题显然是不方便的.我们希望的是出现第二种情况.因而,我们这一节里把第二种情况单独提出来研究.

定义 设M_1,M_2是线性空间V的两个子空间,$M_1+M_2=M$.如果对M内任一向量α,其表示式

$$\alpha=\alpha_1+\alpha_2\quad(\alpha_1\in M_1,\alpha_2\in M_2)$$

是唯一的,则称M是M_1与M_2的**直和**(亦称M_1+M_2是直和),记作

$$M=M_1\oplus M_2.$$

定理 2.2　设 M_1,M_2 是数域 K 上线性空间 V 的两个有限维子空间，则下面几条互相等价：

(i) M_1+M_2 是直和；

(ii) 0 向量表法唯一，即由

$$0=\alpha_1+\alpha_2\quad(\alpha_1\in M_1,\alpha_2\in M_2),$$

必定有 $\alpha_1=\alpha_2=0$；

(iii) $M_1\cap M_2=\{0\}$；

(iv) $\dim M_1+\dim M_2=\dim(M_1+M_2)$.

证　采用轮转方式证明这些命题等价.

(i)$\Longrightarrow$(ii)　按定义，M_1+M_2 内任一向量表法唯一，因而零向量的表法当然是唯一的.

(ii)$\Longrightarrow$(iii)　用反证法. 若 $M_1\cap M_2\neq\{0\}$，则有一 $\beta\in M_1\cap M_2$，$\beta\neq 0$. 于是 $\beta\in M_1$，$-\beta\in M_2$，而

$$0=\beta+(-\beta).$$

这与零向量表法唯一的假设矛盾.

(iii)$\Longrightarrow$(iv)　利用定理 2.1 即得.

(iv)$\Longrightarrow$(i)　利用定理 2.1 知 $\dim(M_1\cap M_2)=0$，即 $M_1\cap M_2=\{0\}$. 对任一 $\alpha\in M_1+M_2$，如果

$$\alpha=\alpha_1+\alpha_2=\alpha_1'+\alpha_2'\quad(\alpha_1,\alpha_1'\in M_1;\alpha_2,\alpha_2'\in M_2),$$

则有

$$\alpha_1-\alpha_1'=\alpha_2'-\alpha_2.$$

于是 $\alpha_1-\alpha_1'\in M_1\cap M_2=\{0\}$，即 $\alpha_1-\alpha_1'=0$，$\alpha_2-\alpha_2'=0$. 这说明 $\alpha_1=\alpha_1'$，$\alpha_2=\alpha_2'$，因而 α 表法唯一. ▌

为了帮助读者理解直和的概念，我们再举两个例子.

例 2.8　考虑线性空间 $M_n(K)$. 命 M 为 $M_n(K)$ 内主对角线上元素之和为零的方阵所成的子空间. 又命 N 为全体 n 阶数量矩阵 $dE(d\in K)$ 所成的子空间. 如果 $A\in M\cap N$，则 $A=dE$. 但 A 的主对角线上元素之和 $nd=0$，故 $d=0$. 于是 $A=0$. 由此即得 $M\cap N=\{0\}$，所以，$M+N$ 是直和.

例 2.9　如果在例 2.8 中 M 不变，而把 N 改为 $M_n(K)$ 内全体对角矩阵所组成的子空间，那么 $M+N$ 不是直和，因为

$$\begin{bmatrix} 1 & & & & \\ & -1 & & & \\ & & 0 & & \\ & & & \ddots & \\ & & & & 0 \end{bmatrix} \in M \cap N,$$

即 $M \cap N \neq \{0\}$.

下面我们来研究多个子空间的直和.为书写简单,我们采用如下记号

$$M_1 + M_2 + \cdots + M_k = \sum_{i=1}^{k} M_i.$$

定义 设 $M_1, M_2, \cdots, M_k$ 为线性空间 V 的子空间,$M_1 + M_2 + \cdots + M_k = M$. 如果对 M 中任一向量 α,表达式

$$\alpha = \alpha_1 + \alpha_2 + \cdots + \alpha_k \quad (\alpha_i \in M_i,\ i = 1, 2, \cdots, k)$$

是唯一的,则称 M 是 $M_1, M_2, \cdots, M_k$ 的**直和**(亦称 $M_1 + M_2 + \cdots + M_k$ 是直和),记作

$$M = M_1 \oplus M_2 \oplus \cdots \oplus M_k = \bigoplus_{i=1}^{k} M_i.$$

定理 2.3 设 $M_1, M_2, \cdots, M_k$ 是数域 K 上线性空间 V 的有限维子空间,则下列命题互相等价:

(i) $M = M_1 + M_2 + \cdots + M_k$ 是直和;

(ii) 零向量的表法唯一,即若

$$0 = \alpha_1 + \alpha_2 + \cdots + \alpha_k \quad (\alpha_i \in M_i,\ i = 1, 2, \cdots, k),$$

则 $\alpha_1 = \alpha_2 = \cdots = \alpha_k = 0$;

(iii) $M_i \cap \left(\sum\limits_{\substack{j=1 \\ j \neq i}}^{k} M_j \right) = \{0\} \quad (i = 1, 2, \cdots, k)$;

(iv) $\dim \sum\limits_{i=1}^{k} M_i = \sum\limits_{i=1}^{k} \dim M_i$.

证 采用轮转方式来证明上述命题互相等价.

(i)$\Longrightarrow$(ii) 显然.

(ii)$\Longrightarrow$(iii) 用反证法.若有某个 i,使

$$M_i \cap \left(\sum_{\substack{j=1 \\ j \neq i}}^{k} M_j \right) \neq \{0\},$$

设 β 为此交集中一个非零向量,则 $-\beta \in M_i, \beta \in \sum\limits_{\substack{j=1 \\ j \neq i}}^{k} M_j$. 于是 β 可表作

$$\beta=\alpha_1+\cdots+\alpha_{i-1}+\alpha_{i+1}+\cdots+\alpha_k,$$

其中 $\alpha_j\in M_j(j\neq i)$. 那么,就有

$$\begin{aligned}0&=\beta+(-\beta)\\&=\alpha_1+\cdots+\alpha_{i-1}+(-\beta)+\alpha_{i+1}+\cdots+\alpha_k,\end{aligned}$$

其中至少$(-\beta)\neq 0$,这与零向量的表法唯一矛盾.

(iii)$\Longrightarrow$(iv)　采用数学归纳法. 当 $k=2$ 时即为定理 2.2. 今设命题对 $k-1$ 个子空间的情况成立,证明它对 k 个子空间的情况也成立.

因为 $M_1\cap\left(\sum\limits_{i=2}^{k}M_j\right)=\{0\}$,应用维数公式,有

$$\dim\sum_{i=1}^{k}M_i=\dim M_1+\dim\sum_{j=2}^{k}M_j.$$

对任一 $M_j(j\geqslant 2)$有

$$M_j\cap\left(\sum_{\substack{s=2\\s\neq j}}^{k}M_s\right)\subseteq M_j\cap\left(\sum_{\substack{s=1\\s\neq j}}^{k}M_s\right)=\{0\}.$$

于是,按归纳假设,有

$$\dim\sum_{j=2}^{k}M_j=\sum_{j=2}^{k}\dim M_j.$$

从而

$$\dim\sum_{i=1}^{k}M_i=\sum_{i=1}^{k}\dim M_i.$$

(iv)$\Longrightarrow$(i)　先证

$$M_i\cap\left(\sum_{\substack{j=1\\j\neq i}}^{k}M_j\right)=\{0\}\quad(i=1,2,\cdots,k).$$

对任一 i,按维数公式及其推论,有

$$\begin{aligned}0&\leqslant\dim\left\{M_i\cap\left(\sum_{\substack{j=1\\j\neq i}}^{k}M_j\right)\right\}=\dim M_i+\dim\sum_{\substack{j=1\\j\neq i}}^{k}M_j-\dim\sum_{j=1}^{k}M_j\\&\leqslant\dim M_i+\sum_{\substack{j=1\\j\neq i}}^{k}\dim M_j-\dim\sum_{j=1}^{k}M_j\\&=\sum_{j=1}^{k}\dim M_j-\dim\sum_{j=1}^{k}M_j.\end{aligned}$$

由假设，$\dim\sum_{j=1}^{k}M_j=\sum_{j=1}^{k}\dim M_j$，故

$$\dim M_i\cap\left(\sum_{\substack{j=1\\j\neq i}}^{k}M_j\right)=0,$$

即

$$M_i\cap\left(\sum_{\substack{j=1\\j\neq i}}^{k}M_j\right)=\{0\}.$$

现设 $\alpha\in\sum_{i=1}^{k}M_i$，证明 α 的表法唯一. 命

$$\alpha=\alpha_1+\alpha_2+\cdots+\alpha_k=\alpha'_1+\alpha'_2+\cdots+\alpha'_k,$$

其中 $\alpha_i,\alpha'_i\in M_i(i=1,2,\cdots,k)$. 对任一 i，有

$$\alpha_i-\alpha'_i=(\alpha'_1-\alpha_1)+\cdots+(\alpha'_{i-1}-\alpha_{i-1})$$

$$+(\alpha'_{i+1}-\alpha_{i+1})+\cdots+(\alpha'_k-\alpha_k)\in\sum_{\substack{j=1\\j\neq i}}^{k}M_j.$$

于是

$$\alpha_i-\alpha'_i\in M_i\cap\left(\sum_{\substack{j=1\\j\neq i}}^{k}M_j\right)=\{0\},$$

即 $\alpha_i-\alpha'_i=0$，亦即 $\alpha_i=\alpha'_i(i=1,2,\cdots,k)$. 这说明 α 的表法是唯一的. 所以 $M=M_1+M_2+\cdots+M_k$ 是直和. ▌

定理 2.2 和定理 2.3 给出了两个子空间和多个子空间的和是不是直和的几种判别法则. 这些法则在许多理论问题上都是有用的.

推论 设 V 是数域 K 上的 n 维线性空间，$M_1,M_2,\cdots,M_k$ 是其子空间，且

$$V=M_1\oplus M_1\oplus\cdots\oplus M_k.$$

则在每个子空间 M_i 内取一组基，合并后即成 V 的一组基.

证 设 M_i 内取定基 $\varepsilon_{i1},\varepsilon_{i2},\cdots,\varepsilon_{in_i}$，则 $n_i=\dim M_i$. 按上面定理，有 $n_1+n_2+\cdots+n_k=\dim V=n$. 故这些向量组合并后所得向量组(Ⅰ)共含 n 个向量. 任给 $\alpha\in V$，我们有

$$\alpha=\alpha_1+\alpha_2+\cdots+\alpha_k\quad(\alpha_i\in M_i).$$

现在每个 α_i 可被 $\varepsilon_{i1},\varepsilon_{i2},\cdots,\varepsilon_{in_i}$ 线性表示，从而 α 可被(Ⅰ)线性表示，按本章命题 1.1 的推论知(Ⅰ)为 V 的一组基. ▌

下面再介绍一个重要的事实.

命题 2.4　设 M 是数域 K 上有限维线性空间 V 的一个子空间,则必存在 V 的子空间 N,使

$$V=M\oplus N.$$

证　若 $M=\{0\}$,则取 $N=V$. 下面设 $M\neq\{0\}$. 在 M 内取一组基 $\varepsilon_1,\varepsilon_2,\cdots,\varepsilon_r$,则 $M=L(\varepsilon_1,\varepsilon_2,\cdots,\varepsilon_r)$. 另一方面,按命题 2.2,$\varepsilon_1,\varepsilon_2,\cdots,\varepsilon_r$ 可扩充成 V 的一组基

$$\varepsilon_1,\varepsilon_2,\cdots,\varepsilon_r,\varepsilon_{r+1},\cdots,\varepsilon_n.$$

令 $N=L(\varepsilon_{r+1},\cdots,\varepsilon_n)$,则显见有 $V=M+N$. 又因为 $\dim V=n=r+(n-r)=\dim M+\dim N$,故由定理 2.2 知:$V=M\oplus N$. ▎

命题 2.4 中所指出的子空间 N 称为子空间 M 的一个**补空间**. 一个子空间的补空间不是唯一的,因为 $\varepsilon_1,\varepsilon_2,\cdots,\varepsilon_r$ 可以有多种方式(实际上有无穷多种方式)扩充成空间的一组基. 为了帮助读者领会这一现象,我们看一个例子.

例 2.10　考虑平面上以坐标原点 O 为起点的全体向量所组成的实数域上二维线性空间 V. 过 O 点的一条直线上的全体向量组成一个一维子空间 M. 过 O 点再任意做一条不与 M 重合的直线,它上面的全体向量组成一个一维子空间 N. 现在 $M\cap N=\{0\}$,所以 $V=M\oplus N$,于是 N 是 M 的一个补空间. 显然,N 可以有无穷多种取法. 当 M,N 确定之后,从图 4.6 可以看出,平面上任一向量 α 可按平行四边形法则唯一地分解成

$$\alpha=\alpha_1+\alpha_2\quad(\alpha_1\in M,\ \alpha_2\in N).$$

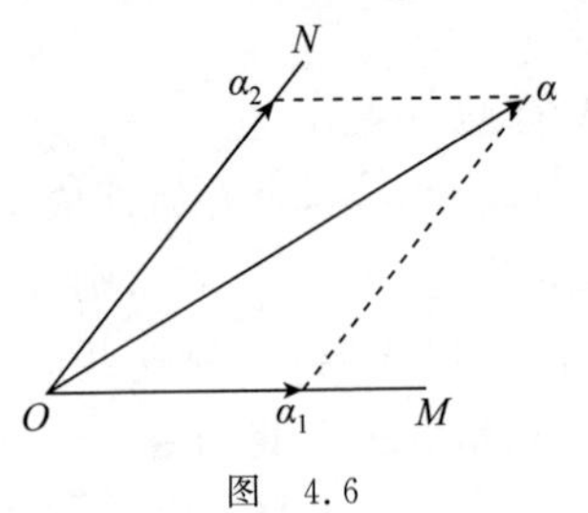

图　4.6

如果改变 N 的选择,那么这个分解式中的 α_1,α_2 都要跟着改变.

4. 商空间

前面几段我们介绍了研究线性空间的第一种基本方法，即集中力量探讨它的某些局部：子空间，特别是设法把一个维数高的线性空间分解为一些维数较低的子空间的直和. 现在我们来介绍研究线性空间的第二种基本方法. 这种方法可以从日常生活得到启示. 在日常生活中，当我们要了解一个地区(或一个国家)的全貌时，由于地域辽阔，我们无法一览无遗. 于是人们想出一个办法，即画出该地区的地图. 在地图上一个大的山脉，一座城镇都被简化成一个点，这样，只用一张纸就把该地区的全景清晰地展现在人们的面前了. 这种方法用到线性空间理论中来，就是商空间的概念. 具体说，商空间的基本思想，就是以线性空间 V 的某个子空间 M 作基准，把 V 的元素划分成许多大类，每个大类看作一个新集合中的一个元素，就好比把一个大的城镇化作地图中的一个点一样. 这个新的集合从总体上反映了原线性空间的全貌，就像地图大致展现一个地区的全貌一样.

在这一段中，我们总假定 V 是数域 K 上的一个 n 维线性空间，M 是它的一个子空间.

现在我们利用 M 对 V 中的向量进行分类.

首先来考察一个例子. 设 A 是数域 K 上一个 $m\times n$ 矩阵，已知齐次线性方程组 $AX=0$ 的全体解向量组成 K^n 的一个子空间 M. 任给 $X_0\in K^n$，设 $AX_0=B$. 现在考察 K 上线性方程组 $AX=B$. 它有一个特解 X_0，根据第二章§3，这个线性方程组的全部解向量是 K^n 的如下子集：

$$\{X_0+Y \mid Y\in M\}.$$

我们可以直观地把这个子集记作 X_0+M，这样，我们就把 K^n 中全体向量按子空间 M 进行分类，每一类向量 X_0+M 由以 A 为系数矩阵的某个线性方程组 $AX=B$ 的全体解向量组成. K^n 中两个向量 X_0,Y_0 属于同一类的充要条件是它们是同一线性方程组 $AX=B$ 的解向量，而这又等价于：$Y_0-X_0\in M$. 下面把这个例子中包含的思想上升为一般概念.

定义 设 α 是 V 的一个向量. 如果 V 的一个向量 α' 满足：

$\alpha'-\alpha\in M$，则称 α' 与 α **模 M 同余**，记作 $\alpha'\equiv\alpha(\mathrm{mod}M)$.

不难看出，向量模 M 同余的关系具有如下三条性质：

1) 反身性：$\alpha\equiv\alpha(\mathrm{mod}M)$；

2) 对称性：若 $\alpha'\equiv\alpha(\mathrm{mod}M)$，则 $\alpha\equiv\alpha'(\mathrm{mod}M)$；

3) 传递性：若 $\alpha''\equiv\alpha'(\mathrm{mod}M)$，$\alpha'\equiv\alpha(\mathrm{mod}M)$，则

$$\alpha''\equiv\alpha(\mathrm{mod}M).$$

这就是说，模 M 同余是 V 中的一个等价关系. 我们来把相应的等价类写出来.

设 α 是 V 中任意一个向量，定义 V 的子集

$$\alpha+M=\{\alpha+m\mid m\in M\}.$$

我们称 $\alpha+M$ 为一个模 M 的**同余类**或称为**模 M 的剩余类**，而 α 称为这个同余类的一个代表.

关于模 M 的同余类，有如下简单的性质：

1) $\alpha'\equiv\alpha(\mathrm{mod}M)\Longleftrightarrow\alpha'-\alpha\in M\Longleftrightarrow\alpha'\in\alpha+M$；

2) $\alpha'\in\alpha+M\Longleftrightarrow\alpha'+M=\alpha+M$；

3) $\alpha+M=0+M\Longleftrightarrow\alpha\in M$；

4) 若 $\alpha'+M\neq\alpha+M$，则 $(\alpha'+M)\cap(\alpha+M)=\varnothing$.

证　1) 按定义，此性质是显然的.

2) $\alpha'\in\alpha+M\Longrightarrow\alpha'=\alpha+m(m\in M)$，则对任意 $m_1\in M$ 有 $\alpha'+m_1=\alpha+(m+m_1)\in\alpha+M$，于是 $\alpha'+M\subseteq\alpha+M$. 同时，又因 $\alpha=\alpha'-m$，故 $\alpha+m_1=\alpha'+(m_1-m)\in\alpha'+M$. 于是 $\alpha+M\subseteq\alpha'+M$. 这表明

$$\alpha'+M=\alpha+M.$$

3) 按性质 2)即知此性质成立(注意 $0+M=M$).

4) 若有 $\beta\in(\alpha'+M)\cap(\alpha+M)$，则按性质 2)知

$$\alpha'+M=\beta+M=\alpha+M.$$

线性空间 V 内每个向量必属于某一模 M 同余类(即以它自己为代表的那个同余类)，而不同的同余类不相交，于是 V 就可以看成一些彼此互相分离的同余类的并集.

我们举一个例子. 设 V 为平面上以坐标原点 O 为起点的全体向量所组成的线性空间. 命 M 为 Ox 轴上全体向量组成的一维子空

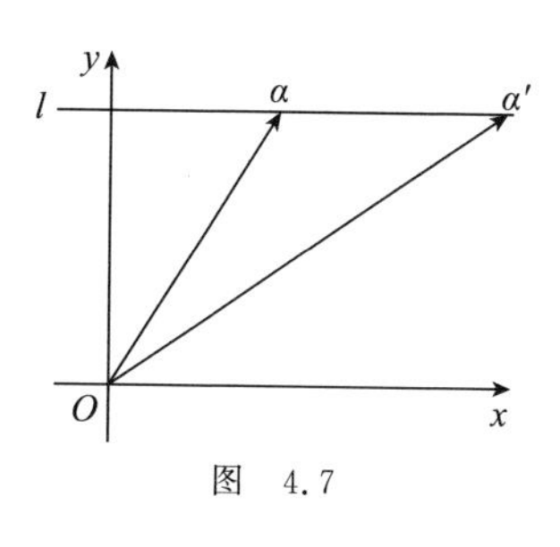

图 4.7

间. 两个平面向量 α,α' 之差 $\alpha'-\alpha\in M$ 的充要条件是：它们的终点落在同一条平行于 Ox 轴的直线 l 上(参看图 4.7). 因此,现在 V 内每个模 M 的同余类可由一条平行于 Ox 轴的直线来表示,该同余类是由终点落在此直线上的全体向量组成的. 显然,不同的同余类的交集是空集,而 V 则是所有这些同余类的并集(如果从几何直观上看,那就是平面由平行于 Ox 轴的直线并成).

命 $\bar{V}$ 表示 V 内向量模 M 的同余类。的全体所成的集合(就上面的例子说,$\bar{V}$ 可以直观地理解为一条条平行于 Ox 轴的直线所组成的集合). 注意 $\bar{V}$ 不是 V 的子集,它的每个元素是 V 内模 M 的一个同余类.

现在我们在集合 $\bar{V}$ 内引进加法和数乘运算：

(i) 定义

$$(\alpha+M)+(\beta+M)=(\alpha+\beta)+M;$$

(ii) 对任意 $k\in K$,定义

$$k(\alpha+M)=k\alpha+M.$$

我们证明上面的定义在逻辑上是没有矛盾的,也就是说,在同一个同余类中选择不同元素作为代表时,上面所定义的加法和数乘都不会因之而出现不同的结果. 我们分别对加法和数乘运算来做证明.

证 (i) 设

$$\alpha+M=\alpha'+M,\ \beta+M=\beta'+M,$$

则 $\alpha'\equiv\alpha(\mathrm{mod}M)$, $\beta'\equiv\beta(\mathrm{mod}M)$. 所以有

$$\alpha'=\alpha+m_1,\ \beta'=\beta+m_2\quad(m_1,m_2\in M),$$

故 $\alpha'+\beta'=\alpha+\beta+(m_1+m_2)\in(\alpha+\beta)+M$,于是

$$(\alpha'+\beta')+M=(\alpha+\beta)+M.$$

这说明

$$(\alpha+M)+(\beta+M)=(\alpha'+M)+(\beta'+M).$$

所以,上面所定义的同余类间的加法运算不会因为各同余类代表的选择的不同而出现矛盾.

(ii) 设 $\alpha+M=\alpha'+M$，则 $\alpha'\equiv\alpha(\mathrm{mod}M)$. 所以

$$\alpha'=\alpha+m \quad (m\in M),$$
$$k\alpha'=k\alpha+km\in k\alpha+M,$$

故 $k\alpha'+M=k\alpha+M$. 于是

$$k(\alpha+M)=k(\alpha'+M).$$

所以，上面所定义的同余类的数乘运算也不会因为其代表的选择不同而出现矛盾的结果. ▌

现在我们来证明 $\bar{V}$ 关于上面所定义的加法与数乘运算成为数域 K 上的一个线性空间. 这需要逐一检验线性空间定义中的 8 个条件是否满足.

(i) $$\begin{aligned}(\alpha+M)+[(\beta+M)+(\gamma+M)] &=(\alpha+M)+[(\beta+\gamma)+M]\\ &=(\alpha+\beta+\gamma)+M=[(\alpha+\beta)+M]+(\gamma+M)\\ &=[(\alpha+M)+(\beta+M)]+(\gamma+M);\end{aligned}$$

(ii) $$\begin{aligned}(\alpha+M)+(\beta+M)=(\alpha+\beta)+M&=(\beta+\alpha)+M\\ &=(\beta+M)+(\alpha+M);\end{aligned}$$

(iii) 以零向量为代表的同余类 $0+M=M$ 满足：

$$(\alpha+M)+(0+M)=\alpha+M,$$

故 $0+M=M$ 是 $\bar{V}$ 中的零元素；

(iv) $(\alpha+M)+[(-\alpha)+M]=[\alpha+(-\alpha)]+M=0+M$，即 $(-\alpha)+M$ 是 $\alpha+M$ 的负元素；

(v) $1\cdot(\alpha+M)=1\cdot\alpha+M=\alpha+M$；

(vi) $$\begin{aligned}(kl)(\alpha+M)=(kl)\alpha+M&=k(l\alpha)+M\\ &=k(l\alpha+M)=k[l(\alpha+M)];\end{aligned}$$

(vii) $$\begin{aligned}(k+l)(\alpha+M)=(k+l)\alpha+M&=(k\alpha+l\alpha)+M\\ &=(k\alpha+M)+(l\alpha+M)\\ &=k(\alpha+M)+l(\alpha+M);\end{aligned}$$

(viii) $$\begin{aligned}k[(\alpha+M)+(\beta+M)]&=k[(\alpha+\beta)+M]\\ &=k(\alpha+\beta)+M=(k\alpha+k\beta)+M\\ &=(k\alpha+M)+(k\beta+M)\\ &=k(\alpha+M)+k(\beta+M).\end{aligned}$$

这样,$\bar{V}$ 关于所定义的加法与数乘确实组成数域 K 上的一个线性空间. 这个线性空间称为 V 对子空间 M 的**商空间**,记作 V/M.

为了把商空间的元素写得简单一点,我们使用记号: $\alpha+M=\bar{\alpha}$. 于是由 $(\alpha+M)+(\beta+M)=(\alpha+\beta)+M$ 得出 $\bar{\alpha}+\bar{\beta}=\overline{\alpha+\beta}$, 又由 $k(\alpha+M)=k\alpha+M$ 得出 $k\bar{\alpha}=\overline{k\alpha}$. 一般说,有

$$k_1\bar{\alpha}_1+k_2\bar{\alpha}_2+\cdots+k_s\bar{\alpha}_s=\overline{k_1\alpha_1+k_2\alpha_2+\cdots+k_s\alpha_s}.$$

上面这个公式对于今后在商空间中讨论问题是很有用的.

下面来举一个商空间的具体例子.

例 2.11 设 A 是数域 K 上的 $m\times n$ 矩阵,以 X 表示未知量 $x_1,x_2,\cdots,x_n$ 所成的 $n\times 1$ 矩阵. 在例 2.2 中已指出: 齐次线性方程组 $AX=0$ 的全体解向量组成 K^n 的一个子空间 M. 对于 $\alpha\in K^n$, 把 α 看作 K 上 $n\times 1$ 矩阵,令 $B=A\alpha$, 那么 α 为线性方程组 $AX=B$ 的一个特解,模 M 的剩余类 $\alpha+M$ 恰为线性方程组 $AX=B$ 的全体解向量所成的集合. 这样,商空间 K^n/M 的每一个元素就代表了 K 上一个线性方程组 $AX=B$ 的全体解向量. 这一认识对我们深入讨论线性方程组是有用的.

下面我们来讨论商空间的基与维数.

命题 2.5 设 V 是数域 K 上的 n 维线性空间,M 是 V 的一个 m 维子空间,则 $\dim V/M=n-m$.

证 在 M 内取一组基 $\varepsilon_1,\cdots,\varepsilon_m$, 扩充为 V 的一组基: $\varepsilon_1,\cdots,\varepsilon_m,\varepsilon_{m+1},\cdots,\varepsilon_n$. 我们来证明 $\bar{\varepsilon}_{m+1},\cdots,\bar{\varepsilon}_n$ 是 V/M 的一组基.

(i) 证 $\bar{\varepsilon}_{m+1},\cdots,\bar{\varepsilon}_n$ 线性无关. 设有

$$k_{m+1}\bar{\varepsilon}_{m+1}+\cdots+k_n\bar{\varepsilon}_n=\bar{0},$$

那么

$$\overline{k_{m+1}\varepsilon_{m+1}+\cdots+k_n\varepsilon_n}=\bar{0}=0+M.$$

于是

$$k_{m+1}\varepsilon_{m+1}+\cdots+k_n\varepsilon_n\in M.$$

由此推知

$$k_{m+1}\varepsilon_{m+1}+\cdots+k_n\varepsilon_n=k_1\varepsilon_1+\cdots+k_m\varepsilon_m.$$

但 $\varepsilon_1,\cdots,\varepsilon_m,\varepsilon_{m+1},\cdots,\varepsilon_n$ 线性无关,由上式立即推出 $k_{m+1}=\cdots=k_n=0$. 这表明 $\bar{\varepsilon}_{m+1},\cdots,\bar{\varepsilon}_n$ 在 V/M 内线性无关.

(ii) 对任意 $\bar{\alpha}\in V/M$，证明 $\bar{\alpha}$ 可被 $\bar{\varepsilon}_{m+1},\bar{\varepsilon}_{m+2},\cdots,\bar{\varepsilon}_n$ 线性表示. 设 $\bar{\alpha}=\alpha+M$，有

$$\alpha=k_1\varepsilon_1+\cdots+k_m\varepsilon_m+k_{m+1}\varepsilon_{m+1}+\cdots+k_n\varepsilon_n.$$

于是

$$\begin{aligned}\bar{\alpha}&=\overline{k_1\varepsilon_1+\cdots+k_m\varepsilon_m+k_{m+1}\varepsilon_{m+1}+\cdots+k_n\varepsilon_n}\\&=k_1\bar{\varepsilon}_1+\cdots+k_m\bar{\varepsilon}_m+k_{m+1}\bar{\varepsilon}_{m+1}+\cdots+k_n\bar{\varepsilon}_n\\&=k_{m+1}\bar{\varepsilon}_{m+1}+\cdots+k_n\bar{\varepsilon}_n,\end{aligned}$$

上面用到了 $\varepsilon_i\in M(i=1,2,\cdots,m)$，故 $\bar{\varepsilon}_i=\bar{0}$.

上面推理指明 $\bar{\varepsilon}_{m+1},\cdots,\bar{\varepsilon}_n$ 是 V/M 的一组基，命题得证. ▌

习　题　二

1. 设 $A\in M_n(K)$.

(1) 证明：与 A 可交换的 n 阶方阵的全体组成 $M_n(K)$ 的一个子空间. 记此子空间为 $C(A)$.

(2) 给定对角矩阵

$$A=\begin{bmatrix}1&&&\\&2&&\\&&\ddots&\\&&&n\end{bmatrix},$$

求 $C(A)$ 的维数和一组基.

2. 接上题. 取 $n=3$，令

$$A=\begin{bmatrix}1&0&0\\0&1&0\\3&1&2\end{bmatrix},$$

求 $C(A)$ 的维数和一组基.

3. 在习题一第 2 题(5)的线性空间中给定子集 $M=\{(a,0)\mid a\in\mathbb{R}\}$，$N=\{(0,b)\mid b\in\mathbb{R}\}$. 问 M,N 是否为子空间？

4. 在数域 K 上的 n 维向量空间 K^n 中考察坐标全为有理数的向量所成的子集

$$M=\{(a_1,a_2,\cdots,a_n)\in K^n\mid a_i\in\mathbb{Q},\ i=1,2,\cdots,n\}.$$

问 M 是否为 K^n 的子空间.

5. 把复数域$\mathbb{C}$看作有理数域$\mathbb{Q}$上的线性空间(加法为复数加法,与$\mathbb{Q}$中元素的数乘为有理数与复数的乘法),问全体实数所成的子集$\mathbb{R}$是否是一个子空间?

6. 把复数域$\mathbb{C}$看作数域$\mathbb{Q}(\mathrm{i})$上的线性空间(加法为复数加法,数乘为复数乘法). 问全体实数所成的子集$\mathbb{R}$是否是一个子空间?

7. 证明:K^n的任一子空间M都是数域K上某个齐次线性方程组的解空间.

8. 设M是数域K上线性空间V的子空间,如果$M\neq V$,则M称为V的**真子空间**. 证明:V的有限个真子空间的并集不能填满V.

9. 在实数域上线性空间$C[-\pi,\pi]$中由向量组

$$1,\ \cos x,\ \cos 2x,\ \cos 3x$$

生成一个子空间$L(1,\cos x,\cos 2x,\cos 3x)$,求此空间的维数和一组基.

10. 证明:有限维线性空间V的任一子空间M都可以看作是V内一个向量组$\alpha_1,\alpha_2,\cdots,\alpha_s$生成的子空间.

11. 如果$k_1\alpha+k_2\beta+k_3\gamma=0$,且$k_1k_3\neq 0$,证明:

$$L(\alpha,\beta)=L(\beta,\gamma).$$

12. 在K^4中求由下列向量$\alpha_1,\alpha_2,\alpha_3,\alpha_4$生成的子空间的基与维数:

(1) $\alpha_1=(2,1,3,1)$, $\alpha_2=(1,2,0,1)$,
$\alpha_3=(-1,1,-3,0)$, $\alpha_4=(1,1,1,1)$;

(2) $\alpha_1=(2,1,3,-1)$, $\alpha_2=(-1,1,-3,1)$,
$\alpha_3=(4,5,3,-1)$, $\alpha_4=(1,5,-3,1)$.

13. 在K^4中求齐次线性方程组

$$\begin{cases}3x_1+2x_2-5x_3+4x_4=0,\\3x_1-x_2+3x_3-3x_4=0,\\3x_1+5x_2-13x_3+11x_4=0\end{cases}$$

的解空间的基与维数.

14. 求由下列向量α_i所生成的子空间与由下列向量β_i生成的子空间的交与和的维数和一组基:

(1) $\alpha_1=(1,2,1,0)$, $\beta_1=(2,-1,0,1)$,

$\alpha_2=(-1,1,1,1)$; $\beta_2=(1,-1,3,7)$.

(2) $\alpha_1=(1,1,0,0)$, $\beta_1=(0,0,1,1)$,

$\alpha_2=(1,0,1,1)$; $\beta_2=(0,1,1,0)$.

(3) $\alpha_1=(1,2,-1,-2)$, $\beta_1=(2,5,-6,-5)$,

$\alpha_2=(3,1,1,1)$, $\beta_2=(-1,2,-7,3)$.

$\alpha_3=(-1,0,1,-1)$;

15. 命 N 表齐次线性方程组

$$\begin{cases}a_{11}x_1+a_{12}x_2+\cdots+a_{1n}x_n=0,\\a_{21}x_1+a_{22}x_2+\cdots+a_{2n}x_n=0,\\\cdots\cdots\cdots\cdots\cdots\cdots\cdots\cdots\cdots\cdots\cdots\cdots\\a_{m1}x_1+a_{m2}x_2+\cdots+a_{mn}x_n=0\end{cases}$$

的解空间,命 M_i 表齐次线性方程

$$a_{i1}x_1+a_{i2}x_2+\cdots+a_{in}x_n=0\quad(i=1,2,\cdots,m)$$

的解空间,证明: $N=M_1\cap M_2\cap\cdots\cap M_m$.

16. 设 M 是线性空间 $M_n(K)$ 内全体对称矩阵所成的子空间, N 是由全体反对称矩阵所成的子空间,证明:

$$M_n(K)=M\oplus N.$$

17. 在线性空间 $M_n(K)$ 中,命 M,N 分别表示全体上三角、下三角矩阵所成的子空间,问是否有 $M_n(K)=M\oplus N$? 为什么?

18. 设 M_1 是齐次线性方程

$$x_1+x_2+\cdots+x_n=0$$

的解空间,而 M_2 是齐次线性方程组

$$x_1=x_2=\cdots=x_n$$

的解空间,证明: $K^n=M_1\oplus M_2$.

19. 设 $V=M\oplus N$, $M=M_1\oplus M_2$,证明:

$$V=M_1\oplus M_2\oplus N.$$

20. 设 A 是数域 K 上满秩的 n 阶方阵. 取 A 的前 k 行组成 $k\times n$ 矩阵 B,其后 $n-k$ 行组成 $(n-k)\times n$ 矩阵 C,令 X 为未知量 x_1, $x_2,\cdots,x_n$ 排成的 $n\times1$ 矩阵. 设齐次线性方程组 $BX=0$ 和 $CX=0$ 的解空间分别是 M 和 N,证明: $K^n=M\oplus N$.

21. 设 M,N 是数域 K 上线性空间 V 的两个子空间且 $M\subseteq N$.

设 M 的一个补空间为 L，即 $V=M\oplus L$，证明：$N=M\oplus(N\cap L)$.

22. 设数域 K 上的 n 维线性空间 V 分解为子空间的直和：

$$V=M_1\oplus M_2\oplus\cdots\oplus M_k.$$

设 $i_1 i_2\cdots i_k$ 为 $1,2,\cdots,k$ 的一个排列. 证明：

$$V=M_{i_1}\oplus M_{i_2}\oplus\cdots\oplus M_{i_k}.$$

23. 设 $M_1,M_2,\cdots,M_k$ 为数域 K 上线性空间 V 的子空间. 证明：和 $\sum\limits_{i=1}^{k}M_i$ 为直和的充要条件是

$$M_i\cap\left(\sum_{j=1}^{i-1}M_j\right)=\{0\}\quad(i=2,3,\cdots,k).$$

24. 设 $M_1,M_2,\cdots,M_k$ 是数域 K 上线性空间 V 的子空间. 证明：和 $\sum\limits_{i=1}^{k}M_i$ 是直和的充要条件是有一向量 $\alpha\in V$ 可唯一地表示为

$$\alpha=\alpha_1+\alpha_2+\cdots+\alpha_k\quad(\alpha_i\in M_i).$$

25. 在 K^4 内取定向量组

$$\alpha_1=(1,-1,1,1),\quad \alpha_2=(2,1,0,1).$$

令 $M=L(\alpha_1,\alpha_2)$. 试求 K^4/M 的一组基.

26. 令 M 为 $M_n(K)$ 内全体反对称矩阵所成的子空间，试求 $M_n(K)/M$ 的维数和一组基.

27. 设 M 为线性空间 V 的一个子空间. 在 M 内取定一组基 ε_1，$\varepsilon_2,\cdots,\varepsilon_r$，用两种方式扩充为 V 的基

$$\varepsilon_1,\cdots,\varepsilon_r,\varepsilon_{r+1},\cdots,\varepsilon_n;$$

$$\varepsilon_1,\cdots,\varepsilon_r,\eta_{r+1},\cdots,\eta_n.$$

这两组基之间的过渡矩阵为 T，即

$$(\varepsilon_1,\cdots,\varepsilon_r,\eta_{r+1},\cdots,\eta_n)=(\varepsilon_1,\cdots,\varepsilon_r,\varepsilon_{r+1},\cdots,\varepsilon_n)T,$$

其中

$$T=\begin{bmatrix}E_r & *\\ 0 & T_0\end{bmatrix}.$$

证明：V/M 内两组基

$$\bar{\varepsilon}_{r+1}=\varepsilon_{r+1}+M,\ \bar{\varepsilon}_{r+2}=\varepsilon_{r+2}+M,\ \cdots,\ \bar{\varepsilon}_n=\varepsilon_n+M;$$

$$\bar{\eta}_{r+1}=\eta_{r+1}+M,\ \bar{\eta}_{r+2}=\eta_{r+2}+M,\ \cdots,\ \bar{\eta}_n=\eta_n+M$$

之间的过渡矩阵为

$$(\bar{\eta}_{r+1},\cdots,\bar{\eta}_n)=(\bar{\varepsilon}_{r+1},\cdots,\bar{\varepsilon}_n)T_0.$$

28. 将 $M_n(K)$ 上全体列线性函数(参看第三章§2)所成的集合记作 $P(K)$. 在 $P(K)$ 内定义加法及与数域 K 内数的数乘运算如下:

(i) 加法: 对 $f,g\in P(K)$,令

$$(f+g)(A)=f(A)+g(A) \quad (\forall A\in M_n(K));$$

(ii) 数乘: 对任意 $k\in K, f\in P(K)$,令

$$(kf)(A)=kf(A) \quad (\forall A\in M_n(K)).$$

(1) 证明:$P(K)$关于上述加法,数乘组成 K 上的线性空间.

(2) 令

$$\varepsilon_1=\begin{pmatrix}1\\0\\\vdots\\0\end{pmatrix},\quad \varepsilon_2=\begin{pmatrix}0\\1\\0\\\vdots\\0\end{pmatrix},\quad \cdots,\quad \varepsilon_n=\begin{pmatrix}0\\\vdots\\0\\1\end{pmatrix}.$$

证明 $f\in P(K)$ 由下列函数值唯一决定:

$$f(\varepsilon_{i_1},\varepsilon_{i_2},\cdots,\varepsilon_{i_n}) \quad (i_1,i_2,\cdots,i_n \text{ 分别取值 } 1,2,\cdots,n)$$

(记号参看第三章§2).

(3) 任给 K 内 n^n 个数

$$b_{i_1i_2\cdots i_n} \quad (i_1,i_2,\cdots,i_n \text{ 分别取值 } 1,2,\cdots,n),$$

证明:存在唯一的 $f\in P(K)$,满足

$$f(\varepsilon_{i_1},\varepsilon_{i_2},\cdots,\varepsilon_{i_n})=b_{i_1i_2\cdots i_n}.$$

(4) 求线性空间 $P(K)$ 的维数和一组基.

(5) 将 $M_n(K)$ 上全体反对称列线性函数所成的集合记作 $SP(K)$(这里 $n\geqslant 2$). 证明 $SP(K)$ 是 $P(K)$ 的子空间. 求 $SP(K)$ 的维数和一组基.

29. 设 K,F,L 是三个数域,且 $K\subseteq F\subseteq L$. 如果 F 作为 K 上的线性空间是 m 维的, L 作为 F 上的线性空间是 n 维的(其加法,数乘都是数的加法与乘法). 证明:L 作为 K 上的线性空间是 mn 维的.

30. 将全体定义在 $M_n(K)$ 上的数量函数(即 $M_n(K)\rightarrow K$ 的映

射)所成的集合记作 $F(K)$. 在 $F(K)$内定义加法及与 K 中数的数乘如下：对任意 $f,g\in F(K)$, $k\in K$,令

$$(f+g)(A)=f(A)+g(A),\quad (kf)(A)=kf(A)$$
$$(\forall A\in M_n(K)).$$

(1) 证明：$F(K)$关于上述加法、数乘成为 K 上线性空间.

(2) 证明：$M_n(K)$上全体列线性函数组成的集合 $P(K)$及全体行线性函数组成的集合 $Q(K)$都是 $F(K)$的子空间.

(3) 求 $P(K)\cap Q(K)$的维数和一组基.

(4) 求 $P(K)+Q(K)$的维数和一组基.

§3　线性映射与线性变换

现在我们来讨论数域 K 上两个线性空间之间保持线性空间加法、数乘对应关系的映射.

1. 线性映射

定义　设 U,V 为数域 K 上的两个线性空间,f 为 U 到 V 的一个映射,且满足如下条件：

(i) 对任意 $\alpha,\beta\in U$,有

$$f(\alpha+\beta)=f(\alpha)+f(\beta);$$

(ii) 对任意 $\alpha\in U,k\in K$,有

$$f(k\alpha)=kf(\alpha),$$

则称 f 为 U 到 V 的一个**线性映射**. U 到 V 的全体线性映射所成的集合记作 $\mathrm{Hom}(U,V)$.

由线性映射的条件(i),(ii)立即推出：

(iii) 对任意 $\alpha,\beta\in U,k,l\in K$,有

$$f(k\alpha+l\beta)=kf(\alpha)+lf(\beta).$$

反之,若 U 到 V 的一个映射满足(iii),只要分别令 $k=l=1$ 及 $l=0$ 即知条件(i),(ii)成立,从而为一线性映射. 更一般地,我们有

(iv) 对任意 $\alpha_1,\alpha_2,\cdots,\alpha_l\in U,k_1,k_2,\cdots,k_l\in K$,有

$$f(k_1\alpha_1+k_2\alpha_2+\cdots+k_l\alpha_l)$$

$$=k_1f(\alpha_1)+k_2f(\alpha_2)+\cdots+k_lf(\alpha_l).$$

上面的(iv)是线性映射最基本的属性,线性映射的所有理论都是以(iv)作为立足点的.

从线性映射条件(ii)立即推出: $f(0)=0$, $f(-\alpha)=-f(\alpha)$.

下面来举一些实例.

例 3.1 考察数域 K 上线性空间 $M_{m,n}(K)$, $M_{m,s}(K)$. 取定 K 上一个 $n\times s$ 矩阵 A. 定义映射

$$f: M_{m,n}(K)\longrightarrow M_{m,s}(K),$$
$$X\longmapsto XA.$$

上式的意思是:映射 f 把 $M_{m,n}(K)$ 内任意向量 X(为 $m\times n$ 矩阵)映射为 $M_{m,s}(K)$ 内的向量 XA(矩阵乘法). 对 $X,Y\in M_{m,n}(K)$, k, $l\in K$,有

$$f(kX+lY)=(kX+lY)A=kXA+lYA$$
$$=kf(X)+lf(Y),$$

故 f 为一线性映射.

例 3.2 考察实数域上线性空间 $C(a,b)$ 的两个子空间(这里 $C(a,b)$ 表开区间 (a,b) 内全体连续函数所成的 $\mathbb{R}$ 上线性空间):

$$M=L(1,\sin x,\sin 2x,\cdots,\sin nx);$$
$$N=L(1,\cos x,\cos 2x,\cdots,\cos nx).$$

定义 M 到 N 的映射 D 为:对任意 $f(x)\in M$, $\mathrm{D}f(x)=f'(x)$(求微商),则对任意 $f(x),g(x)\in M$, $k,l\in\mathbb{R}$,我们有

$$\mathrm{D}(kf(x)+lg(x))=kf'(x)+lg'(x)$$
$$=k\mathrm{D}f(x)+l\mathrm{D}g(x).$$

故 D 为 M 到 N 的线性映射.

例 3.3 在三维几何空间内取定直角坐标系 $Oxyz$,设 3 个坐标向量为 i,j,k. 则任一向量可唯一表示为

$$\alpha=ai+bj+ck.$$

定义三维几何空间全体向量所成的 $\mathbb{R}$ 上线性空间到 $\mathbb{R}^3$ 的映射 $f(\alpha)=(a,b,c)$,则 f 是一个线性映射,且为双射.

例 3.4 设 V 为数域 K 上的 n 维线性空间. 在 V 内取定一组基 $\varepsilon_1,\varepsilon_2,\cdots,\varepsilon_n$,定义 V 到 K^n 的映射 f 如下:若 $\alpha=a_1\varepsilon_1+a_2\varepsilon_2+\cdots+$

$a_n\varepsilon_n$，则令 $f(\alpha)=(a_1,a_2,\cdots,a_n)$. 根据§1所指出的向量坐标的基本性质可知 f 是 V 到 K^n 的线性映射，而且也是双射.

例 3.5 设 V 是数域 K 上的线性空间，M 是它的一个子空间. 定义映射：

$$\varphi: V \longrightarrow V/M,$$
$$\alpha \longmapsto \alpha + M,$$

则有

$$\varphi(\alpha+\beta)=(\alpha+\beta)+M=(\alpha+M)+(\beta+M)$$
$$=\varphi(\alpha)+\varphi(\beta);$$
$$\varphi(k\alpha)=k\alpha+M=k(\alpha+M)=k\varphi(\alpha).$$

于是 φ 是 V 到商空间 V/M 的线性映射. 这个映射称为**自然映射**. 显然自然映射是满射，但不是单射（当 $M\neq\{0\}$ 时）. 因为取 $\alpha,\beta\in M,\alpha\neq\beta$，此时

$$\varphi(\alpha)=\alpha+M=0+M=\beta+M=\varphi(\beta).$$

另外，从 φ 的定义可知：$\varphi(\alpha)=\bar{0}$ 的充要条件是 $\alpha\in M$.

命题 3.1 设 U,V 是数域 K 上的线性空间，f 是 U 到 V 的线性映射，且为单射. 则 U 内向量组 $\alpha_1,\alpha_2,\cdots,\alpha_l$ 线性无关的充要条件是 $f(\alpha_1),f(\alpha_2),\cdots,f(\alpha_l)$ 在 V 内线性无关.

证 *必要性* 设有

$$k_1f(\alpha_1)+k_2f(\alpha_2)+\cdots+k_lf(\alpha_l)=0,$$

由线性映射的基本属性，有 $f(k_1\alpha_1+k_2\alpha_2+\cdots+k_l\alpha_l)=0$，已知 $f(0)=0$，又知 f 为单射，故

$$k_1\alpha_1+k_2\alpha_2+\cdots+k_l\alpha_l=0.$$

因 $\alpha_1,\alpha_2,\cdots,\alpha_l$ 为 U 内线性无关向量组，故有 $k_1=k_2=\cdots=k_l=0$，即 $f(\alpha_1),f(\alpha_2),\cdots,f(\alpha_l)$ 线性无关.

充分性 设

$$k_1\alpha_1+k_2\alpha_2+\cdots+k_l\alpha_l=0.$$

于是

$$k_1f(\alpha_1)+k_2f(\alpha_2)+\cdots+k_lf(\alpha_l)$$
$$=f(k_1\alpha_1+k_2\alpha_2+\cdots+k_l\alpha_l)=f(0)=0.$$

已知 $f(\alpha_1),f(\alpha_2),\cdots,f(\alpha_l)$ 在 V 内线性无关，因而 $k_1=k_2=\cdots=$

$k_l=0$,这表明 $\alpha_1,\alpha_2,\cdots,\alpha_l$ 在 U 内线性无关. ▌

命题 3.2 设 U,V 是数域 K 上的线性空间,$\dim U=n$. f 是 U 到 V 的线性映射. 如果 f 是双射,则对 U 的任一组基 $\varepsilon_1,\varepsilon_2,\cdots,\varepsilon_n$,$f(\varepsilon_1),f(\varepsilon_2),\cdots,f(\varepsilon_n)$为 V 的一组基,从而 $\dim V=n$.

证 从命题 3.1 已知 $f(\varepsilon_1),f(\varepsilon_2),\cdots,f(\varepsilon_n)$为 V 内线性无关向量组. 任给 $\beta\in V$,由于 f 为满射,故有 $\alpha\in U$,使 $f(\alpha)=\beta$. 设

$$\alpha=k_1\varepsilon_1+k_2\varepsilon_2+\cdots+k_n\varepsilon_n,$$

则

$$\beta=f(\alpha)=k_1f(\varepsilon_1)+k_2f(\varepsilon_2)+\cdots+k_nf(\varepsilon_n).$$

由此知 $f(\varepsilon_1),f(\varepsilon_2),\cdots,f(\varepsilon_n)$为 V 的一组基. ▌

2. 线性空间的同构

定义 设 U 与 V 是数域 K 上的线性空间,如果存在 U 到 V 的线性映射 f 同时又是双射,则称 U 与 V **同构**,而 f 称为 U 到 V 的**同构映射**.

上一段例 3.3,例 3.4 的线性映射 f 都是同构映射. 下面再举一个例子.

例 3.6 把复数域$\mathbb{C}$看作实数域上的线性空间. 又定义 $M_2(\mathbb{R})$ 的一个子集如下:

$$A=\left\{\begin{bmatrix}a & b\\ -b & a\end{bmatrix}\middle| a,b\in\mathbb{R}\right\}.$$

显然,把 $M_2(\mathbb{R})$看作$\mathbb{R}$上的线性空间,A 是它的一个子空间. 定义映射如下:

$$f:\mathbb{C}\longrightarrow A,$$

$$a+b\mathrm{i}\longmapsto\begin{bmatrix}a & b\\ -b & a\end{bmatrix}.$$

则有

$$\begin{aligned}f((a+b\mathrm{i})+(c+d\mathrm{i}))&=f((a+c)+(b+d)\mathrm{i})\\&=\begin{bmatrix}a+c & b+d\\ -(b+d) & a+c\end{bmatrix}\end{aligned}$$

$$=\begin{bmatrix} a & b \\ -b & a \end{bmatrix}+\begin{bmatrix} c & d \\ -d & c \end{bmatrix}$$
$$=f(a+b\mathrm{i})+f(c+d\mathrm{i}).$$

对任意实数 k，有

$$f(k(a+b\mathrm{i}))=f(ka+kb\mathrm{i})=\begin{bmatrix} ka & kb \\ -kb & ka \end{bmatrix}$$
$$=k\begin{bmatrix} a & b \\ -b & a \end{bmatrix}=kf(a+b\mathrm{i}),$$

故 f 是一个线性映射. f 显然是一个双射，所以 f 是 $\mathbb{R}$ 上线性空间 $\mathbb{C}$ 到 A 的同构映射.

命题 3.3 设 U,V 是数域 K 上的线性空间，f 是 U 到 V 的同构映射. 则 f^{-1} 是 V 到 U 的同构映射.

证 因 f 是双射，按第一章命题 1.3，f 可逆，且 f^{-1} 也是可逆映射(因 f 为其逆映射)，因而仍为双射. 现在只要证 f^{-1} 是 V 到 U 的线性映射即可. 对任意 $\alpha,\beta\in V,k,l\in K$，有

$$f(kf^{-1}(\alpha)+lf^{-1}(\beta))=kff^{-1}(\alpha)+lff^{-1}(\beta)$$
$$=k\alpha+l\beta,$$

从而

$$f^{-1}(k\alpha+l\beta)=f^{-1}f(kf^{-1}(\alpha)+lf^{-1}(\beta))$$
$$=kf^{-1}(\alpha)+lf^{-1}(\beta).$$ ▌

设 U,V,W 都是数域 K 上的线性空间. 如果 f 是 U 到 V 的同构映射，g 是 V 到 W 的同构映射，显然，gf 是 U 到 W 的同构映射(请读者自己证明). 这些事实说明，同一个数域 K 上的线性空间，其同构关系具有反身性(每一个空间与自己同构，其恒等映射即为同构映射)，对称性(如果 U 与 V 同构，则按命题 3.3，V 与 U 同构)及传递性. 这就是说，线性空间的同构关系是一种等价关系. 当我们只研究线性空间的加法、数乘运算而不涉及具体内容时，则同构的线性空间可以认为是一样的(即在上述意义下看作同一个线性空间). 如果 U 是 n 维线性空间，那么，按命题 3.2，所有与 U 同构的线性空间也都是 n 维线性空间. 反过来说，如果 U,V 都是数域 K 上的 n 维线性空间，那么从例 3.4 可知它们都与 K^n 同构，再由同构关系的对

称性与传递性即知 U 与 V 同构.

利用线性空间的同构来讨论许多问题时,可以较简单地解决.下面是一个例子.

例 3.7　设 V 是数域 K 上的 n 维线性空间. 证明:V 内两组基 $\varepsilon_1,\varepsilon_2,\cdots,\varepsilon_n$ 到 $\eta_1,\eta_2,\cdots,\eta_n$ 之间的过渡矩阵 $T=(t_{ij})$是可逆的.

解　在例 3.4 中已经给出 V 到 K^n 的同构映射 f,现在 $\eta_1,\eta_2,\cdots,\eta_n$ 在 $\varepsilon_1,\varepsilon_2,\cdots,\varepsilon_n$ 下的坐标为 T 的列向量,已知 $\eta_1,\eta_2,\cdots,\eta_n$ 在 V 线性无关,按照命题 3.1,$f(\eta_1),f(\eta_2),\cdots,f(\eta_n)$在 K^n 线性无关,于是 T 为满秩 n 阶方阵. 故 T 可逆.

3. 线性映射的核、像集和余核

定义　设 U,V 是数域 K 上的线性空间,f 是 U 到 V 的线性映射. 定义

$$\mathrm{Ker} f=\{\alpha\in U \mid f(\alpha)=0\},$$

称为线性映射 f 的**核**. 又定义

$$\mathrm{Im} f=\{f(\alpha)\mid \alpha\in U\},$$

称为线性映射 f 的**像集**.

线性映射的核与像集是刻画线性映射 f 的性质的两个重要概念.

命题 3.4　设 U,V 是数域 K 上的线性空间,$f\in \mathrm{Hom}(U,V)$. 则有:

(i) $\mathrm{Ker} f$ 是 U 的子空间,f 是单射的充要条件是 $\mathrm{Ker} f=\{0\}$;

(ii) $\mathrm{Im} f$ 是 V 的子空间,定义 $\mathrm{Coker} f=V/\mathrm{Im} f$. f 是满射的充要条件是

$$\mathrm{Coker} f=\{0\}.$$

$\mathrm{Coker} f$ 称为线性映射 f 的**余核**.

证　(i) 设 $\alpha,\beta\in \mathrm{Ker} f$, $k,l\in K$,则

$$f(k\alpha+l\beta)=kf(\alpha)+lf(\beta)=0,$$

即 $k\alpha+l\beta\in \mathrm{Ker} f$,这表明 $\mathrm{Ker} f$ 对加法、数乘封闭,从而为 U 的子空间. 若 f 为单射,显然 $\mathrm{Ker} f=\{0\}$. 反之,若 $\mathrm{Ker} f=\{0\}$,设有 $\alpha,\beta\in U$,使 $f(\alpha)=f(\beta)$,则 $f(\alpha-\beta)=f(\alpha)-f(\beta)=0$,故 $\alpha-\beta\in \mathrm{Ker} f$

$=\{0\}$,即 $\alpha=\beta$. 于是 f 为单射.

(ii) 设 $\alpha,\beta\in \mathrm{Im}f$, $k,l\in K$,于是有 $\alpha',\beta'\in U$,使 $f(\alpha')=\alpha$, $f(\beta')=\beta$,此时

$$\begin{aligned}f(k\alpha'+l\beta')&=kf(\alpha')+lf(\beta')\\&=k\alpha+l\beta\in \mathrm{Im}f.\end{aligned}$$

这表明 $\mathrm{Im}f$ 对 V 内加法、数乘封闭,从而 $\mathrm{Im}f$ 为 V 的子空间. f 为满射等价于 $\mathrm{Im}f=V$,而这又等价于 $\mathrm{Coker}f=V/\mathrm{Im}f=\{0\}$. ▎

例 3.8 给定数域 K 上的 $m\times n$ 矩阵 A,在第二章§4已指出,A 给出 K^n 到 K^m 的一个保持向量加法、数乘的映射,亦即一个线性映射:

$$f_A(X)=AX\quad(\forall X\in K^n).$$

现在

$$\mathrm{Ker}f_A=\{X\in K^n\mid f_A(X)=AX=0\},$$

即 $\mathrm{Ker}f_A$ 为齐次线性方程组 $AX=0$ 的解空间. 如设 A 的列向量组为 $\alpha_1,\alpha_2,\cdots,\alpha_n\in K^m$,在第二章§4指出,对 K^n 的坐标向量 X_j, $f_A(X_j)=\alpha_j$. 因为 $X_1,X_2,\cdots,X_n$ 生成 K^n,故

$$\mathrm{Im}f_A=L(\alpha_1,\alpha_2,\cdots,\alpha_n),$$

即 $\mathrm{Im}f_A$ 是由 A 的列向量组生成的 K^m 的子空间. 现在线性方程组 $AX=B$ 有解的充要条件(即 $B\in K^m$ 可被 $\alpha_1,\alpha_2,\cdots,\alpha_m$ 线性表示的充要条件)就是 $B\in\mathrm{Im}f_A$. 而 $\mathrm{Coker}f_A=K^m/L(\alpha_1,\alpha_2,\cdots,\alpha_n)$则是以 A 为系数矩阵的线性方程组 $AX=B$ 有解(或无解)程度的一个量度:如是 $\mathrm{Coker}f_A=\{0\}$,则所有这种方程组都是有解的. $\mathrm{Coker}f_A$ 越大(含的元素多),则 $AX=B$ 无解的可能性就越大.

上面的例子使我们对线性方程组的理论看得更加透彻. 而下面的命题可以使我们的认识更进一步.

首先指出:对于例 3.5 中给出的 V 到商空间 V/M 的自然映射 φ,我们有 $\mathrm{Ker}\varphi=M$,而 $\mathrm{Im}\varphi=V/M$.

命题 3.5 设 U,V 是数域 K 上的线性空间,$f\in\mathrm{Hom}(U,V)$,则 $U/\mathrm{Ker}f$ 与 $\mathrm{Im}f$ 同构.

证 定义 $U/\mathrm{Ker}f$ 到 $\mathrm{Im}f$ 的映射

$$\tau(\alpha+\mathrm{Ker}f)=f(\alpha)\in\mathrm{Im}f\quad(\forall\alpha\in U).$$

(或者用§2中的记号,写成 $\tau(\bar{\alpha})=f(\alpha)$.)首先要验证上面的定义在逻辑上无矛盾(因为 $U/\mathrm{Ker}f$ 中元素的表示法不唯一). 设有

$$\alpha+\mathrm{Ker}f=\beta+\mathrm{Ker}f,$$

则 $\beta=\alpha+m\,(m\in\mathrm{Ker}f)$. 于是 $f(\beta)=f(\alpha)+f(m)=f(\alpha)$,这表明

$$\tau(\alpha+\mathrm{Ker}f)=f(\alpha)=f(\beta)=\tau(\beta+\mathrm{Ker}f).$$

(i) 证明 τ 是线性映射. 对 $\bar{\alpha},\bar{\beta}\in U/\mathrm{Ker}f$,有

$$\begin{aligned}\tau(k\bar{\alpha}+l\bar{\beta})&=\tau(\overline{k\alpha+l\beta})=f(k\alpha+l\beta)\\&=kf(\alpha)+lf(\beta)\\&=k\tau(\alpha+\mathrm{Ker}f)+l\tau(\beta+\mathrm{Ker}f)\\&=k\tau(\bar{\alpha})+l\tau(\bar{\beta}).\end{aligned}$$

(ii) 证明 τ 是单射. 设

$$\tau(\alpha+\mathrm{Ker}f)=\tau(\beta+\mathrm{Ker}f),$$

于是 $f(\alpha)=f(\beta)$,即 $f(\alpha-\beta)=f(\alpha)-f(\beta)=0$,由此知 $\alpha-\beta\in\mathrm{Ker}f$,于是 $\alpha+\mathrm{Ker}f=\beta+\mathrm{Ker}f$.

(iii) τ 显然为满射,因为

$$\mathrm{Im}f=\{f(\alpha)\mid\alpha\in U\}.$$

综上所述知 τ 为 $U/\mathrm{Ker}f$ 到 $\mathrm{Im}f$ 的同构映射. ▌

由命题3.5及命题2.5,命题3.2立得下面重要结果.

推论1　设 U,V 是数域 K 上的两个线性空间,$\dim U=n$,$f\in\mathrm{Hom}(U,V)$,则 $\dim\mathrm{Ker}f+\dim\mathrm{Im}f=\dim U$.

如果采用例3.5的记号:用 φ 表示 U 到 $U/\mathrm{Ker}f$ 的自然映射,那么命题3.5可以用下面一张图表示:

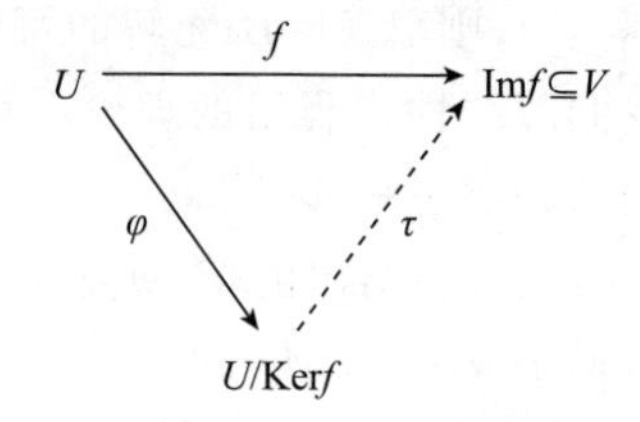

即对任意 $\alpha\in U$,有

$$\tau\varphi(\alpha)=\tau(\alpha+\mathrm{Ker}f)=f(\alpha).$$

或者简单地写成 $f=\tau\varphi$.

容易看出,满足上述条件的同构 τ 是唯一的. 因为如果又有

$U/\mathrm{Ker}f$ 到 $\mathrm{Im}f$ 的线性空间同构 τ' 使 $f=\tau'\varphi$，则对任意 $\alpha\in U$，有 $\tau'\varphi(\alpha)=\tau'(\alpha+\mathrm{Ker}f)=f(\alpha)=\tau(\alpha+\mathrm{Ker}f)$，由此立即推知 $\tau'=\tau$.

现在回顾一下第二章§3 的定理 3.1，即齐次线性方程组基础解系中向量的个数的定理，它只是上面命题的一个简单推论.

推论 2 给定数域 K 上 $m\times n$ 矩阵 A. 设 $\mathrm{r}(A)=r$，则齐次线性方程组 $AX=0$ 的基础解系中含 $n-r$ 个向量.

证 $AX=0$ 的基础解系中向量个数即为其解空间的维数. 在例 3.8 中已指出：令 f_A 为 K^n 到 K^m 的线性映射：$f_A(X)=AX$，则 $AX=0$ 的解空间为 $\mathrm{Ker}f_A$，而 $\mathrm{Im}f_A=L(\alpha_1,\cdots,\alpha_n)$，故 $\dim(\mathrm{Im}f_A)=\mathrm{r}(A)=r$. 按命题 3.5 的推论 1，有

$$\dim\mathrm{Ker}f_A+\dim\mathrm{Im}f_A=\dim K^n=n.$$

从而 $\dim\mathrm{Ker}f_A=n-\dim\mathrm{Im}f_A=n-r$. ▌

4. 线性映射的运算

我们已经知道，线性映射是矩阵的抽象化. 矩阵之间存在加法、数乘及乘法，显然，在线性映射之间也应存在相当的运算，在第二章的小结中也已大概指出这些运算应当是怎样的. 现在来给出它们的严格定义.

设 U,V 是数域 K 上的线性空间.

1) 给定 $f,g\in\mathrm{Hom}(U,V)$，定义

$$(f+g)\alpha=f(\alpha)+g(\alpha)\quad(\forall\alpha\in U),$$

则 $f+g\in\mathrm{Hom}(U,V)$. 这是因为

$$\begin{aligned}(f+g)(k\alpha+l\beta)&=f(k\alpha+l\beta)+g(k\alpha+l\beta)\\&=kf(\alpha)+lf(\beta)+kg(\alpha)+lg(\beta)\\&=k(f(\alpha)+g(\alpha))+l(f(\beta)+g(\beta))\\&=k(f+g)(\alpha)+l(f+g)(\beta).\end{aligned}$$

$f+g$ 称为 f 与 g 的**加法**.

2) 给定 $f\in\mathrm{Hom}(U,V)$ 及 $k\in K$，定义

$$(kf)(\alpha)=kf(\alpha)\quad(\forall\alpha\in U),$$

则 $kf\in\mathrm{Hom}(U,V)$. 这是因为

$$(kf)(k_1\alpha+l\beta)=kf(k_1\alpha+l\beta)$$

$$=k(k_1f(\alpha)+lf(\beta))$$
$$=k_1kf(\alpha)+lkf(\beta)$$
$$=k_1(kf)(\alpha)+l(kf)(\beta).$$

kf 称为 k 与 f 的**数乘**.

容易验证,在 $\mathrm{Hom}(U,V)$ 内定义的上述加法、数乘满足线性空间定义中的八条运算法则,其中零元素为如下 U 到 V 的**零映射**:

$$\mathbf{0}(\alpha)=0\quad(\forall\alpha\in U).$$

显然 $\mathbf{0}\in\mathrm{Hom}(U,V)$,且对任意 $f\in\mathrm{Hom}(U,V)$,有 $f+\mathbf{0}=f$. 又对任意 $f\in\mathrm{Hom}(U,V)$,定义

$$(-f)(\alpha)=-f(\alpha)\quad(\forall\alpha\in U).$$

显然 $-f\in\mathrm{Hom}(U,V)$,且 $f+(-f)=\mathbf{0}$.

因此,$\mathrm{Hom}(U,V)$ 关于上述加法、数乘也组成 K 上的线性空间.

3) 设 U,V,W 都是数域 K 上的线性空间. 如果 $f\in\mathrm{Hom}(U,V)$,$g\in\mathrm{Hom}(V,W)$,定义

$$(gf)\alpha=g(f(\alpha))\quad(\forall\alpha\in U),$$

则显然 $gf\in\mathrm{Hom}(U,W)$. 这是因为

$$\begin{aligned}(gf)(k\alpha+l\beta)&=g(f(k\alpha+l\beta))\\&=g(kf(\alpha)+lf(\beta))\\&=kg(f(\alpha))+lg(f(\beta))\\&=k(gf)(\alpha)+l(gf)(\beta).\end{aligned}$$

gf 称为 g 与 f 的**乘法**. g 与 f 只有满足上述条件时才能相乘.

线性映射的乘法满足如下运算法则(在下面总假定出现的乘法是有意义的).

(i) 乘法结合律:$(fg)h=f(gh)$.

(ii) 加法与乘法分配律:

$$f(g+h)=fg+fh;$$
$$(f+g)h=fh+gh.$$

(iii) 对任意 $k\in K$,$k(fg)=(kf)g=f(kg)$.

线性映射乘法的结合律是第一章命题 1.2 的具体例子. (ii),(iii)的证明留给读者作为练习.

这里同样要注意两点:

1) 线性映射的乘法一般不可交换次序；

2) 线性映射的乘法没有消去律，即由等式 $fg=fh$，$f\neq\mathbf{0}$ 并不能推出 $g=h$，同样，由等式 $gf=hf$，$f\neq\mathbf{0}$ 也不能推出 $g=h$.

5. 线性映射的矩阵

把矩阵提升为一般的线性映射是理论上一大进步，它使我们对许多问题的认识大大深入了. 但从另一方面说，当我们面临需要对某些问题做具体计算的时候，我们又要想法把抽象线性映射具体化为矩阵，就是说，从抽象再回到具体.

现在设 U，V 是数域 K 上的线性空间，且设 $\dim U=n$，$\dim V=m$. 设 $f\in\mathrm{Hom}(U,V)$. 为了把 f 具体化，我们在 U 内取定一组基 $\varepsilon_1,\varepsilon_2,\cdots,\varepsilon_n$，在 V 内也取定一组基 $\eta_1,\eta_2,\cdots,\eta_m$. 我们先证明一个基本命题.

命题 3.6 记号如上述. 我们有如下结论：

(i) U 到 V 的任一线性映射 f 由它在 U 的基 $\varepsilon_1,\varepsilon_2,\cdots,\varepsilon_n$ 处的作用唯一决定，就是说，如果又有 $g\in\mathrm{Hom}(U,V)$ 使 $g(\varepsilon_i)=f(\varepsilon_i)$ $(i=1,2,\cdots,n)$，则 $g(\alpha)=f(\alpha)$ $(\forall\alpha\in U)$；

(ii) 任给 V 内 n 个向量 $\alpha_1,\alpha_2,\cdots,\alpha_n$，必存在唯一的 $f\in\mathrm{Hom}(U,V)$，使 $f(\varepsilon_i)=\alpha_i(i=1,2,\cdots,n)$.

证 (i) 对 U 内任一向量 α，设

$$\alpha=x_1\varepsilon_1+x_2\varepsilon_2+\cdots+x_n\varepsilon_n,$$

则

$$\begin{aligned}f(\alpha)&=x_1f(\varepsilon_1)+x_2f(\varepsilon_2)+\cdots+x_nf(\varepsilon_n)\\&=x_1g(\varepsilon_1)+x_2g(\varepsilon_2)+\cdots+x_ng(\varepsilon_n)=g(\alpha).\end{aligned}$$

(ii) 定义 U 到 V 的映射 f 如下：若 $\alpha=x_1\varepsilon_1+x_2\varepsilon_2+\cdots+x_n\varepsilon_n$，则令 $f(\alpha)=x_1\alpha_1+x_2\alpha_2+\cdots+x_n\alpha_n$. 现在来证 $f\in\mathrm{Hom}(U,V)$. 若又有 $\beta=y_1\varepsilon_1+y_2\varepsilon_2+\cdots+y_n\varepsilon_n$，则

$$\begin{aligned}f(k\alpha+l\beta)&=f((kx_1+ly_1)\varepsilon_1+(kx_2+ly_2)\varepsilon_2+\cdots+(kx_n+ly_n)\varepsilon_n)\\&=(kx_1+ly_1)\alpha_1+(kx_2+ly_2)\alpha_2+\cdots+(kx_n+ly_n)\alpha_n\\&=k(x_1\alpha_1+x_2\alpha_2+\cdots+x_n\alpha_n)+l(y_1\alpha_1+y_2\alpha_2+\cdots+y_n\alpha_n)\\&=kf(\alpha)+lf(\beta).\end{aligned}$$

现在显然有 $f(\varepsilon_i)=\alpha_i$. 满足此条件的线性映射的唯一性由(1)立即推出. ▌

根据命题 3.6,只要知道 $f(\varepsilon_1),f(\varepsilon_2),\cdots,f(\varepsilon_n)$,那么 $f(\alpha)$就被唯一决定了. 而 $f(\varepsilon_i)$可表为 V 的一组基 $\eta_1,\eta_2,\cdots,\eta_m$ 的线性组合. 设

$$\begin{aligned} f(\varepsilon_1)&=a_{11}\eta_1+a_{21}\eta_2+\cdots+a_{m1}\eta_m, \\ f(\varepsilon_2)&=a_{12}\eta_1+a_{22}\eta_2+\cdots+a_{m2}\eta_m, \\ &\cdots\cdots \\ f(\varepsilon_n)&=a_{1n}\eta_1+a_{2n}\eta_2+\cdots+a_{mn}\eta_m, \end{aligned}$$

令

$$A=\begin{bmatrix} a_{11} & a_{12} & \cdots & a_{1n} \\ a_{21} & a_{22} & \cdots & a_{2n} \\ \vdots & \vdots & & \vdots \\ a_{m1} & a_{m2} & \cdots & a_{mn} \end{bmatrix},$$

那么,上面的 n 个等式可以借助矩阵乘法的法则形式地表示成

$$(f(\varepsilon_1),f(\varepsilon_2),\cdots,f(\varepsilon_n))=(\eta_1,\eta_2,\cdots,\eta_m)A.$$

$m\times n$ 矩阵 A 称为**线性映射 f 在给定基下的矩阵**. 显然,U,V 的基取定之后,f 由矩阵 A 唯一决定. 命题 3.6 的(ii)又说明: 任给 K 上 $m\times n$ 矩阵 A,我们令

$$(\alpha_1,\alpha_2,\cdots,\alpha_n)=(\eta_1,\eta_2,\cdots,\eta_m)A,$$

则存在唯一的 $f\in \mathrm{Hom}(U,V)$,使 $f(\varepsilon_i)=\alpha_i$,即

$$(f(\varepsilon_1),f(\varepsilon_2),\cdots,f(\varepsilon_n))=(\eta_1,\eta_2,\cdots,\eta_m)A,$$

于是 f 在所取定基下的矩阵即为 A.

现在定义 $\mathrm{Hom}(U,V)$到 $M_{m,n}(K)$的一个映射 σ 如下: 对 $f\in\mathrm{Hom}(U,V)$,如果 f 在 U,V 所取定的基下的矩阵为 A,则令 $\sigma(f)=A$. 那么上面命题 3.6 的(i)说明 σ 为单射(不同线性映射的矩阵是不同的),而(ii)则说明 σ 为满射(任一 $m\times n$ 矩阵都是某线性映射的矩阵). 于是集合 $\mathrm{Hom}(U,V)$和集合 $M_{m,n}(K)$之间存在一一对应. 不但如此,这个双射 σ 还保持 $\mathrm{Hom}(U,V)$的运算和 $M_{m,n}(K)$内运算的对应关系. 为了证明这一点,我们先来引进一个记号.

设 $f\in\mathrm{Hom}(U,V)$,对 U 内任意向量组 $\alpha_1,\alpha_2,\cdots,\alpha_k$,我们约定

$$f(\alpha_1,\alpha_2,\cdots,\alpha_k)=(f(\alpha_1),f(\alpha_2),\cdots,f(\alpha_k)).$$

使用这个记号将使我们下面的推理简化. 这是因为这一记号具有如下一个性质：令 $\alpha\in U$，则

$$\alpha=x_1\varepsilon_1+x_2\varepsilon_2+\cdots+x_n\varepsilon_n=(\varepsilon_1,\varepsilon_2,\cdots,\varepsilon_n)X,$$

$$\begin{aligned}f(\alpha)&=x_1f(\varepsilon_1)+x_2f(\varepsilon_2)+\cdots+x_nf(\varepsilon_n)\\&=(f(\varepsilon_1),f(\varepsilon_2),\cdots,f(\varepsilon_n))X\\&=[f(\varepsilon_1,\varepsilon_2,\cdots,\varepsilon_n)]X.\end{aligned}$$

把上面两个式子合并，可以写成

$$\begin{aligned}f(\alpha)&=f[(\varepsilon_1,\varepsilon_2,\cdots,\varepsilon_n)X]\\&=[f(\varepsilon_1,\varepsilon_2,\cdots,\varepsilon_n)]X.\end{aligned}$$

上面式子右边的等式形式上与结合律一致.

一般地，设

$$\alpha_1=(\varepsilon_1,\cdots,\varepsilon_n)X_1,\quad\cdots,\quad\alpha_s=(\varepsilon_1,\cdots,\varepsilon_n)X_s.$$

我们有

$$f(\alpha_1)=(f(\varepsilon_1),\cdots,f(\varepsilon_n))X_1,\cdots,f(\alpha_s)=(f(\varepsilon_1),\cdots,f(\varepsilon_n))X_s.$$

以 $X_1,\cdots,X_s$ 为列向量排成 $n\times s$ 矩阵 X，则有

$$(\alpha_1,\cdots,\alpha_s)=(\varepsilon_1,\cdots,\varepsilon_n)X.$$

而

$$(f(\alpha_1),\cdots,f(\alpha_s))=(f(\varepsilon_1),\cdots,f(\varepsilon_n))X.$$

按上面的约定，有

$$f(\alpha_1,\cdots,\alpha_s)=(f(\alpha_1),\cdots,f(\alpha_s)).$$

把上面式子合并，即写成

$$\begin{aligned}f[(\varepsilon_1,\cdots,\varepsilon_n)X]&=(f(\varepsilon_1),\cdots,f(\varepsilon_n))X\\&=[f(\varepsilon_1,\cdots,\varepsilon_n)]X.\end{aligned}$$

这是更一般的形式结合律. 下面的推理中，我们将经常使用上面约定的记号及其形式结合律.

命题 3.7 记号如上所述. 我们有如下结论：

(i) 对 $f,g\in\mathrm{Hom}(U,V)$，$k,l\in K$，有

$$\sigma(kf+lg)=k\sigma(f)+l\sigma(g);$$

因此，σ 是 $\mathrm{Hom}(U,V)$ 到 $M_{m,n}(K)$ 的线性空间同构. 于是我们有

$$\dim\mathrm{Hom}(U,V)=\dim M_{m,n}(K)=mn.$$

(ii) 若 $f\in \mathrm{Hom}(U,V)$, $g\in \mathrm{Hom}(V,W)$,则 $\sigma(gf)=\sigma(g)\sigma(f)$.

证　(i) 设 $\sigma(f)=A$, $\sigma(g)=B$,则

$$\begin{aligned}
&((kf+lg)\varepsilon_1,(kf+lg)\varepsilon_2,\cdots,(kf+lg)\varepsilon_n)\\
&=(kf(\varepsilon_1)+lg(\varepsilon_1),kf(\varepsilon_2)+lg(\varepsilon_2),\cdots,kf(\varepsilon_n)+lg(\varepsilon_n))\\
&=k(f(\varepsilon_1),f(\varepsilon_2),\cdots,f(\varepsilon_n))+l(g(\varepsilon_1),g(\varepsilon_2),\cdots,g(\varepsilon_n))\\
&=k(\eta_1,\eta_2,\cdots,\eta_m)A+l(\eta_1,\eta_2,\cdots,\eta_m)B\\
&=(\eta_1,\eta_2,\cdots,\eta_m)(kA)+(\eta_1,\eta_2,\cdots,\eta_m)(lB)\\
&=(\eta_1,\eta_2,\cdots,\eta_m)(kA+lB),
\end{aligned}$$

上式表明线性映射 $kf+lg$ 在所取定基下的矩阵为 $kA+lB=k\sigma(f)+l\sigma(g)$,亦即 $\sigma(kf+lg)=k\sigma(f)+l\sigma(g)$.

(ii) 设在 U,V,W 内分别取一组基

$$\varepsilon_1,\cdots,\varepsilon_n;\quad \eta_1,\cdots,\eta_m;\quad \delta_1,\cdots,\delta_s.$$

又设

$$\begin{aligned}
(f(\varepsilon_1),f(\varepsilon_2),\cdots,f(\varepsilon_n))&=(\eta_1,\eta_2,\cdots,\eta_m)A,\\
(g(\eta_1),g(\eta_2),\cdots,g(\eta_m))&=(\delta_1,\delta_2,\cdots,\delta_s)B.
\end{aligned}$$

那么,我们有(使用上面约定记号)

$$\begin{aligned}
(gf(\varepsilon_1),gf(\varepsilon_2),\cdots,gf(\varepsilon_n))&=g(f(\varepsilon_1),f(\varepsilon_2),\cdots,f(\varepsilon_n))\\
&=g[(\eta_1,\eta_2,\cdots,\eta_m)A]=[g(\eta_1,\eta_2,\cdots,\eta_m)]A\\
&=[(g(\eta_1),g(\eta_2),\cdots,g(\eta_m))]A\\
&=[(\delta_1,\delta_2,\cdots,\delta_s)B]A=(\delta_1,\delta_2,\cdots,\delta_s)(BA).
\end{aligned}$$

上面的结果表示 $gf\in \mathrm{Hom}(U,W)$ 在所取定的基下的矩阵为 $BA=\sigma(g)\sigma(f)$,于是 $\sigma(gf)=\sigma(g)\sigma(f)$. ▌

注　上面我们用记号 σ 同时表示 $\mathrm{Hom}(U,V)$ 到 $M_{m,n}(K)$, $\mathrm{Hom}(V,W)$ 到 $M_{s,m}(K)$, $\mathrm{Hom}(U,W)$ 到 $M_{s,n}(K)$ 的映射.

6. 线性变换的基本概念

从这一段开始,我们要把对线性映射的讨论限制到一种最重要的情况,即 $U=V$ 的情况.

定义　设 V 是数域 K 上的线性空间, $\boldsymbol{A}$ 是 V 到自身的一个线性映射,则称 $\boldsymbol{A}$ 为 V 内的一个**线性变换**. V 内全体线性变换所成的集合记为 $\mathrm{End}(V)$.

下面来举出线性变换的一些重要例子.

例 3.9 设 $D_0(a,b)$ 是区间 (a,b) 内全体任意次可微的实函数 $f(x)$ 所成的集合,它关于普通函数的加法和与实数的乘法成一实数域上的线性空间. 在 $D_0(a,b)$ 内定义一个变换:

$$\mathbf{D}=\frac{\mathrm{d}}{\mathrm{d}x}:\quad f(x)\longmapsto f'(x),$$

即让 $D_0(a,b)$ 内每个向量 $f(x)$ 在变换 $\mathbf{D}$ 作用下变成该函数的导函数. 这个变换就是数学分析中的求微商运算. 根据微商的性质,有

$$\mathbf{D}(f(x)+g(x))=\mathbf{D}f(x)+\mathbf{D}g(x);$$

$$\mathbf{D}(kf(x))=k\mathbf{D}f(x).$$

这说明求微商运算是线性空间 $D_0(a,b)$ 内的一个线性变换.

例 3.10 设 $C[a,b]$ 为闭区间 $[a,b]$ 上的全体连续函数所组成的实数域上的线性空间. 在 $C[a,b]$ 内定义变换如下:

$$\boldsymbol{S}:\quad f(x)\longmapsto\int_a^x f(t)\,\mathrm{d}t=F(x),$$

即让 $C[a,b]$ 内的每个向量 $f(x)$ 对应于它的变上限积分(即 $f(x)$ 的一个原函数). 根据定积分的性质,我们有

$$\boldsymbol{S}(f(x)+g(x))=\boldsymbol{S}f(x)+\boldsymbol{S}g(x);$$

$$\boldsymbol{S}(kf(x))=k\boldsymbol{S}f(x).$$

这说明求变上限积分是线性空间 $C[a,b]$ 内的一个线性变换.

下面我们介绍线性空间 V 内几种特殊的线性变换.

1) 零变换 $\mathbf{0}$.

对任意 $\alpha\in V$, $\mathbf{0}\alpha=0$. 这是 V 内的一个线性变换,称为**零变换**. 对任意 $\mathbf{A}\in\mathrm{End}(V)$,有 $\mathbf{0A}=\mathbf{A0}=\mathbf{0}$.

2) 单位变换 $\boldsymbol{E}$.

对任意 $\alpha\in V$, $\boldsymbol{E}\alpha=\alpha$. 这显然也是 V 内的一个线性变换,称为**单位变换**或**恒等变换**. 对任意 $\mathbf{A}\in\mathrm{End}(V)$, $\boldsymbol{E}\mathbf{A}=\mathbf{A}\boldsymbol{E}=\mathbf{A}$.

3) 数乘变换 $\boldsymbol{k}$.

设 k 是数域 K 内一个固定的数. 对任意 $\alpha\in V$,定义: $\boldsymbol{k}\alpha=k\alpha$. 不难验证,这也是 V 内的一个线性变换,称为**数乘变换**.

4) 投影变换 $\boldsymbol{P}$.

设 M 是 V 的一个子空间. 按命题 2.4,存在 V 的子空间 N,使

$$V=M\oplus N.$$

于是,对任意 $\alpha\in V$,有唯一分解式

$$\alpha=\alpha_1+\alpha_2\quad(\alpha_1\in M,\ \alpha_2\in N).$$

我们定义 V 内一个变换 $\boldsymbol{P}$ 如下:

$$\boldsymbol{P}\alpha=\alpha_1.$$

我们证明 $\boldsymbol{P}$ 是一个线性变换.

(i) 设 $\alpha,\beta\in V$,又

$$\alpha=\alpha_1+\alpha_2,\ \beta=\beta_1+\beta_2\quad(\alpha_1,\beta_1\in M;\alpha_2,\beta_2\in N).$$

则

$$\alpha+\beta=(\alpha_1+\beta_1)+(\alpha_2+\beta_2)\quad(\alpha_1+\beta_1\in M;\alpha_2+\beta_2\in N).$$

按 $\boldsymbol{P}$ 的定义,有

$$\boldsymbol{P}(\alpha+\beta)=\alpha_1+\beta_1=\boldsymbol{P}\alpha+\boldsymbol{P}\beta.$$

(ii) 对任意 $k\in K$,有

$$k\alpha=k\alpha_1+k\alpha_2\quad(k\alpha_1\in M;k\alpha_2\in N),$$

$$\boldsymbol{P}(k\alpha)=k\alpha_1=k\boldsymbol{P}\alpha.$$

线性变换 $\boldsymbol{P}$ 称为 V 对子空间 M(关于直和分解式 $V=M\oplus N$)的**投影变换**. 注意投影变换依赖于直和分解式的具体形式.

例 3.11　考虑平面上以坐标原点 O 为起点的全体向量所组成的实数域上二维线性空间 V. 过 O 点的直线 M 表示其某个一维子空间. 那么,任一过 O 点而又不与 M 重合的直线 N 都可以代表 M 的补空间. 此时 $V=M\oplus N$. V 对 M 关于上述直和分解式的投影变换 $\boldsymbol{P}$,就是把平面上每个向量 α 以平行于 N 的方向投影到 M 上(参看图 4.8).

如果把 N 取在与 M 垂直的位置上,则由这样的直和分解式

$$V=M\oplus N$$

所确定的投影变换 $\boldsymbol{P}$ 称为**正投影**(参看图 4.9).

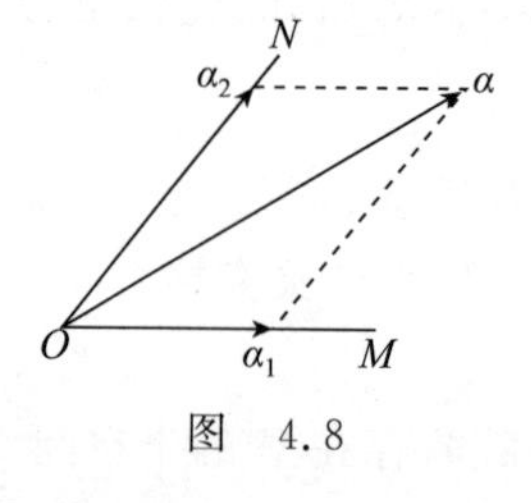

图　4.8

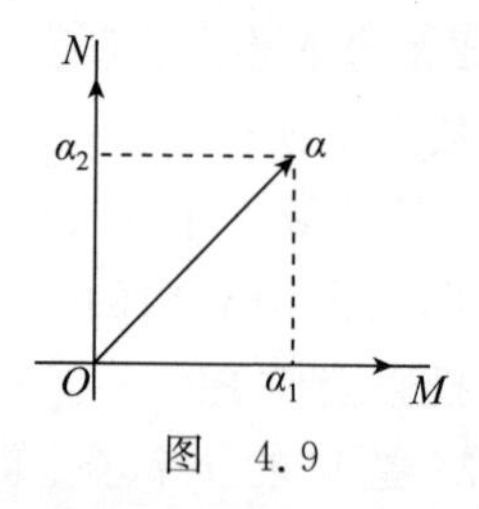

图　4.9

投影变换是一种重要的线性变换.

线性变换是一类特殊的线性映射,前面关于线性映射的知识也都适用于线性变换. 现在把一些要点再简单列举一下.

1) 如果 $\boldsymbol{A}\in \mathrm{End}(V)=\mathrm{Hom}(V,V)$,那么 $\mathrm{Ker}\boldsymbol{A}$ 与 $\mathrm{Im}(\boldsymbol{A})$都是 V 的子空间. 如果 V 是有限维线性空间,那么由命题 3.5 的推论 1,有

$$\dim \mathrm{Ker}\boldsymbol{A}+\dim \mathrm{Im}\boldsymbol{A}=\dim V.$$

2) $\mathrm{End}(V)$内有加法、数乘运算,它关于此两种运算成为数域 K 上的线性空间. $\mathrm{End}(V)$内任意两元素 $\boldsymbol{A},\boldsymbol{B}$ 都可做乘法 $\boldsymbol{AB}$. 对于 $\boldsymbol{A}\in \mathrm{End}(V)$及正整数 k,定义 $\boldsymbol{A}^k=\overbrace{\boldsymbol{AA}\cdots\boldsymbol{A}}^{k\text{个}}$. 当 $\boldsymbol{A}\neq\boldsymbol{0}$ 时令 $\boldsymbol{A}^0=\boldsymbol{E}$. 对数域 K 上多项式 $f(x)=a_0x^m+a_1x^{m-1}+\cdots+a_m$,定义

$$f(\boldsymbol{A})=a_0\boldsymbol{A}^m+a_1\boldsymbol{A}^{m-1}+\cdots+a_{m-1}\boldsymbol{A}+a_m\boldsymbol{E}.$$

3) 在 $U=V$ 为数域 K 上的 n 维线性空间的情况下,只要在 $U=V$ 内取同一组基 $\varepsilon_1,\varepsilon_2,\cdots,\varepsilon_n$,那么任意 $\boldsymbol{A}\in \mathrm{End}(V)$在此组基下的矩阵 A 由下式定义:

$$(\boldsymbol{A}\varepsilon_1,\boldsymbol{A}\varepsilon_2,\cdots,\boldsymbol{A}\varepsilon_n)=(\varepsilon_1,\varepsilon_2,\cdots,\varepsilon_n)A,$$

其中 A 的第 i 个列向量为 $\boldsymbol{A}\varepsilon_i$ 在基 $\varepsilon_1,\varepsilon_2,\cdots,\varepsilon_n$ 下的坐标. 现在 $\boldsymbol{A}$ 由它在基 $\varepsilon_1,\varepsilon_2,\cdots,\varepsilon_n$ 下的矩阵 A 唯一决定.

定义 $\mathrm{End}(V)$到 $M_n(K)$的映射 σ: 对 $\boldsymbol{A}\in \mathrm{End}(V)$,$\sigma(\boldsymbol{A})$为 $\boldsymbol{A}$ 在基 $\varepsilon_1,\varepsilon_2,\cdots,\varepsilon_n$ 下的矩阵. 于是 σ 是一个双射(一一对应),而且有如下性质:

1) $\sigma(k\boldsymbol{A}+l\boldsymbol{B})=k\sigma(\boldsymbol{A})+l\sigma(\boldsymbol{B})$;

2) $\sigma(\boldsymbol{AB})=\sigma(\boldsymbol{A})\sigma(\boldsymbol{B})$.

因为单位变换 $\boldsymbol{E}$ 在 $\varepsilon_1,\varepsilon_2,\cdots,\varepsilon_n$ 下的矩阵为 E,我们有

$$\boldsymbol{E}=\boldsymbol{AB}=\boldsymbol{BA}\Longleftrightarrow E=\sigma(\boldsymbol{A})\sigma(\boldsymbol{B})=\sigma(\boldsymbol{B})\sigma(\boldsymbol{A}).$$

所以,$\boldsymbol{A}$ 为可逆线性变换的充要条件是 $\sigma(\boldsymbol{A})$为 K 上可逆 n 阶方阵,而且 $\sigma(\boldsymbol{A}^{-1})=\sigma(\boldsymbol{A})^{-1}$(其中用到了 σ 为单、满映射这一条件).

命题 3.8 设线性变换 $\boldsymbol{A}$ 在一组基下的矩阵为 A,又设向量 α 在这组基下的坐标为

$$X=\begin{bmatrix}x_1\\x_2\\\vdots\\x_n\end{bmatrix},$$

则 $\boldsymbol{A}\alpha$ 在这组基下的坐标为 AX.

证 设这组基为 $\varepsilon_1,\varepsilon_2,\cdots,\varepsilon_n$. 采用形式的写法,有

$$\begin{aligned}\boldsymbol{A}\alpha &= \boldsymbol{A}(x_1\varepsilon_1+x_2\varepsilon_2+\cdots+x_n\varepsilon_n)\\ &= \boldsymbol{A}[(\varepsilon_1,\varepsilon_2,\cdots,\varepsilon_n)X]\\ &= [\boldsymbol{A}(\varepsilon_1,\varepsilon_2,\cdots,\varepsilon_n)]X\\ &= [(\varepsilon_1,\varepsilon_2,\cdots,\varepsilon_n)A]X\\ &= (\varepsilon_1,\varepsilon_2\cdots,\varepsilon_n)(AX). \quad \blacksquare\end{aligned}$$

例 3.12 在 $K[x]_4$ 内取定一组基

$$1,\ x,\ x^2,\ x^3.$$

在 $K[x]_4$ 内定义一个变换 $\boldsymbol{A}$ 如下:若

$$f(x)=a_0+a_1x+a_2x^2+a_3x^3,$$

则

$$\boldsymbol{A}f(x)=a_3+a_2x+a_1x^2+a_0x^3.$$

容易验证 $\boldsymbol{A}$ 是一个线性变换. 而因为

$$\begin{aligned}\boldsymbol{A}1&=0\cdot 1+0\cdot x+0\cdot x^2+1\cdot x^3,\\ \boldsymbol{A}x&=0\cdot 1+0\cdot x+1\cdot x^2+0\cdot x^3,\\ \boldsymbol{A}x^2&=0\cdot 1+1\cdot x+0\cdot x^2+0\cdot x^3,\\ \boldsymbol{A}x^3&=1+0\cdot x+0\cdot x^2+0\cdot x^3.\end{aligned}$$

故 $\boldsymbol{A}$ 在基 $1,x,x^2,x^3$ 下的矩阵为

$$A=\begin{bmatrix}0&0&0&1\\0&0&1&0\\0&1&0&0\\1&0&0&0\end{bmatrix}.$$

采用形式写法,有

$$(\boldsymbol{A}1,\boldsymbol{A}x,\boldsymbol{A}x^2,\boldsymbol{A}x^3)=(1,x,x^2,x^3)A.$$

例 3.13 考察 $K[x]_n$ 内求形式微商的变换 $\mathbf{D}=\dfrac{\mathrm{d}}{\mathrm{d}x}$. 因为

$$\begin{aligned}&\mathbf{D}1=0,\\ &\mathbf{D}x=1,\\ &\mathbf{D}x^2=2x,\\ &\cdots\cdots\cdots\cdots\\ &\mathbf{D}x^{n-1}=(n-1)x^{n-2},\end{aligned}$$

故 **D** 在基 $1,x,x^2,\cdots,x^{n-1}$ 下的矩阵为

$$D=\begin{bmatrix}0&1&0&0&&&\\&0&2&0&&0&\\&&0&3&\ddots&&\\&&&\ddots&\ddots&0&\\&0&&&\ddots&n-1\\&&&&&0\end{bmatrix}$$

由命题 3.8,对于任一

$$f(x)=a_0+a_1x+a_2x^2+\cdots+a_{n-1}x^{n-1},$$

$\mathbf{D}f(x)$ 在基 $1,x,x^2,\cdots,x^{n-1}$ 下的坐标应为

$$D=\begin{bmatrix}0&1&0&0&&&\\&0&2&0&&0&\\&&0&3&\ddots&&\\&&&\ddots&\ddots&0&\\&0&&&\ddots&n-1\\&&&&&0\end{bmatrix}\begin{bmatrix}a_0\\a_1\\a_2\\\vdots\\a_{n-1}\end{bmatrix}=\begin{bmatrix}a_1\\2a_2\\\vdots\\(n-1)a_{n-1}\\0\end{bmatrix},$$

即 $\mathbf{D}f(x)=a_1+2a_2x+\cdots+(n-1)a_{n-1}x^{n-2}$. 这与形式微商的定义一致.

例 3.14 考虑 K^3 中一个线性变换 **A**. 设

$$\varepsilon_1=(1,0,0),\quad \varepsilon_2=(0,1,0),\quad \varepsilon_3=(0,0,1),$$

则

$$\mathbf{A}\varepsilon_1=(-1,1,0),\quad \mathbf{A}\varepsilon_2=(2,1,1),\quad \mathbf{A}\varepsilon_3=(0,-1,-1).$$

(i) 求 **A** 在基 $\varepsilon_1,\varepsilon_2,\varepsilon_3$ 下的矩阵.

(ii) 在 K^3 中改取如下一组基

$$\eta_1=(1,1,1),\quad \eta_2=(1,1,0),\quad \eta_3=(1,0,0),$$

求 **A** 在 η_1,η_2,η_3 下的矩阵.

解 (i) 因为

$$\mathbf{A}\varepsilon_1=-\varepsilon_1+\varepsilon_2+0\cdot\varepsilon_3,$$
$$\mathbf{A}\varepsilon_2=2\varepsilon_1+\varepsilon_2+\varepsilon_3,$$
$$\mathbf{A}\varepsilon_3=0\cdot\varepsilon_1-\varepsilon_2-\varepsilon_3,$$

故

$$(\boldsymbol{A}\varepsilon_1,\boldsymbol{A}\varepsilon_2,\boldsymbol{A}\varepsilon_3)=(\varepsilon_1,\varepsilon_2,\varepsilon_3)\begin{bmatrix}-1&2&0\\1&1&-1\\0&1&-1\end{bmatrix}.$$

(ii) 现在应当求 $\boldsymbol{A}\eta_i$ 用 η_1,η_2,η_3 线性表示的系数. 因为

$$\eta_1=\varepsilon_1+\varepsilon_2+\varepsilon_3,$$
$$\eta_2=\varepsilon_1+\varepsilon_2,$$
$$\eta_3=\varepsilon_1,$$

故

$$\begin{aligned}\boldsymbol{A}\eta_1&=\boldsymbol{A}\varepsilon_1+\boldsymbol{A}\varepsilon_2+\boldsymbol{A}\varepsilon_3=(1,1,0),\\ \boldsymbol{A}\eta_2&=\boldsymbol{A}\varepsilon_1+\boldsymbol{A}\varepsilon_2=(1,2,1),\\ \boldsymbol{A}\eta_3&=\boldsymbol{A}\varepsilon_1=(-1,1,0).\end{aligned}$$

按照§1 例 1.15 提供的求 K^n 中一向量在一组基下坐标的办法,应当将 $\eta_1,\eta_2,\eta_3,\boldsymbol{A}\eta_1,\boldsymbol{A}\eta_2,\boldsymbol{A}\eta_3$ 的坐标为列向量排成一个 3×6 矩阵,用初等行变换把左边 3 行 3 列位置化为 E,右边就是所求的 $\boldsymbol{A}$ 在 η_1,η_2,η_3 下的矩阵. 具体计算如下:

$$\left[\begin{array}{ccc|ccc}1&1&1&1&1&-1\\1&1&0&1&2&1\\1&0&0&0&1&0\end{array}\right]\longrightarrow\left[\begin{array}{ccc|ccc}1&0&0&0&1&0\\0&1&0&1&1&1\\0&0&1&0&-1&-2\end{array}\right],$$

即得

$$(\boldsymbol{A}\eta_1,\boldsymbol{A}\eta_2,\boldsymbol{A}\eta_3)=(\eta_1,\eta_2,\eta_3)\begin{bmatrix}0&1&0\\1&1&1\\0&-1&-2\end{bmatrix}.$$

这个例子告诉我们,同一个线性变换在不同的基下的矩阵一般是不相同的.

7. 线性变换在不同基下的矩阵

例 3.14 已经指出,同一个线性变换在不同的两组基下的矩阵一般是不一样的. 现在我们来寻找它们之间的关系.

命题 3.9　设

$$\varepsilon_1,\ \varepsilon_2,\ \cdots,\ \varepsilon_n;$$

$$\eta_1, \eta_2, \cdots, \eta_n$$

是线性空间 V 的两组基,其过渡矩阵是 $T=(t_{ij})$,即

$$(\eta_1,\eta_2,\cdots,\eta_n)=(\varepsilon_1,\varepsilon_2,\cdots,\varepsilon_n)T. \tag{1}$$

又设线性变换 $\boldsymbol{A}$ 在这两组基下的矩阵分别是 A 和 B,则

$$B=T^{-1}AT.$$

证 由线性变换的矩阵的定义,有

$$\boldsymbol{A}(\varepsilon_1,\varepsilon_2,\cdots,\varepsilon_n)=(\varepsilon_1,\varepsilon_2,\cdots,\varepsilon_n)A,$$

$$\boldsymbol{A}(\eta_1,\eta_2,\cdots,\eta_n)=(\eta_1,\eta_2,\cdots,\eta_n)B.$$

把(1)式代入上面的第二个等式,得

$$\boldsymbol{A}[(\varepsilon_1,\varepsilon_2,\cdots,\varepsilon_n)T]=[(\varepsilon_1,\varepsilon_2,\cdots,\varepsilon_n)T]B.$$

利用形式运算的结合律,有

$$\begin{aligned}\boldsymbol{A}[(\varepsilon_1,\varepsilon_2,\cdots,\varepsilon_n)T]&=[\boldsymbol{A}(\varepsilon_1,\varepsilon_2,\cdots,\varepsilon_n)]T\\&=[(\varepsilon_1,\varepsilon_2,\cdots,\varepsilon_n)A]T\\&=(\varepsilon_1,\varepsilon_2,\cdots,\varepsilon_n)(AT)\\&=(\varepsilon_1,\varepsilon_2,\cdots,\varepsilon_n)(TB).\end{aligned}$$

因为 $\varepsilon_1,\varepsilon_2,\cdots,\varepsilon_n$ 线性无关,故有

$$AT=TB.$$

而 T 可逆,因而有

$$B=T^{-1}AT. \quad \blacksquare$$

例 3.15 在例 3.14 中我们已经求得 K^3 中一个线性变换 $\boldsymbol{A}$ 在两组基下的矩阵

$$(\boldsymbol{A}\varepsilon_1,\boldsymbol{A}\varepsilon_2,\boldsymbol{A}\varepsilon_3)=(\varepsilon_1,\varepsilon_2,\varepsilon_3)\begin{bmatrix}-1&2&0\\1&1&-1\\0&1&-1\end{bmatrix},$$

$$(\boldsymbol{A}\eta_1,\boldsymbol{A}\eta_2,\boldsymbol{A}\eta_3)=(\eta_1,\eta_2,\eta_3)\begin{bmatrix}0&1&0\\1&1&1\\0&-1&-2\end{bmatrix}.$$

而

$$(\eta_1,\eta_2,\eta_3)=(\varepsilon_1,\varepsilon_2,\varepsilon_3)\begin{bmatrix}1&1&1\\1&1&0\\1&0&0\end{bmatrix},$$

不难验证,有

$$B=\begin{bmatrix}0&1&0\\1&1&1\\0&-1&-2\end{bmatrix}=\begin{bmatrix}1&1&1\\1&1&0\\1&0&0\end{bmatrix}^{-1}\begin{bmatrix}-1&2&0\\1&1&-1\\0&1&-1\end{bmatrix}\begin{bmatrix}1&1&1\\1&1&0\\1&0&0\end{bmatrix}.$$

定义 对数域 K 上的两个 n 阶方阵 A 与 B,如果存在 K 上一个 n 阶可逆的方阵 T,使 $B=T^{-1}AT$,则称 B 与 A 在 K 内**相似**,记作 $B\sim A$.

矩阵的相似关系具有如下性质:

1) 反身性: $A\sim A$. 这是因为 $A=E^{-1}AE$;

2) 对称性: 若 $B\sim A$,则 $A\sim B$. 这是因为当 $B=T^{-1}AT$ 时,有 $A=(T^{-1})^{-1}BT^{-1}$;

3) 传递性: 若 $A\sim B, B\sim C$,则 $A\sim C$. 这是因为当 $A=T_1^{-1}BT_1, B=T_2^{-1}CT_2$ 时,有

$$A=T_1^{-1}(T_2^{-1}CT_2)T_1=(T_2T_1)^{-1}C(T_2T_1).$$

这说明矩阵的相似关系是一个等价关系. 我们把数域 K 上全体 n 阶方阵的集合 $M_n(K)$ 在相似关系下的等价类称作**相似类**. 于是 $M_n(K)$ 可分解为互不相交的相似类的并.

由于上述性质,我们可以把 K 上 n 阶方阵的集合 $M_n(K)$ 中的元素按相似关系进行分类,凡是相互之间存在相似关系的矩阵属于同一类,不同的相似类之间没有公共元素(交是空集). 下面一个命题阐明了相似类的实际意义.

命题 3.10 数域 K 上两个 n 阶方阵 A, B 相似的充要条件是,它们是 V 内某一线性变换 $\mathbf{A}$ 在两组基下的矩阵.

证 充分性已在前面阐述了,现在我们证明必要性.

现在我们可以找到 V 内一个线性变换 $\mathbf{A}$,使它在 V 的某一组基 $\varepsilon_1,\varepsilon_2,\cdots,\varepsilon_n$ 下的矩阵为 A. 因为 $B\sim A$,故存在可逆矩阵 T,使 $B=T^{-1}AT$. 命

$$(\eta_1,\eta_2,\cdots,\eta_n)=(\varepsilon_1,\varepsilon_2,\cdots,\varepsilon_n)T,$$

由命题 1.3 可知,$\eta_1,\eta_2,\cdots,\eta_n$ 是 V 的一组基. 根据前面的推理,$\mathbf{A}$ 在这组新基下的矩阵为 $T^{-1}AT=B$. ▍

由此可知,$M_n(K)$ 内每一个相似类实际上不过是同一个线性变换 $\mathbf{A}$ 在不同基下的矩阵而已. 从这一认识出发,自然就会提出这样

的问题：能不能设法在 V 中找出一组基，使 $\mathbf{A}$ 在这组基下的矩阵具有最简单的形式呢？或者换句话说，能不能在 $M_n(K)$ 内的每一个相似类里去找出一个形式最为简单的矩阵来作为该相似类的代表呢？这就是矩阵在相似关系下的标准形问题. 本章后面的内容，主要就是讨论这个问题的.

习 题 三

1. 设 m,n 为正整数且 $m<n$. 定义 K^n 到 K^m 的映射 f 如下：若 $\alpha=(a_1,a_2,\cdots,a_n)$，则令

$$f(\alpha)=(a_1,a_2,\cdots,a_m)\in K^m.$$

又定义 K^m 到 K^n 的映射 g 如下：若 $\alpha=(a_1,a_2,\cdots,a_m)$，则令

$$g(\alpha)=(a_1,a_2,\cdots,a_m,0,\cdots,0)\in K^n.$$

证明：f,g 均为线性映射，并求 $\mathrm{Ker}f,\mathrm{Im}f,\mathrm{Coker}f,\mathrm{Ker}g,\mathrm{Im}g,\mathrm{Coker}g$.

2. 设 A,B 是数域 K 上的 $m\times n$ 矩阵，且 $r(A)=r(B)$. 设齐次线性方程组 $AX=0$ 和 $BX=0$ 的解空间分别是 U,V. 证明：存在 K 上可逆 n 阶方阵 T，使得 $f(Y)=TY(\forall Y\in U)$ 是 U 到 V 的同构映射.

3. 找出习题一第 2 题(5)的线性空间和 $\mathbb{R}^2$ 之间的一个同构映射.

4. 将实数域 $\mathbb{R}$ 看作自身上的线性空间(加法和数乘为实数加法和乘法). 试求出 $\mathbb{R}$ 上线性空间 $C[a,b]$ 到 $\mathbb{R}$ 的一个线性映射.

5. 将数域 $\mathbb{Q}(\mathrm{i})$ 与 $\mathbb{Q}(\sqrt{2})$ 都看作 $\mathbb{Q}$ 上的线性空间(加法为复数加法，数乘为有理数与复数的乘法)，找出它们之间的一个同构映射.

6. 定义 K^4 到 K^3 的映射

$$f\begin{bmatrix}x_1\\x_2\\x_3\\x_4\end{bmatrix}=\begin{bmatrix}-x_1+x_2+2x_3+x_4\\-2x_2+x_3\\-x_1-x_2+3x_3+x_4\end{bmatrix}.$$

证明：f 是一个线性映射，求 $\mathrm{Ker}f,\mathrm{Im}f,\mathrm{Coker}f$. 在 K^4 内取一组基

$$\varepsilon_1=(1,0,1,1),\quad \varepsilon_2=(0,1,0,1),$$

$$\varepsilon_3=(0,0,1,0),\quad \varepsilon_4=(0,0,2,1).$$

又在 K^3 内取定一组基

$$\eta_1=(1,1,1),\quad \eta_2=(1,0,-1),\quad \eta_3=(0,1,0),$$

求 f 在给定基下的矩阵.

7. 定义 K^3 到 K^4 的映射 f 如下：

$$f\begin{bmatrix}x_1\\x_2\\x_3\end{bmatrix}=\begin{bmatrix}x_1+x_3\\-x_1+x_2+x_3\\2x_1+x_3\\x_2+2x_3\end{bmatrix}.$$

(1) 证明：f 是一个线性映射，求 $\mathrm{Ker}f$，$\mathrm{Im}f$，$\mathrm{Coker}f$.

(2) 在 K^3 内取定一组基

$$\eta_1=(1,1,1),\quad \eta_2=(1,0,-1),\quad \eta_3=(0,1,0),$$

在 K^4 内取一组基

$$\varepsilon_1=(1,0,1,1),\quad \varepsilon_2=(0,1,0,1),$$
$$\varepsilon_3=(0,0,1,0),\quad \varepsilon_4=(0,0,2,1).$$

求 f 在给定基下的矩阵.

8. 定义 $K[x]_n$ 到 $K[x]_{n+1}$ 的映射如下：

$$f(a_0+a_1x+\cdots+a_{n-1}x^{n-1})$$
$$=a_0x+\frac{1}{2}a_1x^2+\frac{1}{3}a_2x^3+\cdots+\frac{1}{n}a_{n-1}x^n.$$

证明 f 是一个线性映射，求 $\mathrm{Ker}f$，$\mathrm{Im}f$，$\mathrm{Coker}f$. 如果在 $K[x]_n$ 中取定基 $1,x,\cdots,x^{n-1}$，在 $K[x]_{n+1}$ 中取定基 $1,x,\cdots,x^n$，求 f 在取定基下的矩阵.

9. 判断下面所定义的变换哪些是线性的，哪些则不是：

(1) 在线性空间 V 中，$\boldsymbol{A}\xi=\xi+\alpha$，其中 $\alpha\in V$ 是一个固定的向量；

(2) 在线性空间 V 中，令 $\boldsymbol{A}\xi=\alpha$，其中 $\alpha\in V$ 是一个固定的向量；

(3) 在 K^3 中，令 $\boldsymbol{A}(x_1,x_2,x_3)=(x_1^2,x_2+x_3,x_3^2)$；

(4) 在 K^3 中，令 $\boldsymbol{A}(x_1,x_2,x_3)=(2x_1-x_2,x_2+x_3,x_1)$；

(5) 在 $K[x]$ 中，令 $\boldsymbol{A}f(x)=f(x+1)$；

(6) 在 $K[x]$ 中，令 $\boldsymbol{A}f(x)=f(x_0)$，其中 $x_0\in K$ 是一个固定的

数；

(7) 把复数域看作复数域上的线性空间，令 $\boldsymbol{A}\xi=\overline{\xi}$；

(8) 在 $M_n(K)$ 中，令 $\boldsymbol{A}(X)=BXC$，其中 B,C 是 K 上两个固定的 n 阶方阵.

10. 在实数域上线性空间 $D_0(a,b)$(参看本节例 9)中定义变换如下

$$\boldsymbol{A}f(x)=\frac{\mathrm{d}^2 f(x)}{\mathrm{d}x^2}+x\cdot\frac{\mathrm{d}f(x)}{\mathrm{d}x}+\sin x\cdot f(x),$$

证明：$\boldsymbol{A}$ 是一个线性变换. 定义

$$\boldsymbol{B}f(x)=\left[\frac{\mathrm{d}f(x)}{\mathrm{d}x}\right]^2+x\cdot\frac{\mathrm{d}f(x)}{\mathrm{d}x}+\sin x\cdot f(x),$$

举例说明 $\boldsymbol{B}$ 不是线性变换.

11. 在实数域上线性空间 $C[a,b]$ 中定义变换如下：

$$\boldsymbol{A}f(x)=\int_a^x K(t)f(t)\mathrm{d}t,$$

其中 $K(x)$ 是 $[a,b]$ 上一个固定的连续函数. 证明：$\boldsymbol{A}$ 是一个线性变换.

12. 在数域 K 上全体 n 阶对称方阵所成的线性空间 V 中定义变换

$$\boldsymbol{A}X=T'XT,$$

其中 T 为一个固定的 n 阶方阵. 证明：$\boldsymbol{A}$ 是 V 中一个线性变换.

13. 在 $K[x]$ 中定义

$$\boldsymbol{A}f(x)=f'(x),\quad \boldsymbol{B}f(x)=xf(x),$$

证明：$\boldsymbol{A}$ 与 $\boldsymbol{B}$ 是两个线性变换，且 $\boldsymbol{AB}-\boldsymbol{BA}=\boldsymbol{E}$.

14. 设 $\boldsymbol{A}$ 与 $\boldsymbol{B}$ 是两个线性变换，且 $\boldsymbol{AB}-\boldsymbol{BA}=\boldsymbol{E}$. 证明：对任一正整数 k，有

$$\boldsymbol{A}^k\boldsymbol{B}-\boldsymbol{BA}^k=k\boldsymbol{A}^{k-1}.$$

15. 设线性空间 V 分解为子空间 M,N 的直和：$V=M\oplus N$. 令 $\boldsymbol{P}$ 为关于此直和分解式的 V 对 M 的投影变换，证明：

(1) $\boldsymbol{P}^2=\boldsymbol{P}$；

(2) 若 $M\neq V$，则 $\boldsymbol{P}$ 不可逆；

(3) 命 $\boldsymbol{P}_1$ 表示 V 关于上述直和分解式对子空间 N 的投影变换,证明:$\boldsymbol{P}\boldsymbol{P}_1=\boldsymbol{P}_1\boldsymbol{P}=\boldsymbol{0}$.

16. 设 $\boldsymbol{A}$ 是线性空间 V 中的一个线性变换,且 $\boldsymbol{A}^2=\boldsymbol{A}$. 证明:

(1) V 中任一向量 α 可分解为

$$\alpha=\alpha_1+\alpha_2,$$

其中 $\boldsymbol{A}\alpha_1=\alpha_1,\boldsymbol{A}\alpha_2=0$,且这种分解是唯一的;

(2) 若 $\boldsymbol{A}\alpha=-\alpha$,则 $\alpha=0$;

17. 设 $\boldsymbol{A}$ 与 $\boldsymbol{B}$ 是两个线性变换,满足 $\boldsymbol{A}^2=\boldsymbol{A}$, $\boldsymbol{B}^2=\boldsymbol{B}$. 证明:若 $(\boldsymbol{A}+\boldsymbol{B})^2=\boldsymbol{A}+\boldsymbol{B}$,则 $\boldsymbol{A}\boldsymbol{B}=\boldsymbol{0}$.

18. 设 $\varepsilon_1,\varepsilon_2,\cdots,\varepsilon_n$ 是线性空间 V 的一组基,证明:线性变换 $\boldsymbol{A}$ 可逆,当且仅当 $\boldsymbol{A}\varepsilon_1,\boldsymbol{A}\varepsilon_2,\cdots,\boldsymbol{A}\varepsilon_n$ 线性无关.

19. 设 V 为数域 K 上的线性空间. $\boldsymbol{A}_1,\boldsymbol{A}_2,\cdots,\boldsymbol{A}_k$ 是 V 内 k 个两两不同的线性变换. 证明 V 内存在向量 α,使 $\boldsymbol{A}_1\alpha,\boldsymbol{A}_2\alpha,\cdots,\boldsymbol{A}_k\alpha$ 两两不同.

20. 求下列线性变换在指定基下的矩阵:

(1) 在 K^3 中,$\boldsymbol{A}(x_1,x_2,x_3)=(2x_1-x_2,x_2+x_3,x_1)$,而基取:$\varepsilon_1=(1,0,0),\varepsilon_2=(0,1,0),\varepsilon_3=(0,0,1)$. 求 $\boldsymbol{A}$ 在基 $\varepsilon_1,\varepsilon_2,\varepsilon_3$ 下的矩阵.

(2) 在平面直角坐标系内,取 $\varepsilon_1,\varepsilon_2$ 为两个坐标向量. 令 $\boldsymbol{A}$ 为平面上向量对第一和第三象限分角线的垂直投影,$\boldsymbol{B}$ 是平面上向量对 $L(\varepsilon_2)$ 的垂直投影,求 $\boldsymbol{A},\boldsymbol{B},\boldsymbol{A}\boldsymbol{B}$ 在 $\varepsilon_1,\varepsilon_2$ 下的矩阵.

(3) 在 $K[x]_n$ 中,令

$$\boldsymbol{A}f(x)=f(x+1)-f(x),$$

基取为

$$\varepsilon_0=1,\ \varepsilon_i=\frac{x(x-1)\cdots(x-i+1)}{i!}\quad(i=1,2,\cdots,n-1).$$

(4) 在 $D_0(a,b)$ 中取 6 个线性无关向量

$$\varepsilon_1=\mathrm{e}^{\alpha x}\cos\beta x,\qquad \varepsilon_2=\mathrm{e}^{\alpha x}\sin\beta x,$$

$$\varepsilon_3=x\mathrm{e}^{\alpha x}\cos\beta x,\qquad \varepsilon_4=x\mathrm{e}^{\alpha x}\sin\beta x,$$

$$\varepsilon_5=\frac{1}{2}x^2\mathrm{e}^{\alpha x}\cos\beta x,\quad \varepsilon_6=\frac{1}{2}x^2\mathrm{e}^{\alpha x}\sin\beta x.$$

令 $V=L(\varepsilon_1,\varepsilon_2,\cdots,\varepsilon_6)$. 定义

$$\mathbf{D}f(x)=f'(x).$$

证明：$\mathbf{D}$ 是 V 内的一个线性变换，并求 $\mathbf{D}$ 在 V 的上述一组基下的矩阵.

(5) 已知 K^3 中线性变换 $\boldsymbol{A}$ 在基

$$\eta_1=(-1,1,1),\ \eta_2=(1,0,-1),\ \eta_3=(0,1,1)$$

下的矩阵是

$$A=\begin{bmatrix}1 & 0 & 1\\ 1 & 1 & 0\\ -1 & 2 & 1\end{bmatrix},$$

求 $\boldsymbol{A}$ 在基

$$\varepsilon_1=(1,0,0),\ \varepsilon_2=(0,1,0),\ \varepsilon_3=(0,0,1)$$

下的矩阵.

(6) 在 K^3 中定义线性变换 $\boldsymbol{A}$ 如下：

$$\begin{aligned}&\boldsymbol{A}\eta_1=(-5,0,3), && \eta_1=(-1,0,2),\\ &\boldsymbol{A}\eta_2=(0,-1,6), && \eta_2=(0,1,1),\\ &\boldsymbol{A}\eta_3=(-5,-1,9). && \eta_3=(3,-1,0).\end{aligned}$$

求 $\boldsymbol{A}$ 在基

$$\varepsilon_1=(1,0,0),\ \varepsilon_2=(0,1,0),\ \varepsilon_3=(0,0,1)$$

下的矩阵.

(7) 接上. 求 $\boldsymbol{A}$ 在 η_1,η_2,η_3 下的矩阵.

21. 在 $M_2(K)$中定义变换如下：

$$\boldsymbol{A}X=AX-XA,\quad X\in M_2(K),$$

其中 A 是 K 上一个固定的二阶方阵. 证明：

(1) $\boldsymbol{A}$ 是 $M_2(K)$内的一个线性变换；

(2) 在 $M_2(K)$中取一组基

$$\varepsilon_{11}=\begin{bmatrix}1 & 0\\ 0 & 0\end{bmatrix},\ \varepsilon_{12}=\begin{bmatrix}0 & 1\\ 0 & 0\end{bmatrix},\ \varepsilon_{21}=\begin{bmatrix}0 & 0\\ 1 & 0\end{bmatrix},\ \varepsilon_{22}=\begin{bmatrix}0 & 0\\ 0 & 1\end{bmatrix}.$$

求 $\boldsymbol{A}$ 在这组基下的矩阵.

22. 设 $B=\begin{bmatrix}-1 & -1\\ 2 & 1\end{bmatrix}$. 在 $M_2(K)$中定义变换如下：

$$\boldsymbol{A}X=B^{-1}XB\quad(\forall X\in M_2(K)).$$

证明:$\boldsymbol{A}$ 是 $M_2(K)$ 内一个线性变换,并找出 $\lambda_0\in K, X_0\in M_2(K)$, $X_0\neq 0$,使 $\boldsymbol{A}X_0=\lambda_0X_0$.

23. 设三维线性空间 V 内一个线性变换 $\boldsymbol{A}$ 在基 $\varepsilon_1,\varepsilon_2,\varepsilon_3$ 下的矩阵为

$$A=\begin{bmatrix}a_{11}&a_{12}&a_{13}\\a_{21}&a_{22}&a_{23}\\a_{31}&a_{32}&a_{33}\end{bmatrix}.$$

(1) 求 $\boldsymbol{A}$ 在基 $\varepsilon_3,\varepsilon_2,\varepsilon_1$ 下的矩阵;

(2) 求 $\boldsymbol{A}$ 在基 $\varepsilon_1,k\varepsilon_2,\varepsilon_3$ 下的矩阵($k\neq 0$);

(3) 求 $\boldsymbol{A}$ 在基 $\varepsilon_1+\varepsilon_2,\varepsilon_2,\varepsilon_3$ 下的矩阵.

24. 设 $\boldsymbol{A}$ 是线性空间 V 内的线性变换. 如果 $\boldsymbol{A}^{k-1}\xi\neq 0$,但 $\boldsymbol{A}^k\xi=0$,证明: $\xi,\boldsymbol{A}\xi,\cdots,\boldsymbol{A}^{k-1}\xi\ (k>0)$线性无关.

25. 在 n 维线性空间中,设有线性变换 $\boldsymbol{A}$ 与向量 ξ,使 $\boldsymbol{A}^{n-1}\xi\neq 0$,但 $\boldsymbol{A}^n\xi=0$. 证明: $\boldsymbol{A}$ 在某一组基下的矩阵是

$$\begin{bmatrix}0&1&&\\&0&\ddots&\\&&\ddots&1\\&&&0\end{bmatrix}.$$

26. 设四维线性空间 V 内一个线性变换 $\boldsymbol{A}$ 在基 $\varepsilon_1,\varepsilon_2,\varepsilon_3,\varepsilon_4$ 下的矩阵为

$$\begin{bmatrix}1&0&2&1\\-1&2&1&3\\1&2&5&5\\2&-2&1&-2\end{bmatrix}.$$

求 $\boldsymbol{A}$ 在 $\eta_1=\varepsilon_1-2\varepsilon_2+\varepsilon_4, \eta_2=3\varepsilon_2-\varepsilon_3-\varepsilon_4, \eta_3=\varepsilon_3+\varepsilon_4, \eta_4=2\varepsilon_4$ 下的矩阵.

27. 在 K^4 内一个线性变换 $\boldsymbol{A}$ 在基 $\varepsilon_1,\varepsilon_2,\varepsilon_3,\varepsilon_4$ 下的矩阵为

$$\begin{bmatrix}1&-1&0&1\\0&0&1&1\\1&0&0&-1\\-1&1&0&1\end{bmatrix},$$

求它在基 $\eta_1,\eta_2,\eta_3,\eta_4$ 下的矩阵,其中

(1) $\varepsilon_1=(1,2,-1,0)$, $\eta_1=(2,1,0,1)$,

$\varepsilon_2=(1,-1,1,1)$, $\eta_2=(0,1,2,2,)$,

$\varepsilon_3=(-1,2,1,1)$, $\eta_3=(-2,1,1,2)$,

$\varepsilon_4=(-1,-1,0,1)$, $\eta_4=(1,3,1,2)$.

(2) $\varepsilon_1=(1,1,1,1)$, $\eta_1=(1,1,0,1)$,

$\varepsilon_2=(1,1,-1,-1)$, $\eta_2=(2,1,3,1)$,

$\varepsilon_3=(1,-1,1,-1)$, $\eta_3=(1,1,0,0)$,

$\varepsilon_4=(1,-1,-1,1)$, $\eta_4=(0,1,-1,-1)$.

28. 在 K^3 中给定两组基

$$\varepsilon_1=(1,0,1),\quad \eta_1=(1,2,-1),$$
$$\varepsilon_2=(2,1,0),\quad \eta_2=(2,2,-1),$$
$$\varepsilon_3=(1,1,1),\quad \eta_3=(2,-1,-1).$$

定义线性变换

$$\mathbf{A}\varepsilon_i=\eta_i\quad(i=1,2,3).$$

(1) 求 $\mathbf{A}$ 在基 $\varepsilon_1,\varepsilon_2,\varepsilon_3$ 下的矩阵;

(2) 求 $\mathbf{A}$ 在基 η_1,η_2,η_3 下的矩阵.

29. 证明:对角矩阵

$$\begin{bmatrix}\lambda_1 & & & \\ & \lambda_2 & & \\ & & \ddots & \\ & & & \lambda_n\end{bmatrix} \quad 与 \quad \begin{bmatrix}\lambda_{i_1} & & & \\ & \lambda_{i_2} & & \\ & & \ddots & \\ & & & \lambda_{i_n}\end{bmatrix}$$

相似,其中 $i_1,i_2,\cdots,i_n$ 是 $1,2,\cdots,n$ 的一个排列.

30. 若 A 可逆,证明:AB 与 BA 相似.

31. 若 A 与 B 相似,C 与 D 相似,证明:

$$\begin{bmatrix}A & 0\\ 0 & C\end{bmatrix} \quad 与 \quad \begin{bmatrix}B & 0\\ 0 & D\end{bmatrix}$$

相似.

32. 设 V 是数域 K 上的 n 维线性空间,证明:

(1) V 内全体线性变换所成的 K 上线性空间 $\mathrm{End}(V)$ 的维数等于 n^2;

(2) 对 V 内任一线性变换 $\mathbf{A}$,存在一个次数 $\leqslant n^2$ 的多项式 $f(\lambda)$(系数在 K 内),使 $f(\mathbf{A})=\mathbf{0}$.

33. 设 A,B 是数域 K 上的两个 n 阶方阵,且 B 与 A 相似. 如果 $f(\lambda)$是 K 上一个多项式,证明:$f(A)$与 $f(B)$相似.

34. 给定数域 K 上的 n 阶方阵

$$J=\begin{bmatrix} \lambda_0 & 1 & & & \\ & \lambda_0 & 1 & & 0 \\ & & \ddots & \ddots & \\ & 0 & & \ddots & 1 \\ & & & & \lambda_0 \end{bmatrix},$$

证明:J 与 J'相似.

35. 设 $\mathbf{A}$ 是数域 K 上 n 维线性空间 V 内的线性变换. 证明下面的命题互相等价:

(1) $\mathbf{A}$ 是可逆变换;

(2) 对 V 内任意非零向量 α, $\mathbf{A}\alpha\neq 0$;

(3) 若 $\varepsilon_1,\cdots,\varepsilon_n$ 是 V 的一组基,则 $\mathbf{A}\varepsilon_1,\cdots,\mathbf{A}\varepsilon_n$ 也是 V 的一组基;

(4) 如果 V 分解为子空间 M,N 的直和: $V=M\oplus N$,那么有 $V=\mathbf{A}(M)\oplus\mathbf{A}(N)$.

36. 设 V,U 是数域 K 上的线性空间. 从 V 到 U 的一个映射 f 若满足 $f(\alpha+\beta)=f(\alpha)+f(\beta)$($\forall\,\alpha,\beta\in V$),则称 f 为 V 到 U 的一个**半线性映射**. 从 V 到 U 的所有半线性映射组成的集合记为 $Q(V,U)$. 对任意 $f,g\in Q(V,U)$,$k\in K$,定义

$$(f+g)(\alpha)=f(\alpha)+g(\alpha),\quad (kf)(\alpha)=kf(\alpha)\quad (\forall\,\alpha\in V).$$

(1) 证明:$f+g\in Q(V,U)$,$kf\in Q(V,U)$.

(2) 证明:$Q(V,U)$关于上面定义的加法、数乘运算成为 K 上的线性空间.

(3) 若 U,V 是有理数域 $\mathbb{Q}$ 上的线性空间(即 $K=\mathbb{Q}$),证明:$Q(V,U)=\mathrm{Hom}(V,U)$.

37. 设 V 是复数域 $\mathbb{C}$ 上的 n 维线性空间,$\mathbf{A}\in\mathrm{End}(V)$.

(1) 证明：关于 V 内向量加法及实数与 V 内向量的数乘，V 成为实数域 $\mathbb{R}$ 上的线性空间，维数为 $2n$，记作 $V_{\mathbb{R}}$. 此时 $\boldsymbol{A}$ 也是 $V_{\mathbb{R}}$ 上的线性变换.

(2) 设 $\boldsymbol{A}$ 在 V 的一组基下的矩阵为 n 阶复方阵 $A_{\mathbb{C}}$，$\boldsymbol{A}$ 在 $V_{\mathbb{R}}$ 的一组基下的矩阵为 $2n$ 阶实方阵 $A_{\mathbb{R}}$. 证明：$\det(A_{\mathbb{R}})=|\det(A_{\mathbb{C}})|^2$，这里 $|\det(A_{\mathbb{C}})|$ 表示复数 $\det(A_{\mathbb{C}})$ 的模（或称绝对值）.

§4 线性变换的特征值与特征向量

对数域 K 上的 n 维线性空间 V 内的一个线性变换 $\boldsymbol{A}$，我们希望能找到一组基

$$\eta_1,\eta_2,\cdots,\eta_n,$$

使 $\boldsymbol{A}$ 在这一组基下的矩阵具有最简单的形式. 在第二章中我们已经知道，对于矩阵运算来说，对角形最为简单. 因此，自然要问：有没有可能找到一组基，使 $\boldsymbol{A}$ 在这组基下的矩阵具有对角形？亦即

$$(\boldsymbol{A}\eta_1,\boldsymbol{A}\eta_2,\cdots,\boldsymbol{A}\eta_n)=(\eta_1,\eta_2,\cdots,\eta_n)\begin{bmatrix}\lambda_1 & & & \\ & \lambda_2 & & \\ & & \ddots & \\ & & & \lambda_n\end{bmatrix}.$$

把上面的关系式具体写出来，就是

$$\begin{aligned}\boldsymbol{A}\eta_1&=\lambda_1\eta_1,\\ \boldsymbol{A}\eta_2&=\qquad\lambda_2\eta_2,\\ &\cdots\cdots\cdots\cdots\\ \boldsymbol{A}\eta_n&=\qquad\qquad\lambda_n\eta_n.\end{aligned}$$

经过较深入的研究之后就可以知道，这并不是总能办到的. 但上面的分析却给了我们一个重要的启示，即研究一个线性变换 $\boldsymbol{A}$，很重要的是去寻找满足条件：$\boldsymbol{A}\xi=\lambda\xi$ 的数 λ 和非零向量 ξ. 这一点就是本节的中心内容.

1. 特征值与特征向量的定义

定义 设 V 是数域 K 上的一个线性空间，$\boldsymbol{A}$ 是 V 内一个线性变换. 如果对 K 内一个数 λ，存在 V 的一个向量 $\xi\neq 0$，使

$$\boldsymbol{A}\xi=\lambda\xi,$$

则称 λ 为 $\boldsymbol{A}$ 的一个**特征值**,而 ξ 称为属于特征值 λ 的**特征向量**.

这里要注意两点:

1) 特征向量 ξ 一定要是非零向量;

2) λ 必须属于数域 K,否则数乘 $\lambda\xi$ 没有意义.

线性变换的特征值与特征向量不但对于数学理论是重要的,而且对于自然科学和工程技术领域中的许多课题也是重要的. 因此,决定一个线性变换的全部特征值和每个特征值所属的全部特征向量,就是我们深入讨论线性变换时面临的第一个重要课题.

对于数域 K 内任一数 λ,我们定义

$$V_\lambda=\{\alpha\in V\mid \boldsymbol{A}\alpha=\lambda\alpha\}.$$

容易看出,由于 $\boldsymbol{A}0=\lambda\cdot 0$,故 $0\in V_\lambda$,即 V_λ 非空. 如果 $\alpha,\beta\in V_\lambda$,$k,l\in K$,则 $\boldsymbol{A}\alpha=\lambda\alpha$,$\boldsymbol{A}\beta=\lambda\beta$,故

$$\begin{aligned}\boldsymbol{A}(k\alpha+l\beta)&=k\boldsymbol{A}\alpha+l\boldsymbol{A}\beta=k\lambda\alpha+l\lambda\beta\\&=\lambda(k\alpha+l\beta),\end{aligned}$$

即 $k\alpha+l\beta\in V_\lambda$. 于是 V_λ 关于加法、数乘封闭,即 V_λ 为 V 的子空间. 我们有下列两个明显的事实:

1) $\lambda\in K$ 是线性变换 $\boldsymbol{A}$ 的特征值的充要条件是 $V_\lambda\neq\{0\}$. 此时 V_λ 称为 $\boldsymbol{A}$ 的属于特征值 λ 的**特征子空间**. V_λ 中任何非零向量都是 $\boldsymbol{A}$ 的属于特征值 λ 的特征向量;

2) 要找出 $\boldsymbol{A}$ 的属于特征值 λ 的全部特征向量,只要决定出特征子空间 V_λ,特别地,当 V_λ 是有限维子空间时,只要找出它的一组基,就等于找出 V_λ 中的所有向量.

现在设 V 是数域 K 上的 n 维线性空间,$\boldsymbol{A}$ 是 V 内一个线性变换. 我们需要解决下面两个问题:

1) 决定 K 内所有使 $V_\lambda\neq\{0\}$的数 λ;

2) 当 $V_\lambda\neq\{0\}$时找出它的一组基.

以上两个问题都需要通过计算来实现. 我们知道,在线性空间和线性变换的问题中,凡是需要具体计算时,就必须在 V 内取定一组基 $\varepsilon_1,\varepsilon_2,\cdots,\varepsilon_n$,求出每个向量在此组基下的坐标:

$$\alpha=x_1\varepsilon_1+x_2\varepsilon_2+\cdots+x_n\varepsilon_n=(\varepsilon_1,\varepsilon_2,\cdots,\varepsilon_n)X,$$

再求出线性变换在此组基下的矩阵

$$(\boldsymbol{A}\varepsilon_1,\boldsymbol{A}\varepsilon_2,\cdots,\boldsymbol{A}\varepsilon_n)=(\varepsilon_1,\varepsilon_2,\cdots,\varepsilon_n)A.$$

按命题 3.8 有

$$\boldsymbol{A}\alpha=(\varepsilon_1,\varepsilon_2,\cdots,\varepsilon_n)(AX),$$

而

$$\lambda\alpha=(\varepsilon_1,\varepsilon_2,\cdots,\varepsilon_n)(\lambda X).$$

于是 V 内的定义式 $\boldsymbol{A}\alpha=\lambda\alpha$ 现在等价于 K^n 内的关系式 $AX=\lambda X$，而 $\alpha\neq 0$ 等价于 $X\neq 0$.

现在我们有如下基本关系：

1) $V_\lambda\neq\{0\}\Longleftrightarrow$有 $0\neq\alpha\in V$ 使 $\boldsymbol{A}\alpha=\lambda\alpha\Longleftrightarrow$有 $0\neq X\in K^n$，使 $AX=\lambda X$；

2) $0\neq\alpha\in V$，满足 $\boldsymbol{A}\alpha=\lambda\alpha\Longleftrightarrow 0\neq X\in K^n$，满足等式 $AX=\lambda X$.

现设

$$A=\begin{bmatrix} a_{11} & a_{12} & \cdots & a_{1n} \\ a_{21} & a_{22} & \cdots & a_{2n} \\ \vdots & \vdots & & \vdots \\ a_{n1} & a_{n2} & \cdots & a_{nn} \end{bmatrix}.$$

由 $AX=\lambda X$ 推知 $\lambda X-AX=0$，即 $(\lambda E-A)X=0$. 具体写出来，就是

$$\begin{bmatrix} \lambda-a_{11} & -a_{12} & \cdots & -a_{1n} \\ -a_{21} & \lambda-a_{22} & \cdots & -a_{2n} \\ \vdots & \vdots & & \vdots \\ -a_{n1} & -a_{n2} & \cdots & \lambda-a_{nn} \end{bmatrix}\begin{bmatrix} x_1 \\ x_2 \\ \vdots \\ x_n \end{bmatrix}=0.$$

上式是数域 K 内 n 个未知量 n 个方程的齐次线性方程组，按第三章 §3 的定理 3.1，它有非零解的充要条件是

$$|\lambda E-A|=\begin{vmatrix} \lambda-a_{11} & -a_{12} & \cdots & -a_{1n} \\ -a_{21} & \lambda-a_{22} & \cdots & -a_{2n} \\ \vdots & \vdots & & \vdots \\ -a_{n1} & -a_{n2} & \cdots & \lambda-a_{nn} \end{vmatrix}=0.$$

于是，对上面提出的两个基本问题，答案如下：

1) $\lambda \in K$ 为 $\mathbf{A}$ 的特征值,即 $V_\lambda \neq \{0\}$ 的充要条件是它满足

$$|\lambda E - A| = 0;$$

2) $\alpha \in V$ 满足 $\mathbf{A}\alpha = \lambda\alpha$,即 $\alpha \in V_\lambda$ 的充要条件是 α 在 $\varepsilon_1, \varepsilon_2, \cdots, \varepsilon_n$ 下的坐标 X 满足齐次线性方程组 $(\lambda E - A)X = 0$.

在§3 的例 3.4 中已经指出,取定 V 的一组基 $\varepsilon_1, \varepsilon_2, \cdots, \varepsilon_n$ 后,V 中每个向量 α 对应于它在此组基下的坐标 X,这是 V 到 K^n 的一个同构映射 f. 在这个同构映射下,$f(V_\lambda)$ 正好是齐次线性方程组 $(\lambda E - A)X = 0$ 的解空间. 只要找出这个齐次线性方程组的一个基础解系,也就是找出解空间的一组基,根据命题 3.2 与 3.3,这组基在 f 下的反像就是 V_λ 的一组基. 至此,本段开头所提出的两个问题已经得到完满的解答.

给定数域 K 上的 n 阶方阵 $A = (a_{ij})$,令

$$f(\lambda) = |\lambda E - A| = \begin{vmatrix} \lambda - a_{11} & -a_{12} & \cdots & -a_{1n} \\ -a_{21} & \lambda - a_{22} & \cdots & -a_{2n} \\ \vdots & \vdots & & \vdots \\ -a_{n1} & -a_{n2} & \cdots & \lambda - a_{nn} \end{vmatrix},$$

从行列式的完全展开式易知 $f(\lambda)$ 为 λ 的多项式,其系数属于数域 K,$f(\lambda)$ 称为方阵 A 的**特征多项式**. $f(\lambda)$ 属于数域 K 的根称为方阵 A 的**特征根**或**特征值**. 因为数域 K 上的方阵都可看作复数域上的方阵,在这样看的时候,$f(\lambda)$ 在复数域内的全部根都认为是 A 的特征根或特征值. 所以,说到矩阵 A 的特征值时,不能忘记究竟是把该矩阵看作哪个数域上的方阵. 当 λ 是 A 的特征值时,齐次线性方程组 $(\lambda E - A)X = 0$ 的每个非零解 X_0(满足 $AX_0 = \lambda X_0$)就称为 A 的属于特征值 λ 的**特征向量**. 注意此时 λ 与 X_0 属于同一个数域.

2. 特征值与特征向量的计算法

现在我们把计算线性变换 $\mathbf{A}$ 的特征值和特征向量的步骤归纳如下:

1) 在 V 中给定一组基 $\varepsilon_1, \varepsilon_2, \cdots, \varepsilon_n$,求 $\mathbf{A}$ 在这组基下的矩阵 A.

2）计算特征多项式 $f(\lambda)=|\lambda E-A|$.

3）求 $f(\lambda)=0$ 的属于数域 K 的那些根

$$\lambda_1,\lambda_2,\cdots,\lambda_s.$$

4）对每个 $\lambda_i(i=1,2,\cdots,s)$ 求齐次线性方程组

$$(\lambda_i E-A)X=0$$

的一个基础解系.这个齐次线性方程组具体写出来就是

$$\begin{bmatrix}\lambda_i-a_{11} & -a_{12} & \cdots & -a_{1n}\\ -a_{21} & \lambda_i-a_{22} & \cdots & -a_{2n}\\ \vdots & \vdots & & \vdots\\ -a_{n1} & -a_{n2} & \cdots & \lambda_i-a_{nn}\end{bmatrix}\begin{bmatrix}x_1\\ x_2\\ \vdots\\ x_n\end{bmatrix}=0.$$

注意其中的 λ_i 是在步骤(3)中求出的,是已知数,不是未知量.

5）以步骤 4)中求出的基础解系为坐标写出 V 中一个向量组,它就是 V_{λ_i} 的一组基.

如果问题是要求数域 K 上的 n 阶方阵 A 的全部特征值和对应的特征向量,那么只要按步骤 2)、3)、4)进行计算就可以了.

例 4.1　设三维线性空间 V 内一个线性变换 $\boldsymbol{A}$ 在基 $\varepsilon_1,\varepsilon_2,\varepsilon_3$ 下的矩阵为

$$A=\begin{bmatrix}1 & 2 & 2\\ 2 & 1 & 2\\ 2 & 2 & 1\end{bmatrix},$$

求 $\boldsymbol{A}$ 的全部特征值和对应的特征向量.

解　本例中 $\boldsymbol{A}$ 的矩阵已给出.下面分两步计算:

(i) 求特征多项式和特征根.

$$f(\lambda)=|\lambda E-A|=\begin{vmatrix}\lambda-1 & -2 & -2\\ -2 & \lambda-1 & -2\\ -2 & -2 & \lambda-1\end{vmatrix}$$

$$=\begin{vmatrix}\lambda-5 & -2 & -2\\ \lambda-5 & \lambda-1 & -2\\ \lambda-5 & -2 & \lambda-1\end{vmatrix}=(\lambda-5)\begin{vmatrix}1 & -2 & -2\\ 1 & \lambda-1 & -2\\ 1 & -2 & \lambda-1\end{vmatrix}$$

$$=(\lambda-5)\begin{vmatrix}1 & -2 & -2\\0 & \lambda+1 & 0\\0 & 0 & \lambda+1\end{vmatrix}=(\lambda-5)(\lambda+1)^2.$$

$f(\lambda)$的根为$\lambda_1=5,\lambda_2=-1$(二重根). 因为整数必属于任一数域K，所以λ_1,λ_2均为$\boldsymbol{A}$的特征值.

(ii) 求每个特征值对应的特征向量.

当$\lambda_1=5$时，解以$\lambda_1E-A=5E-A$为系数矩阵的齐次线性方程组. 采用矩阵消元法

$$\lambda_1E-A=\begin{bmatrix}4 & -2 & -2\\-2 & 4 & -2\\-2 & -2 & 4\end{bmatrix}\to\begin{bmatrix}-2 & -2 & 4\\-2 & 4 & -2\\4 & -2 & -2\end{bmatrix}$$

$$\to\begin{bmatrix}1 & 1 & -2\\-1 & 2 & -1\\2 & -1 & -1\end{bmatrix}\to\begin{bmatrix}1 & 1 & -2\\0 & 3 & -3\\0 & -3 & 3\end{bmatrix}$$

$$\to\begin{bmatrix}1 & 1 & -2\\0 & 1 & -1\\0 & 0 & 0\end{bmatrix}$$

$$\Longleftrightarrow\begin{cases}x_1+x_2-2x_3=0,\\ \qquad x_2-\ x_3=0.\end{cases}$$

移项，得

$$\begin{cases}x_1+x_2=2x_3,\\ \qquad x_2=\ x_3.\end{cases}$$

令$x_3=1$，得基础解系$\eta_1=(1,1,1)$，它对应于$\boldsymbol{A}$的特征向量$\varepsilon_1+\varepsilon_2+\varepsilon_3$，于是它是特征子空间$V_{\lambda_1}$的一组基，即

$$V_{\lambda_1}=L(\varepsilon_1+\varepsilon_2+\varepsilon_3).$$

当$\lambda_2=-1$时，

$$\lambda_2E-A=\begin{bmatrix}-2 & -2 & -2\\-2 & -2 & -2\\-2 & -2 & -2\end{bmatrix}\to\begin{bmatrix}1 & 1 & 1\\0 & 0 & 0\\0 & 0 & 0\end{bmatrix}$$

$$\Longleftrightarrow x_1+x_2+x_3=0.$$

移项，得

$$x_1=-x_2-x_3.$$

取 $x_2=1,x_3=0$ 得 $\eta_1=(-1,1,0)$；取 $x_2=0,x_3=1$，得 $\eta_2=(-1,0,1)$. 这个基础解系对应于 $\mathbf{A}$ 的一个特征向量组：$-\varepsilon_1+\varepsilon_2$，$-\varepsilon_1+\varepsilon_3$，它们构成 V_{λ_2} 的一组基，即

$$V_{\lambda_2}=L(-\varepsilon_1+\varepsilon_2,-\varepsilon_1+\varepsilon_3).$$

如果例 4.1 中改为求方阵 A 的特征值和特征向量，那么答案就改为：特征值有两个 λ_1 和 λ_2，对应于 λ_1 的全部特征值是 K^3 内由向量 $(1,1,1)$ 生成的子空间 M_1，对应于 λ_2 的全部特征值是由向量 $(-1,1,0)$，$(-1,0,1)$ 生成的 2 维子空间 M_2.

例 4.2 在线性空间 $K[x]_n$ 中取一组基

$$1,\ x,\ \frac{1}{2!}x^2,\ \cdots,\ \frac{1}{(n-1)!}x^{n-1}.$$

容易求出形式微商变换 $\mathbf{D}f(x)=f'(x)$ 在这组基下的矩阵为

$$D=\begin{bmatrix} 0 & 1 & 0 & & \\ & 0 & 1 & \ddots & \\ & & \ddots & \ddots & 0 \\ & & & \ddots & 1 \\ & & & & 0 \end{bmatrix}.$$

(i) D 的特征多项式为

$$f(\lambda)=|\lambda E-D|=\begin{vmatrix} \lambda & -1 & & \\ & \lambda & \ddots & \\ & & \ddots & -1 \\ & & & \lambda \end{vmatrix}=\lambda^n.$$

它的特征根仅有一个(n 重根)，即 $\lambda_1=0\in K$. 故 $\mathbf{D}$ 仅有一个特征值 $\lambda_1=0$.

(ii) 求 $\lambda_1=0$ 对应的特征向量.

$$\lambda_1E-D=-D=\begin{bmatrix} 0 & -1 & & \\ & 0 & \ddots & \\ & & \ddots & -1 \\ & & & 0 \end{bmatrix}\to\begin{bmatrix} 0 & 1 & & \\ & 0 & \ddots & \\ & & \ddots & 1 \\ & & & 0 \end{bmatrix}$$

$$\Longleftrightarrow\begin{cases}x_2 & =0,\\ \quad x_3 & =0,\\ \quad\cdots\cdots\cdots\cdots & \\ \quad\quad x_n & =0.\end{cases}$$

在这个齐次线性方程组中,仅有 x_1 是自由未知量,取 $x_1=1$,得基础解系 $\eta_1=(1,0,\cdots,0)$,它对应于 **D** 的特征向量

$$x_1\cdot 1+x_2x+\cdots+x_nx^{n-1}=1.$$

于是 $V_{\lambda_1}=L(1)$,即 **D** 的属于特征值 0 的特征向量为任一非零的常数.这与数学分析中的结论一致.

例 4.3　平面上全体向量组成实数域上一个二维线性空间.取直角坐标系的坐标向量 $\varepsilon_1,\varepsilon_2$ 作为它的一组基.设线性变换 **A** 在此基下的矩阵为

$$A=\begin{bmatrix}\cos\theta & -\sin\theta\\ \sin\theta & \cos\theta\end{bmatrix}\quad(\theta\neq k\pi).$$

A 的特征多项式为

$$f(\lambda)=|\lambda E-A|=\begin{vmatrix}\lambda-\cos\theta & \sin\theta\\ -\sin\theta & \lambda-\cos\theta\end{vmatrix}=\lambda^2-2\lambda\cos\theta+1.$$

因 $\theta\neq k\pi$,这个二次方程仅有复数根,即矩阵 A 的特征值都是复数.但我们现在考虑的是实数域上的线性空间,故 **A** 没有特征值,因而也没有特征向量.

从解析几何的知识可知,**A** 代表的是平面绕坐标原点 O 旋转 θ 角的变换.从几何直观即可看出,当 $\theta\neq k\pi$ 时,平面上不存在非零向量 ξ,满足 $\mathbf{A}\xi=\lambda\xi$(即 ξ 旋转 θ 角后仍落在原向量所在的直线上).

3. 特征多项式的基本性质

命题 4.1　相似的矩阵有相同的特征多项式.

证　设 $B=T^{-1}AT$,则

$$\begin{aligned}|\lambda E-B|&=|\lambda E-T^{-1}AT|=|T^{-1}(\lambda E-A)T|\\&=|T^{-1}||\lambda E-A||T|=|\lambda E-A||T^{-1}T|\\&=|\lambda E-A|\cdot|E|=|\lambda E-A|.\end{aligned}$$ ▌

注意此命题的逆命题一般不成立. 即如果两个 n 阶方阵特征多

项式相同,它们未必相似.

因为一个线性变换 **A** 在不同基下的矩阵是相似的,根据上述命题,它们的特征多项式相同.因而,我们把 **A** 在任一组基下的矩阵的特征多项式称为 **A** 的**特征多项式**.这个命题又从理论上指明:在用前面讲的办法计算线性变换的特征值和特征向量时,不会因为所选择的基不相同而得到不同的结果.

命题 4.2 设 A 是数域 K 上的 n 阶方阵,则

$$f(\lambda)=|\lambda E-A|=\lambda^n-\mathrm{Tr}(A)\lambda^{n-1}+\cdots+(-1)^n|A|,$$

其中 $\mathrm{Tr}(A)$ 为 A 的主对角线元素之和,即为 A 的迹.

证 已知 $f(\lambda)$ 为 λ 的多项式,设

$$f(\lambda)=a_0\lambda^m+a_1\lambda^{m-1}+\cdots+a_m.$$

显然 $a_m=f(0)=|-A|=(-1)^n|A|$. 故只需证

$$m=n,\quad a_0=1,\quad a_1=-\mathrm{Tr}(A).$$

对 n 做数学归纳法. 当 $n=1$ 时 $f(\lambda)=|\lambda-a_{11}|=\lambda-a_{11}$,显然成立. 下面设对 K 上 $n-1$ 阶方阵命题成立. 当 $A=(a_{ij})\in M_n(K)$ 时,我们对 $f(\lambda)$ 求形式微商. 一方面

$$f'(\lambda)=a_0m\lambda^{m-1}+a_1(m-1)\lambda^{m-2}+\cdots+a_{m-1}.$$

另一方面,按第三章命题 2.9(行列式微商公式)

$$\frac{\mathrm{d}}{\mathrm{d}\lambda}f(\lambda)=\frac{\mathrm{d}}{\mathrm{d}\lambda}|\lambda E-A|=\sum_{i=1}^{n}|(\lambda E-A)_i|,$$

其中 $(\lambda E-A)_i$ 表示把 $\lambda E-A$ 的第 i 行对 λ 求形式微商. 我们把 $|(\lambda E-A)_i|$ 对第 i 行展开,再利用归纳假设,有

$$|(\lambda E-A)_i|=\begin{vmatrix}\lambda-a_{11} & -a_{12} & \cdots & & \cdots & -a_{1n}\\ 0 & 0 & \cdots & 1 & \cdots & 0\\ -a_{n1} & -a_{n2} & \cdots & & \cdots & \lambda-a_{nn}\end{vmatrix}\ i \quad (\text{第 } i \text{ 列})$$

$$=|\lambda E_{n-1}-A\binom{i}{i}|=\lambda^{n-1}-\mathrm{Tr}(A\binom{i}{i})\lambda^{n-2}+\cdots$$

$$=\lambda^{n-1}-(\mathrm{Tr}(A)-a_{ii})\lambda^{n-2}+\cdots.$$

代回原式得

$$\frac{\mathrm{d}f(\lambda)}{\mathrm{d}\lambda}=\sum_{i=1}^{n}[\lambda^{n-1}-(\mathrm{Tr}(A)-a_{ii})\lambda^{n-2}+\cdots]$$

$$= n\lambda^{n-1} - (n-1)\mathrm{Tr}(A)\lambda^{n-2} + \cdots$$
$$= f'(\lambda) = a_0 m\lambda^{m-1} + a_1(m-1)\lambda^{m-2} + \cdots.$$

根据第一章命题 2.2 的推论 2,我们有 $m=n$ 且

$$a_0 m = n, \quad -(n-1)\mathrm{Tr}(A) = a_1(m-1).$$

于是 $a_0=1,\ a_1=-\mathrm{Tr}(A)$. ▌

下面来讨论方阵特征多项式的一个有趣性质. 我们知道,两个 n 阶方阵 A,B 乘积一般不可交换: $AB\neq BA$,但我们可以证明它们的特征多项式却是一样的. 实际上,借助于分块矩阵运算的技巧,我们可以得到更一般的结果.

例 4.4 设 A 是数域 K 上 $n\times m$ 矩阵,B 是 K 上 $m\times n$ 矩阵,则

$$\lambda^m|\lambda E_n - AB| = \lambda^n|\lambda E_m - BA|,$$

特别地,当 $m=n$ 时 $|\lambda E - AB| = |\lambda E - BA|$.

解 我们有

$$\begin{bmatrix} E_m & 0 \\ -A & E_n \end{bmatrix}\begin{bmatrix} \lambda E_m & B \\ \lambda A & \lambda E_n \end{bmatrix} = \begin{bmatrix} \lambda E_m & B \\ 0 & \lambda E_n - AB \end{bmatrix}.$$

两边取行列式,利用第三章命题 2.8,有

$$\begin{vmatrix} \lambda E_m & B \\ \lambda A & \lambda E_n \end{vmatrix} = \begin{vmatrix} \lambda E_m & B \\ 0 & \lambda E_n - AB \end{vmatrix} = \lambda^m\ |\ \lambda E_n - AB\ |.$$

另一方面,我们又有

$$\begin{bmatrix} \lambda E_m & B \\ \lambda A & \lambda E_n \end{bmatrix}\begin{bmatrix} E_m & 0 \\ -A & E_n \end{bmatrix} = \begin{bmatrix} \lambda E_m - BA & B \\ 0 & \lambda E_n \end{bmatrix},$$

两边取行列式,得

$$\begin{vmatrix} \lambda E_m & B \\ \lambda A & \lambda E_n \end{vmatrix} = \begin{vmatrix} \lambda E_m - BA & B \\ 0 & \lambda E_n \end{vmatrix} = \lambda^n\ |\ \lambda E_m - BA\ |.$$

比较上、下两式即得所要的公式.

我们知道,一个 n 次多项式在复数域内恰有 n 个根(其中可能有相同的). 设 $f(\lambda)$ 在复数域内的 n 个根是 $\lambda_1,\lambda_2,\cdots,\lambda_n$,那么,根据第一章命题 2.3,有

$$\lambda_1+\lambda_2+\cdots+\lambda_n = \mathrm{Tr}(A);$$
$$\lambda_1\cdot\lambda_2\cdot\cdots\cdot\lambda_n = |A|.$$

即矩阵 A 的全体特征根(重根计算在内)之和等于它的迹 $\mathrm{Tr}(A)$,而全体特征根的乘积等于它的行列式 $|A|$. 上面阐述的简单性质对讨论许多问题都很有用.

4. 具有对角形矩阵的线性变换

设 $\boldsymbol{A}$ 是 n 维线性空间 V 内的一个线性变换. 如果在 V 内存在一组基 $\eta_1,\eta_2,\cdots,\eta_n$,使 $\boldsymbol{A}$ 在这组基下的矩阵成对角形,我们就说 $\boldsymbol{A}$ 的矩阵**可对角化**. 现在我们来考察一下,什么样的线性变换其矩阵可对角化.

定理 4.1 数域 K 上 n 维线性空间 V 内一个线性变换 $\boldsymbol{A}$ 的矩阵可对角化的充要条件是,$\boldsymbol{A}$ 有 n 个线性无关的特征向量.

证 *必要性* 若 $\boldsymbol{A}$ 在基 $\eta_1,\eta_2,\cdots,\eta_n$ 下的矩阵成对角形,即

$$(\boldsymbol{A}\eta_1,\boldsymbol{A}\eta_2,\cdots,\boldsymbol{A}\eta_n)=(\eta_1,\eta_2,\cdots,\eta_n)\begin{bmatrix}\lambda_1 & & & \\ & \lambda_2 & & \\ & & \ddots & \\ & & & \lambda_n\end{bmatrix},$$

则有

$$\boldsymbol{A}\eta_1=\lambda_1\eta_1,\ \boldsymbol{A}\eta_2=\lambda_2\eta_2,\ \cdots,\ \boldsymbol{A}\eta_n=\lambda_n\eta_n.$$

于是 $\eta_1,\eta_2,\cdots,\eta_n$ 是 $\boldsymbol{A}$ 的 n 个线性无关特征向量.

充分性 如果 $\boldsymbol{A}$ 有 n 个线性无关特征向量 $\eta_1,\eta_2,\cdots,\eta_n$,把它们取作 V 的一组基, 显然, $\boldsymbol{A}$ 在这组基下的矩阵成对角形. ▌

究竟什么样的线性变换才具有 n 个线性无关的特征向量呢?我们首先给出一个充分条件.

命题 4.3 线性变换 $\boldsymbol{A}$ 的属于不同特征值的特征向量线性无关.

证 取 $\boldsymbol{A}$ 的 k 个不同特征值 $\lambda_1,\lambda_2,\cdots,\lambda_k$,它们分别对应于特征向量 $\xi_1,\xi_2,\cdots,\xi_k$. 对 k 做数学归纳法.

当 $k=1$ 时,$\xi_1\neq 0$,当然线性无关. 设命题在 $k-1$ 个不同特征值的情况下已经成立,证明 k 个不同特征值的情况下命题也成立.

考察向量等式

$$l_1\xi_1+l_2\xi_2+\cdots+l_k\xi_k=0. \tag{1}$$

两边用 $\boldsymbol{A}$ 作用,利用 $\boldsymbol{A}$ 的线性性质,得

$$l_1\boldsymbol{A}\xi_1+l_2\boldsymbol{A}\xi_2+\cdots+l_k\boldsymbol{A}\xi_k=0.$$

因为 $\boldsymbol{A}\xi_i=\lambda_i\xi_i$,故有

$$l_1\lambda_1\xi_1+l_2\lambda_2\xi_2+\cdots+l_k\lambda_k\xi_k=0. \tag{2}$$

以 λ_1 乘(1)式再与(2)式相减，得

$$l_2(\lambda_1-\lambda_2)\xi_2+\cdots l_k(\lambda_1-\lambda_k)\xi_k=0.$$

按归纳假设，$\xi_2,\cdots,\xi_k$ 线性无关，故

$$l_2(\lambda_1-\lambda_2)=\cdots=l_k(\lambda_1-\lambda_k)=0.$$

因为 k 个特征值互不相同，由上式即得

$$l_2=\cdots=l_k=0.$$

代入(1)式，因 $\xi_1\neq0$，就有 $l_1=0$. 这就证明 $\xi_1,\xi_2,\cdots,\xi_k$ 是线性无关的. ▎

推论　如果 n 维线性空间 V 内的线性变换 $\mathbf{A}$ 有 n 个不同的特征值，那么它的矩阵可对角化.

当一个线性变换没有 n 个不同特征值时，它的矩阵也有可能可以对角化. 现在我们对此做进一步探讨.

命题 4.4　设 $\mathbf{A}$ 是数域 K 上 n 维线性空间 V 内的线性变换，$\lambda_1,\lambda_2,\cdots,\lambda_k$ 是 K 内 k 个不同的数，令 $V_{\lambda_i}=\{\alpha\in V\mid \mathbf{A}\alpha=\lambda_i\alpha\}$，则子空间的和 $\sum_{i=1}^{k}V_{\lambda_i}$ 是直和.

证　按本章定理 2.3，只要证 0 向量表法唯一. 设

$$0=\alpha_1+\alpha_2+\cdots+\alpha_k\quad(\alpha_i\in V_{\lambda_i}).$$

因 $\alpha_i\in V_{\lambda_i}$，当 $\alpha_i\neq0$ 时，它是属于 $\mathbf{A}$ 的特征值 λ_i 的特征向量. 上式表示 $\alpha_1,\alpha_2,\cdots,\alpha_k$ 中不为 0 的向量线性相关(因为它们的和为 0)，但它们属于 $\mathbf{A}$ 的不同特征值，这与命题 4.3 矛盾. 故 $\alpha_1=\alpha_2=\cdots=\alpha_k=0$，即 $\sum V_{\lambda_i}$ 为直和. ▎

定理 4.2　设 $\mathbf{A}$ 是数域 K 上 n 维线性空间 V 的线性变换，$\lambda_1,\lambda_2,\cdots,\lambda_k$ 是 $\mathbf{A}$ 的全部互不相同的特征值. 则 $\mathbf{A}$ 的矩阵可对角化的充要条件是

$$V=V_{\lambda_1}\oplus V_{\lambda_2}\oplus\cdots\oplus V_{\lambda_k}=\bigoplus_{i=1}^{k}V_{\lambda_i}.$$

在 $\mathbf{A}$ 的矩阵可对角化的情况下，在每个 V_{λ_i} 中任取一组基，合并后即为 V 的一组基，在该组基下 $\mathbf{A}$ 的矩阵为对角矩阵.

证　必要性　设

$$M=V_{\lambda_1}\oplus V_{\lambda_2}\oplus\cdots\oplus V_{\lambda_k}\subseteq V.$$

如果 $\boldsymbol{A}$ 在基 $\varepsilon_1,\varepsilon_2,\cdots,\varepsilon_n$ 下的矩阵成对角形,则每个 ε_i 均为 $\boldsymbol{A}$ 的特征向量,必属于某个特征子空间 V_{λ_j},从而属于 M. 故对任意 $\alpha\in V$,有

$$\alpha=a_1\varepsilon_1+a_2\varepsilon_2+\cdots+a_n\varepsilon_n\in M.$$

这表明 $V\subseteq M$,于是 $V=M=V_{\lambda_1}\oplus V_{\lambda_2}\oplus\cdots\oplus V_{\lambda_k}$.

充分性 设

$$V=V_{\lambda_1}\oplus V_{\lambda_2}\oplus\cdots\oplus V_{\lambda_k}.$$

在每个 V_{λ_i} 中取一组基,合并得 V 的一个向量组(I). 按本章定理 2.3 的推论,(I)是 V 的一组基,此组基全由特征向量组成. 这表明 $\boldsymbol{A}$ 在基(I)下的矩阵成对角矩阵. ▌

在 V 中取定一组基 $\varepsilon_1,\varepsilon_2,\cdots,\varepsilon_n$,设

$$(\boldsymbol{A}\varepsilon_1,\boldsymbol{A}\varepsilon_2,\cdots,\boldsymbol{A}\varepsilon_n)=(\varepsilon_1,\varepsilon_2,\cdots,\varepsilon_n)A.$$

对 $\boldsymbol{A}$ 的每个特征值 λ_i 求解齐次线性方程组

$$(\lambda_iE-A)X=0$$

得一个基础解系 $X_{i1},X_{i2},\cdots,X_{it_i}$,这里 $t_i=n-\mathrm{r}(\lambda_iE-A)$. 令

$$\begin{cases}\eta_{i1}=(\varepsilon_1,\varepsilon_2,\cdots,\varepsilon_n)X_{i1},\\ \eta_{i2}=(\varepsilon_1,\varepsilon_2,\cdots,\varepsilon_n)X_{i2},\\ \cdots\cdots\cdots\cdots\cdots\cdots\cdots\cdots\cdots\\ \eta_{it_i}=(\varepsilon_1,\varepsilon_2,\cdots,\varepsilon_n)X_{it_i}.\end{cases}$$

前面已指出,$\eta_{i1},\eta_{i2},\cdots,\eta_{it_i}$ 即为 V_{λ_i} 的一组基,把它们合并得 V 的一组基(I),$\boldsymbol{A}$ 在基(I)下的矩阵为对角矩阵

$$D=\begin{bmatrix}\lambda_1 &&&&&&&&\\ &\ddots&&&&&&&\\ &&\lambda_1&&&&&&\\ &&&\lambda_2&&&&&\\ &&&&\ddots&&&&\\ &&&&&\lambda_2&&&\\ &&&&&&\ddots&&\\ &&&&&&&\lambda_k&&\\ &&&&&&&&\ddots&\\ &&&&&&&&&\lambda_k\end{bmatrix}\begin{matrix}\left.\right\}t_1\\ \\ \left.\right\}t_2\\ \vdots\\ \left.\right\}t_k\end{matrix}$$

从 $\varepsilon_1,\varepsilon_2,\cdots,\varepsilon_n$ 到(Ⅰ)的过渡矩阵的列向量为(Ⅰ)中每个向量 η_{ij} 在 $\varepsilon_1,\cdots,\varepsilon_n$ 下的坐标,即为 X_{ij}. 故只要把所求出的基础解系作为列向量依次排列,即得过渡矩阵:

$$T=(X_{11}X_{12}\cdots X_{1t_1}X_{21}X_{22}\cdots X_{2t_2}\cdots X_{k1}X_{k2}\cdots X_{kt_k}).$$

此时有 $T^{-1}AT=D$. 现在 A 的特征多项式 $f(\lambda)=|\lambda E-D|=(\lambda-\lambda_1)^{t_1}(\lambda-\lambda_2)^{t_2}\cdots(\lambda-\lambda_k)^{t_k}$. 特征值 λ_i 的重数 $t_i=\dim V_{\lambda_i}$.

对数域 K 上每个 n 阶方阵 A,我们总可以把它看作 K 上 n 维线性空间 V 内一个线性变换 $\boldsymbol{A}$ 在基 $\varepsilon_1,\varepsilon_2,\cdots,\varepsilon_n$ 下的矩阵. 于是,我们可以用定理 4.2 所给出的方法来判断是否有 K 上可逆的 n 阶方阵 T,使 $T^{-1}AT=D$ 为对角矩阵,在可能的情况下,T 的具体计算方法已如上述.

很明显,因为 $V_{\lambda_1}\oplus V_{\lambda_2}\oplus\cdots\oplus V_{\lambda_k}=V$ 的充要条件是 $\dim V_{\lambda_1}+\dim V_{\lambda_2}+\cdots+\dim V_{\lambda_k}=\dim V$. 所以定理 4.2 的条件是否满足可通过计算特征值和特征子空间的一组基立刻得到解决.

例 4.5　设 $\boldsymbol{A}$ 是数域 K 上 n 维线性空间 V 内的线性变换,且 $\boldsymbol{A}^2=\boldsymbol{E}$. 判断 $\boldsymbol{A}$ 的矩阵能否对角化.

解　设 $\boldsymbol{A}$ 在 V 的基 $\varepsilon_1,\varepsilon_2,\cdots,\varepsilon_n$ 下的矩阵为 A,按命题 3.7 有 $A^2=E$,于是 $E^2-A^2=0$ 即 $(E+A)(E-A)=0$. 按第二章命题 4.6,有

$$\mathrm{r}(E+A)+\mathrm{r}(E-A)-n\leqslant\mathrm{r}(0)=0.$$

对 $\lambda_1=1$,齐次线性方程组

$$(\lambda_1E-A)X=(E-A)X=0.$$

解空间维数为 $n-\mathrm{r}(E-A)$,即 $\dim V_{\lambda_1}=n-\mathrm{r}(E-A)$.

对 $\lambda_2=-1$,齐次线性方程组

$$(\lambda_2E-A)X=(-E-A)X=0.$$

解空间维数为 $n-\mathrm{r}(E+A)$(因 $\mathrm{r}(-E-A)=\mathrm{r}(E+A)$),故

$$\dim V_{\lambda_2}=n-\mathrm{r}(E+A).$$

由命题 4.4, $V_{\lambda_1}+V_{\lambda_2}$ 为直和,故 $\dim V_{\lambda_1}+\dim V_{\lambda_2}=\dim(V_{\lambda_1}+V_{\lambda_2})\leqslant\dim V=n$,即 $(n-\mathrm{r}(E-A))+(n-\mathrm{r}(E+A))\leqslant n$,从而 $n\leqslant\mathrm{r}(E+A)+\mathrm{r}(E-A)$,于是 $\mathrm{r}(E+A)+\mathrm{r}(E-A)=n$.

综合上面的结果,得

$$\dim V_{\lambda_1}+\dim V_{\lambda_2}=n-\mathrm{r}(E-A)+n-\mathrm{r}(E+A)=n.$$

于是$V=V_{\lambda_1}\oplus V_{\lambda_2}$(这里允许$V_{\lambda_1}=\{0\}$或$V_{\lambda_2}=\{0\}$,即$\lambda_1$或$\lambda_2$不是特征值). 按定理4.2,$\boldsymbol{A}$的矩阵可对角化. 如果在$V_{\lambda_1}$,$V_{\lambda_2}$内各取一组基,合并成$V$的一组基,那么$\boldsymbol{A}$在此组基下的矩阵为如下对角形矩阵:

$$A=\begin{bmatrix}1&&&&&\\&\ddots&&&&\\&&1&&&\\&&&-1&&\\&&&&\ddots&\\&&&&&-1\end{bmatrix}.$$

如果一个方阵A相似于对角矩阵D:

$$T^{-1}AT=D=\begin{bmatrix}\lambda_1&&&\\&\lambda_2&&0\\0&&\ddots&\\&&&\lambda_n\end{bmatrix}.$$

即$A=TDT^{-1}$,那么

$$\begin{aligned}A^m&=(TD\overbrace{T^{-1})(TDT^{-1})\cdots(T}^{m\text{项}}DT^{-1})=TD^mT^{-1}\\&=T\begin{bmatrix}\lambda_1^m&&&\\&\lambda_2^m&&\\&&\ddots&\\&&&\lambda_n^m\end{bmatrix}T^{-1}.\end{aligned}$$

由此可计算A的任意次方幂.

例4.6 给定数域K上的3阶方阵

$$A=\begin{bmatrix}2&0&0\\1&2&-1\\1&0&1\end{bmatrix},$$

判断A在K内是否相似于对角矩阵,并求出A^m.

解 把A看作K上三维线性空间V内的线性变换$\boldsymbol{A}$在基ε_1, ε_2,ε_3下的矩阵. 只要判断$\boldsymbol{A}$的矩阵能否对角化. 用上面所述办法来处理. A的特征多项式

$$f(\lambda)=\begin{vmatrix}\lambda-2 & 0 & 0\\ -1 & \lambda-2 & 1\\ -1 & 0 & \lambda-1\end{vmatrix}=(\lambda-1)(\lambda-2)^2,$$

其特征根 $\lambda=1,\lambda=2$(重根).

当 $\lambda_1=1$ 时,齐次线性方程组 $(\lambda_1 E-A)X=0$ 有一基础解系 $\eta_1=(0,1,1)$.

当 $\lambda_2=2$ 时,齐次线性方程 $(\lambda_2 E-A)X=0$ 有一基础解系

$$\eta_{21}=(0,1,0),\quad \eta_{22}=(1,0,1).$$

以 $\eta_1,\eta_{21},\eta_{22}$ 为列向量排成三阶方阵

$$T=\begin{bmatrix}0 & 0 & 1\\ 1 & 1 & 0\\ 1 & 0 & 1\end{bmatrix},$$

则

$$T^{-1}AT=\begin{bmatrix}1 & 0 & 0\\ 0 & 2 & 0\\ 0 & 0 & 2\end{bmatrix},$$

$$A^m=T\begin{bmatrix}1 & 0 & 0\\ 0 & 2^m & 0\\ 0 & 0 & 2^m\end{bmatrix}T^{-1}=\begin{bmatrix}2^m & 0 & 0\\ 2^m-1 & 2^m & -2^m+1\\ 2^m-1 & 0 & 1\end{bmatrix}.$$

在第一章引言中曾说道数的理论中包含了许多深奥的知识,下面是一个重要的例子.

例 4.7　考察自然数序列 $\{a_n\}$,其中 $a_0=a_1=1$. 当 $n\geqslant 2$ 时,$a_n=a_{n-1}+a_{n-2}$. 于是这个数列的前几项是

$$1,1,2,3,5,8,13,\cdots\cdots$$

这个数列称为**斐波那契(Fibonacci)数列**,它有一些奇妙的性质,因而有许多重要的应用. 现在借助线性代数的知识来求这个数列的通项公式.

应用矩阵乘法,我们有

$$\begin{bmatrix}a_{n+1}\\ a_n\end{bmatrix}=\begin{bmatrix}1 & 1\\ 1 & 0\end{bmatrix}\begin{bmatrix}a_n\\ a_{n-1}\end{bmatrix}=\begin{bmatrix}1 & 1\\ 1 & 0\end{bmatrix}^2\begin{bmatrix}a_{n-1}\\ a_{n-2}\end{bmatrix}$$

$$=\cdots=\begin{bmatrix}1 & 1\\1 & 0\end{bmatrix}^n\begin{bmatrix}a_1\\a_0\end{bmatrix}=\begin{bmatrix}1 & 1\\1 & 0\end{bmatrix}^n\begin{bmatrix}1\\1\end{bmatrix}.$$

矩阵

$$A=\begin{bmatrix}1 & 1\\1 & 0\end{bmatrix}$$

的特征多项式 $f(\lambda)=|\lambda E-A|=\lambda^2-\lambda-1$，它在 $\mathbb{R}$ 内的两个根是 $\lambda_1=\frac{1}{2}(1+\sqrt{5})$，$\lambda_2=\frac{1}{2}(1-\sqrt{5})$. 按命题 4.3 的推论知 A 相似于对角矩阵. 经实际计算，有

$$T=\begin{bmatrix}\lambda_1 & \lambda_2\\1 & 1\end{bmatrix},\quad T^{-1}AT=\begin{bmatrix}\lambda_1 & 0\\0 & \lambda_2\end{bmatrix}.$$

从而

$$\begin{aligned}A^n&=T\begin{bmatrix}\lambda_1 & 0\\0 & \lambda_2\end{bmatrix}^nT^{-1}\\&=\begin{bmatrix}\lambda_1 & \lambda_2\\1 & 1\end{bmatrix}\begin{bmatrix}\lambda_1^n & 0\\0 & \lambda_2^n\end{bmatrix}\frac{1}{\sqrt{5}}\begin{bmatrix}1 & -\lambda_2\\-1 & \lambda_1\end{bmatrix}\\&=\frac{1}{\sqrt{5}}\begin{bmatrix}\lambda_1^{n+1}-\lambda_2^{n+1} & \lambda_1\lambda_2^{n+1}-\lambda_2\lambda_1^{n+1}\\\lambda_1^n-\lambda_2^n & \lambda_1\lambda_2^n-\lambda_2\lambda_1^n\end{bmatrix}.\end{aligned}$$

代回上式计算立得(注意 $1-\lambda_1=\lambda_2$，$1-\lambda_2=\lambda_1$)

$$a_n=\frac{1}{\sqrt{5}}(\lambda_1^{n+1}-\lambda_2^{n+1}),$$

其中

$$\lambda_1=\frac{1}{2}(1+\sqrt{5}),\quad \lambda_2=\frac{1}{2}(1-\sqrt{5}).$$

5. 不变子空间

研究线性变换的一个重要方法，是把它所作用的空间进行分解. 在这一段里，我们介绍与此有关的一些基本概念.

定义 设 $\boldsymbol{A}$ 是线性空间 V 内的一个线性变换. 如果 M 是 V 的

一个子空间，且对任意 $\alpha \in M$，有 $\boldsymbol{A}\alpha \in M$，则称 M 为 $\boldsymbol{A}$ 的一个**不变子空间**. 这时 $\boldsymbol{A}$ 可以看作 M 内的一个线性变换，称为 $\boldsymbol{A}$ 在 M 内的**限制**，记作 $\boldsymbol{A}|_M$.

显然，零子空间$\{0\}$和 V 本身都是 $\boldsymbol{A}$ 的不变子空间，称它们为 $\boldsymbol{A}$ 的**平凡不变子空间**. 除此之外的不变子空间称为 $\boldsymbol{A}$ 的**非平凡不变子空间**. 例如，当 λ 是 $\boldsymbol{A}$ 的一个特征值时，V_λ 是 $\boldsymbol{A}$ 的一个不变子空间，且 $V_\lambda \neq \{0\}$. 如果 $\boldsymbol{A}$ 不是数乘变换，则 $V_\lambda \neq V$，此时 V_λ 就是 $\boldsymbol{A}$ 的一个非平凡不变子空间.

设 M 是 $\boldsymbol{A}$ 的一个非平凡不变子空间，在 M 内取一组基

$$\varepsilon_1, \varepsilon_2, \cdots, \varepsilon_r,$$

扩充成 V 的一组基

$$\varepsilon_1, \cdots, \varepsilon_r, \varepsilon_{r+1}, \cdots, \varepsilon_n.$$

按照不变子空间的定义，有

$$\begin{aligned}
&\boldsymbol{A}\varepsilon_1 = a_{11}\varepsilon_1 + a_{21}\varepsilon_2 + \cdots a_{r1}\varepsilon_r, \\
&\boldsymbol{A}\varepsilon_2 = a_{12}\varepsilon_1 + a_{22}\varepsilon_2 + \cdots + a_{r2}\varepsilon_r, \\
&\cdots\cdots\cdots\cdots\cdots\cdots \\
&\boldsymbol{A}\varepsilon_r = a_{1r}\varepsilon_1 + a_{2r}\varepsilon_2 + \cdots + a_{rr}\varepsilon_r, \\
&\boldsymbol{A}\varepsilon_{r+1} = a_{1\,r+1}\varepsilon_1 + a_{2\,r+1}\varepsilon_2 + \cdots + a_{r\,r+1}\varepsilon_r \\
&\qquad\qquad + a_{r+1\,r+1}\varepsilon_{r+1} \cdots + a_{n\,r+1}\varepsilon_n, \\
&\cdots\cdots\cdots\cdots\cdots\cdots \\
&\boldsymbol{A}\varepsilon_n = a_{1n}\varepsilon_1 + a_{2n}\varepsilon_2 + \cdots + a_{rn}\varepsilon_r \\
&\qquad\qquad + a_{r+1\,n}\varepsilon_{r+1} + \cdots + a_{nn}\varepsilon_n.
\end{aligned}$$

故 $\boldsymbol{A}$ 在基 $\varepsilon_1, \varepsilon_2, \cdots, \varepsilon_n$ 下的矩阵有如下分块形式

$$A = \begin{bmatrix} A_{11} & A_{12} \\ 0 & A_{22} \end{bmatrix}, \qquad A_{11} = \begin{bmatrix} a_{11} & a_{12} & \cdots & a_{1r} \\ a_{21} & a_{22} & \cdots & a_{2r} \\ \vdots & \vdots & & \vdots \\ a_{r1} & a_{r2} & \cdots & a_{rr} \end{bmatrix}.$$

这就把线性变换 $\boldsymbol{A}$ 的矩阵简化了. 这对我们研究线性变换是有利的.

当我们能找到 $\boldsymbol{A}$ 的另一个不变子空间 N，使

$$V=M\oplus N$$

时，只要取 $\varepsilon_{r+1},\cdots,\varepsilon_n$ 为 N 的一组基，则 $\boldsymbol{A}$ 在 $\varepsilon_1,\varepsilon_2,\cdots,\varepsilon_n$ 这组基下的矩阵就成准对角形

$$\begin{bmatrix} A_{11} & 0 \\ 0 & A_{22} \end{bmatrix}.$$

事实上，我们有更一般的结果：

命题 4.5 设 $\boldsymbol{A}$ 是数域 K 上 n 维线性空间 V 内的一个线性变换. 在 V 内存在一组基 $\varepsilon_1,\varepsilon_2,\cdots,\varepsilon_n$，使 $\boldsymbol{A}$ 在这组基下的矩阵成准对角形的充要条件是，V 可以分解为 $\boldsymbol{A}$ 的不变子空间 $M_1,M_2,\cdots,M_s$ 的直和

$$V=M_1\oplus M_2\oplus\cdots\oplus M_s=\bigoplus_{i=1}^{s}M_i.$$

证 *必要性* 若 $\boldsymbol{A}$ 在基 $\varepsilon_1,\varepsilon_2,\cdots,\varepsilon_n$ 下呈下面准对角形

$$A=\begin{bmatrix} A_1 & & & \\ & A_2 & & 0 \\ 0 & & \ddots & \\ & & & A_s \end{bmatrix},$$

把这组基相应分成 s 段

$$\varepsilon_{11},\varepsilon_{12},\cdots,\varepsilon_{1n_1},\varepsilon_{21},\varepsilon_{22},\cdots,\varepsilon_{2n_2},\cdots,\varepsilon_{s1},\varepsilon_{s2},\cdots,\varepsilon_{sn_s},$$

其中 $n_i(i=1,2,\cdots,s)$ 为 A_i 的阶，这时应有

$$(\boldsymbol{A}\varepsilon_{i1},\boldsymbol{A}\varepsilon_{i2},\cdots,\boldsymbol{A}\varepsilon_{in_i})=(\varepsilon_{i1},\varepsilon_{i2},\cdots,\varepsilon_{in_i})A_i.$$

令 $M_i=L(\varepsilon_{i1},\varepsilon_{i2},\cdots,\varepsilon_{in_i})$，则 M_i 为 $\boldsymbol{A}$ 的不变子空间，且

$$\dim M_i=n_i,\quad \sum_{i=1}^{s}M_i=V.$$

而

$$\dim\sum_{i=1}^{s}M_i=\dim V=n=\sum_{i=1}^{s}n_i=\sum_{i=1}^{s}\dim M_i,$$

根据 §2 定理 2.3，有

$$V=M_1\oplus M_2\oplus\cdots\oplus M_s.$$

充分性 设

$$V=M_1\oplus M_2\oplus\cdots\oplus M_s,$$

其中 M_i 为 $\mathbf{A}$ 的 n_i 维不变子空间. 在每个 M_i 内取一组基,合并成 V 的一个向量组(Ⅰ),由§2定理2.3的推论知(Ⅰ)是 V 的一组基,且 $\mathbf{A}$ 在此组基下矩阵为准对角形,主对角线上由 s 个小块矩阵 $A_1,A_2,\cdots,A_s$ 组成,A_i 为 $\mathbf{A}|_{M_i}$ 在 M_i 内取定基下的矩阵. ▌

命题 4.6 设 $\mathbf{A}$ 是数域 K 上 n 维线性空间 V 内的一个线性变换. 如果 $\mathbf{A}$ 的矩阵可对角化,则对 $\mathbf{A}$ 的任意不变子空间 M,$\mathbf{A}|_M$ 的矩阵也可对角化.

证 设 $\mathbf{A}$ 的全部互不相同特征值为 $\lambda_1,\lambda_2,\cdots,\lambda_k$,由定理4.2知现在

$$V=V_{\lambda_1}\oplus V_{\lambda_2}\oplus\cdots\oplus V_{\lambda_k}.$$

令 $N_i=M\cap V_{\lambda_i}\,(i=1,2,\cdots,k)$. 我们来证明

$$M=N_1\oplus N_2\oplus\cdots\oplus N_k.$$

(i) 证明和 $\sum\limits_{i=1}^{k}N_i$ 为直和. 只要证零向量表法唯一. 设

$$0=\alpha_1+\alpha_2+\cdots+\alpha_k,$$

现在 $\alpha_i\in N_i\subseteq V_{\lambda_i}$,由于 $\sum\limits_{i=1}^{k}V_{\lambda_i}$ 为直和,故必 $\alpha_i=0$. 于是 $\sum\limits_{i=1}^{k}N_i$ 为直和.

(ii) 证明 $\sum\limits_{i=1}^{k}N_i=M$. 显然 $\sum\limits_{i=1}^{k}N_i\subseteq M$. 反之,设 α 为 M 内任意向量,则因 $\alpha\in V$,有

$$\begin{aligned}&\alpha=\alpha_1+\alpha_2+\cdots+\alpha_k\quad(\alpha_i\in V_{\lambda_i}),\\&\mathbf{A}\alpha=\lambda_1\alpha_1+\lambda_2\alpha_2+\cdots+\lambda_k\alpha_k,\\&\cdots\cdots\cdots\cdots\cdots\cdots\cdots\cdots\cdots\cdots\\&\mathbf{A}^{k-1}\alpha=\lambda_1^{k-1}\alpha_1+\lambda_2^{k-1}\alpha_2+\cdots+\lambda_k^{k-1}\alpha_k,\end{aligned}$$

即

$$\begin{bmatrix}\alpha\\ \mathbf{A}\alpha\\ \vdots\\ \mathbf{A}^{k-1}\alpha\end{bmatrix}=\begin{bmatrix}1&1&\cdots&1\\ \lambda_1&\lambda_2&\cdots&\lambda_k\\ \vdots&\vdots&&\vdots\\ \lambda_1^{k-1}&\lambda_2^{k-1}&\cdots&\lambda_k^{k-1}\end{bmatrix}\begin{bmatrix}\alpha_1\\ \alpha_2\\ \vdots\\ \alpha_k\end{bmatrix}.$$

上式右端 k 阶方阵的行列式为范德蒙德行列式,$\lambda_1,\lambda_2,\cdots,\lambda_k$ 互不

相同,故该行列式不为0,即此 k 阶方阵可逆,设其逆矩阵为 $T\in M_k(K)$,则

$$\begin{bmatrix}\alpha_1\\ \alpha_2\\ \vdots\\ \alpha_k\end{bmatrix}=T\begin{bmatrix}\alpha\\ \boldsymbol{A}\alpha\\ \vdots\\ \boldsymbol{A}^{k-1}\alpha\end{bmatrix}.$$

因 M 为 $\boldsymbol{A}$ 的不变子空间,故 $\alpha,\boldsymbol{A}\alpha,\cdots,\boldsymbol{A}^{k-1}\alpha\in M$,于是由上式得出 $\alpha_i\in M$,亦即 $\alpha_i\in V_{\lambda_i}\cap M=N_i$. 由此推知 $M\subseteq\sum_{i=1}^{k}N_i$,即 $M=\sum_{i=1}^{k}N_i$.

综合上述两方面的结果知

$$M=N_1\oplus N_2\oplus\cdots\oplus N_k.$$

在每个 N_i 中取一组基,因 $N_i\subseteq V_{\lambda_i}$,此组基全由 $\boldsymbol{A}$ 的特征向量组成,它们合并成 M 的一组基,在此组基下 $\boldsymbol{A}|_M$ 的矩阵即为对角形. ▍

6. 商空间中的诱导变换

在§2中我们介绍了研究线性空间(更一般地是一个代数系统)的两种基本方法:空间分解为子空间的方法和商空间的方法. 上一段我们利用空间分解来研究线性变换,本段将利用商空间来研究线性变换.

设 V 是数域 K 上的线性空间,$\boldsymbol{A}$ 是 V 内一个线性变换. 现设 M 是 $\boldsymbol{A}$ 的一个不变子空间. 我们在商空间 V/M 定义一个变换如下:

$$\boldsymbol{A}(\alpha+M)=\boldsymbol{A}\alpha+M.$$

(上式可写成 $\boldsymbol{A}\bar{\alpha}=\overline{\boldsymbol{A}\alpha}$).

首先要指出这一定义在逻辑上无矛盾. 设有 $\beta+M=\alpha+M$,我们需要证明 $\boldsymbol{A}(\beta+M)=\boldsymbol{A}\beta+M=\boldsymbol{A}\alpha+M=\boldsymbol{A}(\alpha+M)$. 现在 $\beta=\alpha+m,m\in M$,因 M 为 $\boldsymbol{A}$ 的不变子空间,故 $\boldsymbol{A}\beta=\boldsymbol{A}\alpha+\boldsymbol{A}m$ 推出:$\boldsymbol{A}\beta+M=\boldsymbol{A}\alpha+M$. 这就是我们需要的结论.

考察§3例3.5中定义的自然映射 φ: $V\to V/M$,其中 $\varphi(\alpha)=\alpha+M=\bar{\alpha}$. 把这记号用到上面的定义式,得

$$\mathbf{A}(\alpha+M)=\mathbf{A}\varphi(\alpha)=\mathbf{A}\alpha+M=\varphi(\mathbf{A}\alpha).$$

这表明 φ 和上面定义的 V/M 内变换 $\mathbf{A}$ 可交换.

现在来证 $\mathbf{A}$ 是 V/M 内线性变换. 我们有

$$\begin{aligned}\mathbf{A}(k\bar{\alpha}+l\bar{\beta})&=\mathbf{A}(\overline{k\alpha+l\beta})=\mathbf{A}\varphi(k\alpha+l\beta)\\&=\varphi\mathbf{A}(k\alpha+l\beta)=\varphi(k\mathbf{A}\alpha+l\mathbf{A}\beta)\\&=k\varphi(\mathbf{A}\alpha)+l\varphi(\mathbf{A}\beta))=k\mathbf{A}\varphi(\alpha)+l\mathbf{A}\varphi(\beta)\\&=k\mathbf{A}\bar{\alpha}+l\mathbf{A}\bar{\beta}.\end{aligned}$$

上面定义的 V/M 内的线性变换 $\mathbf{A}$ 称为 V 内线性变换 $\mathbf{A}$ 在商空间 V/M 内的**诱导变换**. 我们用同一个记号 $\mathbf{A}$ 代表 V 内线性变换 $\mathbf{A}$ 及商空间 V/M 内的诱导变换 $\mathbf{A}$,其具体含义从上下文中立即看出,不致混淆(如果 $\mathbf{A}$ 作用在 V 的向量 α 上,它代表的是 V 内的线性变换,如果它作用在 $\bar{\alpha}=\alpha+M$ 上,则代表的是 V/M 内的诱导变换). 其所以如此,主要是为了今后不致使用太多的符号而使读者产生困惑.

现在设 $\dim V=n$. 在 M 内取一组基 $\varepsilon_1,\varepsilon_2,\cdots,\varepsilon_r$,扩充为 V 的一组基 $\varepsilon_1,\cdots,\varepsilon_r,\varepsilon_{r+1},\cdots,\varepsilon_n$. 在上一段开头部分已指出(这里继续使用该处记号,不再重复)$\mathbf{A}$ 在此组基下的矩阵为如下分块形式:

$$A=\begin{bmatrix}A_{11}&A_{12}\\0&A_{22}\end{bmatrix},$$

其中

$$A_{22}=\begin{bmatrix}a_{r+1\,r+1}&a_{r+1\,r+2}&\cdots&a_{r+1\,n}\\a_{r+2\,r+1}&a_{r+2\,r+2}&\cdots&a_{r+2\,n}\\\vdots&\vdots&&\vdots\\a_{n\,r+1}&a_{n\,r+2}&\cdots&a_{nn}\end{bmatrix}.$$

在命题 2.5 的证明中已指出 $\bar{\varepsilon}_{r+1},\cdots,\bar{\varepsilon}_n$ 为 V/M 的一组基,现在显见有(注意 $\bar{\varepsilon}_1=\bar{\varepsilon}_2=\cdots=\bar{\varepsilon}_r=\bar{0}$)

$$\mathbf{A}\bar{\varepsilon}_{r+i}=\overline{\mathbf{A}\varepsilon_{r+i}}=a_{1\,r+i}\bar{\varepsilon}_1+\cdots+a_{r\,r+i}\bar{\varepsilon}_r+a_{r+1\,r+i}\bar{\varepsilon}_{r+1}+\cdots+a_{n\,r+i}\bar{\varepsilon}_n,$$

故

$$\mathbf{A}\bar{\varepsilon}_{r+1}=a_{r+1\,r+1}\bar{\varepsilon}_{r+1}+a_{r+2\,r+1}\bar{\varepsilon}_{r+2}+\cdots+a_{n\,r+1}\bar{\varepsilon}_n,$$

$$\mathbf{A}\bar{\varepsilon}_{r+2}=a_{r+1\,r+2}\bar{\varepsilon}_{r+1}+a_{r+2\,r+2}\bar{\varepsilon}_{r+2}+\cdots+a_{n\,r+2}\bar{\varepsilon}_n,$$

…………………………………………

$$\mathbf{A}\bar{\varepsilon}_n=a_{r+1\,n}\bar{\varepsilon}_{r+1}+a_{r+2\,n}\bar{\varepsilon}_{r+2}+\cdots+a_{nn}\bar{\varepsilon}_n,$$

于是诱导变换 $\boldsymbol{A}$ 在 V/M 的基 $\bar{\varepsilon}_{r+1},\cdots,\bar{\varepsilon}_n$ 下的矩阵为

$$(\boldsymbol{A}\bar{\varepsilon}_{r+1},\boldsymbol{A}\bar{\varepsilon}_{r+2},\cdots,\boldsymbol{A}\bar{\varepsilon}_n)=(\bar{\varepsilon}_{r+1},\bar{\varepsilon}_{r+2},\cdots,\bar{\varepsilon}_n)A_{22}.$$

因为

$$|\lambda E-A|=\begin{vmatrix}\lambda E-A_{11} & -A_{12}\\ 0 & \lambda E-A_{22}\end{vmatrix}$$

$$=|\lambda E-A_{11}||\lambda E-A_{22}|,$$

上面的关系式给出 V 内线性变换 $\boldsymbol{A}$ 及 $\boldsymbol{A}|_M$ 和商空间 V/M 内诱导变换 $\boldsymbol{A}$ 的特征多项式之间的关系,同时也就给出了它们的特征值之间的关系. 我们把这关系严格阐述如下.

命题 4.7 设 $\boldsymbol{A}$ 是数域 K 上 n 维线性空间 V 内的线性变换,M 是 $\boldsymbol{A}$ 的不变子空间. 若 $\boldsymbol{A}$ 在 V 内特征多项式为 $f(\lambda)$,$\boldsymbol{A}|_M$ 特征多项式为 $g(\lambda)$,$\boldsymbol{A}$ 在 V/M 的诱导变换特征多项式为 $h(\lambda)$,则

$$f(\lambda)=g(\lambda)h(\lambda).$$

下面来给一个利用线性空间的商空间解决问题的范例. 读者应细心领悟如何把线性空间 V 的问题转换成商空间 V/M 中的问题,再如何把 V/M 中得到的结果返回来解决 V 中的问题.

命题 4.8 设 V 是数域 K 上的 n 维线性空间,$\boldsymbol{A}$ 是 V 内的线性变换. 如果 $\boldsymbol{A}$ 的特征多项式的根都属于 K,则在 V 内存在一组基,在该组基下 $\boldsymbol{A}$ 的矩阵为上三角矩阵.

证 对 n 做数学归纳法. $n=1$ 时命题显然成立. 设对 $n-1$ 维线性空间命题成立. 当 $\dim V=n$ 时,由假设知 $\boldsymbol{A}$ 必有一特征值 λ_0,设 $\boldsymbol{A}\varepsilon_1=\lambda_0\varepsilon_1$,其中 $\varepsilon_1\neq 0$. 令 $M=L(\varepsilon_1)$,则 M 为 $\boldsymbol{A}$ 的一维不变子空间,于是 V/M 为 K 上 $n-1$ 维线性空间. 根据命题 4.7,$\boldsymbol{A}$ 在 V/M 内的诱导变换 $\boldsymbol{A}$ 的特征多项式的根都是 V 内线性变换 $\boldsymbol{A}$ 的特征多项式的根,从而都属于 K,按归纳假设,在 V/M 内存在一组基

$$\bar{\varepsilon}_2=\varepsilon_2+M,\quad \bar{\varepsilon}_3=\varepsilon_3+M,\quad \cdots,\quad \bar{\varepsilon}_n=\varepsilon_n+M.$$

使 $\boldsymbol{A}$ 在此组基下矩阵呈上三角形,即

$$\boldsymbol{A}\bar{\varepsilon}_i=a_{2i}\bar{\varepsilon}_2+\alpha_{3i}\bar{\varepsilon}_3+\cdots+a_{ii}\bar{\varepsilon}_i\quad(i=2,3,\cdots,n).$$

(i) 先证 $\varepsilon_1,\varepsilon_2,\cdots,\varepsilon_n$ 为 V 的一组基. 这只要证它们线性无关即可. 设

$$k_1\varepsilon_1+k_2\varepsilon_2+\cdots+k_n\varepsilon_n=0.$$

两边用自然映射 φ 作用(注意 $\varphi(\varepsilon_1)=\bar{\varepsilon}_1=\bar{0}$)：

$$\begin{aligned}&\varphi(k_1\varepsilon_1+k_2\varepsilon_2+\cdots+k_n\varepsilon_n)\\&\quad=k_1\varphi(\varepsilon_1)+k_2\varphi(\varepsilon_2)+\cdots+k_n\varphi(\varepsilon_n)\\&\quad=k_2\bar{\varepsilon}_2+\cdots+k_n\bar{\varepsilon}_n=\bar{0}.\end{aligned}$$

因 $\bar{\varepsilon}_2,\cdots,\bar{\varepsilon}_n$ 为 V/M 的一组基，故 $k_2=\cdots=k_n=0$. 代回原式，因 $\varepsilon_1\neq 0$，推得 $k_1=0$.

(ii) 再证在基 $\varepsilon_1,\varepsilon_2,\cdots,\varepsilon_n$ 下 $\boldsymbol{A}$ 的矩阵成上三角形. 注意如下事实：因 $M=L(\varepsilon_1)$，而

$$\boldsymbol{A}\bar{\alpha}=\bar{\beta}\Longleftrightarrow\boldsymbol{A}(\alpha+M)=\boldsymbol{A}\alpha+M=\beta+M,$$

于是 $\boldsymbol{A}\alpha=\beta+k\varepsilon_1=k\varepsilon_1+\beta(k\in K)$. 现在

$$\begin{aligned}\boldsymbol{A}\bar{\varepsilon}_i&=a_{2i}\bar{\varepsilon}_2+a_{3i}\bar{\varepsilon}_3+\cdots+a_{ii}\bar{\varepsilon}_i\\&=\overline{a_{2i}\varepsilon_2+a_{3i}\varepsilon_3+\cdots+a_{ii}\varepsilon_i}.\end{aligned}$$

根据上面的一般关系式，我们有

$$\boldsymbol{A}\varepsilon_i=k_i\varepsilon_1+a_{2i}\varepsilon_2+a_{3i}\varepsilon_3+\cdots+a_{ii}\varepsilon_i\quad(i=2,3,\cdots,n)$$

$$\boldsymbol{A}\varepsilon_1=\lambda_0\varepsilon_1.$$

于是 $\boldsymbol{A}$ 在基 $\varepsilon_1,\varepsilon_2,\cdots,\varepsilon_n$ 下的矩阵为如下上三角形：

$$A=\begin{bmatrix}\lambda_0 & k_2 & k_3 & \cdots & \cdots & k_n\\ 0 & a_{22} & a_{23} & \cdots & \cdots & a_{2n}\\ 0 & 0 & a_{33} & \cdots & \cdots & a_{3n}\\ 0 & 0 & 0 & \ddots & & \vdots\\ \vdots & \vdots & \vdots & \ddots & \ddots & \vdots\\ 0 & 0 & 0 & \cdots & 0 & a_{nn}\end{bmatrix}.\quad\blacksquare$$

习　题　四

1. 设 $\boldsymbol{A}$ 是数域 K 上线性空间 V 内的线性变换，若 $\boldsymbol{A}\alpha=\lambda_0\alpha$，又设 $f(\lambda)=a_0\lambda^m+a_1\lambda^{m-1}+\cdots+a_m$ 为 K 上一多项式. 证明：

$$f(\boldsymbol{A})\alpha=f(\lambda_0)\alpha.$$

2. 设 $\boldsymbol{A},\boldsymbol{B}$ 是线性空间 V 内的两个线性变换，且 $\boldsymbol{AB}=\boldsymbol{BA}$. 证明：若 $\boldsymbol{A}\alpha=\lambda_0\alpha$，则 $\boldsymbol{B}\alpha\in V_{\lambda_0}$，这里 V_{λ_0} 为 $\boldsymbol{A}$ 的特征值 λ_0 的特征子空间.

3. 设 **A** 是 n 维线性空间 V 内的一个线性变换，在基 $\varepsilon_1,\varepsilon_2,\cdots\varepsilon_n$ 下的矩阵为

$$A=\begin{bmatrix}0 & 1 & & \\ & 0 & \ddots & \\ & & \ddots & 1 \\ & & & 0\end{bmatrix}.$$

证明：**A** 只有唯一的特征值 $\lambda_0=0$，且 $V_{\lambda_0}=L(\varepsilon_1)$.

4. 设 **A** 是 n 维线性空间 V 内的一个线性变换. 如果在 V 内存在一组基

$$\varepsilon_1,\cdots,\varepsilon_r,\varepsilon_{r+1},\cdots,\varepsilon_n,$$

使 **A** 在这组基下的矩阵为如下准对角形

$$A=\begin{bmatrix}J_1 & 0 \\ 0 & J_2\end{bmatrix},$$

其中 J_1,J_2 分别为 r 阶与 $n-r$ 阶方阵，且

$$J_1=\begin{bmatrix}0 & 1 & & \\ & 0 & \ddots & \\ & & \ddots & 1 \\ & & & 0\end{bmatrix},\quad J_2=\begin{bmatrix}0 & 1 & & \\ & 0 & \ddots & \\ & & \ddots & 1 \\ & & & 0\end{bmatrix}.$$

证明：**A** 只有一个特征值 $\lambda_0=0$，且 $V_{\lambda_0}=L(\varepsilon_1,\varepsilon_{r+1})$.

5. 设 **A** 是复数域上线性空间 V 内的一个线性变换，且它在某一组基 $\{\varepsilon_i\}$ 下的矩阵为 **A**，求 A 的全部特征值和每个特征值 λ_i 所属特征子空间 V_{λ_i} 的一组基，其中：

(1) $A=\begin{bmatrix}3 & 4 \\ 5 & 2\end{bmatrix}$； (2) $A=\begin{bmatrix}0 & a \\ -a & 0\end{bmatrix}$；

(3) $A=\begin{bmatrix}5 & 6 & -3 \\ -1 & 0 & 1 \\ 1 & 2 & -1\end{bmatrix}$； (4) $A=\begin{bmatrix}0 & 0 & 1 \\ 0 & 1 & 0 \\ 1 & 0 & 0\end{bmatrix}$；

(5) $A=\begin{bmatrix}0 & 2 & 1 \\ -2 & 0 & 3 \\ -1 & -3 & 0\end{bmatrix}$； (6) $A=\begin{bmatrix}3 & 1 & 0 \\ -4 & -1 & 0 \\ 4 & -8 & -2\end{bmatrix}$；

(7) $A=\begin{bmatrix}1&1&1&1\\1&1&-1&-1\\1&-1&1&-1\\1&-1&-1&1\end{bmatrix}$.

此题中哪些变换的矩阵可对角化? 在可对角化的情况下,写出基变换的过渡矩阵 T,并验算 $T^{-1}AT$ 为对角形.

6. 给定数域 K 上 3 阶方阵

$$A=\begin{bmatrix}2&2&-2\\2&5&-4\\-2&-4&5\end{bmatrix};\quad B=\begin{bmatrix}2&-2&0\\-2&x&-2\\-2&-2&0\end{bmatrix};$$

$$C=\begin{bmatrix}2&0&0\\0&2&0\\0&0&y\end{bmatrix}.$$

(1) 求 K 上 3 阶可逆方阵 T,使 $T^{-1}AT=D$ 为对角矩阵;

(2) 如已知 B 与 C 特征多项式相同,求 x,y 的值. 判断 B 与 C 是否相似.

7. 设 $\mathbf{A}$ 是线性空间 V 内的一个线性变换,存在一个正整数 k,使 $\mathbf{A}^k=\mathbf{0}$. 证明: $\mathbf{A}$ 只有唯一的特征值 $\lambda_0=0$.

8. 设 λ_1,λ_2 是线性变换 $\mathbf{A}$ 的两个不同特征值,ξ_1,ξ_2 是分别属于 λ_1,λ_2 的特征向量. 证明: $\xi_1+\xi_2$ 不是 $\mathbf{A}$ 的特征向量.

9. 证明: 如果线性空间 V 的线性变换 $\mathbf{A}$ 以 V 的每个非零向量作为特征向量,则 $\mathbf{A}$ 是数乘变换.

10. 设 $\mathbf{A}$ 是线性空间 V 内的可逆线性变换.

(1) 证明: $\mathbf{A}$ 的特征值都不为零;

(2) 证明: 若 λ 是 $\mathbf{A}$ 的一个特征值,则 $1/\lambda$ 是 $\mathbf{A}^{-1}$ 的一个特征值.

11. 给定复数域上的 n 阶循环矩阵

$$A=\begin{bmatrix}a_1&a_2&a_3&\cdots&a_n\\a_n&a_1&a_2&\cdots&a_{n-1}\\a_{n-1}&a_n&a_1&\cdots&a_{n-2}\\\vdots&\vdots&\vdots&&\vdots\\a_2&a_3&a_4&\cdots&a_1\end{bmatrix},$$

证明存在复数域上 n 阶可逆矩阵 T，使对任意上述循环矩阵 A，$T^{-1}AT$ 都是对角矩阵.

12. 复数域上 $n(n\geqslant 2)$ 维线性空间 V 内的线性变换 $\boldsymbol{A}$ 在基 $\varepsilon_1,\varepsilon_2,\cdots,\varepsilon_n$ 下的矩阵为

$$A=\begin{bmatrix} 0 & -1 & 0 & 0 & \cdots & 0 \\ 1 & 0 & -1 & 0 & & \vdots \\ 0 & 1 & 0 & -1 & \ddots & \vdots \\ \vdots & \ddots & \ddots & \ddots & \ddots & 0 \\ \vdots & & \ddots & \ddots & \ddots & -1 \\ 0 & \cdots & \cdots & 0 & 1 & 0 \end{bmatrix},$$

求 $\boldsymbol{A}$ 的全部特征值，并判断 $\boldsymbol{A}$ 的矩阵能否对角化.

13. 设 V 是数域 K 上的 $n(n\geqslant 2)$ 维线性空间. $\boldsymbol{A},\boldsymbol{B}$ 是 V 内两个线性变换，在 V 的基 $\varepsilon_1,\varepsilon_2,\cdots,\varepsilon_n$ 下的矩阵分别是 A,A^*（A 的伴随矩阵）.

(1) 证明：$\boldsymbol{AB}=\boldsymbol{BA}$；

(2) 设零是 $\boldsymbol{A}$ 的特征值，求下面子空间

$$M=\{\alpha\in V\mid \boldsymbol{B}\alpha=0\}$$

的维数和一组基.

14. 设 $\boldsymbol{A}$ 是数域 K 上 n 维线性空间 V 内的一个线性变换. 证明：$\boldsymbol{A}$ 的矩阵可对角化的充要条件是存在 K 内互不相同的数 $\lambda_1,\lambda_2,\cdots,\lambda_k$，使

$$(\lambda_1\boldsymbol{E}-\boldsymbol{A})(\lambda_2\boldsymbol{E}-\boldsymbol{A})\cdots(\lambda_k\boldsymbol{E}-\boldsymbol{A})=\boldsymbol{0}.$$

15. 设 $\boldsymbol{A}$ 是线性空间 V 内的一个线性变换，M,N 是 $\boldsymbol{A}$ 的两个不变子空间. 证明：$M+N$ 与 $M\cap N$ 都是 $\boldsymbol{A}$ 的不变子空间.

16. 设 $\boldsymbol{A}$ 是数域 K 上 n 维线性空间 V 内的一个线性变换，在 V 的一组基下其矩阵为

$$\begin{bmatrix} \lambda_0 & 1 & & & \\ & \lambda_0 & 1 & & \\ & & \ddots & \ddots & \\ & & & \ddots & 1 \\ & & & & \lambda_0 \end{bmatrix},$$

证明：当 $n>1$ 时，对 $\boldsymbol{A}$ 的任一非平凡不变子空间 M，都不存在 $\boldsymbol{A}$ 的不变子空间 N，使

$$V=M\oplus N.$$

17. 设 V 是实数域上的二维线性空间. 线性变换 $\boldsymbol{A}$ 在基 $\varepsilon_1,\varepsilon_2$ 下的矩阵为

$$A=\begin{bmatrix}\cos\theta & -\sin\theta\\ \sin\theta & \cos\theta\end{bmatrix}\quad(\theta\neq k\pi),$$

证明：$\boldsymbol{A}$ 没有非平凡不变子空间.

18. 设 V 是数域 K 上的二维线性空间，F 为 V 内在基 $\varepsilon_1,\varepsilon_2$ 下有矩阵

$$\begin{bmatrix}0 & a\\ 1-a & 0\end{bmatrix}\quad(a\in K)$$

的线性变换所成的集合，证明：F 中的线性变换没有公共非平凡不变子空间.

19. 设 V 是实数域上的一个 n 维线性空间，$\boldsymbol{A}$ 是 V 内的一个线性变换. 证明：$\boldsymbol{A}$ 必有一个一维或二维的不变子空间.

20. 设 $\boldsymbol{A},\boldsymbol{B}$ 是 n 维线性空间 V 内两个线性变换，且 $\boldsymbol{AB}=\boldsymbol{BA}$. λ 是 $\boldsymbol{A}$ 的一个特征值，V_λ 是属于特征值 λ 的特征子空间. 证明：V_λ 是 $\boldsymbol{B}$ 的不变子空间.

21. 设 V 是数域 K 上的 n 维线性空间，$\boldsymbol{A},\boldsymbol{B}$ 是 V 内两个线性变换，且 $\boldsymbol{AB}=\boldsymbol{BA}$. 如果 $\boldsymbol{A},\boldsymbol{B}$ 的矩阵都可对角化，证明：V 内存在一组基，使 $\boldsymbol{A},\boldsymbol{B}$ 在该组基下的矩阵同时呈对角形.

22. 设 $\boldsymbol{A}$ 是数域 K 上 n 维线性空间 V 内的线性变换. 如果 $\boldsymbol{A}$ 的矩阵可对角化，证明：对 $\boldsymbol{A}$ 的任意不变子空间 M，必存在 $\boldsymbol{A}$ 的不变子空间 N，使 $V=M\oplus N$.

23. 设 $\boldsymbol{A}$ 是复数域上 n 维线性空间 V 内的线性变换. 如果对 $\boldsymbol{A}$ 的任意不变子空间 M，都存在 $\boldsymbol{A}$ 的不变子空间 N，使 $V=M\oplus N$. 证明：$\boldsymbol{A}$ 的矩阵可对角化.

24. 设 $\boldsymbol{A}$ 是数域 K 上 n 维线性空间 V 内的线性变换. $\alpha\in V$，$\alpha\neq 0$. 证明：存在正整数 k，使得 $\alpha,\boldsymbol{A}\alpha,\boldsymbol{A}^2\alpha,\cdots,\boldsymbol{A}^{k-1}\alpha$ 线性无关，而

$$\boldsymbol{A}^k\alpha=a_0\alpha+a_1\boldsymbol{A}\alpha+\cdots+a_{k-1}\boldsymbol{A}^{k-1}\alpha.$$

如令 $M=L(\alpha,\boldsymbol{A}\alpha,\cdots,\boldsymbol{A}^{k-1}\alpha)$，证明：$M$ 是 $\boldsymbol{A}$ 的不变子空间，并进一步证明 $\boldsymbol{A}|_M$ 的特征多项式为

$$f(\lambda)=\lambda^k-a_{k-1}\lambda^{k-1}-a_{k-2}\lambda^{k-2}-\cdots-a_1\lambda-a_0.$$

25. 证明哈密顿-凯莱定理：如果数域 K 上 n 维线性空间 V 内

线性变换$\boldsymbol{A}$的特征多项式为$f(\lambda)$,则$f(\boldsymbol{A})=\boldsymbol{0}$.

26. 设$\boldsymbol{A}$是数域K上的n维线性空间V内的一个线性变换.如果存在V内非零向量α,使$\boldsymbol{A}\alpha=0$,令$M=L(\alpha)$. 如果$\boldsymbol{A}$在V/M内的诱导变换可逆,且其矩阵(在V/M内)可对角化. 证明:$\boldsymbol{A}$在V内其矩阵也可对角化.

27. 设V是数域K上的n维线性空间,$\boldsymbol{A}$是V内的一个线性变换,λ_0是$\boldsymbol{A}$的一个特征值. 如果λ_0是$\boldsymbol{A}$的特征多项式$f(\lambda)$的e重根,证明:$\dim V_{\lambda_0}\leqslant e$.

28. 给定数域K上的n阶方阵

$$A=\begin{pmatrix} 0 & & & & a_1 \\ & & & a_2 & \\ & & \iddots & & \\ & a_{n-1} & & & \\ a_n & & & & 0 \end{pmatrix}.$$

判断A何时在K内相似于对角矩阵.

29. 设A是数域K上的n阶方阵. 试用A的各种子式表示出A的特征多项式$f(\lambda)=|\lambda E-A|$的所有系数.

30. 给定数域K上m阶方阵$A_i(i=1,2,\cdots,2k)$,令

$$M=\begin{pmatrix} 0 & & & A_1 \\ & & A_2 & \\ & \iddots & & \\ A_{2k} & & & 0 \end{pmatrix}.$$

证明:M在K内相似于对角矩阵的充要条件是下列方阵

$$M_i=\begin{pmatrix} 0 & \boldsymbol{A}_i \\ \boldsymbol{A}_{2k-i+1} & 0 \end{pmatrix}\quad (i=1,2,\cdots,k)$$

在K内相似于对角矩阵.

31. 给定前n个自然数$1,2,\cdots,n$的一个排列$i_1i_2\cdots i_n$. 在复数域上线性空间$M_n(\mathbb{C})$内定义一个线性变换$\boldsymbol{P}$如下:

$$\boldsymbol{P}\begin{pmatrix} a_{11} & a_{12} & \cdots & a_{1n} \\ a_{21} & a_{22} & \cdots & a_{2n} \\ \vdots & \vdots & & \vdots \\ a_{n1} & a_{n2} & \cdots & a_{nn} \end{pmatrix} = \begin{pmatrix} a_{1i_1} & a_{1i_2} & \cdots & a_{1i_n} \\ a_{2i_1} & a_{2i_2} & \cdots & a_{2i_n} \\ \vdots & \vdots & & \vdots \\ a_{ni_1} & a_{ni_2} & \cdots & a_{ni_n} \end{pmatrix}.$$

(1) 找出 $\boldsymbol{P}$ 的 n 个线性无关特征向量;

(2) 若 λ_0 是 $\boldsymbol{P}$ 的一个特征值,证明:存在正整数 k,使 $\lambda_0^k=1$;

(3) 若上述排列取为 $234\cdots n1$,证明:$\boldsymbol{P}$ 的矩阵可对角化.

本章小结

线性代数的核心内容是研究线性空间和它们之间的线性映射,特别是线性空间自身的线性变换的理论. 线性空间是一种最初等、最简单的代数系统,但在它的基本理论中充分体现了代数学的基本思想与基本方法. 下面几个方面是读者应当充分注意的.

1) 线性空间的运算(加法、数乘)是以抽象形式出现的,线性空间的全部理论则以这些运算满足的八条(实际上只要七条)公理为立足点. 它用这概括了相当广泛的一类客观事物的共性,因而又具有广泛的应用领域. 这一特点是代数学各分支共有的. 因此,通过熟悉线性空间及线性映射(变换)的理论,就为今后进一步学习代数学的更深理论打下了基础.

2) 研究线性空间的基本方法有两种,一是进行空间分解,研究各种子空间,二是从总体上提升一步研究商空间. 而这是研究各种代数系统共通的方法,熟悉这些方法,也就了解代数学中处理问题独有的一套方法.

3) 抽象与具体紧密结合,先从线性方程组入手形成向量空间和矩阵,再舍弃其具体的躯壳形成抽象线性空间和线性变换的一般理论,这使我们站在更高的理论层次上,对问题看得更深,更透,而且更加直观. 所以,当我们从理论上处理问题(包括处理线性方程组,向量空间,矩阵的许多理论问题),以从线性空间和线性变换的观点来处理较为合适. 而当我们需要做具体计算时,又要把抽象问题再具体化,例如在线性空间内取定一组基,把向量转化成坐标(为 K 上向量空间的具体向量),把线性映射转化成矩阵. 从具体到抽象,又从抽象回复到具体,不断循环往复,这是读者应当学会的一种基本方法. 它也是代数学各领域普遍适用的方法.

4) 线性空间作为最简单的代数系统,它又有其他代数系统一般不具备的特殊性质. 那就是它有线性相关与线性无关的概念,由它产生了基和维数这一核心概念. 它使我们有可能把对线性空间中无限多个向量的研究归结成对有限多个向量(一组基)的研究. 把线性映射(变换)归结为一组基处的作用,从而与矩阵建立起紧密的联系. 从中再引导出基变换关系及矩阵的相似关系,后者又产生出特征值、特征向量这一重要理论.

本章仅对线性空间及线性映射做了初步讨论,后面的章节,将把研讨深入一步.

第五章　双线性函数与二次型

上一章我们已经学习了线性空间的基础知识. 为了把我们的研讨深入下去,停留在上一章的知识上是远远不够的. 我们关于线性空间的理论还需要做进一步的发展. 究竟应当怎样发展线性空间的理论呢? 这应当从分析现实的感性认识入手,从中得到启示. 我们熟悉的三维几何空间,是线性空间的一个重要例子. 如果分析一下三维几何空间,我们就会发现它还具有一般线性空间不具备的重要性质: 三维几何空间中向量有长度和夹角,这称为三维几何空间的度量性质. 这种性质现在一般线性空间还没有. 一个自然的问题是: 能不能在一般线性空间中也来引进度量性质呢? 如果能,又应当怎样来引进这样的性质呢? 这又要从分析三维几何空间的度量性质来得到启示. 我们知道三维几何空间向量的长度和夹角可由向量的点乘 $a \cdot b$ 来决定,向量点乘是定义在三维几何空间中的两个变元(以向量为变元)的函数. 而且如第三章 §1 中指出的,点乘具有对称性: $a \cdot b = b \cdot a$ 及双线性,即当固定一个变元时,对另一个变元具有"线性"的性质. 例如固定 b,则

$$(k_1a_1 + k_2a_2) \cdot b = k_1a_1 \cdot b + k_2a_2 \cdot b.$$

如固定 a,对第二变元 b 也有相似的性质. 这些分析告诉我们,应当在数域 K 上的线性空间中来研究类似的二元函数,在研究清楚这类二元函数之后,就可以它为立足点在一般线性空间中引入度量的有关概念了. 这就是本章的中心内容.

§1　双线性函数

我们的研究,首先就从上面的简单分析入手,来研究定义在数域 K 上线性空间中的一类特殊二元函数.

1. 线性与双线性函数

定义 设 V 是数域 K 上的线性空间. 如果对 V 中任一向量 α，都按某个给定的法则 f 对应于 K 内一个唯一确定的数，记作 $f(\alpha)$，而且满足如下条件：

(i) $f(\alpha+\beta)=f(\alpha)+f(\beta)\quad(\forall\,\alpha,\beta\in V)$；

(ii) $f(k\alpha)=kf(\alpha)\quad(\forall\,\alpha\in V,k\in K)$，

则称 f 为 V 内一个**线性函数**.

如果把 K 看作它自身上的线性空间(加法，数乘都是 K 内数的加法和乘法)，则 f 就是 K 上线性空间 V 到 K 上线性空间 K 的一个线性映射，即 $f\in\mathrm{Hom}(V,K)$. 因此，第四章关于线性映射的基本知识对 V 上的线性函数也适用. 特别是它具有下面三条基本性质：

1) $f(0)=0$；

2) $f(-\alpha)=-f(\alpha)$；

3) $f(k_1\alpha_1+k_2\alpha_2+\cdots+k_s\alpha_s)=k_1f(\alpha_1)+k_2f(\alpha_2)+\cdots+k_sf(\alpha_s)$.

V 上线性函数在本教程的最后一章将从更一般的角度来做深入的讨论，这里仅介绍它的定义及最基本的性质. 下面我们以线性函数的概念为基础，来引进本章的核心概念.

定义 设 V 是数域 K 上的线性空间. 如果 V 中任意一对有序向量(α,β)都按照某一法则 f 对应于 K 内唯一确定的一个数，记作 $f(\alpha,\beta)$，且

(i) 对任意 $k_1,k_2\in K,\alpha_1,\alpha_2,\beta\in V$，有

$$f(k_1\alpha_1+k_2\alpha_2,\beta)=k_1f(\alpha_1,\beta)+k_2f(\alpha_2,\beta)；$$

(ii) 对任意 $l_1,l_2\in K,\alpha,\beta_1,\beta_2\in V$，有

$$f(\alpha,l_1\beta_1+l_2\beta_2)=l_1f(\alpha,\beta_1)+l_2f(\alpha,\beta_2),$$

则称 $f(\alpha,\beta)$是 V 上的一个**双线性函数**.

根据这个定义可知：如令 β 保持不动，则 $f(\alpha,\beta)$是 α 的线性函数；同样，如令 α 保持不动，则 $f(\alpha,\beta)$是 β 的线性函数. 这就是称它为双线性函数的原因. 双线性函数可以看作是以 V 内向量为自变量的二元线性函数.

现设 V 是 n 维线性空间. 在 V 内取定一组基

$$\varepsilon_1, \varepsilon_2, \cdots, \varepsilon_n.$$

又设

$$\alpha = x_1\varepsilon_1 + x_2\varepsilon_2 + \cdots + x_n\varepsilon_n;$$
$$\beta = y_1\varepsilon_1 + y_2\varepsilon_2 + \cdots + y_n\varepsilon_n.$$

那么,按定义,有

$$\begin{aligned} f(\alpha,\beta) &= f\left(\sum_{i=1}^{n} x_i\varepsilon_i, \sum_{j=1}^{n} y_j\varepsilon_j\right) \\ &= \sum_{i=1}^{n} x_i f\left(\varepsilon_i, \sum_{j=1}^{n} y_j\varepsilon_j,\right) \\ &= \sum_{i=1}^{n}\sum_{j=1}^{n} x_i y_j f(\varepsilon_i,\varepsilon_j). \end{aligned}$$

由此可见,$f(\alpha,\beta)$由它在一组基处的函数值唯一确定. 显然,现在有类似于线性变换的两条结论.

命题 1.1　设 V 是数域 K 上的 n 维线性空间. 在 V 内取定一组基 $\varepsilon_1,\varepsilon_2,\cdots,\varepsilon_n$. 则有

(i) V 上一个双线性函数 $f(\alpha,\beta)$ 由它在此组基处的函数值 $f(\varepsilon_i,\varepsilon_j)(i,j=1,2,\cdots,n)$唯一确定. 换句话说,如果有一个双线性函数 $g(\alpha,\beta)$满足 $g(\varepsilon_i,\varepsilon_j)=f(\varepsilon_i,\varepsilon_j)$,则 $g(\alpha,\beta)\equiv f(\alpha,\beta)$.

(ii) 任给数域 K 上一个 n 阶方阵

$$A = \begin{bmatrix} a_{11} & a_{12} & \cdots & a_{1n} \\ a_{21} & a_{22} & \cdots & a_{2n} \\ \vdots & \vdots & & \vdots \\ a_{n1} & a_{n2} & \cdots & a_{nn} \end{bmatrix} \quad (a_{ij} \in K),$$

必存在 V 上唯一的一个双线性函数 $f(\alpha,\beta)$,使

$$f(\varepsilon_i,\varepsilon_j) = a_{ij} \quad (i,j=1,2,\cdots,n).$$

证　(i) 已在前面证明. 现证结论(ii). 在 V 内定义二元函数如下:若

$$\alpha = x_1\varepsilon_1 + x_2\varepsilon_2 + \cdots + x_n\varepsilon_n = (\varepsilon_1,\varepsilon_2,\cdots,\varepsilon_n)X,$$
$$\beta = y_1\varepsilon_1 + y_2\varepsilon_2 + \cdots + y_n\varepsilon_n = (\varepsilon_1,\varepsilon_2,\cdots,\varepsilon_n)Y,$$

则令

$$f(\alpha,\beta) = \sum_{i=1}^{n}\sum_{j=1}^{n} a_{ij}x_i y_j = X'AY.$$

若

$$k_1\alpha_1+k_2\alpha_2=k_1(\varepsilon_1,\varepsilon_2,\cdots,\varepsilon_n)X_1+k_2(\varepsilon_1,\varepsilon_2,\cdots,\varepsilon_n)X_2$$
$$=(\varepsilon_1,\varepsilon_2,\cdots,\varepsilon_n)(k_1X_1+k_2X_2),$$

则

$$\begin{aligned}f(k_1\alpha_1+k_2\alpha_2,\beta)&=(k_1X_1+k_2X_2)'AY\\&=k_1X_1'AY+k_2X_2'AY\\&=k_1f(\alpha_1,\beta)+k_2f(\alpha_2,\beta).\end{aligned}$$

类似地,有

$$f(\alpha,l_1\beta_1+l_2\beta_2)=l_1f(\alpha,\beta_1)+l_2f(\alpha,\beta_2).$$

故 $f(\alpha,\beta)$为 V 内双线性函数. 又因

$$\varepsilon_i=(\varepsilon_1,\varepsilon_2,\cdots,\varepsilon_n)\begin{bmatrix}0\\\vdots\\0\\1\\0\\\vdots\\0\end{bmatrix}\ i\text{ 行},\quad \varepsilon_j=(\varepsilon_1,\varepsilon_2,\cdots,\varepsilon_n)\begin{bmatrix}0\\\vdots\\0\\1\\0\\\vdots\\0\end{bmatrix}\ j\text{ 行},$$

代入 $f(\alpha,\beta)$的定义式,立知

$$f(\varepsilon_i,\varepsilon_j)=a_{ij}.\quad \blacksquare$$

我们称

$$A=\begin{bmatrix}f(\varepsilon_1,\varepsilon_1)&f(\varepsilon_1,\varepsilon_2)&\cdots&f(\varepsilon_1,\varepsilon_n)\\f(\varepsilon_2,\varepsilon_1)&f(\varepsilon_2,\varepsilon_2)&\cdots&f(\varepsilon_2,\varepsilon_n)\\\vdots&\vdots&&\vdots\\f(\varepsilon_n,\varepsilon_1)&f(\varepsilon_n,\varepsilon_2)&\cdots&f(\varepsilon_n,\varepsilon_n)\end{bmatrix}$$

为双线性函数 $f(\alpha,\beta)$在基 $\varepsilon_1,\varepsilon_2,\cdots,\varepsilon_n$ 下的**矩阵**. 这样,V 上每个双线性函数对应于数域 K 上的一个 n 阶方阵. 根据命题 1.1 中(i)与(ii),这个对应是 V 上全体双线性函数所成的集合和 $M_n(K)$之间的一个一一对应.

设 $f(\varepsilon_i,\varepsilon_j)=a_{ij}$,于是 $f(\alpha,\beta)$在基 $\varepsilon_1,\varepsilon_2,\cdots,\varepsilon_n$ 下的矩阵 $A=(a_{ij})$. 利用矩阵乘法,双线性函数 $f(\alpha,\beta)$可表作

$$f(\alpha,\beta)=\sum_{i=1}^{n}\sum_{j=1}^{n}f(\varepsilon_i,\varepsilon_j)x_iy_j=\sum_{i=1}^{n}\sum_{j=1}^{n}a_{ij}x_iy_j$$

$$=(x_1\ x_2\ \cdots\ x_n)A\begin{bmatrix}y_1\\y_2\\\vdots\\y_n\end{bmatrix}.$$

如令

$$X=\begin{bmatrix}x_1\\x_2\\\vdots\\x_n\end{bmatrix},\quad Y=\begin{bmatrix}y_1\\y_2\\\vdots\\y_n\end{bmatrix},$$

则

$$f(\alpha,\beta)=X'AY.$$

反过来,如果一个双线性函数被表示成上述矩阵乘积的形式,那么,只要计算一下 $f(\varepsilon_i,\varepsilon_j)$ 就可以知道 A 就是 $f(\alpha,\beta)$ 在基 $\varepsilon_1,\varepsilon_2,\cdots,\varepsilon_n$ 下的矩阵.

推论　设 A,B 是数域 K 上的两个 n 阶方阵. 如果对 K 上任意 $n\times 1$ 矩阵 X,Y,都有 $X'AY=X'BY$,则有 $A=B$.

证　按命题 1.1 中(ii)的证明可知:有 V 内双线性函数 $f(\alpha,\beta)=X'AY$ 及 $g(\alpha,\beta)=X'BY$. 现在 $f(\alpha,\beta)\equiv g(\alpha,\beta)$,而 A,B 分别为 f,g 在基 $\varepsilon_1,\varepsilon_2,\cdots,\varepsilon_n$ 下的矩阵,故 $A=B$. ▍

2. 双线性函数在不同基下的矩阵

我们已经知道,一个线性变换在两组基下的矩阵是相似的. 我们现在来指出:一个双线性函数在两组基下的矩阵也有与此相类似的关系.

设 $f(\alpha,\beta)$ 为 V 内一个双线性函数. 在 V 内取定两组基

$$\varepsilon_1,\ \varepsilon_2,\ \cdots,\ \varepsilon_n;$$
$$\eta_1,\ \eta_2,\ \cdots,\ \eta_n.$$

设

$$f(\varepsilon_i,\varepsilon_j)=a_{ij},\quad f(\eta_i,\eta_j)=b_{ij}\quad (i,j=1,2,\cdots,n).$$

记 $A=(a_{ij}),B=(b_{ij})$,则 A,B 分别是 $f(\alpha,\beta)$ 在这两组基下的矩阵. 令

$$\begin{cases}\alpha=x_1\varepsilon_1+x_2\varepsilon_2+\cdots+x_n\varepsilon_n=(\varepsilon_1,\varepsilon_2,\cdots,\varepsilon_n)X,\\ \beta=y_1\varepsilon_1+y_2\varepsilon_2+\cdots+y_n\varepsilon_n=(\varepsilon_1,\varepsilon_2,\cdots,\varepsilon_n)Y.\end{cases}$$

$$\begin{cases}\alpha=\bar{x}_1\eta_1+\bar{x}_2\eta_2+\cdots+\bar{x}_n\eta_n=(\eta_1,\eta_2,\cdots,\eta_n)\bar{X},\\ \beta=\bar{y}_1\eta_1+\bar{y}_2\eta_2+\cdots+\bar{y}_n\eta_n=(\eta_1,\eta_2,\cdots,\eta_n)\bar{Y}.\end{cases}$$

又设两组基之间的过渡矩阵为 T

$$(\eta_1,\eta_2,\cdots,\eta_n)=(\varepsilon_1,\varepsilon_2,\cdots,\varepsilon_n)T.$$

于是有坐标变换公式

$$X=T\bar{X},\quad Y=T\bar{Y}.$$

将上面的式子代入 $f(\alpha,\beta)$ 的矩阵表达式中,有

$$\begin{aligned}f(\alpha,\beta)&=X'AY=(T\bar{X})'A(T\bar{Y})\\&=\bar{X}'(T'AT)\bar{Y}=\bar{X}'B\bar{Y}.\end{aligned}$$

根据命题 1.1 的推论,有

$$B=T'AT.$$

这就是同一个双线性函数 $f(\alpha,\beta)$ 在两组不同的基下的矩阵之间的关系.

定义 给定数域 K 上两个 n 阶方阵 A,B. 如果存在 K 上一个可逆的 n 阶方阵 T,使 $B=T'AT$,则称 B 与 A 在 K 内**合同**.

命题 1.2 数域 K 上两个 n 阶方阵 A,B 合同的充要条件是它们是 K 上 n 维线性空间 V 内一个双线性函数 $f(\alpha,\beta)$ 在两组基下的矩阵.

证 充分性已在上面阐明. 现证必要性. 设 $B=T'AT$, $|T|\neq 0$. A 可看作 K 上 n 维线性空间 V 内的双线性函数 $f(\alpha,\beta)$ 在基 $\varepsilon_1,\varepsilon_2,\cdots,\varepsilon_n$ 下的矩阵,令 $(\eta_1,\eta_2,\cdots,\eta_n)=(\varepsilon_1,\varepsilon_2,\cdots,\varepsilon_n)T$,则 $f(\alpha,\beta)$ 在基 $\eta_1,\eta_2,\cdots,\eta_n$ 下的矩阵为 $T'AT=B$. ▌

方阵间的合同关系是矩阵之间的又一重要关系. 它与矩阵的相似关系不同,但形式上类似. 显然,矩阵之间的合同关系也具有如下几条基本性质:

1) 反身性: $A=E'AE$;

2) 对称性: 若 $B=T'AT$,则 $A=(T^{-1})'BT^{-1}$;

3) 传递性：若 $A=T_1'BT_1$，$B=T_2'CT_2$，则

$$A=T_1'BT_1=T_1'(T_2'CT_2)T_1=(T_2T_1)'C(T_2T_1).$$

因此，矩阵的合同是一个等价关系. 在此等价关系下的等价类称作**合同类**. 我们自然也会想从每个合同类中挑选出一个最简单的矩阵(最好是对角矩阵)来作为该合同类的代表. 使用双线性函数的语言，就是对每一个双线性函数 $f(\alpha,\beta)$，要设法在 V 内找出一组基，使 $f(\alpha,\beta)$ 在这组基下的矩阵具有最简单的形式.

在本书中，我们主要是对一类最常用的双线性函数来讨论这个问题. 这就是下面所要讲的对称双线性函数.

3. 对称双线性函数

定义　设 V 是数域 K 上的线性空间，$f(\alpha,\beta)$ 是 V 内的一个双线性函数. 如果对任意 $\alpha,\beta\in V$，有 $f(\alpha,\beta)=f(\beta,\alpha)$，则称 $f(\alpha,\beta)$ 是一个**对称双线性函数**.

不难看出，对称双线性函数在 V 的任意一组基 $\varepsilon_1,\varepsilon_2,\cdots,\varepsilon_n$ 下的矩阵 $(f(\varepsilon_i,\varepsilon_j))$ 为 n 阶对称矩阵(由于 $f(\varepsilon_i,\varepsilon_j)=f(\varepsilon_j,\varepsilon_i)$). 反之，任给数域 K 上的 n 阶对称矩阵 $A=(a_{ij})$(其中 $a_{ij}=a_{ji}$)，按命题 1.1 的证明中的办法定义 V 内双线性函数 $f(\alpha,\beta)$，则

$$\begin{aligned} f(\alpha,\beta)&=X'AY=(X'AY)'=Y'A'X\\ &=Y'AX=f(\beta,\alpha)\end{aligned}$$

(其中 X,Y 为 α,β 在基 $\varepsilon_1,\varepsilon_2,\cdots,\varepsilon_n$ 下的坐标)，即 $f(\alpha,\beta)$ 为 V 内对称双线性函数，而且 $f(\alpha,\beta)$ 在基 $\varepsilon_1,\varepsilon_2,\cdots,\varepsilon_n$ 下的矩阵即为 A. 因而，在 V 内取定一组基之后，就使 V 内全体对称双线性函数所成的集合和 K 上全体 n 阶对称矩阵所成的集合之间建立起一一对应的关系.

现设 $f(\alpha,\beta)$ 是 V 内一个对称双线性函数. 我们定义 $Q_f(\alpha)=f(\alpha,\alpha)$，称为 $f(\alpha,\beta)$ 决定的**二次型函数**. 如在 V 内取定基 $\varepsilon_1,\varepsilon_2,\cdots,\varepsilon_n$. 又令 $f(\varepsilon_i,\varepsilon_j)=a_{ij}$，$A=(a_{ij})$. 那么 $f(\alpha,\beta)=X'AY$(X,Y 为 α,β 在基 $\varepsilon_1,\varepsilon_2,\cdots,\varepsilon_n$ 下的坐标)，于是

$$Q_f(\alpha)=f(\alpha,\alpha)=X'AX=\sum_{i=1}^{n}\sum_{j=1}^{n}a_{ij}x_ix_j\quad(a_{ij}=a_{ji}).$$

上式称为二次型函数在基 $\varepsilon_1,\varepsilon_2,\cdots,\varepsilon_n$ 下的**解析表达式**.

若已知对称双线性函数,则其二次型函数 $Q_f(\alpha)$ 被唯一决定. 反之,因为

$$\begin{aligned} Q_f(\alpha+\beta) &= f(\alpha+\beta,\alpha+\beta) \\ &= f(\alpha,\alpha)+2f(\alpha,\beta)+f(\beta,\beta) \\ &= Q_f(\alpha)+2f(\alpha,\beta)+Q_f(\beta), \end{aligned}$$

故有

$$f(\alpha,\beta)=\frac{1}{2}[Q_f(\alpha+\beta)-Q_f(\alpha)-Q_f(\beta)].$$

这表示反过来二次型函数也唯一决定对称双线性函数 $f(\alpha,\beta)$. 就是说,如果另有 V 内对称双线性函数 $g(\alpha,\beta)$,使 $Q_g(\alpha)\equiv Q_f(\alpha)$,则 $g(\alpha,\beta)\equiv f(\alpha,\beta)$. 特别地,若 $Q_f(\alpha)\equiv 0$,则 $f(\alpha,\beta)\equiv 0$.

下面是关于对称双线性函数的基本定理.

定理 1.1 设 V 是数域 K 上的 n 维线性空间,$f(\alpha,\beta)$ 是 V 内的一个对称双线性函数,则在 V 内存在一组基,使 $f(\alpha,\beta)$ 在这组基下的矩阵呈对角形.

证 对 V 的维数 n 做数学归纳法.

当 $n=1$ 时定理是显然的. 设对 $n-1$ 维线性空间定理成立,证明对 n 维线性空间定理也成立.

首先,若 $f(\alpha,\beta)\equiv 0$,定理自然成立. 如果不是这种情况,则

$$Q_f(\alpha)=f(\alpha,\alpha)\not\equiv 0.$$

于是,可在 V 内取定 ε_1,使 $f(\varepsilon_1,\varepsilon_1)=d_1\neq 0$. 把 ε_1 扩充成 V 的一组基

$$\varepsilon_1,\ \varepsilon_2,\ \cdots,\ \varepsilon_n.$$

令

$$\begin{cases} \eta_1=\varepsilon_1, \\ \eta_i'=\dfrac{f(\varepsilon_1,\varepsilon_i)}{d_1}\varepsilon_1-\varepsilon_i, \quad i=2,3,\cdots,n. \end{cases}$$

显然,$\eta_1,\eta_2',\cdots,\eta_n'$ 是 V 的一组基,且

$$f(\eta_1,\eta'_i)=f\left(\eta_1,\frac{f(\varepsilon_1,\varepsilon_i)}{d_1}\varepsilon_1-\varepsilon_i\right)$$

$$=\frac{f(\varepsilon_1,\varepsilon_i)}{d_1}f(\varepsilon_1,\varepsilon_1)-f(\varepsilon_1,\varepsilon_i)=0$$
$$(i=2,3,\cdots,n).$$

命 $M=L(\eta_2',\cdots,\eta_n')$. 这是一个 $n-1$ 维线性空间，$f(\alpha,\beta)$可以看作 M 内的对称双线性函数. 对任意 $\alpha\in M$，有 $\alpha=k_2\eta_2'+\cdots+k_n\eta_n'$，于是

$$f(\alpha,\eta_1)=f(\eta_1,\alpha)=k_2f(\eta_1,\eta_2')+\cdots+k_nf(\eta_1,\eta_n')=0.$$

按归纳假设，在 M 内存在一组基 $\eta_2,\cdots,\eta_n$，使 $f(\alpha,\beta)$在这组基下的矩阵成对角形，即有

$$f(\eta_i,\eta_j)=d_i\delta_{ij}\quad(i,j=2,3,\cdots,n).$$

因为 $\eta_1,\eta_2,\cdots,\eta_n$ 与 $\eta_1,\eta_2',\cdots,\eta_n'$ 等价，故它也是 V 的一组基，且

$$f(\eta_i,\eta_j)=d_i\delta_{ij}\quad(i,j=1,2,\cdots,n).$$

于是 $f(\alpha,\beta)$在这组基下的矩阵呈对角形. ▍

推论　设 A 是数域 K 上的一个 n 阶对称方阵，则存在 K 上的一个可逆方阵 T，使 $T'AT=D$ 为对角形.

证　把 A 看作 K 上 n 维线性空间 V 内对称双线性函数 $f(\alpha,\beta)$在基 $\varepsilon_1,\varepsilon_2,\cdots,\varepsilon_n$ 下的矩阵. 由定理 1.1，在 V 内存在一组基 $\eta_1,\eta_2,\cdots,\eta_n$，使 $f(\alpha,\beta)$在这组基下的矩阵成对角形 D. 设

$$(\eta_1,\eta_2,\cdots,\eta_n)=(\varepsilon_1,\varepsilon_2,\cdots,\varepsilon_n)T,$$

则 $T'AT=D$. ▍

最后，我们介绍双线性函数的秩的概念. 我们已经知道，同一个双线性函数在不同基下的矩阵是互相合同的，而互相合同的矩阵秩相同(这是因为：根据第二章命题 5.2 的推论 2，一个矩阵左乘或右乘一个满秩方阵后，其秩不变). 因此，可以有如下的定义：

定义　设 $f(\alpha,\beta)$是 n 维线性空间 V 内的一个双线性函数，它在某一组基下的矩阵 A 的秩 $\mathrm{r}(A)$称为 $f(\alpha,\beta)$的**秩**. 如果 A 是满秩的，即 $\mathrm{r}(A)=n$，则称 $f(\alpha,\beta)$是**满秩双线性函数**(或称**非退化双线性函数**).

习　题　一

1. 设 V 是数域 K 上的 n 维线性空间，$\varepsilon_1,\varepsilon_2,\cdots,\varepsilon_n$ 是 V 的一组基，$a_1,a_2,\cdots,a_n$ 为 K 内的 n 个数. 证明：在 V 内存在唯一的一个线

性函数 $f(\alpha)$，满足

$$f(\varepsilon_i)=a_i \quad (i=1,2,\cdots,n).$$

2. 在实数域上线性空间 $C[a,b]$ 内定义函数 $I(f)$ 如下：对 $f(x)\in C[a,b]$，令

$$I(f)=\int_a^b f(x)\mathrm{d}x.$$

证明：$I(f)$ 是 $C[a,b]$ 内的一个线性函数.

3. 在线性空间 $M_n(K)$ 内定义函数

$$f(A)=\mathrm{Tr}(A).$$

证明：$f(A)$ 是 $M_n(K)$ 内的一个线性函数.

4. 在三维几何空间中全体向量组成的实数域上线性空间内定义二元函数

$$f(a,b)=a\cdot b.$$

证明：这是一个双线性函数.

5. 在实数域上线性空间 $C[a,b]$ 内定义二元函数如下：对 $f(x),g(x)\in C[a,b]$，令

$$I(f,g)=\int_a^b f(x)g(x)\mathrm{d}x.$$

证明：这是一个双线性函数.

6. 在 K^n 中定义函数如下：若

$$\alpha=(a_1,a_2,\cdots,a_n),\quad \beta=(b_1,b_2,\cdots,b_n),$$

则令

$$f(\alpha,\beta)=a_1b_1+a_2b_2+\cdots+a_nb_n.$$

证明：这是一个双线性函数.

7. 在 K^4 中定义函数如下：若

$$\alpha=(x_1,x_2,x_3,x_4),\quad \beta=(y_1,y_2,y_3,y_4),$$

则令

$$f(\alpha,\beta)=3x_1y_2-5x_2y_1+x_3y_4-4x_4y_3.$$

(1) 证明：$f(\alpha,\beta)$ 是一个双线性函数；

(2) 在 K^4 中给定一组基

$$\varepsilon_1=(1,2,-1,0),\quad \varepsilon_2=(1,-1,1,1),$$
$$\varepsilon_3=(-1,2,1,1),\quad \varepsilon_4=(-1,-1,0,1),$$

求 $f(\alpha,\beta)$在这组基下的矩阵；

(3) 在 K^4 内另给一组基 $\eta_1,\eta_2,\eta_3,\eta_4$，且

$$(\eta_1,\eta_2,\eta_3,\eta_4)=(\varepsilon_1,\varepsilon_2,\varepsilon_3,\varepsilon_4)T,$$

其中

$$T=\begin{bmatrix}1 & 1 & 1 & 1\\ 1 & 1 & -1 & -1\\ 1 & -1 & 1 & -1\\ 1 & -1 & -1 & 1\end{bmatrix},$$

求 $f(\alpha,\beta)$在基 $\eta_1,\eta_2,\eta_3,\eta_4$ 下的矩阵.

8. 在 $M_n(K)$内定义函数如下：

$$f(A,B)=\mathrm{Tr}(AB).$$

(1) 证明：$f(A,B)$是一个对称双线性函数；

(2) 令 $n=2$，在 $M_2(K)$内取一组基

$$\varepsilon_{11}=\begin{bmatrix}1 & 0\\ 0 & 0\end{bmatrix},\quad \varepsilon_{12}=\begin{bmatrix}0 & 1\\ 0 & 0\end{bmatrix},$$

$$\varepsilon_{21}=\begin{bmatrix}0 & 0\\ 1 & 0\end{bmatrix},\quad \varepsilon_{22}=\begin{bmatrix}0 & 0\\ 0 & 1\end{bmatrix},$$

求 $f(A,B)$在这组基下的矩阵；

(3) 在 $M_2(K)$内另取一组基

$$\eta_1=\begin{bmatrix}1 & 0\\ 0 & 1\end{bmatrix},\quad \eta_2=\begin{bmatrix}1 & 0\\ 0 & -1\end{bmatrix},$$

$$\eta_3=\begin{bmatrix}0 & 1\\ 1 & 0\end{bmatrix},\quad \eta_4=\begin{bmatrix}0 & 1\\ -1 & 0\end{bmatrix},$$

求出两组基之间的过渡矩阵 T：

$$(\eta_1,\eta_2,\eta_3,\eta_4)=(\varepsilon_{11},\varepsilon_{12},\varepsilon_{21},\varepsilon_{22})T,$$

再求 $f(A,B)$在基 $\eta_1,\eta_2,\eta_3,\eta_4$ 下的矩阵；

(4) 在 $n=2$ 的情况下求 $f(A,B)$的秩.

9. 设 V 是数域 K 上的 n 维线性空间，$f(\alpha,\beta)$是 V 上的一个双线性函数. 证明：$f(\alpha,\beta)$满秩的充要条件是：当对一切 $\beta\in V$ 有 $f(\alpha,\beta)=0$ 时，必定有 $\alpha=0$.

10. 证明：第 8 题中的双线性函数 $f(A,B)$是满秩的.

11. 在$\mathbb{R}^4$中定义函数如下：若

$$\alpha=(x_1,x_2,x_3,x_4),\quad \beta=(y_1,y_2,y_3,y_4),$$

则令

$$f(\alpha,\beta)=x_1y_1+x_2y_2+x_3y_3-x_4y_4.$$

(1) 证明：$f(\alpha,\beta)$是对称双线性函数；

(2) 求$f(\alpha,\beta)$在基

$$\varepsilon_1=(1,0,0,0),\quad \varepsilon_2=(0,1,0,0),$$
$$\varepsilon_3=(0,0,1,0),\quad \varepsilon_4=(0,0,0,1)$$

下的矩阵；

(3) 求$f(\alpha,\beta)$在基

$$\eta_1=(2,1,-1,1),\quad \eta_2=(0,3,1,0),$$
$$\eta_3=(5,3,2,1),\quad \eta_4=(6,6,1,3)$$

下的矩阵；

(4) 证明：$f(\alpha,\beta)$是满秩的；

(5) 求一个向量$\alpha\neq0$，使$f(\alpha,\alpha)=0$.

12. 在K^4内给定双线性函数$f(\alpha,\beta)$如下，试判断哪些是对称的，哪些是满秩的. 设

$$\alpha=(x_1,x_2,x_3,x_4),\quad \beta=(y_1,y_2,y_3,y_4).$$

(1) $f(\alpha,\beta)=x_1y_2-x_1y_3+2x_1y_4-x_2y_1+x_2y_4-x_3y_1-2x_3y_4-2x_4y_1-x_4y_2+2x_4y_3$；

(2) $f(\alpha,\beta)=x_1y_1+2x_1y_2+2x_2y_1+4x_2y_2-x_3y_3-x_3y_4-x_4y_3+x_4y_4$；

(3) $f(\alpha,\beta)=-x_1y_3+x_1y_4+x_3y_1+x_3y_4-x_4y_1-x_4y_3$；

(4) $f(\alpha,\beta)=x_1y_4+x_4y_1$.

13. 证明：

$$\begin{bmatrix}\lambda_1 & & & \\ & \lambda_2 & & \\ & & \ddots & \\ & & & \lambda_n\end{bmatrix} \text{ 与 } \begin{bmatrix}\lambda_{i_1} & & & \\ & \lambda_{i_2} & & \\ & & \ddots & \\ & & & \lambda_{i_n}\end{bmatrix}$$

合同，其中$i_1,i_2,\cdots,i_n$是$1,2,\cdots,n$的一个排列.

14. 设A是一个n阶方阵，证明：

(1) A反对称当且仅当对任一n维列向量X，有

$$X'AX=0;$$

(2) 若 A 对称，且对任一 n 维列向量 X 有 $X'AX=0$，那么 $A=0$.

15. 设 V 是数域 K 上的 n 维线性空间，$f(\alpha,\beta)$ 是 V 内的双线性函数. 如果 $f(\alpha,\beta)$ 不是对称双线性函数，证明 $f(\alpha,\beta)$ 在 V 的任意一组基下的矩阵均非对角矩阵.

16. 设 V 是数域 K 上的 n 维线性空间，$f(\alpha,\beta)$ 为 V 内的双线性函数. 如果对任意 $\alpha,\beta\in V$ 都有 $f(\alpha,\beta)=-f(\beta,\alpha)$，则称 $f(\alpha,\beta)$ 为 V 内**反对称双线性函数**. 证明反对称双线性函数在 V 的任意一组基下的矩阵都是反对称矩阵.

17. 设 V 是数域 K 上的 n 维线性空间，$f(\alpha,\beta)$ 是 V 内反对称双线性函数. 证明 V 内存在一组基，使 $f(\alpha,\beta)$ 在此组基下的矩阵成如下准对角形：

$$A=\begin{bmatrix} S & & & & & & \\ & S & & & & & \\ & & \ddots & & & & \\ & & & S & & & \\ & & & & 0 & & \\ & & & & & \ddots & \\ & & & & & & 0 \end{bmatrix},\quad S=\begin{bmatrix} 0 & 1 \\ -1 & 0 \end{bmatrix}.$$

18. 设 V 是数域 K 上的 n 维线性空间，$f(\alpha,\beta)$ 是 V 内的双线性函数. 对 V 的子空间 M，定义

$$L(M)=\{\alpha\in V\mid f(\alpha,\beta)=0,\ \forall\beta\in M\},$$
$$R(M)=\{\alpha\in V\mid f(\beta,\alpha)=0,\ \forall\beta\in M\}.$$

证明：$L(M)$，$R(M)$ 为 V 的子空间. 如果 $f(\alpha,\beta)$ 为 V 内满秩双线性函数，证明：

$$\dim L(M)=\dim R(M)=n-\dim M,$$

同时又有 $R(L(M))=L(R(M))=M$.

19. 设 V 是数域 K 上的 n 维线性空间，M,N 是 V 的两个子空间，$f(\alpha,\beta)$ 为 V 内双线性函数，使用上题记号. 证明：$L(M+N)=L(M)\cap L(N)$，$R(M+N)=R(M)\cap R(N)$，如果 $f(\alpha,\beta)$ 满秩，则

$$L(M\cap N)=L(M)+L(N),\quad R(M\cap N)=R(M)+R(N).$$

20. 设 V 是数域 K 上的线性空间，$f(\alpha)$，$g(\alpha)$ 是 V 内两个线性

函数，且 $f(\alpha)g(\alpha)\equiv 0$. 证明：$f(\alpha)\equiv 0$ 或 $g(\alpha)\equiv 0$.

21. 设 $f(\alpha,\beta)$是数域 K 上线性空间 V 内的对称双线性函数. 如果 $f(\alpha,\beta)=g(\alpha)h(\beta)$，其中 g,h 为 V 内两个线性函数. 证明：存在 V 内线性函数 $l(\alpha)$及 K 内非零数 λ，使得

$$f(\alpha,\beta)=\lambda l(\alpha)l(\beta).$$

§2 二 次 型

在上一节，我们在数域 K 上的线性空间内引进双线性函数的概念，特别是较深入地研究了对称双线性函数和它对应的二次型函数. 首先，读者应当注意，这些函数的概念与空间的基的选取无关，因而从理论上讨论问题时较为方便（不受基的不同选取的限制与干扰）. 但当我们在有限维线性空间内讨论它们，需要做具体计算时，我们又必须把它们与基的选取联系起来. 如果 $f(\alpha,\beta)$是 K 上 n 维线性空间 V 内一个对称双线性函数，在 V 内取一组基 $\varepsilon_1,\varepsilon_2,\cdots,\varepsilon_n$，则 $f(\alpha,\beta)$在此组基下的矩阵为 K 上 n 阶对称矩阵 A，若 α,β 在此组基下的坐标分别为 X,Y，则（令 $a_{ij}=f(\varepsilon_i,\varepsilon_j)$）

$$f(\alpha,\beta)=\sum_{i=1}^{n}\sum_{j=1}^{n}a_{ij}x_iy_j=X'AY,$$

$$Q_f(\alpha)=\sum_{i=1}^{n}\sum_{j=1}^{n}a_{ij}x_ix_j=X'AX.$$

这样，V 上抽象的函数 $f(\alpha,\beta)$，$Q_f(\alpha)$就被具体化为解析表达式了. 而这依赖于基的选取.

对称双线性函数的理论除了在线性代数本身是重要的之外，它在几何学等其他数学领域以及自然科学、工程技术中也有广泛的应用. 这些领域应用的往往是上面指出的具体解析表达式. 因此，在这一节中我们将把上述具体解析表达式单独拿出来，从函数论的角度对它们做一些讨论.

定义 以数域 K 的元素做系数的 n 个变量 $x_1,x_2,\cdots,x_n$ 的二次齐次函数

$$f=\sum_{i=1}^{n}\sum_{j=1}^{n}a_{ij}x_ix_j \quad (a_{ij}=a_{ji}) \tag{1}$$

称为数域 K 上的一个**二次型**,其系数所成的矩阵

$$A=\begin{bmatrix} a_{11} & a_{12} & \cdots & a_{1n} \\ a_{21} & a_{22} & \cdots & a_{2n} \\ \vdots & \vdots & & \vdots \\ a_{n1} & a_{n2} & \cdots & a_{nn} \end{bmatrix}$$

是数域 K 上的 n 阶对称矩阵,称为此**二次型的矩阵**. A 的秩 $\mathrm{r}(A)$ 称为此**二次型的秩**.

$$X=\begin{bmatrix} x_1 \\ x_2 \\ \vdots \\ x_n \end{bmatrix},$$

二次型(1)可以表成矩阵乘积的形式

$$f=X'AX.$$

显然,数域 K 上一个二次型 f 就是 V 内一个二次型函数 $Q_f(\alpha)$ 在基 $\varepsilon_1,\varepsilon_2,\cdots,\varepsilon_n$ 下的解析表达式. 这样,上一节关于对称双线性函数所得的结果可以直接用到二次型 f 上来.

在实际工作中碰到的二次型,其表达式中 x_ix_j 与 x_jx_i 两项可能是合并在一起的,为了使用上一节所得到的结果,我们必须把 f 与 V 内对应的二次型函数 $Q_f(\alpha)$ 或对应的对称双线性函数 $f(\alpha,\beta)$ 联系起来,这样就应当把该项系数平分为二,得出两项 $a_{ij}x_ix_j$ 及 $a_{ji}x_jx_i$,且 $a_{ji}=a_{ij}$. 然后再写出此二次型的矩阵 $A=(a_{ij})$.

例 2.1　给定二次型

$$f=x_1^2-2x_1x_2+3x_1x_3-x_2x_3+4x_3^2.$$

为了写出它的矩阵,我们把它写成

$$\begin{aligned} f= \quad & x_1^2 \quad -x_1x_2 \quad +\frac{3}{2}x_1x_3 \\ & -x_2x_1 \quad +0\cdot x_2^2 \quad -\frac{1}{2}x_2x_3 \\ & +\frac{3}{2}x_3x_1 -\frac{1}{2}x_3x_2 +4x_3^2. \end{aligned}$$

那么,f 的矩阵就是

$$A=\begin{bmatrix}1 & -1 & \frac{3}{2}\\ -1 & 0 & -\frac{1}{2}\\ \frac{3}{2} & -\frac{1}{2} & 4\end{bmatrix}.$$

这是一个对称矩阵.此时 f 可表作

$$f=(x_1,x_2,x_3)\begin{bmatrix}1 & -1 & \frac{3}{2}\\ -1 & 0 & -\frac{1}{2}\\ \frac{3}{2} & -\frac{1}{2} & 4\end{bmatrix}\begin{bmatrix}x_1\\ x_2\\ x_3\end{bmatrix}=X'AX.$$

例 2.2 给定二次型

$$f=x_1x_3+x_2x_4.$$

按上述办法写出它的矩阵为

$$A=\begin{bmatrix}0 & 0 & \frac{1}{2} & 0\\ 0 & 0 & 0 & \frac{1}{2}\\ \frac{1}{2} & 0 & 0 & 0\\ 0 & \frac{1}{2} & 0 & 0\end{bmatrix}.$$

于是 f 可表作 $f=X'AX$.

对于一个具体二次型,读者应该熟练地写出它的矩阵.

如果给定数域 K 上一个 n 阶对称矩阵 $A=(a_{ij})$,那么,反过来以 a_{ij} 为系数即得一个二次型.我们来证明:不同的对称矩阵对应于不同的二次型,也就是说,定义中给定的二次型的解析表达式是唯一的.

命题 2.1 给定数域 K 上两个二次型

$$f=X'AX=\sum_{i=1}^{n}\sum_{j=1}^{n}a_{ij}x_ix_j\quad(a_{ij}=a_{ji}),$$

$$g = X'BX = \sum_{i=1}^{n}\sum_{j=1}^{n} b_{ij}x_i x_j \quad (b_{ij} = b_{ji}).$$

如果 $f \equiv g$(即 f, g 作为变元 $x_1, \cdots, x_n$ 的函数恒等),则 $A = B$.

证　设 V 内对称双线性函数 $f(\alpha,\beta)$,$g(\alpha,\beta)$ 在基 $\varepsilon_1, \cdots, \varepsilon_n$ 下的矩阵分别为 A, B,则二次型函数 $Q_f(\alpha)$,$Q_g(\alpha)$ 在此组基下的解析表达式分别为二次型 f, g,故由 $f \equiv g$ 推知 $Q_f(\alpha) \equiv Q_g(\alpha)$,这又推出 $f(\alpha,\beta) \equiv g(\alpha,\beta)$,于是 $A = B$. ▎

根据以上的分析,数域 K 上全体 n 元二次型所成的集合与 K 上全体 n 阶对称矩阵所成的集合之间存在一一对应. 在§1又指出,在 K 上 n 维线性空间 V 内取定一组基 $\varepsilon_1, \varepsilon_2, \cdots, \varepsilon_n$ 后,K 上全体 n 阶对称矩阵所成的集合与 V 内全体对称双线性函数所成的集合之间也存在一一对应,而对称双线性函数又与二次型函数一一对应. 所以,现在我们所研讨的理论有如下四种等价的语言表达法: 1) 二次型的语言; 2) 对称矩阵的语言; 3) 对称双线性函数的语言; 4) 二次型函数的语言. 在下面的讨论中,将视所研讨的问题的需要,在上述四种等价语言中自由地来回转换,而不再每次都做重复的说明,希望读者注意.

应当指出,从函数论的观点来看,一个函数的自变量使用什么字母来表示是无关紧要的,例如 $\sin x$ 与 $\sin y$ 在函数论中代表同一个函数. 因而下面两式

$$\sum_{i=1}^{n}\sum_{j=1}^{n} a_{ij}x_i x_j, \quad \sum_{i=1}^{n}\sum_{j=1}^{n} a_{ij}y_i y_j$$

代表的是同一个二次型.

1. 二次型的标准形

我们可以把 K 上的二次型 $f = X'AX\ (A' = A)$ 看作 V 内二次型函数 $Q_f(\alpha)$ 在基 $\varepsilon_1, \varepsilon_2, \cdots, \varepsilon_n$ 下的解析表达式. 现在,在 V 内做基变换 $(\eta_1, \eta_2, \cdots, \eta_n) = (\varepsilon_1, \varepsilon_2, \cdots, \varepsilon_n)T$,若 α 在 $\eta_1, \eta_2, \cdots, \eta_n$ 下的坐标为 Y,那么 $Q_f(\alpha)$ 在 $\eta_1, \eta_2, \cdots, \eta_n$ 下的解析表达式为 $Y'BY\ (B' = B)$. 现在 A, B 分别为 V 内对称双线性函数 $f(\alpha,\beta)$ 在基 $\varepsilon_1, \varepsilon_2, \cdots, \varepsilon_n$ 和 $\eta_1, \eta_2, \cdots, \eta_n$ 下的矩阵,根据§1,$B = T'AT$. 而且由坐标变换

公式知 $X=TY$. 即

$$Q_f(\alpha)=X'AX \xlongequal{X=TY} (TY)'A(TY)$$
$$=Y'(T'AT)Y=Y'BY.$$

下面把上述讨论改用函数论的语言说出来. 首先引进一个概念.

定义 考察系数属于数域 K 的如下的 n 个变量的线性变数替换

$$\begin{cases} x_1=t_{11}y_1+t_{12}y_2+\cdots+t_{1n}y_n, \\ x_2=t_{21}y_1+t_{22}y_2+\cdots+t_{2n}y_n, \\ \cdots\cdots\cdots\cdots\cdots\cdots\cdots\cdots\cdots\cdots \\ x_n=t_{n1}y_1+t_{n2}y_2+\cdots+t_{nn}y_n. \end{cases} \tag{2}$$

如果其系数矩阵

$$T=\begin{bmatrix} t_{11} & t_{12} & \cdots & t_{1n} \\ t_{21} & t_{22} & \cdots & t_{2n} \\ \vdots & \vdots & & \vdots \\ t_{n1} & t_{n2} & \cdots & t_{nn} \end{bmatrix} \quad (t_{ij}\in K)$$

可逆,则(2)式称为数域 K 上的**可逆线性变数替换**.

注意,数域 K 上的二次型 f 只能用 K 上可逆方阵 T 来做线性变数替换.

令

$$X=\begin{bmatrix} x_1 \\ x_2 \\ \vdots \\ x_n \end{bmatrix}, \quad Y=\begin{bmatrix} y_1 \\ y_2 \\ \vdots \\ y_n \end{bmatrix},$$

则(2)式可表示成矩阵形式

$$X=TY.$$

设 $S=(s_{ij})=T^{-1}$,则有 $Y=SX$.具体写出就是

$$\begin{cases} y_1=s_{11}x_1+s_{12}x_2+\cdots+s_{1n}x_n, \\ y_2=s_{21}x_1+s_{22}x_2+\cdots+s_{2n}x_n, \\ \cdots\cdots\cdots\cdots\cdots\cdots\cdots\cdots\cdots\cdots \\ y_n=s_{n1}x_1+s_{n2}x_2+\cdots+s_{nn}x_n. \end{cases} \tag{3}$$

(3)式称为(2)式的**逆变换**.

如果对二次型(1)做上述可逆线性变数替换,我们有

$$f=X'AX\xlongequal{X=TY}(TY)'A(TY)=Y'(T'AT)Y=g.$$

现在因$(T'AT)'=T'A'T=T'AT$,即$T'AT$仍为K上对称矩阵,故上式的g为变量$y_1,y_2,\cdots,y_n$的二次型,其矩阵为$T'AT$.我们有如下一个基本事实:

命题 2.2　给定K上两个二次型

$$f=\sum_{i=1}^{n}\sum_{j=1}^{n}a_{ij}x_ix_j\quad(a_{ij}=a_{ji}),$$

$$g=\sum_{i=1}^{n}\sum_{j=1}^{n}b_{ij}y_iy_j\quad(b_{ij}=b_{ji}),$$

它们的矩阵分别为$A=(a_{ij}),B=(b_{ij})$.则存在K上可逆线性变数替换$X=TY$,使f变成g的充要条件是B与A在K内合同,即

$$B=T'AT.$$

证　若f经变换$X=TY$化为g,即

$$f=X'AX\xlongequal{X=TY}Y'(T'AT)Y=g=Y'BY,$$

那么,按命题2.1,有

$$B=T'AT.$$

反之,若$B=T'AT$且$|T|\neq0$,做变数替换$X=TY$,有

$$f=X'AX\xlongequal{X=TY}Y'(T'AT)Y=Y'BY=g.\quad\blacksquare$$

推论　如果K上二次型$f=X'AX$在K上的可逆线性变数替换$X=TY$下变为$g=Y'BY$,则f,g为V内同一个二次型函数$Q_f(\alpha)$在两组基下的解析表达式.

证　现在B与A合同.按命题1.2,它们是V内对称双线性函数$f(\alpha,\beta)$在两组基下的矩阵,在此两组基下$Q_f(\alpha)$解析表达式分别为$X'AX,Y'BY$.　$\blacksquare$

给定数域K上两个二次型f,g,若f可经K上可逆线性变数替换化为g,则称f与g**等价**,记作$f\sim g$.命题2.2说明,f与g等

价的充要条件是它们的矩阵合同.合同关系是数域 K 上 n 阶对称矩阵集合中的一个等价关系.因此,二次型的合同关系也是数域 K 上全体二次型所成的集合内的一个等价关系,于是二次型按此关系划分为互不相交的等价类.二次型理论的一个基本问题,就是要从每个等价类中挑选出一个最简单的二次型来作为该等价类的代表.

形如

$$d_1z_1^2+d_2z_2^2+\cdots+d_nz_n^2=Z'DZ$$

的二次型称为**标准形**,其矩阵为对角形

$$D=\begin{bmatrix} d_1 & & & \\ & d_2 & & \\ & & \ddots & \\ & & & d_n \end{bmatrix}.$$

显然,这种二次型是较简单的.

根据§1中的定理1.1的推论,任意一个对称方阵都合同于一个对角矩阵.从命题2.2可知,定理1.1可用二次型的语言叙述如下:

定理2.1 给定数域 K 上的一个二次型

$$f=\sum_{i=1}^{n}\sum_{j=1}^{n}a_{ij}x_ix_j \quad (a_{ij}=a_{ji}),$$

则存在 K 上一个可逆方阵 T,使在线性变数替换 $X=TZ$ 下此二次型变为如下标准形

$$d_1z_1^2+d_2z_2^2+\cdots+d_nz_n^2.$$

综合§1和本节中的论述,我们可以把所得到的基本结果用三种不同的语言叙述出来.

1) 用双线性函数的语言:数域 K 上 n 维线性空间 V 内任一对称双线性函数的矩阵都可对角化(即 V 内存在一组基,使该对称双线性函数在此组基下的矩阵成对角形).

2) 用矩阵论的语言:数域 K 上任一对称的 n 阶方阵都合同于

一个对角矩阵.

3）用二次型的语言：数域 K 上任一二次型都可经一个可逆线性变数替换化为标准形.

上述三种说法互相等价，只要证明其中之一，另两个就自动成立.

*2. 二次型标准形的计算方法

我们现在介绍二次型的标准形的计算方法. 分两种情况进行讨论.

1）二次型(1)中有某个变量平方项的系数不为零，例如 $a_{11}\neq 0$. 此时把二次型对 x_1 配方得

$$
\begin{aligned}
f &= a_{11}x_1^2 + 2a_{12}x_1x_2 + \cdots + 2a_{1n}x_1x_n + \sum_{i=2}^{n}\sum_{j=2}^{n}a_{ij}x_ix_j \\
&= a_{11}\left[x_1^2 + 2x_1\cdot\frac{a_{12}}{a_{11}}x_2 + \cdots + 2x_1\cdot\frac{a_{1n}}{a_{11}}x_n\right] + \sum_{i=2}^{n}\sum_{j=2}^{n}a_{ij}x_ix_j \\
&= a_{11}\left[x_1 + \frac{a_{12}}{a_{11}}x_2 + \cdots + \frac{a_{1n}}{a_{11}}x_n\right]^2 + \sum_{i=2}^{n}\sum_{j=2}^{n}b_{ij}x_ix_j,
\end{aligned}
$$

做变数替换

$$
\begin{cases}
y_1 = x_1 + \dfrac{a_{12}}{a_{11}}x_2 + \cdots + \dfrac{a_{1n}}{a_{11}}x_n, \\
y_2 = \qquad\qquad x_2, \\
\cdots\cdots\cdots\cdots\cdots\cdots\cdots\cdots \\
y_n = \qquad\qquad\qquad\qquad x_n.
\end{cases}
$$

反解为

$$
\begin{cases}
x_1 = y_1 - \dfrac{a_{12}}{a_{11}}y_2 - \cdots - \dfrac{a_{1n}}{a_{11}}y_n, \\
x_2 = \qquad\qquad y_2, \\
\cdots\cdots\cdots\cdots\cdots\cdots\cdots\cdots \\
x_n = \qquad\qquad\qquad\qquad y_n.
\end{cases}
$$

写成矩阵形式

$$X=\begin{bmatrix}x_1\\x_2\\\vdots\\x_n\end{bmatrix}=\begin{bmatrix}1 & -\frac{a_{12}}{a_{11}} & \cdots & -\frac{a_{1n}}{a_{11}}\\ & 1 & & 0\\ 0 & & \ddots & \\ & & & 1\end{bmatrix}\begin{bmatrix}y_1\\y_2\\\vdots\\y_n\end{bmatrix}.$$

不难看出,这实际上相当于定理 1.1 证明过程中所做的基变换.经过上述变数替换后,二次型化作

$$a_{11}y_1^2+\sum_{i=2}^{n}\sum_{j=2}^{n}b_{ij}y_iy_j \quad (b_{ij}=b_{ji}).$$

然后再对上式右边的 $n-1$ 个变量 $y_2,y_3,\cdots,y_n$ 的二次型继续进行计算.

如果 $a_{11}=0$,而某个 $a_{ii}\neq 0$,则对 x_i 配方.

2) 所有 $a_{ii}=0(i=1,2,\cdots,n)$,而有一个 $a_{ij}\neq 0(i<j)$,则做变数替换

$$\begin{cases}x_i=y_i+y_j,\\x_j=y_i-y_j,\\x_k=y_k \quad (k\neq i,j).\end{cases}$$

这就可以把二次型化为第一种情况.

在做计算时,每一步都要把坐标变换矩阵记录下来,以便求得总的坐标变换矩阵.下面举两个例子.

例 2.3 化二次型

$$f=2x_1x_2-6x_1x_3+2x_2x_3+x_3^2$$

为标准形.

解 因为 $a_{33}=1\neq 0$,对 x_3 配方,得

$$\begin{aligned}f&=2x_1x_2+[2(x_2-3x_1)x_3+x_3^2]\\&=2x_1x_2-(x_2-3x_1)^2+[(-3x_1+x_2)+x_3]^2\\&=-9x_1^2+8x_1x_2-x_2^2+(-3x_1+x_2+x_3)^2.\end{aligned}$$

做变数替换

$$\begin{cases} y_1 = x_1, \\ y_2 = x_2, \\ y_3 = -3x_1 + x_2 + x_3. \end{cases}$$

反解为

$$\begin{cases} x_1 = y_1, \\ x_2 = y_2, \\ x_3 = 3y_1 - y_2 + y_3. \end{cases}$$

表成矩阵形式

$$X = \begin{bmatrix} x_1 \\ x_2 \\ x_3 \end{bmatrix} = \begin{bmatrix} 1 & 0 & 0 \\ 0 & 1 & 0 \\ 3 & -1 & 1 \end{bmatrix} \begin{bmatrix} y_1 \\ y_2 \\ y_3 \end{bmatrix} = T_1 Y.$$

于是二次型化作

$$-9y_1^2 + 8y_1y_2 - y_2^2 + y_3^2.$$

y_3 已配好，下面让它保持不动. 现在 y_1^2 的系数不为零，对 y_1 配方，得

$$\begin{aligned} &-9\left[y_1^2 - 2y_1 \cdot \frac{4}{9}y_2\right] - y_2^2 + y_3^2 \\ &= -9\left[y_1 - \frac{4}{9}y_2\right]^2 + \frac{7}{9}y_2^2 + y_3^2. \end{aligned}$$

做变数替换，并表成矩阵形式

$$Y = \begin{bmatrix} y_1 \\ y_2 \\ y_3 \end{bmatrix} = \begin{bmatrix} 1 & \frac{4}{9} & 0 \\ 0 & 1 & 0 \\ 0 & 0 & 1 \end{bmatrix} \begin{bmatrix} z_1 \\ z_2 \\ z_3 \end{bmatrix} = T_2 Z.$$

于是二次型化作标准形

$$-9z_1^2 + \frac{7}{9}z_2^2 + z_3^2.$$

最后，求出总的变数替换矩阵 T. 因

$$X = T_1 Y = T_1(T_2 Z) = (T_1 T_2)Z = TZ,$$

故

$$T=T_1T_2=\begin{bmatrix}1&0&0\\0&1&0\\3&-1&1\end{bmatrix}\begin{bmatrix}1&\frac{4}{9}&0\\0&1&0\\0&0&1\end{bmatrix}$$

$$=\begin{bmatrix}1&\frac{4}{9}&0\\0&1&0\\3&\frac{1}{3}&1\end{bmatrix}.$$

在变换过程中得到的 T_1,T_2 均可逆,所以,它们的乘积 T 也是可逆的. 现在分别把原二次型的矩阵 A 和标准形的矩阵 D 写出来:

$$A=\begin{bmatrix}0&1&-3\\1&0&1\\-3&1&1\end{bmatrix},\quad D=\begin{bmatrix}-9&0&0\\0&\frac{7}{9}&0\\0&0&1\end{bmatrix}.$$

如果具体计算一下,就可以验证有合同关系: $T'AT=D$.

例 2.4 化二次型

$$f=2x_1x_2-6x_2x_3+2x_1x_3$$

为标准形.

解 现在所有平方项系数都为零,而 $a_{12}=1\neq0$. 做变数替换

$$\begin{cases}x_1=y_1+y_2,\\x_2=y_1-y_2,\\x_3=\qquad\quad y_3.\end{cases}$$

写成矩阵形式

$$X=\begin{bmatrix}x_1\\x_2\\x_3\end{bmatrix}=\begin{bmatrix}1&1&0\\1&-1&0\\0&0&1\end{bmatrix}\begin{bmatrix}y_1\\y_2\\y_3\end{bmatrix}=T_1Y.$$

二次型化作

$$\begin{aligned}&2(y_1+y_2)(y_1-y_2)+2(y_1+y_2)y_3-6(y_1-y_2)y_3\\&\quad=2y_1^2-2y_2^2-4y_1y_3+8y_2y_3.\end{aligned}$$

y_1^2 的系数不为零,对 y_1 配方,得

$$2(y_1^2-2y_1y_3)-2y_2^2+8y_2y_3=2(y_1-y_3)^2-2y_2^2-2y_3^2+8y_2y_3.$$

做变数替换，并写成矩阵形式

$$Y=\begin{bmatrix}1&0&1\\0&1&0\\0&0&1\end{bmatrix}\begin{bmatrix}z_1\\z_2\\z_3\end{bmatrix}=T_2Z.$$

二次型化作

$$2z_1^2-2z_2^2+8z_2z_3-2z_3^2.$$

再对 z_2 配方，得

$$2z_1^2-2(z_2^2-4z_2z_3)-2z_3^2=2z_1^2-2(z_2-z_3)^2+6z_3^2.$$

做变数替换，并写成矩阵形式

$$Z=\begin{bmatrix}1&0&0\\0&1&2\\0&0&1\end{bmatrix}\begin{bmatrix}u_1\\u_2\\u_3\end{bmatrix}=T_3U.$$

二次型化作标准形

$$2u_1^2-2u_2^2+6u_3^2.$$

最后，求出总的坐标变换矩阵. 因

$$X=T_1Y=T_1(T_2Z)=T_1T_2(T_3U)=(T_1T_2T_3)U,$$

故

$$T=T_1T_2T_3=\begin{bmatrix}1&1&0\\1&-1&0\\0&0&1\end{bmatrix}\begin{bmatrix}1&0&1\\0&1&0\\0&0&1\end{bmatrix}\begin{bmatrix}1&0&0\\0&1&2\\0&0&1\end{bmatrix}$$

$$=\begin{bmatrix}1&1&3\\1&-1&-1\\0&0&1\end{bmatrix}.$$

如果写出原二次型矩阵 A 和标准形矩阵 D，有

$$A=\begin{bmatrix}0&1&1\\1&0&-3\\1&-3&0\end{bmatrix},\quad D=\begin{bmatrix}2&0&0\\0&-2&0\\0&0&6\end{bmatrix}.$$

不难验证有合同关系：$T'AT=D$.

在用变数替换化二次型成标准形时，必须注意所做的线性变数替换一定要是可逆的，即其系数矩阵行列式应当不为零. 不难证明，利用上面的办法做变换时，每一步的变换矩阵都是可逆的，所以，最

后把它们连乘起来所得的总的变换矩阵 T 也一定是可逆的.

另外还应当注意,一个二次型的标准形并不是唯一的.用不同的办法计算有可能得到不同的标准形.关于这一点,我们在下一节中再做仔细研究.

习 题 二

1. 写出下列二次型的矩阵:

(1) $f=-2x_1^2-x_2^2+x_1x_3-x_2x_3$;

(2) $f=-x_1x_3-2x_1x_4+x_3^2-5x_3x_4$;

(3) $f=2x_1^2-3x_2^2-4x_3^2-5x_4^2$;

(4) $f=-x_2^2-x_3^2+x_1x_4$.

2. 在 K^4 中给定如下对称双线性函数:若

$$\alpha=(x_1,x_2,x_3,x_4),\quad \beta=(y_1,y_2,y_3,y_4),$$

令

$$\begin{aligned}f(\alpha,\beta)=&-x_1y_1+2x_1y_2+2x_2y_1-3x_2y_2+x_2y_4\\&-2x_1y_4+x_4y_2-2x_4y_1+2x_4y_4.\end{aligned}$$

(1) 写出 $f(\alpha,\beta)$在基

$$\begin{aligned}\varepsilon_1&=(1,0,0,0),\\\varepsilon_2&=(0,1,0,0),\\\varepsilon_3&=(0,0,1,0),\\\varepsilon_4&=(0,0,0,1)\end{aligned}$$

下的矩阵,并写出 $f(\alpha,\alpha)$在此组基下的解析表达式;

(2) 做基变换

$$(\eta_1,\eta_2,\eta_3,\eta_4)=(\varepsilon_1,\varepsilon_2,\varepsilon_3,\varepsilon_4)\begin{bmatrix}2&1&\frac{4}{\sqrt{3}}&0\\1&0&\frac{3}{\sqrt{3}}&0\\0&0&0&1\\0&0&\frac{1}{\sqrt{3}}&0\end{bmatrix},$$

求 $f(\alpha,\beta)$在基 $\eta_1,\eta_2,\eta_3,\eta_4$ 下的矩阵,并求 $f(\alpha,\alpha)$在这组基下的

解析表达式；

(3) 求可逆线性变数替换 $X=TY$，使二次型

$$f=-x_1^2+4x_1x_2-4x_1x_4-3x_2^2+2x_2x_4+2x_4^2$$

化成标准形.

3. 给定四个变量的二次型 f，试在 K^4 内找出对称双线性函数 $f(\alpha,\beta)$，使 $f(\alpha,\alpha)$ 在基

$$\varepsilon_1=(1,0,0,0),\quad \varepsilon_2=(0,1,0,0),$$
$$\varepsilon_3=(0,0,1,0),\quad \varepsilon_4=(0,0,0,1)$$

下的解析表达式为 f，其中

(1) $f=x_1^2+x_2^2+x_3^2+x_4^2+2x_1x_2+2x_2x_3+2x_3x_4$；

(2) $f=x_1x_2+x_1x_3+x_1x_4+x_2x_3+x_2x_4+x_3x_4$.

4. 用可逆线性变数替换化下列二次型为标准形：

(1) $f=-4x_1x_2+2x_1x_3+2x_2x_3$；

(2) $f=x_1^2+2x_1x_2+2x_2^2+4x_2x_3+4x_3^2$；

(3) $f=x_1^2-3x_2^2-2x_1x_2+2x_1x_3-6x_2x_3$；

(4) $f=8x_1x_4+2x_3x_4+2x_2x_3+8x_2x_4$；

(5) $f=x_1x_2+x_1x_3+x_1x_4+x_2x_3+x_2x_4+x_3x_4$；

(6) $f=x_1^2+2x_2^2+x_4^2+4x_1x_2+4x_1x_3+2x_1x_4+2x_2x_3+2x_2x_4+2x_3x_4$；

(7) $f=x_1^2+x_2^2+x_3^2+x_4^2+2x_1x_2+2x_2x_3+2x_3x_4$；

(8) $f=x_1x_{2n}+x_2x_{2n-1}+\cdots+x_nx_{n+1}$；

(9) $f=x_1x_2+x_2x_3+\cdots+x_{n-1}x_n$.

5. 用可逆线性变数替换化下列二次型成标准形：

(1) $\sum\limits_{i=1}^n x_i^2+\sum\limits_{1\leqslant i<j\leqslant n} x_ix_j$；

(2) $\sum\limits_{i=1}^n (x_i-\bar{x})^2$，其中 $\bar{x}=\dfrac{x_1+x_2+\cdots+x_n}{n}$.

6. 证明：秩等于 r 的对称矩阵可以表成 r 个秩等于 1 的对称矩阵之和.

7. 给定二次型

$$f=\sum_{i=1}^{s}(a_{i1}x_1+a_{i2}x_2+\cdots+a_{in}x_n)^2,$$

其中

$$A=\begin{bmatrix} a_{11} & a_{12} & \cdots & a_{1n} \\ a_{21} & a_{22} & \cdots & a_{2n} \\ \vdots & \vdots & & \vdots \\ a_{s1} & a_{s2} & \cdots & a_{sn} \end{bmatrix}$$

是一个实数矩阵. 证明：f 的秩等于 $\mathrm{r}(A)$.

8. 给定数域 K 上的 n 元二次型 $f=X'AX$. 对它做可逆线性变数替换 $X=TY$,其中 T 为主对角线上元素全为 1 的上三角矩阵, f 经此变换化为二次型 $g=Y'BY$. 证明 A 与 B 的下列子式相等：

$$A\begin{Bmatrix} 1 & 2 & \cdots & r \\ 1 & 2 & \cdots & r \end{Bmatrix}=B\begin{Bmatrix} 1 & 2 & \cdots & r \\ 1 & 2 & \cdots & r \end{Bmatrix},\quad r=1,2,\cdots,n.$$

此类线性变数替换 $X=TY$ 称为**三角形变换**.

9. 给定数域 K 上的二次型 $f=X'AX$. 设 f 的秩为 r.

(1) 证明：f 可用三角形变换化为

$$g=\lambda_1 y_1^2+\lambda_2 y_2^2+\cdots+\lambda_r y_r^2(\lambda_i\neq 0, i=1,2,\cdots,r)$$

的充要条件是

$$D_k=A\begin{Bmatrix} 1 & 2 & \cdots & k \\ 1 & 2 & \cdots & k \end{Bmatrix}\neq 0 \quad (k=1,2,\cdots,r),$$

而

$$A\begin{Bmatrix} 1 & 2 & \cdots & k \\ 1 & 2 & \cdots & k \end{Bmatrix}=0 \quad (k=r+1,\cdots,n).$$

(2) 证明：上题中的标准形 g 的系数满足

$$\lambda_k=\frac{D_k}{D_{k-1}} \quad (k=1,2,\cdots,r;\ D_0=1).$$

§3 实与复二次型的分类

上一节已经指出：我们可以把数域 K 上的二次型按等价关系划分为等价类. 现在要问：K 上的二次型究竟有多少个不同的等价

类？这一节中，我们将要对 K 为复数域和实数域两种情况分别解决这个问题.

根据定理 2.1，任一个二次型等价于一个标准形.但二次型的标准形并不是唯一的，所以单靠标准形的概念还解决不了上面所提出的问题.但标准形可以作为解决上述问题的出发点.这就是说，只要讨论 $\mathbb{C}$ 或 $\mathbb{R}$ 上的二次型有多少种互不等价的标准形就可以了.

1. 复二次型的分类

在复数域 $\mathbb{C}$ 上给定二次型

$$f=\sum_{i=1}^{n}\sum_{j=1}^{n}a_{ij}x_ix_j\quad (a_{ij}=a_{ji}).$$

设它在可逆线性变数替换 $X=TZ$ 下变为标准形

$$d_1z_1^2+d_2z_2^2+\cdots+d_nz_n^2.$$

根据 §2 中所作的阐述，这相当于在 $\mathbb{C}$ 上 n 维线性空间 V 内做一个基变换

$$(\eta_1,\eta_2,\cdots,\eta_n)=(\varepsilon_1,\varepsilon_2,\cdots,\varepsilon_n)T,$$

使对称双线性函数 $f(\alpha,\beta)$ 在新基下的矩阵成对角形，即

$$f(\eta_i,\eta_j)=d_i\delta_{ij},$$

设 $d_1,d_2,\cdots,d_n$ 中有 r 个不为零.只要把 $\eta_1,\eta_2,\cdots,\eta_n$ 的次序重新排列一下，就可以使不为零的 d_i 排在前面，而后面 $n-r$ 个 d_i 全为零.因此，不妨设 f 的标准形为

$$d_1z_1^2+d_2z_2^2+\cdots+d_rz_r^2\quad (d_i\neq 0,\ i=1,2,\cdots,r),$$

f 的矩阵为 $A=(a_{ij})$，有

$$T'AT=D=\begin{bmatrix} d_1 & & & & & & \\ & d_2 & & & & & \\ & & \ddots & & & & \\ & & & d_r & & & \\ & & & & 0 & & \\ & & & & & \ddots & \\ & & & & & & 0 \end{bmatrix}.$$

因为 T 可逆,由第二章命题 5.2 的推论 2,$\mathrm{r}(D)=\mathrm{r}(A)$. 故 D 中主对角线上非零元素个数 $r=\mathrm{r}(D)=\mathrm{r}(A)=f$ 的秩.

因为在复数域内任意一个数都可以开平方,所以可以对上述标准形再做如下可逆线性变数替换:

$$\begin{cases} u_1=\sqrt{d_1}z_1, \\ u_2=\qquad\sqrt{d_2}z_2, \\ \cdots\cdots\cdots\cdots\cdots\cdots \\ u_r=\qquad\qquad\sqrt{d_r}z_r, \\ u_{r+1}=\qquad\qquad\qquad z_{r+1}, \\ \cdots\cdots\cdots\cdots\cdots\cdots\cdots\cdots\cdots \\ u_n=\qquad\qquad\qquad\qquad z_n \end{cases}$$

(其中 $\sqrt{d_i}$ 为 d_i 的任一平方根). 写成矩阵形式,就是

$$U=\begin{bmatrix} u_1 \\ \vdots \\ u_r \\ u_{r+1} \\ \vdots \\ u_n \end{bmatrix}=\begin{bmatrix} \sqrt{d_1} & & & & & \\ & \ddots & & & & \\ & & \sqrt{d_r} & & & \\ & & & 1 & & \\ & & & & \ddots & \\ & & & & & 1 \end{bmatrix}\begin{bmatrix} z_1 \\ \vdots \\ z_r \\ z_{r+1} \\ \vdots \\ z_n \end{bmatrix}.$$

于是 f 变为

$$u_1^2+u_2^2+\cdots+u_r^2.$$

定理 3.1 复数域$\mathbb{C}$上任一个二次型 f 都等价于如下一个二次型:

$$u_1^2+u_2^2+\cdots+u_r^2,$$

其中 r 等于二次型 f 的秩,这称为该二次型的**规范形**. 规范形是唯一的.

规范形由二次型的秩唯一决定,所以它是唯一的. 因为在证明中用到对某些数做开方运算,所以这个结论对一般数域不成立(一般数域上一个数开方后可能不再属该数域).

秩不同的二次型显然不等价. 定理 3.1 指出,在复数域内秩相同

的二次型有相同的规范形,因而互相等价.二次型的秩可为 0,1,2,…,n,共 $n+1$ 种可能,所以复数域$\mathbb{C}$上的二次型一共有 $n+1$ 个不同的等价类.

2. 实二次型的分类

在实数域$\mathbb{R}$上给定二次型

$$f=\sum_{i=1}^{n}\sum_{j=1}^{n}a_{ij}x_i x_j \quad (a_{ij}=a_{ji}).$$

设 f 的秩为 r,那么,按上一段开头所指出的,存在$\mathbb{R}$上可逆线性变数替换 $X=TZ$,使 f 化为标准形

$$d_1z_1^2+d_2z_2^2+\cdots+d_rz_r^2.$$

其中 $d_1,d_2,\cdots,d_r$ 为非零实数.按同样的道理,我们不妨设前 p 个:$d_1,d_2,\cdots,d_p$ 为正数,而余下的 $r-p$ 个:$d_{p+1},\cdots,d_r$ 为负数.因为在$\mathbb{R}$内任何正数均可开平方,故可做$\mathbb{R}$内可逆线性变数替换

$$\begin{cases}u_1=\sqrt{d_1}z_1,\\ \cdots\cdots\cdots\cdots\\ u_p=\sqrt{d_p}z_p,\\ u_{p+1}=\sqrt{-d_{p+1}}z_{p+1},\\ \cdots\cdots\cdots\cdots\cdots\cdots\cdots\cdots\\ u_r=\sqrt{-d_r}z_r,\\ u_{r+1}=z_{r+1},\\ \cdots\cdots\cdots\cdots\cdots\cdots\cdots\cdots\cdots\\ u_n=z_n.\end{cases}$$

于是二次型化作

$$u_1^2+\cdots+u_p^2-u_{p+1}^2-\cdots-u_r^2,$$

其中 $0\leqslant p\leqslant r$.现在我们有:

定理 3.2 实数域$\mathbb{R}$上任一个二次型 f 都等价于如下一个实二次型:

$$u_1^2+\cdots+u_p^2-u_{p+1}^2-\cdots-u_r^2.$$

它称为 f 的**规范形**. 规范形是唯一的.

证 现在只需证明规范形的唯一性. 规范形中的 r 等于 f 的秩,是唯一确定的,我们只需证明正平方项的个数 p 也是唯一确定的就可以了.

设 f 有两个规范形

$$u_1^2+\cdots+u_p^2-u_{p+1}^2-\cdots-u_r^2,$$
$$v_1^2+\cdots+v_q^2-v_{q+1}^2-\cdots-v_r^2.$$

按命题 2.2 的推论,这表明在 $\mathbb{R}$ 上 n 维线性空间 V 内存在一组基 $\eta_1,\eta_2,\cdots,\eta_n$,使当 $\alpha=u_1\eta_1+u_2\eta_2+\cdots+u_n\eta_n$ 时

$$Q_f(\alpha)=u_1^2+\cdots+u_p^2-u_{p+1}^2-\cdots-u_r^2.$$

在 V 内又存在一组基 $\omega_1,\omega_2,\cdots,\omega_n$,使当 $\alpha=v_1\omega_1+v_2\omega_2+\cdots+v_n\omega_n$ 时,

$$Q_f(\alpha)=v_1^2+\cdots+v_q^2-v_{q+1}^2-\cdots-v_r^2.$$

现令 $M=L(\eta_1,\cdots,\eta_p)$,则当 $\alpha\in M,\alpha\neq 0$ 时,

$$\alpha=u_1\eta_1+\cdots+u_p\eta_p\quad(u_i\text{ 不全为 }0).$$

于是 $Q_f(\alpha)=u_1^2+\cdots+u_p^2>0$. 又令 $N=L(\omega_{q+1},\cdots,\omega_n)$. 则当 $\alpha\in N$ 时,有

$$\alpha=v_{q+1}\omega_{q+1}+\cdots+v_n\omega_n.$$

于是 $Q_f(\alpha)=-v_{q+1}^2-\cdots-v_r^2\leqslant 0$. 这表明 $M\cap N=\{0\}$. 按维数公式,我们有

$$\begin{aligned}n&=\dim V\geqslant\dim(M+N)=\dim M+\dim N\\&=p+(n-q).\end{aligned}$$

这表明 $p-q\leqslant 0$,即 $p\leqslant q$. 由于 p,q 地位对称,同理应有 $q\leqslant p$,于是 $p=q$. ▌

定理 3.2 通常称为**惯性定律**. p 称为实二次型 f 的**正惯性指数**,$r-p$ 称为 f 的**负惯性指数**,它们的差

$$p-(r-p)=2p-r$$

称为 f 的**符号差**.

定理 3.2 说明:对实二次型,不但秩不相同时不等价,就是在秩相同时,如果正惯性指数不相同,也不等价(这是由于规范形的唯一

性,正惯性指数不同的规范形互相不等价). 而如果秩与正惯性指数相同时,它们都等价于同一个规范形,因而彼此等价. 所以在实二次型里,每个等价类决定于两个非负整数: r,p,其中 $0\leqslant r\leqslant n$, $0\leqslant p\leqslant r$. 这就完全解决了实二次型的分类问题.

习　题　三

1. 用 $\mathbb{C}$ 上可逆线性变数替换将下列复二次型化为规范形:

(1) $f=2x_1x_2-6x_2x_3+2x_1x_3$;

(2) $f=-5x_1^2+3x_3^2-2x_4^2$;

(3) $f=(1+\mathrm{i})x_1^2-(\sqrt{2}+2\mathrm{i})x_2^2-3\mathrm{i}x_3^2$;

(4) $f=(-1-\mathrm{i})x_1x_2+2\mathrm{i}x_2^2$.

2. 用 $\mathbb{R}$ 上可逆线性变数替换将下列实二次型化为规范形,并求其秩,正、负惯性指数和符号差:

(1) $f=2x_1x_2-6x_2x_3+2x_1x_3$;

(2) $f=-5x_1^2+3x_3^2-2x_4^2$;

(3) $f=-2(x_1+x_2)^2+3(x_1-x_2)^2$;

(4) $f=-(x_1-2x_2+3x_3-x_4)^2+(2x_1-x_3+3x_4)^2$
$\quad+(-2x_1+4x_2-6x_3+2x_4)^2$.

3. 证明: 一个实二次型可以分解成两个实系数的一次齐次多项式的乘积的充要条件是: 它的秩等于 2,而符号差为零,或其秩为 1.

4. 设

$$f=X'AX=\sum_{i=1}^{n}\sum_{j=1}^{n}a_{ij}x_ix_j\quad(a_{ij}=a_{ji})$$

是一个实二次型. 若存在 n 维实向量 X_1 与 X_2,使

$$X_1'AX_1>0,\quad X_2'AX_2<0,$$

证明: 必存在 n 维实向量 $X_0\neq 0$,使 $X_0'AX_0=0$.

5. 设

$$f=l_1^2+l_2^2+\cdots+l_p^2-l_{p+1}^2-\cdots-l_{p+q}^2,$$

其中 $l_i(i=1,2,\cdots,p+q)$ 是 $x_1,x_2,\cdots,x_n$ 的实系数的一次齐次函数,即 $l_i=a_{i1}x_1+a_{i2}x_2+\cdots+a_{in}x_n$. 证明: f 的正惯性指数 $\leqslant p$,负惯性指数 $\leqslant q$.

6. 设V是实数域上的n维线性空间，$f(\alpha,\beta)$是V内一个对称双线性函数，A为$f(\alpha,\beta)$在基$\varepsilon_1,\varepsilon_2,\cdots,\varepsilon_n$下的矩阵. 若实二次型$X'AX$的负惯性指数$q=0$，证明：

$$M=\{\alpha\in V\mid f(\alpha,\alpha)=0\}$$

是V的一个子空间，并求$\dim M$.

7. 设V是实数域上的n维线性空间，$f(\alpha,\beta)$是V内对称双线性函数. 如果$\alpha\in V$，使$Q_f(\alpha)=0$，则α称为一个**迷向向量**. 证明：如果存在$\alpha_0,\beta_0\in V$使$Q_f(\alpha_0)>0$而$Q_f(\beta_0)<0$，则在V内存在一组基$\varepsilon_1,\varepsilon_2,\cdots,\varepsilon_n$，使其中每个$\varepsilon_i$均为迷向向量.

8. 设V是实数域上的n维线性空间，$f(\alpha,\beta)$是V内对称双线性函数. 令

$$N(f)=\{\alpha\in V\mid Q_f(\alpha)=0\}.$$

证明$N(f)$是V的子空间的充要条件是：对所有$\alpha\in V$，$Q_f(\alpha)\geqslant 0$或对所有$\alpha\in V$，$Q_f(\alpha)\leqslant 0$.

9. 设V是实数域上的n维线性空间，$f(\alpha,\beta)$是V内对称双线性函数，$N(f)$定义如上题. 在V内取定一组基$\varepsilon_1,\varepsilon_2,\cdots,\varepsilon_n$后$Q_f(\alpha)$对应于实二次型$X'AX$. 如果此实二次型正惯性指数为$p$，负惯性指数为$q$. 证明包含在$N(f)$内的子空间的最大维数是

$$n-\max\{p,q)=\min(p,q)+n-r,$$

其中r为二次型$X'AX$的秩.

10. 给定n元实二次型$f=X'AX$. 如果

$$A\begin{Bmatrix}1 & 2 & \cdots & k\\ 1 & 2 & \cdots & k\end{Bmatrix}>0\quad(k=1,2,\cdots,n).$$

利用习题二第9题证明：f对应的二次型函数$Q_f(\alpha)>0$($\forall\alpha\in V,\alpha\neq 0$).

§4 正定二次型

在这一节里，我们研究实二次型中秩r和正惯性指数p都等于n的等价类. 这个等价类在理论上具有特殊的重要性. 例如在下一章中，我们将要利用它对实数域上的线性空间做深入一步的研究.

定义　实数域$\mathbb{R}$上的一个二次型

$$f = X'AX = \sum_{i=1}^{n}\sum_{j=1}^{n} a_{ij}x_i x_j \quad (a_{ij} = a_{ji}), \tag{1}$$

如果它的秩 r 和正惯性指数都等于变量个数 n，则称为一个**正定二次型**. 正定二次型的矩阵称为**正定矩阵**. 与 f 对应的二次型函数 $Q_f(\alpha)$称为**正定二次型函数**.

如果实二次型(1)正定，则它的规范形为

$$y_1^2 + y_2^2 + \cdots + y_n^2 = Y'EY.$$

命题 4.1　对于实二次型(1)，下列命题等价：

(i) f 正定；

(ii) A 在$\mathbb{R}$内合同于单位矩阵 E，亦即存在实数域上 n 阶可逆矩阵 T，使 $A = T'ET = T'T$；

(iii) f 对应的二次型函数$Q_f(\alpha) > 0$ ($\forall \alpha \in V, \alpha \neq 0$).

证　由命题 2.2 立知(i)与(ii)等价.

(i)$\Longrightarrow$(iii)：由命题 2.2 的推论知在 V 的某一组基 $\eta_1, \eta_2, \cdots, \eta_n$ 下 $Q_f(\alpha)$ 的解析表达式为：若 $\alpha = u_1\eta_1 + u_2\eta_2 + \cdots + u_n\eta_n$，

$$Q_f(\alpha) = u_1^2 + u_2^2 + \cdots + u_n^2.$$

显见有 $Q_f(\alpha) > 0$ ($\forall \alpha \in V, \alpha \neq 0$).

(iii)$\Longrightarrow$(i)：设 $f = X'AX$ 的规范形为

$$u_1^2 + \cdots + u_p^2 - u_{p+1}^2 - \cdots - u_r^2.$$

则上式为 $Q_f(\alpha)$在 V 的某一组基 $\eta_1, \eta_2, \cdots, \eta_n$ 下的解析表达式. 若 $r < n$，则 $Q_f(\eta_n) = 0$，与假设矛盾. 故 $r = n$. 而若 $p < r = n$，则 $Q_f(\eta_n) = -1$，与假设矛盾. 于是 $p = r = n$，即 f 正定. ▍

$f = X'AX$ 为 $Q_f(\alpha)$在基 $\varepsilon_1, \varepsilon_2, \cdots, \varepsilon_n$ 下的解析表达式，即若 $\alpha = (\varepsilon_1, \varepsilon_2, \cdots, \varepsilon_n)X$，则 $Q_f(\alpha) = X'AX$. 因为 $\alpha \neq 0 \Longleftrightarrow X \neq 0$，于是

$$Q_f(\alpha) > 0 (\alpha \neq 0) \Longleftrightarrow X'AX > 0 \quad (X \neq 0).$$

故上式也可作为二次型正定的又一等价说法.

推论　若 A 正定，则$|A| > 0$.

证　此时有 $T \in M_n(\mathbb{R})$，$|T| \neq 0$，使 $A = T'T$，于是

$$|A| = |T'||T| = |T|^2 > 0. \quad ▍$$

下面来给出利用实对称矩阵 A 的子式来判断其是否正定的法

则. 设 $A=(a_{ij})$ 为 n 阶实对称矩阵, $1\leqslant i_1<i_2<\cdots<i_r\leqslant n$. 称 A 的 r 阶子式

$$A\begin{Bmatrix} i_1 & i_2 & \cdots & i_r \\ i_1 & i_2 & \cdots & i_r \end{Bmatrix}$$

为 A 的一个 r **阶主子式**. 而

$$A\begin{Bmatrix} 1 & 2 & \cdots & k \\ 1 & 2 & \cdots & k \end{Bmatrix} \quad (1\leqslant k\leqslant n)$$

则称为 A 的 k **阶顺序主子式**.

定理 4.1 给定 n 元实二次型

$$f=X'AX=\sum_{i=1}^{n}\sum_{j=1}^{n}a_{ij}x_ix_j \quad (a_{ij}=a_{ji}).$$

则 f 正定的充要条件是其矩阵 A 的各阶顺序主子式都大于零, 即

$$A\begin{Bmatrix} 1 & 2 & \cdots & k \\ 1 & 2 & \cdots & k \end{Bmatrix}>0 \quad (k=1,2,\cdots,n).$$

证 必要性 $\mathbb{R}$ 上 n 维线性空间 V 内对称双线性函数 $f(\alpha,\beta)$ 在基 $\varepsilon_1,\varepsilon_2,\cdots,\varepsilon_n$ 下矩阵为 A. 令 $M=L(\varepsilon_1,\varepsilon_2,\cdots,\varepsilon_k)$. 把 $f(\alpha,\beta)$ 限制在 M 内, 在 M 的基 $\varepsilon_1,\varepsilon_2,\cdots,\varepsilon_k$ 下它的矩阵为

$$A_k=\begin{bmatrix} a_{11} & a_{12} & \cdots & a_{1k} \\ a_{21} & a_{22} & \cdots & a_{2k} \\ \vdots & \vdots & & \vdots \\ a_{k1} & a_{k2} & \cdots & a_{kk} \end{bmatrix}.$$

因 $\forall\alpha\in M,\alpha\neq 0,Q_f(\alpha)>0$. 按命题 4.1 及其推论知

$$A\begin{Bmatrix} 1 & 2 & \cdots & k \\ 1 & 2 & \cdots & k \end{Bmatrix}=|A_k|>0.$$

充分性 对 n 做数学归纳法. 当 $n=1$ 时, $f=a_{11}x_1^2,a_{11}>0$, 显然 $a_{11}x_1^2>0(x_1\neq 0)$, 故 f 正定. 现设对 $n-1$ 个变元的实二次型命题成立. 考察 V 的子空间 $M=L(\varepsilon_1,\varepsilon_2,\cdots,\varepsilon_{n-1})$. $f(\alpha,\beta)$ 限制在 M 内, 在基 $\varepsilon_1,\varepsilon_2,\cdots,\varepsilon_{n-1}$ 下的矩阵为

$$A_{n-1}=\begin{bmatrix} a_{11} & a_{12} & \cdots & a_{1\,n-1} \\ a_{21} & a_{22} & \cdots & a_{2\,n-1} \\ \vdots & \vdots & & \vdots \\ a_{n-1\,1} & a_{n-1\,2} & \cdots & a_{n-1\,n-1} \end{bmatrix},$$

其各阶顺序主子式>0. 按归纳假设, $\forall \alpha \in M, \alpha \neq 0, Q_f(\alpha)>0$. 按命题4.1, A_{n-1} 合同于 E_{n-1}. 于是 M 内存在一组基 $\eta_1, \eta_2, \cdots, \eta_{n-1}$, 使 $f(\alpha, \beta)$ 在该组基下矩阵为 E_{n-1}. 即

$$f(\eta_i, \eta_j)=\delta_{ij} \quad (i, j=1,2, \cdots, n-1). \tag{2}$$

将 $\eta_1, \eta_2, \cdots, \eta_{n-1}$ 添加 ξ 使成 V 的一组基. 令

$$\zeta=\xi-f(\eta_1, \xi) \eta_1-f(\eta_2, \xi) \eta_2-\cdots-f(\eta_{n-1}, \xi) \eta_{n-1},$$

则 $\eta_1, \eta_2, \cdots, \eta_{n-1}, \zeta$ 与 $\eta_1, \eta_2, \cdots, \eta_{n-1}, \xi$ 等价, 也是 V 的一组基. 因(利用(2)式)

$$\begin{aligned} f(\eta_i, \zeta) &= f(\eta_i, \xi)-f(\eta_i, \xi) f(\eta_i, \eta_i) \\ &= f(\eta_i, \xi)-f(\eta_i, \xi)=0 . \end{aligned}$$

故 $f(\alpha, \beta)$ 在基 $\eta_1, \eta_2, \cdots, \eta_{n-1}, \zeta$ 下的矩阵为

$$B=\begin{bmatrix} E_{n-1} & 0 \\ 0 & f(\zeta, \zeta) \end{bmatrix}.$$

B 与 A 是 $f(\alpha, \beta)$ 在不同基下的矩阵, 互相合同, 即有 $T \in M_n(\mathbb{R})$, $|T| \neq 0$, 使 $T'AT=B$, 于是(注意$|A|>0$)

$$d=f(\zeta, \zeta)=|B|=|T'AT|=|T|^2 \cdot|A|>0 .$$

令 $\eta_n=\dfrac{1}{\sqrt{d}} \zeta$, 则

$$f(\eta_n, \eta_i)=\frac{1}{\sqrt{d}} f(\zeta, \eta_i)=0 \quad (i=1,2, \cdots, n-1),$$

$$f(\eta_n, \eta_n)=\frac{1}{d} f(\zeta, \zeta)=1 .$$

而 $\eta_1, \eta_2, \cdots, \eta_{n-1}, \eta_n$ 为 V 的一组基, 在此基下 $f(\alpha, \beta)$ 的矩阵为 E_n. 即 A 合同于 E_n, 从而 f 正定. ▌

最后, 我们指出, n 元实二次型 $f=X'AX$ 可以划分为以下几个大类:

1) 正定二次型;

2) **半正定二次型**: 其规范形为

$$y_1^2+y_2^2+\cdots+y_r^2,$$

即 f 的正惯性指数 $p=$ 秩 r. 显然, f 半正定的充要条件是对一切 $\alpha \in V, Q_f(\alpha)=X'AX \geqslant 0$, 半正定型的矩阵称为**半正定矩阵**;

3) **负定二次型**：其规范形为

$$-y_1^2-y_2^2-\cdots-y_n^2,$$

即 f 的负惯性指数 $q=$ 秩 $r=n$. 显然 f 负定的充要条件是对一切 $\alpha\neq 0$, $Q_f(\alpha)=X'AX<0$, 负定二次型的矩阵称**负定矩阵**；

4) **半负定二次型**：其规范形为

$$-y_1^2-y_2^2-\cdots-y_r^2,$$

即 f 的负惯性指数 $q=$ 秩 r. 显然, f 半负定的充要条件是对一切 α, $Q_f(\alpha)=X'AX\leqslant 0$, 半负定二次型的矩阵称**半负定矩阵**；

5) 除上述四类之外,其他实二次型都称为**不定型**.

习 题 四

1. 判断下列二次型是否正定：

(1) $f=99x_1^2-12x_1x_2+48x_1x_3+130x_2^2-60x_2x_3+71x_3^2$;

(2) $f=10x_1^2+8x_1x_2+24x_1x_3+2x_2^2-28x_2x_3+x_3^2$;

*(3) $f=\sum\limits_{i=1}^{n}x_i^2+\sum\limits_{1\leqslant i<j\leqslant n}x_ix_j$;

*(4) $f=\sum\limits_{i=1}^{n}x_i^2+\sum\limits_{i=1}^{n-1}x_ix_{i+1}$.

2. t 取什么值时,下列实二次型是正定的？

(1) $f=x_1^2+x_2^2+5x_3^2+2tx_1x_2-2x_1x_3+4x_2x_3$;

(2) $f=x_1^2+4x_2^2+x_3^2+2tx_1x_2+10x_1x_3+6x_2x_3$.

3. 证明：如果 A 是正定矩阵,那么 A 的主子式全大于零.

4. 设 A 是实对称矩阵,证明：当实数 t 充分大之后, $tE+A$ 是正定矩阵.

5. 证明：如果 A 是正定矩阵,那么 A^{-1} 也是正定矩阵.

6. 设 A 是 n 阶实对称矩阵,证明：存在一个正实数 c,使对任一实 n 维向量 X(表成列形式)都有

$$|X'AX|\leqslant cX'X.$$

7. 设 A 为 n 阶实对称矩阵, $|A|<0$. 证明：存在实的 n 维向量 X,使 $X'AX<0$.

8. 如果 A,B 都是正定矩阵,证明 $A+B$ 也是正定矩阵.

9. 证明： $n\sum\limits_{i=1}^{n}x_i^2-\left[\sum\limits_{i=1}^{n}x_i\right]^2$ 是半正定的.

10. 证明：

(1) 如果 $f=\sum_{i=1}^{n}\sum_{j=1}^{n}a_{ij}x_ix_j\,(a_{ij}=a_{ji})$ 是正定二次型，那么

$$g(y_1,y_2,\cdots,y_n)=\begin{vmatrix} a_{11} & a_{12} & \cdots & a_{1n} & y_1 \\ a_{21} & a_{22} & \cdots & a_{2n} & y_2 \\ \vdots & \vdots & & \vdots & \vdots \\ a_{n1} & a_{n2} & \cdots & a_{nn} & y_n \\ y_1 & y_2 & \cdots & y_n & 0 \end{vmatrix}$$

是负定二次型.

(2) 如果 A 是正定矩阵，那么

$$|A|\leqslant a_{nn}\cdot P_{n-1},$$

其中 P_{n-1} 是 A 的 $n-1$ 阶顺序主子式.

(3) 如果 A 是正定矩阵，那么

$$|A|\leqslant a_{11}a_{22}\cdots a_{nn}.$$

(4) 如果 $T=(t_{ij})$ 是 n 阶实可逆矩阵，那么

$$|T|^2\leqslant\prod_{i=1}^{n}(t_{1i}^2+t_{2i}^2+\cdots+t_{ni}^2).$$

11. 给定实二次型 $f=X'AX\,(A'=A)$. 证明 f 半正定的充要条件是 A 的所有主子式都为非负实数. 举例说明：如果仅有 A 的所有顺序主子式都非负，f 未必是半正定的.

12. 给定两个 n 元实二次型 $f=X'AX$，$g=X'BX$.

(1) 举例说明 f 与 g 均非正定二次型时，$f+g=X'(A+B)X$ 仍有可能为正定二次型；

(2) 如果 f 和 g 的正惯性指数都小于 $\frac{n}{2}$，证明：$f+g$ 必为非正定二次型.

本章小结

本章研讨的核心内容是线性空间内的对称双线性函数及其几种等价表现形式. 它为在线性空间中引进度量奠定了基础. 同时，它

在其他数学领域及自然科学、工程技术中也有广泛的应用. 学习本章,有以下几点需要特别注意.

1) 双线性函数和线性变换的基础知识是互相平行的,这主要是它们的共同点：线性性质所决定. 在线性空间取定一组基后,线性变换与双线性函数都由它们在该组基下的作用唯一决定,而这作用则归纳为一个 n 阶方阵. 从而线性变换与双线性函数都与 n 阶方阵建立起一一对应. 线性变换在两组基下的矩阵是相似关系,而双线性函数在两组基下的矩阵是合同关系. 由此完全弄清矩阵的相似分类与合同分类的本质.

但读者也要充分注意线性变换与双线性函数一个基本不同点. 对任一子空间 M,线性变换未必可以限制在 M 内成为 M 内的线性变换. 而对双线性函数,它可把定义域限制在任一子空间 M 内成为 M 内的双线性函数. 因此,双线性函数比线性变换显得简单许多. 读者在研讨双线性函数时,应当学会利用这一点,把双线性函数的研究适当地转化到某个子空间中来研讨. 在上面许多定理、命题的证明都用到这一点.

2) 对称双线性函数,二次型函数,对称矩阵,二次型这四种概念本质上是等价的,读者应当掌握在它们之间自由转换这一重要方法. 对于对称双线性函数我们考虑基的变换,对称矩阵则考虑其合同变换,二次型则是可逆线性变数替换,它们也是本质上互相等价的.

3) 本章较为深入的结果是关于实二次型的理论. 实二次型的等价类完全由其规范形所决定. 根据规范形的类型,实二次型可以划分为五个大类：正定型,负定型,半正定型,半负定型,不定型. 当我们利用实二次型来在实数域上的线性空间中引进度量时,就是按这五大类来分别讨论. 通常用得最多的,是第一类：正定型,但其他类型也可有应用,特别是不定型也有重要的应用(在物理学中). 在下一章,我们将以此为出发点做进一步的讨论.

习题答案与提示

第　一　章

习　题　一

13. 设 $K\not\subseteq L$，对任意 $l\in L, l\neq 0$，取定 $k\in K\backslash L$．考察数域 $K\cup L$ 上一次方程 $lx=k$ 的解，推出 $l\in K$，即 $L\subseteq K$．

14. 证明 $f(0)=0$．设有 $a\in A$，使 $f(a)\neq 0$，推出 $f(1)=1, f(-1)=-1$．

15. 参照第 14 题的方法．

习　题　二

6. 用 $x-1$ 和 $x+1$ 去对 $f(x)$ 做综合除法，再以 $x=a$ 代入．

9. 利用恒等式 $x^n-1=(x-1)(x^{n-1}+x^{n-1}+\cdots+x+1)$，以 $x=\varepsilon$ 代入．

习　题　三

1. (1) $x_1=0$，$x_2=2$，$x_3=\dfrac{5}{3}$，$x_4=-\dfrac{4}{3}$．

(2) $x_1=-\dfrac{1}{2}x_5$，$x_2=-1-\dfrac{1}{2}x_5$，

$x_3=0$，$x_4=-1-\dfrac{1}{2}x_5$．

(3) 无解．

(4) $x_1=-8$，$x_2=3$，$x_3=6$，$x_4=0$．

(5) $x_1=\dfrac{3}{17}x_3-\dfrac{13}{17}x_4$，$x_2=\dfrac{19}{17}x_3-\dfrac{20}{17}x_4$．

(6) 无解．

(7) $x_1=\dfrac{1}{6}+\dfrac{5}{6}x_4$，$x_2=\dfrac{1}{6}-\dfrac{7}{6}x_4$，$x_3=\dfrac{1}{6}+\dfrac{5}{6}x_4$．

3. (1) 无；(2) 有；(3) 有；(4) 有．

5. (1) 当 $\lambda\neq 1,-2$ 时有唯一解：

$$x_1=-\frac{1+\lambda}{2+\lambda},\ x_2=\frac{1}{2+\lambda},\ x_3=\frac{(1+\lambda)^2}{2+\lambda};$$

当 $\lambda=1$ 时有解：$x_1=1-x_2-x_3, x_2, x_3$ 任取；

当 $\lambda=-2$ 时无解.

(2) 当 $a\neq1, b\neq0$ 时有唯一解：

$$x_1=\frac{1-2b}{b(1-a)},\ x_2=\frac{1}{b},\ x_3=\frac{4b-2ab-1}{b(1-a)};$$

当 $a=1, b=\frac{1}{2}$ 时有解：$x_1=2-x_3, x_2=2, x_3$ 任取；

当 $a=1, b\neq\frac{1}{2}$ 时无解；

当 $b=0$ 时无解.

(3) 当 $a=0, b=2$ 时有解. 一般解为：

$$x_1=-2+x_3+x_4+5x_5,\quad x_2=3-2x_3-2x_4-6x_5.$$

10. 设 $a_t\neq0$，则 $x_{jk}=\frac{a_ja_k}{a_t^2}x_{tt}$.

第　二　章

习　题　一

1. $\beta=6\alpha_1-3\alpha_2+\alpha_3+3\alpha_4+3\alpha_5$（解不唯一）.

2. (1) $\beta=\frac{5}{4}\alpha_1+\frac{1}{4}\alpha_2-\frac{1}{4}\alpha_3-\frac{1}{4}\alpha_4$.　(2) $\beta=\alpha_1-\alpha_3$.

3. (1) 线性无关；(2) 线性无关；(3) 线性相关；(4) 线性相关.

12. (1) α_1, α_2 为一个极大线性无关部分组，秩$=2$.

(2) $\alpha_1, \alpha_2, \alpha_3$ 为一个极大线性无关部分组，秩$=3$.

(3) α_1, α_3 为一个极大线性无关部分组，秩$=2$.

14. 设 $\alpha_{i_1}, \alpha_{i_2}, \cdots, \alpha_{i_r}$ 是一线性无关部分组，对向量组

$$\alpha_{i_1}, \alpha_{i_2}, \cdots, \alpha_{i_r}, \alpha_1, \alpha_2, \cdots, \alpha_s$$

利用命题 1.6 的筛选法求其极大线性无关部分组.

15. $\alpha_{i_1}, \alpha_{i_2}, \cdots, \alpha_{i_r}$ 与原向量组的一极大线性无关部分组线性等价，秩相等，从而线性无关.

19. 利用 14 题的方法.

23. 利用 21 题的结果. 其极大线性无关部分组可取为

$$\alpha-\alpha_{i_1}, \alpha-\alpha_{i_2}, \cdots, \alpha-\alpha_{i_r}.$$

24. 用反证法. 若有不全为 0 的 $k_1,k_2,\cdots,k_s$ 使

$$k_1\alpha_1+k_2\alpha_2+\cdots+k_s\alpha_s=0.$$

选取其中绝对值最大者,设为 k_i,则

$$\alpha_i=-\frac{k_1}{k_i}\alpha_1-\cdots-\frac{k_{i-1}}{k_i}\alpha_{i-1}-\frac{k_{i+1}}{k_i}\alpha_{i+1}-\cdots-\frac{k_s}{k_i}\alpha_s.$$

取上述向量表达式第 i 个分量,两边取绝对值,导出矛盾.

25. 证明 $\eta_1,\eta_2,\cdots,\eta_n$ 与例 1.7 中的坐标向量 $\varepsilon_1,\varepsilon_2,\cdots,\varepsilon_n$ 线性等价,即 $\varepsilon=\varepsilon_1+\varepsilon_2+\cdots+\varepsilon_n$ 及每个 ε_i 均可被 $\eta_1,\eta_2,\cdots,\eta_n$ 线性表示(先把 η_i 表为 ε 及 ε_i 的线性组合,再反解).

习　题　二

1. (1) 4;　(2) 3;　(3) 2;　(4) 3;　(5) 5.

2. (1) $\alpha_2,\alpha_3,\alpha_4$ 为一个极大线性无关部分组,秩$=3$.

(2) $\alpha_1,\alpha_2,\alpha_4$ 为一个极大线性无关部分组,秩$=3$.

3. $\lambda=3$ 时 $\mathrm{r}(A)=2$;$\lambda\neq3$ 时 $\mathrm{r}(A)=3$.

7. 秩$=n$.

习　题　三

1. (1) $\eta_1=(1,-2,1,0,0)$,　$\eta_2=(1,-2,0,1,0)$,　$\eta_3=(5,-6,0,0,1)$.

(2) $\eta_1=(18,36,24,39,9)$.

(3) $\eta_1=(-1,-1,1,2,0)$,$\eta_2=(1,0,0,5,4)$.

(4) 仅有零解.

(5) $\eta_1=(0,1,2,1)$.

(6) $\eta_1=(0,1,1,0,0)$,　$\eta_2=(0,1,0,1,0)$,　$\eta_3=(1,-5,0,0,3)$.

8. (1) $\gamma_0=\left(\frac{2}{3},\frac{1}{6},0,0,0\right)$;

$\eta_1=(0,1,2,0,0)$,$\eta_2=(0,-1,0,2,0)$,$\eta_3=(2,5,0,0,6)$;

$\eta=\gamma_0+k_1\eta_1+k_2\eta_2+k_3\eta_3$.

(2) $\gamma_0=\left(\frac{2}{3},-\frac{1}{6},\frac{1}{6},0\right)$;$\eta_1=(-2,-7,-5,6)$;

$\eta=\gamma_0+k_1\eta_1$.

11. 利用不等式 $\mathrm{r}(A)\leqslant\mathrm{r}(\overline{A})\leqslant\mathrm{r}(B)$.

14. 利用第 13 题,证明 $\gamma_0,\gamma_1,\cdots,\gamma_s$ 线性无关.

16. 此时系数矩阵的秩$<n$,故在实数域内也有一组非零解

$$x_1=k_1,\ x_2=k_2,\ \cdots,\ x_n=k_n.$$

令 $\lambda=a_{ii}$,有 $\sum\limits_{j=1}^{n}a_{ij}k_j=0$,于是(利用 $a_{ij}=-a_{ji}$)

$$0=\sum_{i=1}^{n}\sum_{j=1}^{n}a_{ij}k_ik_j=\lambda(k_1^2+k_2^2+\cdots+k_n^2).$$

习 题 四

12. 设齐次线性方程组 $CX=0$ 的一个基础解系是 $\varepsilon_1,\cdots,\varepsilon_r$. 将它分别扩充为 $AX=0$ 的一基础解系 $\varepsilon_1,\cdots,\varepsilon_r,\alpha_1,\cdots,\alpha_s$ 及 $BX=0$ 的一基础解系 $\varepsilon_1,\cdots,\varepsilon_r,\beta_1,\cdots,\beta_t$. 证明 $\varepsilon_1,\cdots,\varepsilon_r,\alpha_1,\cdots,\alpha_s,\beta_1,\cdots,\beta_t$ 是齐次线性方程组 $ABX=BAX=0$ 的一组线性无关解向量. 再利用§3的定理3.1.

13. 以 $\eta_1,\cdots,\eta_s$ 作为列向量排成矩阵 B. 设所求齐次线性方程组为 $AX=0$,则 $AB=0$,于是 $B'A'=0$,求齐次线性方程组 $B'Y=0$ 的一个基础解系,以它们为列向量排成的矩阵取为 A'.

14. 利用第13题及习题三第13,14题.

15. 只要证 $B\eta_{k+1},\cdots,B\eta_l$ 线性无关. 为此,由 $B(a_{k+1}\eta_{k+1}+\cdots+a_l\eta_l)=0$ 推出 $a_{k+1}\eta_{k+1}+\cdots+a_l\eta_l=a_1\eta_1+\cdots+a_k\eta_k$. 最后,注意 $B\eta_{k+1},\cdots,B\eta_l$ 均为 $AY=0$ 的解向量.

16. 证明 $\gamma_{i1},\gamma_{i_2},\cdots,\gamma_{i_r}$ 为其一极大线性无关部分组.

习 题 五

1. (2) $\begin{bmatrix}3&-2\\4&8\end{bmatrix}$. (3) $\begin{bmatrix}1&n\\0&1\end{bmatrix}$. (4) $\begin{bmatrix}\cos n\varphi&-\sin n\varphi\\\sin n\varphi&\cos n\varphi\end{bmatrix}$.

(5) 当 $n=2k$ 时为 $4^k\begin{bmatrix}1&0&0&0\\0&1&0&0\\0&0&1&0\\0&0&0&1\end{bmatrix}$;

当 $n=2k+1$ 时为 $4^k\begin{bmatrix}1&-1&-1&-1\\-1&1&-1&-1\\-1&-1&1&-1\\-1&-1&-1&1\end{bmatrix}$.

(6) $\begin{bmatrix}\lambda^n&n\lambda^{n-1}&\frac{n(n-1)}{2}\lambda^{n-2}\\0&\lambda^n&n\lambda^{n-1}\\0&0&\lambda^n\end{bmatrix}$.

3. $f(A)=\begin{bmatrix}5&1&3\\8&0&3\\-2&1&-2\end{bmatrix}$.

4. $\begin{bmatrix}x_{11}&x_{12}&x_{13}\\0&x_{11}&x_{12}\\0&0&x_{11}\end{bmatrix}$,其中 x_{11},x_{12},x_{13} 取 K 中任意数.

7. 若 $A^2=E$ 推知$(E+A)(E-A)=0$,由命题 4.6 知

$$\mathrm{r}(E+A)+\mathrm{r}(E-A)\leqslant n.$$

再由命题 4.4,有 $n=\mathrm{r}(2E)=\mathrm{r}(E+A+E-A)\leqslant\mathrm{r}(E+A)+\mathrm{r}(E-A)$.

8. $n=2$ 时,取 $A=\begin{bmatrix}0&1\\-1&0\end{bmatrix}$, n 为一般偶数时可由此组合得出.

11. (1) $A^{-1}=\begin{bmatrix}d&-b\\-c&a\end{bmatrix}$.　　(2) $A^{-1}=\frac{1}{3}\begin{bmatrix}0&1&1\\0&1&-2\\-3&2&-1\end{bmatrix}$.

(3) $A^{-1}=\begin{bmatrix}1&-4&-3\\1&-5&-3\\-1&6&4\end{bmatrix}$.

(4) $A^{-1}=\begin{bmatrix}22&-6&-26&17\\-17&5&20&-13\\-1&0&2&-1\\4&-1&-5&3\end{bmatrix}$.

(5) $A^{-1}=\frac{1}{4}\begin{bmatrix}1&1&1&1\\1&1&-1&-1\\1&-1&1&-1\\1&-1&-1&1\end{bmatrix}$.

(6) $A^{-1}=\begin{bmatrix}-7&5&12&-19\\3&-2&-5&8\\41&-30&-69&111\\-59&43&99&-159\end{bmatrix}$.

(7) $A^{-1}=\begin{bmatrix}1&-3&11&-38\\0&1&-2&7\\0&0&1&-2\\0&0&0&1\end{bmatrix}$.

(8) $A^{-1}=\begin{bmatrix} 2 & -1 & 0 & 0 \\ -3 & 2 & 0 & 0 \\ -5 & 7 & -3 & -4 \\ 2 & -2 & \frac{1}{2} & \frac{1}{2} \end{bmatrix}$.

(9) $A^{-1}=\frac{1}{6}\begin{bmatrix} -1 & 3 & -7 & 20 \\ -7 & -3 & 5 & -10 \\ 9 & 3 & -3 & 6 \\ 3 & 3 & -3 & 6 \end{bmatrix}$.

(10) $A^{-1}=\frac{1}{2^5}\begin{bmatrix} 16 & -8 & 4 & -2 & 1 \\ 0 & 16 & -8 & 4 & -2 \\ 0 & 0 & 16 & -8 & 4 \\ 0 & 0 & 0 & 16 & -8 \\ 0 & 0 & 0 & 0 & 16 \end{bmatrix}$.

12. (1) $X=\begin{bmatrix} 2 & -23 \\ 0 & 8 \end{bmatrix}$.　　(2) $X=\frac{1}{6}\begin{bmatrix} 11 & 3 & 6 \\ -1 & -3 & 0 \\ 4 & 6 & 0 \end{bmatrix}$.

(3) $X=\frac{1}{6}\begin{bmatrix} -2 & 2 & 8 \\ 4 & 2 & 2 \\ 4 & 5 & 8 \end{bmatrix}$.

(4) $X=\begin{bmatrix} 1 & -1 & -1 & 0 & 0 & \cdots & 0 & 0 & 0 & 0 \\ 1 & 1 & -1 & -1 & 0 & \cdots & 0 & 0 & 0 & 0 \\ 0 & 1 & 1 & -1 & -1 & \cdots & 0 & 0 & 0 & 0 \\ \vdots & \vdots & \vdots & \vdots & \vdots & & \vdots & \vdots & \vdots & \vdots \\ 0 & 0 & 0 & 0 & 0 & \cdots & 0 & 1 & 1 & -1 \\ 0 & 0 & 0 & 0 & 0 & \cdots & 0 & 0 & 1 & 2 \end{bmatrix}_{n\times n}$.

13. $A^{-1}=\begin{bmatrix} 0 & 0 & \cdots & 0 & a_n^{-1} \\ a_1^{-1} & 0 & \cdots & 0 & 0 \\ 0 & a_2^{-1} & \cdots & 0 & 0 \\ \vdots & \vdots & & \vdots & \vdots \\ 0 & 0 & \cdots & a_{n-1}^{-1} & 0 \end{bmatrix}$.

14. 考察以 A 为系数矩阵,以任意 $b_1,b_2,\cdots,b_n$ 为常数项的线性方程组,对此方程组增广矩阵 $\overline{A}$ 依次做如下初等行变换:(i) 把 $2,3,\cdots,n$ 各行加到第 1

行，再把第 1 行除$\frac{1}{2}n(n+1)$；(ii) 把第 i 行乘(-1)加到第 $i+1$ 行，这里 i 依次取 $n-1,n-2,\cdots,3,2$；(iii) 把第 1 行加到第 $3,4,\cdots,n$ 行. 设最后得到矩阵 $\overline{A}_1$. 写出 $\overline{A}_1$ 所代表的线性方程组，从中解出 $x_2,x_3,\cdots,x_{n-1}$，代回第 1,2 两方程解出 x_1,x_n. 最后让 $b_1,b_2,\cdots,b_n$ 分别取单位矩阵的 n 个列向量，即得 A^{-1}.

矩阵 B 的逆可利用第一章习题二第 9 题的结果构造出来.

21. 证明 $AA^{-1}=E$ 即可. 计算中利用 $V'B^{-1}U=\gamma-1$ 为 K 中一个数(一阶方阵可当作数看待)，按矩阵乘法与数乘的关系，它可提到矩阵连乘积之外.

23. 证明(3)中不等式时，令 $C=AB-BA$，再对 $\mathrm{Tr}(CC')$ 利用(1)，(2)中的结果.

习 题 六

2. $X^{-1}=\begin{bmatrix}0 & C^{-1}\\ A^{-1} & 0\end{bmatrix}$.　　**3.** $D^{-1}=\begin{bmatrix}A^{-1} & 0\\ -B^{-1}CA^{-1} & B^{-1}\end{bmatrix}$.

11. 从等式 $A_1A_1'+A_2A_2'=A_1'A_1$ 两边取迹，再利用习题五中第 23 题的结果.

12. 利用命题 4.5 与命题 6.2.

第 三 章

习 题 一

18. (1) -6.　(2) 25.　(3) -483.　(4) 0.　(5) 24.　(6) $\frac{3}{8}$.

19. (1) $-2(x^3+y^3)$.　(2) x^2y^2.　(3) 0.　(4) 48.　(5) 160.

(6) $a^2+b^2+c^2-2ab-2ac-2bc+2d$.

26. (1) $\prod_{i=1}^{n}(a_i-x)\cdot\left(\sum_{i=1}^{n}\frac{x}{a_i-x}+1\right)$.

(2) $(-1)^{\frac{n(n-1)}{2}}\cdot n$.

(3) $(-1)^{n+1}a_1b_n\prod_{i=1}^{n-1}(a_ib_{i+1}-a_{i+1}b_i)$.

(4) $\frac{1}{3}(5^{n+1}-2^{n+1})$.

(5) $\sin\alpha\neq0$ 时为$\frac{\sin(n+1)\alpha}{\sin\alpha}$，$\sin\alpha=0$ 时为$(n+1)\cos^n\alpha$.

(6) $x_1x_2\cdots x_n\sum_{i=1}^{n}\frac{a_i}{x_i}$.

27. 将每个行向量表成若干向量的线性组合,再按行线性展开.

28. 利用等式

$$\cos k\alpha+\mathrm{i}\sin k\alpha=\mathrm{e}^{\mathrm{i}k\alpha}=(\cos\alpha+\mathrm{i}\sin\alpha)^k,$$
$$\cos k\alpha-\mathrm{i}\sin k\alpha=\mathrm{e}^{-\mathrm{i}k\alpha}=(\cos\alpha-\mathrm{i}\sin\alpha)^k$$

将 $\cos k\alpha$ 表为 $\cos\alpha$ 的多项式,再利用第 19 题的结果.

习 题 二

2. $A^*=\begin{bmatrix}-2&0&2\\0&0&1\\-6&2&5\end{bmatrix}$.

3. (1) $A^*=\begin{bmatrix}0&1&1\\0&1&-2\\-3&2&-1\end{bmatrix}$, $A^{-1}=\frac{1}{3}\begin{bmatrix}0&1&1\\0&1&-2\\-3&2&-1\end{bmatrix}$.

(2) $A^*=\begin{bmatrix}-1&4&3\\-1&5&3\\1&-6&-4\end{bmatrix}$, $A^{-1}=\begin{bmatrix}1&-4&-3\\1&-5&-3\\-1&6&4\end{bmatrix}$.

(3) $A^*=\begin{bmatrix}1&0&-1&0\\0&1&0&0\\0&0&-1&1\\0&0&0&-1\end{bmatrix}$, $A^{-1}=A^*$.

10. (1) $x_1=1,x_2=1,x_3=1,x_4=1$.

(2) $x_1=1,x_2=2,x_3=-1,x_4=-2$.

12. (1) $\begin{bmatrix}1+x_1y_1&1+x_1y_2&\cdots&1+x_1y_n\\1+x_2y_1&1+x_2y_2&\cdots&1+x_2y_n\\\vdots&\vdots&&\vdots\\1+x_ny_1&1+x_ny_2&\cdots&1+x_ny_n\end{bmatrix}$

$$=\begin{bmatrix}1&x_1&0&\cdots&0\\1&x_2&0&\cdots&0\\1&x_3&0&\cdots&0\\\vdots&\vdots&\vdots&&\vdots\\1&x_n&0&\cdots&0\end{bmatrix}\begin{bmatrix}1&1&\cdots&1\\y_1&y_2&\cdots&y_n\\0&0&\cdots&0\\\vdots&\vdots&&\vdots\\0&0&\cdots&0\end{bmatrix}.$$

(2) $$\begin{bmatrix} s_0 & s_1 & \cdots & s_{n-1} \\ s_1 & s_2 & \cdots & s_n \\ \vdots & \vdots & & \vdots \\ s_{n-1} & s_n & \cdots & s_{2n-2} \end{bmatrix} = \begin{bmatrix} 1 & 1 & \cdots & 1 \\ a_1 & a_2 & \cdots & a_n \\ \vdots & \vdots & & \vdots \\ a_1^{n-1} & a_2^{n-1} & \cdots & a_n^{n-1} \end{bmatrix} \begin{bmatrix} 1 & a_1 & \cdots & a_1^{n-1} \\ 1 & a_2 & \cdots & a_2^{n-1} \\ \vdots & \vdots & & \vdots \\ 1 & a_n & \cdots & a_n^{n-1} \end{bmatrix}.$$

(3) 做行的互换变成例 3.3.

15. 当 $n>0$ 时,设它是具有此性质的最小正整数. 首先证明此时对 $s\geqslant k$,都有 $|A_{s\,n-1}|\neq 0$(若有某 $|A_{s\,n-1}|=0$,证明 $|A_{s+1\,n-1}|=0$,由此导出矛盾),再证明,对任意 $s\geqslant k$,下列齐次线性方程组

$$\begin{gathered} a_s u_n + a_{s+1} u_{n-1} + \cdots + a_{s+n} u_0 = 0, \\ \cdots\cdots\cdots\cdots\cdots\cdots\cdots\cdots \\ a_{s+n-1} u_n + a_{s+n} u_{n-1} + \cdots + a_{s+2n-1} u_0 = 0 \end{gathered}$$

的任一解也是

$$a_{s+n} u_n + a_{s+n+1} u_{n-1} + \cdots + a_{s+2n} u_0 = 0$$

的解.

第 四 章

习 题 一

12. 该线性空间维数为 3,E,A,A^2 为一组基.

13. (1) $\beta=\frac{5}{4}\varepsilon_1+\frac{1}{4}\varepsilon_2-\frac{1}{4}\varepsilon_3-\frac{1}{4}\varepsilon_4$.

(2) $\beta=2\varepsilon_1+\varepsilon_2-3\varepsilon_3+2\varepsilon_4$.

15. 过渡矩阵 T 的第 $k+1$ 列($k=0,1,2,\cdots,m-1$)是(自上而下):

$$(-1)^k a^k, (-1)^{k-1}\binom{k}{k-1} a^{k-1}, (-1)^{k-2}\binom{k}{k-2}, a^{k-2}, \cdots, -\binom{k}{1} a, 1, 0, \cdots, 0.$$

16. (1) 过渡矩阵

$$T=\begin{bmatrix} 2 & 0 & 5 & 6 \\ 1 & 3 & 3 & 6 \\ -1 & 1 & 2 & 1 \\ 1 & 0 & 1 & 3 \end{bmatrix}.$$

$$\beta=x_1\eta_1+x_2\eta_2+x_3\eta_3+x_4\eta_4,$$

其中

$$\begin{cases} x_1 = \frac{4}{9}b_1 + \frac{1}{3}b_2 - b_3 - \frac{11}{9}b_4, \\ x_2 = \frac{1}{27}b_1 + \frac{4}{9}b_2 - \frac{1}{3}b_3 - \frac{23}{27}b_4, \\ x_3 = \frac{1}{3}b_1 - \frac{2}{3}b_4, \\ x_4 = -\frac{7}{27}b_1 - \frac{1}{9}b_2 + \frac{1}{3}b_3 + \frac{26}{27}b_4. \end{cases}$$

(2) 过渡矩阵

$$T = \begin{bmatrix} 1 & 0 & 0 & 1 \\ 1 & 1 & 0 & 1 \\ 0 & 1 & 1 & 1 \\ 0 & 0 & 1 & 0 \end{bmatrix}.$$

$$\beta = \frac{3}{13}\varepsilon_1 + \frac{5}{13}\varepsilon_2 - \frac{2}{13}\varepsilon_3 - \frac{3}{13}\varepsilon_4.$$

(3) 过渡矩阵

$$T = \frac{1}{4}\begin{bmatrix} 3 & 7 & 2 & -1 \\ 1 & -1 & 2 & 3 \\ -1 & 3 & 0 & -1 \\ 1 & -1 & 0 & -1 \end{bmatrix}.$$

$$\beta = -2\eta_1 - \frac{1}{2}\eta_2 + 4\eta_3 - \frac{3}{2}\eta_4.$$

17. $\xi = (-a, -a, -a, a)\ (a \neq 0)$.

21. 若 $\alpha + \beta = 0$,则 $\beta = \beta + 0 = \beta + (\alpha + \beta) = (\beta + \alpha) + \beta$. 现设 $\beta + \gamma = 0$,于是

$$0 = \beta + \gamma = [(\beta + \alpha) + \beta] + \gamma = (\beta + \alpha) + (\beta + \gamma) = (\beta + \alpha) + 0 = \beta + \alpha.$$

23. 先证此时仍有 $0\alpha = 0, (-1)\alpha = -\alpha$. 然后利用

$$(-1)(\alpha + \beta) = (-1)\alpha + (-1)\beta,$$

两边从右边依次加 β, α.

习　题　二

1. (2) $\dim C(A) = n$, $E_{ii}\ (i = 1, 2, \cdots, n)$ 为一组基.

2. $\dim C(A) = 5$. 它的一组基为

$$\begin{bmatrix} 1 & 0 & 0 \\ 0 & 0 & 0 \\ -3 & 0 & 0 \end{bmatrix}, \begin{bmatrix} 0 & 1 & 0 \\ 0 & 0 & 0 \\ 9 & 0 & 3 \end{bmatrix}, \begin{bmatrix} 0 & 0 & 0 \\ 1 & 0 & 0 \\ -1 & 0 & 0 \end{bmatrix}, \begin{bmatrix} 0 & 0 & 0 \\ 0 & 1 & 0 \\ 3 & 0 & 1 \end{bmatrix}, \begin{bmatrix} 0 & 0 & 0 \\ 0 & 0 & 0 \\ 3 & 1 & 1 \end{bmatrix}.$$

3. 该子空间维数为 4.

8. 应用数学归纳法. 设 $M_1,\cdots,M_k$ 不充满 V,取 $\alpha\in V\Big\backslash\bigcup\limits_{i=1}^{k}M_i$. 若 $\alpha\in M_{k+1}$,

则取 $\beta\in V\Big\backslash\bigcup\limits_{i=2}^{k}M_i$,当 $\beta\in M_1$ 时,证明有 $k\in K$,使 $\alpha+k\beta\notin\bigcup\limits_{i=1}^{k+1}M_i$.

12. (1) 3 维, $\alpha_2,\alpha_3,\alpha_4$ 为一组基.

(2) 2 维, α_1,α_2 为一组基.

13. 2 维,它的一组基为:

$$\eta_1=(-1,24,9,0),\quad \eta_2=(2,-21,0,9).$$

14. (1) 和的维数$=3$; $\alpha_1,\alpha_2,\beta_1$ 为一组基;

交的维数$=1$; $4\alpha_2-\alpha_1$ 为一组基.

(2) 和的维数$=4$; $\alpha_1,\alpha_2,\beta_1,\beta_2$ 为一组基;

交的维数$=0$.

(3) 和的维数$=4$; $\alpha_1,\alpha_2,\alpha_3,\beta_2$ 为一组基;

交的维数$=1$; β_1 为一组基.

28. (2) 设 $A=(a_{ij})$的列向量组为 $\alpha_1,\cdots,\alpha_n$. 于是 $\alpha_k=\sum\limits_{ik=1}^{n}a_{ikk}\varepsilon_{ik}$.

利用列线性,有

$$f(A)=f\left(\alpha_1,\cdots,\sum_{ik=1}^{n}a_{ikk}\varepsilon_{ik},\cdots,\alpha_n\right)=\sum_{ik=1}^{n}a_{i_kk}f(\alpha_1,\cdots,\varepsilon_{i_k},\cdots,\alpha_n).$$

按上述办法对每一列展开.

(3) 设 $A=(a_{ij})$,定义

$$f(A)=\sum_{i_1=1}^{n}\cdots\sum_{i_n=1}^{n}a_{i_11}\cdots a_{i_nn}b_{i_1\cdots i_n}.$$

证明 $f(A)$为列线性.

(4) 利用(3)知可定义 n^n 个列线性函数满足($1\leqslant j_1,j_2,\cdots,j_n\leqslant n$)

$$f_{j_1j_2\cdots j_n}(\varepsilon_{i_1},\varepsilon_{i_2},\cdots,\varepsilon_{i_n})=\delta_{i_1j_1}\delta_{i_2j_2}\cdots\delta_{i_nj_n},$$

其中 δ_{ij} 为克罗内克符号. 证明 $f_{j_1j_2\cdots j_n}$ 为$P(K)$一组基.

(5) 利用第三章习题一第 5 题.

29. 设 F 在 K 上一组基为 $\varepsilon_1,\varepsilon_2,\cdots,\varepsilon_m$,$L$ 在 F 上一组基为 $\eta_1,\eta_2,\cdots,\eta_n$. 证明 $\{\varepsilon_i\eta_j\mid i=1,2,\cdots,m;j=1,2,\cdots,n\}$为 L 在 K 上的一组基.

30. 在 28 题给出的 $P(K)$的一组基中,令 $j_1,j_2,\cdots,j_n$ 取前 n 个自然数的所有

可能的排列，则集合$\{f_{j_1 j_2 \cdots j_n}\}$即为$P(K)\cap Q(K)$的一组基.

习　题　三

1. $\mathrm{Ker}f=\{0,\cdots,0,a_{m+1},\cdots,a_n \mid a_{m+i}\in K\}$；$\mathrm{Im}f=K^m$；

$\mathrm{Ker}g=\{0\}$；$\mathrm{Im}g=\{(a_1,\cdots,a_m,0,\cdots,0)\mid a_i\in K\}$；

$\mathrm{Coker}f=\{0+K^m\}$；

$\mathrm{Coker}g=L\{\varepsilon_{m+1}+\mathrm{Im}g,\cdots,\varepsilon_n+\mathrm{Im}g\}$（其中$\varepsilon_i$为$K^n$中坐标向量）.

6. $\mathrm{Ker}f=L(\eta_1,\eta_2)$，$\eta_1=(5,1,2,0)$，$\eta_2=(1,0,0,1)$；

$\mathrm{Im}f=L(\alpha_1,\alpha_2)$，$\alpha_1=(1,0,1)$，$\alpha_2=(2,1,3)$.

$\mathrm{Coker}f=L((0,0,1)+\mathrm{Im}f)$.

7. $\mathrm{Ker}f=\{0\}$；

$\mathrm{Im}f=L(\alpha_1,\alpha_2,\alpha_3)$，$\alpha_1=(1,-1,2,0)$，$\alpha_2=(0,1,0,1)$，$\alpha_3=(1,1,1,2)$；

$\mathrm{Coker}f=L(\alpha+\mathrm{Im}f)$，$\alpha=(0,0,0,1)$.

$$(f(\eta_1),f(\eta_2),f(\eta_3))=(\varepsilon_1,\varepsilon_2,\varepsilon_3,\varepsilon_4)\begin{bmatrix}2&0&0\\1&-2&1\\1&1&0\\0&0&0\end{bmatrix}.$$

8. $\mathrm{Ker}f=\{0\}$；$\mathrm{Im}f=\{b_1x+b_2x^2+\cdots+b_nx^n\mid b_i\in K\}$；

$\mathrm{Coker}f=L(1+\mathrm{Im}f)$.

$$(f(1),f(x),\cdots,f(x^{n-1}))=(1,x,\cdots,x_n)\begin{bmatrix}0&&&&\\1&0&&&\Large 0\\&\frac{1}{2}&\ddots&&\\\Large 0&&\ddots&0&\\&&&\frac{1}{n}&\end{bmatrix}.$$

20. (1) $\begin{bmatrix}2&-1&0\\0&1&1\\1&0&0\end{bmatrix}$.

(2) $A=\begin{bmatrix}\frac{1}{2}&\frac{1}{2}\\\frac{1}{2}&\frac{1}{2}\end{bmatrix}$，　$B=\begin{bmatrix}0&0\\0&1\end{bmatrix}$，　$AB=\begin{bmatrix}0&\frac{1}{2}\\0&\frac{1}{2}\end{bmatrix}$.

(3) $\begin{bmatrix} 0 & 1 & & \\ & 0 & \ddots & \\ & & \ddots & 1 \\ & & & 0 \end{bmatrix}$. (4) $\begin{bmatrix} a & b & 1 & 0 & 0 & 0 \\ -b & a & 0 & 1 & 0 & 0 \\ 0 & 0 & a & b & 1 & 0 \\ 0 & 0 & -b & a & 0 & 1 \\ 0 & 0 & 0 & 0 & a & b \\ 0 & 0 & 0 & 0 & -b & a \end{bmatrix}$.

(5) $\begin{bmatrix} -1 & 1 & -2 \\ 2 & 2 & 0 \\ 3 & 0 & 2 \end{bmatrix}$. (6) $\dfrac{1}{7}\begin{bmatrix} -5 & 20 & -20 \\ -4 & -5 & -2 \\ 27 & 18 & 24 \end{bmatrix}$.

(7) $\begin{bmatrix} 2 & 3 & -5 \\ -1 & 0 & -1 \\ -1 & 1 & 0 \end{bmatrix}$.

21. (2) $\begin{bmatrix} 0 & -c & b & 0 \\ -b & a-d & 0 & b \\ c & 0 & d-a & -c \\ 0 & c & -b & 0 \end{bmatrix}$.

23. (1) $\begin{bmatrix} a_{33} & a_{32} & a_{31} \\ a_{23} & a_{22} & a_{21} \\ a_{13} & a_{12} & a_{11} \end{bmatrix}$. (2) $\begin{bmatrix} a_{11} & ka_{12} & a_{13} \\ \dfrac{a_{21}}{k} & a_{22} & \dfrac{a_{23}}{k} \\ a_{31} & ka_{32} & a_{33} \end{bmatrix}$.

(3) $\begin{bmatrix} a_{11}+a_{12} & a_{12} & a_{13} \\ a_{21}+a_{22}-a_{11}-a_{12} & a_{22}-a_{12} & a_{23}-a_{13} \\ a_{31}+a_{32} & a_{32} & a_{33} \end{bmatrix}$.

26. $\begin{bmatrix} 2 & -3 & 3 & 2 \\ \dfrac{2}{3} & -\dfrac{4}{3} & \dfrac{10}{3} & \dfrac{10}{3} \\ \dfrac{8}{3} & -\dfrac{16}{3} & \dfrac{40}{3} & \dfrac{40}{3} \\ 0 & 1 & -7 & -8 \end{bmatrix}$.

27. (1) $\begin{bmatrix} -1 & 2 & 4 & 0 \\ 0 & 2 & 1 & 1 \\ 0 & 1 & 1 & 0 \\ 1 & -3 & -3 & 0 \end{bmatrix}$. (2) $\dfrac{1}{4}\begin{bmatrix} 4 & 4 & -2 & -8 \\ 2 & 12 & -1 & -6 \\ 2 & -6 & 10 & 14 \\ 0 & 14 & -5 & -12 \end{bmatrix}$.

28. (1) $\begin{bmatrix} -2 & -\frac{3}{2} & \frac{3}{2} \\ 1 & \frac{3}{2} & \frac{3}{2} \\ 1 & \frac{1}{2} & -\frac{5}{2} \end{bmatrix}$.　(2) $\begin{bmatrix} -2 & -\frac{3}{2} & \frac{3}{2} \\ 1 & \frac{3}{2} & \frac{3}{2} \\ 1 & \frac{1}{2} & -\frac{5}{2} \end{bmatrix}$.

37. 设 $A_{\mathbb{C}}=A+\mathrm{i}B$,这里 A,B 是 n 阶实方阵. 此时可取

$$A_{\mathbb{R}} = \begin{bmatrix} A & -B \\ B & A \end{bmatrix}.$$

当$|A|\neq 0$ 时,

$$|\det(A_{\mathbb{C}})|^2 = \det(A_{\mathbb{C}})\overline{\det(A_{\mathbb{C}})} = |A+\mathrm{i}B||A-\mathrm{i}B|$$
$$= |A|^2|E+\mathrm{i}A^{-1}B||E-\mathrm{i}A^{-1}B| = |A||A+BA^{-1}B|.$$

对 $A_{\mathbb{R}}$ 做分块矩阵初等变换,再利用第三章命题 2.8.

当$|A|=0$ 时以 $A(t)=tE+A$ 取代 A,再令 $t\to 0$.

习　题　四

5. (1) $\lambda_1=7$, $V_{\lambda_1}=L(\varepsilon_1+\varepsilon_2)$;

$\lambda_2=-2$, $V_{\lambda_2}=L(-4\varepsilon_1+5\varepsilon_2)$.

(2) 当 $a\neq 0$ 时: $\lambda_1=a\mathrm{i}$, $V_{\lambda_1}=L(\varepsilon_1+\mathrm{i}\varepsilon_2)$;

$\lambda_2=-a\mathrm{i}$, $V_{\lambda_2}=L(\varepsilon_1+\mathrm{i}\varepsilon_2)$.

(3) $\lambda_1=2$, $V_{\lambda_1}=L(-2\varepsilon_1+\varepsilon_2)$;

$\lambda_2=1+\sqrt{3}$, $V_{\lambda_2}=L(-3\varepsilon_1+\varepsilon_2+(\sqrt{3}-2)\varepsilon_3)$;

$\lambda_3=1-\sqrt{3}$, $V_{\lambda_3}=L(-3\varepsilon_1+\varepsilon_2-(\sqrt{3}+2)\varepsilon_3)$.

(4) $\lambda_1=1$, $V_{\lambda_1}=L(\varepsilon_2,\varepsilon_1+\varepsilon_3)$;

$\lambda_2=-1$, $V_{\lambda_2}=L(\varepsilon_1-\varepsilon_3)$.

(5) $\lambda_1=0$, $V_{\lambda_1}=L(-3\varepsilon_1+\varepsilon_2-2\varepsilon_3)$;

$\lambda_2=-\sqrt{14}\,\mathrm{i}$,

$V_{\lambda_2}=L((3+2\sqrt{14}\,\mathrm{i})\varepsilon_1+13\varepsilon_2+(2-3\sqrt{14}\,\mathrm{i})\varepsilon_3)$;

$\lambda_3=\sqrt{14}\,\mathrm{i}$,

$V_{\lambda_3}=L((3-2\sqrt{14}\,\mathrm{i})\varepsilon_1+13\varepsilon_2+(2+3\sqrt{14}\,\mathrm{i})\varepsilon_3)$.

(6) $\lambda_1=1$, $V_{\lambda_1}=L(3\varepsilon_1-6\varepsilon_2+20\varepsilon_3)$;

$\lambda_2=-2$, $V_{\lambda_2}=L(\varepsilon_3)$.

(7) $\lambda_1=2$, $V_{\lambda_1}=L(\varepsilon_1+\varepsilon_2,\varepsilon_1+\varepsilon_3,\varepsilon_1+\varepsilon_4)$;

$\lambda_2=-2$, $V_{\lambda_2}=L(-\varepsilon_1+\varepsilon_2+\varepsilon_3+\varepsilon_4)$.

6. (1) $T=\begin{bmatrix} -2 & 2 & -\frac{1}{2} \\ 1 & 0 & -1 \\ 0 & 1 & 1 \end{bmatrix}$.

(2) $x=-2, y=-4$, B 与 C 不相似.

12. 利用第三章例 2.7 计算 $|\lambda E-A|$.

14. 必要性：利用定理 4.2.

充分性：利用命题 4.4 及例 4.5 中的方法，并利用第二章习题五第 9 题.

16. 设 $\mathbf{A}$ 在基 $\varepsilon_1,\cdots,\varepsilon_n$ 下矩阵为 J，$\alpha\in M$，设

$$\alpha = a_1\varepsilon_1 + a_2\varepsilon_2 + \cdots + a_k\varepsilon_k,$$

其中 $a_k\neq 0$. 我们有(令 $\varepsilon_0=0$)

$$\begin{aligned} \mathbf{A}\alpha &= \sum_{i=1}^{k} a_i \mathbf{A}\varepsilon_i = \sum_{i=1}^{k} a_i(\lambda_0\varepsilon_i + \varepsilon_{i-1}) \\ &= \lambda_0\sum_{i=1}^{k} a_i\varepsilon_i + \sum_{i=1}^{k} a_i\varepsilon_{i-1} = \lambda_0\alpha + \beta. \end{aligned}$$

于是

$$\beta = a_2\varepsilon_1 + \cdots + a_k\varepsilon_{k-1} = \mathbf{A}\alpha - \lambda_0\alpha \in M.$$

继续此推理，可知 $\varepsilon_1\in M$.

19. 设 $\mathbf{A}$ 在基 $\varepsilon_1,\cdots,\varepsilon_n$ 下矩阵为 A，若 $|\lambda E-A|=0$ 无实根，令 $a+b\mathrm{i}$ 为其一复根，则有 $U+\mathrm{i}V(U,V\in\mathbb{R}^n)$ 使 $A(U+\mathrm{i}V)=(a+b\mathrm{i})(U+\mathrm{i}V)$，令 $\alpha=(\varepsilon_1,\cdots,\varepsilon_n)U$，$\beta=(\varepsilon_1,\cdots,\varepsilon_n)V$，证明 $L(\alpha,\beta)$ 为二维不变子空间.

22. 设 $V=V_{\lambda_1}\oplus\cdots\oplus V_{\lambda_k}$. 令 $M_i=M\cap V_{\lambda_i}$，由命题 4.6，有 $M=M_1\oplus\cdots\oplus M_k$. 现令 $V_{\lambda_i}=M_i\oplus N_i$，证明 $N=N_1+\cdots+N_k$ 即为所求.

23. 使用数学归纳法. 设 λ_1 为 $\mathbf{A}$ 的一特征值，$\mathbf{A}\alpha=\lambda_1\alpha(\alpha\neq 0)$. 令 $M=L(\alpha)$. 又 N 为 $\mathbf{A}$ 的不变子空间，使 $V=M\oplus N$，对 N 使用归纳假设.

25. 利用第 24 题及命题 4.7，对任意 $\alpha\in V$，证明 $f(\mathbf{A})\alpha=0$.

28. 利用命题 4.6. 设 V 内线性变换 $\mathbf{A}$ 在基 $\varepsilon_1,\varepsilon_2,\cdots,\varepsilon_n$ 下的矩阵为 A，则 $L(\varepsilon_i,\varepsilon_{n-i+1})$ 为 $\mathbf{A}$ 的一个不变子空间.

31. (1) $E_{i1}+E_{i2}+\cdots+E_{in}(i=1,2,\cdots,n)$ 即为所求.

(2) 证明存在整数 k，使 $\boldsymbol{P}^k=\boldsymbol{E}$.

(3) 证明 $\varepsilon_k=\mathrm{e}^{\frac{2k\pi\mathrm{i}}{n}}(k=1,2,\cdots,n)$ 为 $\boldsymbol{P}$ 的特征值，且每个特征值有 n 个线性无关特征向量，或证明 $\boldsymbol{P}^n=\boldsymbol{E}$ 再利用第 14 题的结论.

第五章

习题一

7. (2) $A=\begin{bmatrix}-4&-14&15&6\\15&-1&-2&-7\\-12&-10&1&14\\3&4&-15&2\end{bmatrix}$. (3) $A=\begin{bmatrix}-9&-29&11&35\\25&-3&69&-11\\1&-123&-3&-11\\-5&-1&-1&-9\end{bmatrix}$.

8. (2) $A=\begin{bmatrix}1&0&0&0\\0&0&1&0\\0&1&0&0\\0&0&0&1\end{bmatrix}$.

(3) 过渡矩阵

$$T=\begin{bmatrix}1&1&0&0\\0&0&1&1\\0&0&1&-1\\1&-1&0&0\end{bmatrix}.$$

$f(A,B)$的矩阵为：

$$A=\begin{bmatrix}2&0&0&0\\0&2&0&0\\0&0&2&0\\0&0&0&-2\end{bmatrix}.$$

(4) 秩$=4$.

11. (2) $A=\begin{bmatrix}1&0&0&0\\0&1&0&0\\0&0&1&0\\0&0&0&-1\end{bmatrix}$. (3) $\begin{bmatrix}5&2&10&14\\2&10&11&19\\10&11&37&47\\14&19&47&64\end{bmatrix}$.

(5)) $\alpha=(0,0,1,1)$.

21. 已知 $f(\alpha,\beta)\equiv 0 \Longleftrightarrow Q_f(\alpha)\equiv 0$，故当 $f(\alpha,\beta)\equiv 0$ 时由 20 题知有 $g(\alpha)\equiv 0$ (或 $h(\alpha)\equiv 0$)，取 $\lambda=1$，$l(\alpha)\equiv 0$. 否则，设 $f(\alpha_0,\beta_0)=g(\alpha_0)h(\beta_0)=f(\beta_0,\alpha_0)=g(\beta_0)h(\alpha_0)\neq 0$. 取 $l(\alpha)=g(\alpha)$，则

$$h(\beta)=\frac{1}{g(\alpha_0)}f(\alpha_0,\beta)=\frac{1}{g(\alpha_0)}g(\beta)h(\alpha_0)=\frac{h(\alpha_0)}{g(\alpha_0)}l(\beta).$$

习 题 二

2. (1) $\begin{bmatrix} -1 & 2 & 0 & -2 \\ 2 & -3 & 0 & 1 \\ 0 & 0 & 0 & 0 \\ -2 & 1 & 0 & 2 \end{bmatrix}$.

$f(\alpha,\alpha)=-x_1^2+4x_1x_2-4x_1x_4-3x_2^2+2x_2x_4+2x_4^2$.

(2) $\begin{bmatrix} 1 & 0 & 0 & 0 \\ 0 & -1 & 0 & 0 \\ 0 & 0 & -1 & 0 \\ 0 & 0 & 0 & 0 \end{bmatrix}$. $f(\alpha,\alpha)=x_1^2-x_2^2-x_3^2$.

3. (1) $f(\alpha,\beta)=x_1y_1+x_1y_2+x_2y_1+x_2y_2+x_2y_3+x_3y_2$
$+x_3y_3+x_3y_4+x_4y_3+x_4y_4$.

(2) $f(\alpha,\beta)=\frac{1}{2}[x_1y_2+x_1y_3+x_1y_4+x_2y_1+x_2y_3+x_2y_4$
$+x_3y_1+x_3y_2+x_3y_4+x_4y_1+x_4y_2+x_4y_3]$.

4. (1) $-4y_1^2+4y_2^2+y_3^2$; (2) $y_1^2+y_2^2$;

(3) $y_1^2-y_2^2$; (4) $8y_1^2+2y_2^2-2y_3^2-8y_4^2$;

(5) $6y_1^2-y_2^2-2y_3^2-y_4^2$; (6) $y_1^2+2y_2^2-2y_3^2$;

(7) $y_1^2+y_2^2+2y_3^2-2y_4^2$;

(8) $y_1^2-y_2^2+y_3^2-y_4^2+\cdots+y_{2n-1}^2-y_{2n}^2$;

(9) 当 $n=2k+1$ 时，$y_1^2-y_2^2+y_3^2-y_4^2+\cdots+y_{2k-1}^2-y_{2k}^2$;

当 $n=2k$ 时，$y_1^2-y_2^2+y_3^2-y_4^2+\cdots+y_{2k-1}^2-y_{2k}^2$.

7. $f=X'(A'A)X$. 证明 $\mathrm{r}(A'A)=\mathrm{r}(A)$,为此,只需证齐次线性方程组 $AX=0$ 和 $(A'A)X=0$ 同解.

8. 设 A,B,T 左上角的 r 阶小块矩阵分别为 A_r,B_r,T_r. 利用 $T'AT=B$ 做分块矩阵运算得出 $T_r'A_rT_r=B_r$.

9. 充分性的证明：对 f 变量个数 n 做数学归纳法. 当 $a_{11}\neq 0$ 时,根据本书中介绍的计算法,可用三角形变换 $X=TY$ 将 f 化为

$$a_{11}y_1^2+\sum_{i=2}^{n}\sum_{j=2}^{n}b_{ij}y_iy_j \quad (b_{ij}=b_{ji}).$$

然后利用第 8 题,对上式中右边 $y_2,\cdots,y_n$ 的 $n-1$ 个变元的二次型使用归纳假设.

习　题　三

1. (1) $z_1^2+z_2^2+z_3^2$；　(2) $z_1^2+z_2^2+z_3^2$；　(3) $z_1^2+z_2^2+z_3^2$；　(4) $z_1^2+z_2^2$；

2. (1) $z_1^2+z_2^2-z_3^2$；　(2) $z_1^2-z_2^2-z_3^2$；　(3) $z_1^2-z_2^2$；　(4) $z_1^2+z_2^2$.

5. **解法 1**　设实数域上 n 维线性空间 V 内对称双线性函数 $f(\alpha,\beta)$ 的二次型函数 $Q_f(\alpha)$ 在基 $\varepsilon_1,\cdots,\varepsilon_n$ 下解析表达式为此二次型 f. 令向量组 $\alpha_i=(a_{i_1},a_{i_2},\cdots,a_{i_n})(i=1,2,\cdots,p)$ 的一极大线性无关部分组为 $a_{i_1},\cdots,a_{i_r}$，则 $r\leqslant p$. 将它扩充为 $\mathbb{R}^n$ 的一组基 $\alpha_{i_1},\cdots,\alpha_{i_r},\beta_1,\cdots,\beta_{n-r}$. 以它们为行向量排成可逆实方阵 T，令 $Y=TX$. $(\eta_1,\cdots,\eta_n)=(\varepsilon_1,\cdots,\varepsilon_n)T^{-1}$，则 $Q_f(\alpha)$ 在基 $\eta_1,\cdots,\eta_n$ 下表达式变为

$$y_1^2+\cdots+y_r^2+\bar{l}_{r+1}^2+\cdots+\bar{l}_p^2-\bar{l}_{p+1}^2-\cdots-\bar{l}_{p+q}^2.$$

其中 $\bar{l}_{r+i}(i=1,2,\cdots,p-r)$ 为 $y_1,\cdots,y_r$ 的一次齐次函数. 令 $M=L(\eta_{r+1},\cdots,\eta_n)$，则对任意 $\alpha_0\in M$，有 $\alpha_0=y_{r+1}\eta_{r+1}+\cdots+y_n\eta_n$，从而

$$Q_f(\alpha_0)=-\bar{l}_{p+1}^2-\cdots-\bar{l}_{p+q}^2\leqslant 0.$$

另一方面，设在 V 的基 $\omega_1,\omega_2,\cdots,\omega_n$ 下 $Q_f(\alpha)$ 的解析表达式呈规范形

$$z_1^2+\cdots+z_u^2-z_{u+1}^2-\cdots-z_{u+v}^2,$$

则 u 为 f 的正惯性指数. 令 $N=L(\omega_1,\cdots,\omega_u)$. 则对任意 N 中非零向量 β，有 $\beta=z_1\omega_1+\cdots+z_u\omega_u$ ($z_1,\cdots,z_u$ 不全为 0)，于是 $Q_f(\beta)=z_1^2+\cdots+z_u^2>0$. 由上面讨论知 $M\cap N=\{0\}$. 而由维数公式知

$$\begin{aligned}0&=\dim(M\cap N)=\dim M+\dim N-\dim(M+N)\\&\geqslant n-r+u-n=u-r\Rightarrow u\leqslant r\leqslant p.\end{aligned}$$

f 的负惯性指数 $\leqslant q$ 的证法与上面类似.

解法 2　设 f 经可逆线性变数替换 $Y=TX$，$T=(t_{ij})$ 化为如下规范形

$$y_1^2+\cdots+y_u^2-y_{u+1}^2-\cdots-y_{u+v}^2.$$

如果 $p<u$，考察下面的齐次线性方程组

$$\begin{cases}l_1(x_1,\cdots,x_n)=a_{11}x_1+\cdots+a_{1n}x_n=0,\\ \cdots\cdots\\ l_p(x_1,\cdots,x_n)=a_{p1}x_1+\cdots+a_{pn}x_n=0,\\ y_{u+1}(x_1,\cdots,x_n)=t_{u+1\,1}x_1+\cdots+t_{u+1\,n}x_n=0,\\ \cdots\cdots\\ y_n(x_1,\cdots,x_n)=t_{n1}x_1+\cdots+t_{nn}x_n=0.\end{cases}$$

方程个数 $p+(n-u)=n-(u-p)<$ 未知量个数 n，它有非零解

$$x_1=k_1,\quad x_2=k_2,\quad\cdots,\quad x_n=k_n.$$

于是 $f(k_1,\cdots,k_n)=-l_{p+1}^2(k_1,\cdots,k_n)-\cdots-l_{p+q}^2(k_1,\cdots,k_n)$

$$=y_1^2(k_1,\cdots,k_n)+\cdots+y_u^2(k_1,\cdots,k_n).$$

由此立知 $y_1(k_1,\cdots,k_n)=\cdots=y_u(k_1,\cdots,k_n)=y_{u+1}(k_1,\cdots,k_n)$

$$=\cdots=y_n(k_1,\cdots,k_n)=0,$$

但

$$\begin{bmatrix}k_1\\ \vdots\\ k_n\end{bmatrix}=T^{-1}\begin{bmatrix}y_1(k_1,\cdots,k_n)\\ \vdots\\ y_n(k_1,\cdots,k_n)\end{bmatrix}=0,$$

矛盾. 故 $u\leqslant p$,同理可证 $v\leqslant q$.

7. 设 $Q_f(\alpha)$ 在基 $\eta_1,\cdots,\eta_n$ 下解析表达式呈规范形

$$Q_f(\alpha)=x_1^2+\cdots+x_p^2-x_{p+1}^2-\cdots-x_{p+q}^2.$$

易知此时 $p>0,q>0$. 令

$$\alpha_{ij}=\eta_i+\eta_{p+j}\quad(i=1,2,\cdots,p;j=1,2,\cdots,q),$$

$$\beta_{ij}=\eta_i-\eta_{p+j}\quad(i=1,2,\cdots,p;j=1,2,\cdots,q).$$

则 α_{ij},β_{ij} 均为迷向向量,证明它与 $\eta_1,\cdots,\eta_n$ 等价,从而可从中挑出 V 的一组基.

9. 类似第 7 题. 设 $p\geqslant q$. 命 M 是含于 $N(f)$ 且维数最大的一个子空间,又令 $W=L(\eta_1,\cdots,\eta_p)$. 则必 $M\cap W=\{0\}$. 由维数公式有

$$\dim M=\dim(M+W)-\dim W\leqslant n-p.$$

若 $q>p$,考察 $-f(\alpha,\beta)$ 即可.

习　题　四

1. (1) 是; (2) 不是; (3) 是; (4) 是.

2. (1) $-\frac{4}{5}<t<0$; (2) t 取任何值二次型均非正定.

10. (1) 对 n 做数学归纳法. 令 $A=(a_{ij})$,则有 n 阶实可逆矩阵 T,使

$$\begin{bmatrix}T' & 0\\ 0 & 1\end{bmatrix}\begin{bmatrix}A & Y'\\ Y & 0\end{bmatrix}\begin{bmatrix}T & 0\\ 0 & 1\end{bmatrix}=\begin{bmatrix}E & Z'\\ Z & 0\end{bmatrix},\quad Z=YT.$$

由此推知 $|T|^2g(y_1,\cdots,y_n)=\left|\begin{bmatrix}E & Z'\\ Z & 0\end{bmatrix}\right|$,然后再对右边 $z_1,z_2,\cdots,z_n$ 的二次型使用归纳假设.

(2) 令 A_{n-1} 为 $A=(a_{ij})$ 左上角的 $n-1$ 阶子块,则

$$|A|=\begin{vmatrix}a_{11} & \cdots & a_{1n}\\ \vdots & & \vdots\\ a_{n1} & \cdots & a_{nn}\end{vmatrix}$$

$$= \begin{vmatrix} & & & 0 \\ & A_{n-1} & & \vdots \\ & & & 0 \\ a_{n1} & \cdots & a_{n\,n-1} & a_{nn} \end{vmatrix} + \begin{vmatrix} & & & a_{1n} \\ & A_{n-1} & & \vdots \\ & & & a_{n-1\,n} \\ a_{n1} & \cdots & a_{n\,n-1} & 0 \end{vmatrix}.$$

根据(1)知上式右端的行列式$\leqslant 0$.

11. 充分性的证明：证明对任意正实数 t，$tE+A$ 均正定，然后令 $t\to 0$. 这里需用到第四章习题四第 29 题的结果(此结果可利用对 $|tE+A|$ 逐次对 t 求微商后令 $t=0$ 得出).

反例：$f(x_1,x_2)=-x_2^2$.

12. (2) 设二次型函数 $Q_f(\alpha)$在基 $\varepsilon_1,\cdots,\varepsilon_n$ 下解析表达式为

$$x_1^2+\cdots+x_p^2-x_{p+1}^2-\cdots-x_{p+q}^2 \quad (p<n/2).$$

二次型函数 $Q_g(\alpha)$在基 $\eta_1,\cdots,\eta_n$ 下解析表达式为

$$y_1^2+\cdots+y_r^2-y_{r+1}^2-\cdots-y_{r+s}^2 \quad (r<n/2),$$

令 $M=L(\varepsilon_{p+1},\cdots,\varepsilon_n)$，$N=L(\eta_{r+1},\cdots,\eta_n)$. 证明 $M\cap N\neq\{0\}$，从而有非零向量 $\alpha_0\in M\cap N$，而 $Q_{f+g}(\alpha_0)=Q_f(\alpha_0)+Q_g(\alpha_0)\leqslant 0$.

注　两个对称双线性函数 $f(\alpha,\beta)$，$g(\alpha,\beta)$的加法定义为

$$(f+g)(\alpha,\beta)=f(\alpha,\beta)+g(\alpha,\beta).$$

此时有 $Q_{f+g}(\alpha)=Q_f(\alpha)+Q_g(\alpha)$.